산림기능사
필기

 예문사

《산림기능사 필기》로 여러분을 만나 뵙게 되어 반갑습니다.

초록을 가진 식물은 광합성을 통하여 스스로 에너지를 만들고 이용하는 생물로, 무기물을 탄수화물과 같은 유기물로 만드는 유일한 존재입니다. 정말 놀라운 능력이지요?

이로 인해 생태계가 시작되고, 인간 또한 살아갈 수 있기에 저는 감히 식물이 없고서는 인간역시 존재할 수 없다고 단언합니다.

식물 중에서도 목질이 발달한 줄기로 다년간 살아가는 것을 수목이라고 하며, 수목이 집단적으로 생육하고 있는 것을 산림이라고 합니다.

저자는 어릴 때부터 수목에 대한 관심이 많았고, 그저 보고만 있어도 마음까지 싱그러워지며생기가 돋는 것을 여러 번 경험한 바 있습니다. 그러한 힘이 이끈 탓인지 대학도 관련 학과에 진학했으며, 지금도 수목과 관련된 업종에 종사하고 있으니 수목과는 참으로 끈끈한 인연이 아닐 수 없습니다.

나무가 이루고 있는 초록과 갈색의 외형을 보고만 있어도 마음이 평온해지는 힘 때문일까요? 마음의 평안을 찾아 산속에서 등산, 캠핑, 야영 등을 하기 위해 산을 찾는 사람들은 해마다 꾸준히 늘고 있습니다.

자연 속에서 얻을 수 있는 맑은 공기, 깨끗한 물, 아름다운 경관 등 숲이 우리에게 주는 무상의 혜택이 감사할 따름입니다.

이처럼 최근에는 수요만큼이나 공급도 많아져 도시림뿐만 아니라 산간 오지에도 각종 산림시설들이 설치되고 있습니다. 프로그램 또한 다양해져 자연 속에서 다채로운 활동도 즐길 수있습니다.

이러한 시기에 산림 자격은 그 필요성이 대두되고 있습니다.

산림기능사는 산림과 관련된 다양한 업무를 수행하는 전문 자격제도입니다. 주로 산림 관리, 산림 자원 보호 및 육성, 산림 개발 등을 담당하며, 산림을 효율적으로 관리하고 산림 자원을 지속 가능하게 이용할 수 있도록 돕는 중요한 직무를 수행합니다.

우리나라는 산림이 국토의 약 63%를 점유하는 산림국가입니다. 앞으로도 산림자원의 효율적 이용 및 개발에 관심이 더욱 증대될 것이며, 관련 자격 취득자의 필요성 또한 증가될 것으로 보입니다.

열심히 공부하셔서 꼭 좋은 결과가 있기를 기원합니다!

이 정 희 올림

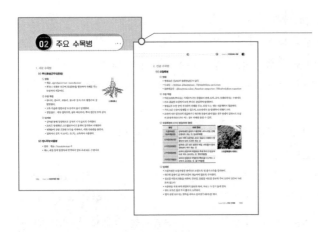

한눈에 들어오는 핵심 내용 요약 정리

꼼꼼하게 분석한 기출문제를 바탕으로 요약 정리한 핵심 내용

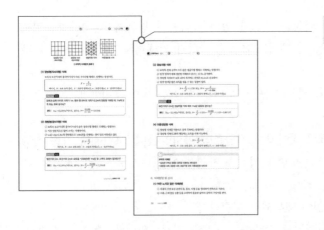

상세하고 쉬운 예제 풀이

본문 중간에 관련 예제를 배치하여 상세한 풀이와 함께 개념 익히기 가능

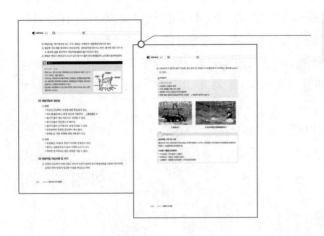

다양한 구성으로 핵심내용 완벽 정리

참고, Point, Summary 등 요소별로 세분화하여 학습 가능

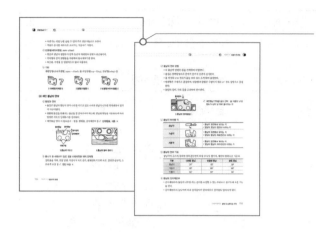

이해를 돕는 풍부한 그림과 사진 및 도표 수록

그림, 사진, 정리된 도표를 통해 이론만으로 이해하기 어려운 내용을 한눈에 볼 수 있음

족집게 최신 기출복원문제 수록

저자가 복원한 최신 기출문제를 통해 최근 출제경향을 확인하고 최종 실력점검까지 가능

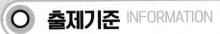

직무분야	농림어업	중직무분야	임업	자격종목	산림기능사	적용기간	2025.1.1.~2027.12.31.

○ 직무내용 : 산림과 관련한 숙련기능을 가지고 조림, 숲가꾸기, 벌목, 산림보호 등 산림 사업 현장에서의 작업을 수행하는 직무이다.

필기검정방법	객관식	문제수	60	시험시간	1시간

필기과목명	문제수	주요항목	세부항목	세세항목
조림 및 육림기술, 산림보호, 임업기계	60	1. 식재	1. 식재예정지 정리	1. 식재예정지 정리방법 2. 지존물 정리유형
			2. 식재	1. 주요 조림수종의 종류 및 특성 2. 식재방법(배열, 간격, 본수) 3. 식재 후 관리
		2. 식재지 관리	1. 풀베기	1. 풀베기 작업의 종류 2. 풀베기 작업의 방법
			2. 덩굴제거	1. 덩굴제거 작업의 종류 2. 덩굴제거 작업의 방법
			3. 비료주기	1. 비료주기 작업의 방법
		3. 어린나무 가꾸기	1. 경합목 제거	1. 경합목의 종류 2. 제거목 제거방법
			2. 수형조절	1. 수형조절 방법
		4. 가지치기	1. 가지치기 작업	1. 가지치기 작업의 종류 2. 가지치기 작업의 방법
		5. 솎아베기	1. 솎아베기 작업	1. 솎아베기 특성 및 효과 2. 솎아베기 방법
		6. 천연림 가꾸기	1. 천연림보육	1. 천연림보육 특성 2. 천연림보육 방법
			2. 천연림개량	1. 천연림개량 특성 2. 천연림개량 방법
		7. 산림조성사업 안전관리	1. 안전장구 관리	1. 안전장구의 종류 2. 안전장구 착용법 및 효용성 3. 안전장구 안전점검 및 정비 방법
			2. 작업장 관리	1. 작업장 관리 2. 작업인력 관리 3. 산림작업 안전수칙
		8. 산림작업 도구 및 재료	1. 작업도구	1. 식재작업 도구 2. 경쟁 식생 제거 작업도구 3. 벌목 및 수집 작업도구

필기과목명	문제수	주요항목	세부항목	세세항목
			2. 작업재료	1. 엔진오일, 연료 2. 와이어로프 등
		9. 임업기계 운용	1. 임업기계 종류 및 사용법	1. 벌목 및 조재작업 기계 2. 풀베기작업 기계 3. 집재 및 수화 작업 기계 4. 운재 작업 기계 5. 기타 임업 기계
			2. 임업기계 유지관리	1. 임업기계 점검 방법 2. 임업기계 정비 방법
		10. 산림병해충 예찰	1. 병해충 구분	1. 병해충 종류 2. 병해충 특성
		11. 산림병해충 방제	1. 방제방법	1. 물리적 방제 2. 화학적 방제 3. 임업적 방제 4. 기타 방제 방법
		12. 산불진화	1. 산불진화	1. 산불 종류 및 진화 방법 2. 산불진화 도구의 종류 3. 뒷불정리 방법

차례 CONTENTS

차 례 CONTENTS

차 례 CONTENTS

제11편 산림병해충 예찰

수목 및 산림일반

CHAPTER 01 수목일반

1. 수목의 기본 구조

수목의 구조는 크게 잎, 줄기, 뿌리의 영양기관과 꽃, 열매, 종자의 생식기관으로 나눌 수 있다.

(1) 잎(leaf)

① 엽록소가 있어 빛과 이산화탄소를 이용하여 광합성 작용을 하는 기관이다.

② 잎은 크게 잎자루, 잎맥, 엽육조직으로 구성되어 있다.

③ 잎은 뒷면의 기공(氣孔)을 통하여 가스교환과 증산작용을 한다.

④ 기공(氣孔)

   ㉠ 정의 : 2개의 공변세포에 의해 만들어진 구멍으로 주로 잎
      뒷면에 분포한다. 주변의 광선과 습도의 정도에 따라 열리
      고 닫히며 기체의 통로 역할을 한다.

   ㉡ 기능

     • 가스교환 : 이산화탄소 흡수와 산소 방출

     • 증산작용 : 수분이 기체가 되어 식물체 밖으로 빠져나가는 현상

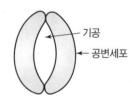

▌기공▐

(2) 줄기(stem)

① 양분과 수분을 저장하거나 통과시키며, 단단한 기둥의 역할을 하여 몸체를 지탱하는 기관이다.

② 뿌리에서 흡수한 수분과 무기양분을 위쪽으로 이동시키며, 탄수화물을 주로 아래방향으로 운반하거나 저장하는 기능을 한다.

③ 목본식물은 2차 부피생장을 하는 형성층이 존재하여 견고하며 굵은 줄기를 형성한다.

④ 수목의 굵은 단일 줄기를 수간(樹幹)이라 하며, 이것을 목재로 이용한다.

⑤ 수목 줄기 단면의 구조

   ㉠ 목부(木部) : 수분과 양분의 통도 및 지탱 역할, 목질부 부분

┃ 수목 줄기 단면의 구조 ┃

ⓛ 사부(篩部) : 탄수화물의 이동 및 지탱 역할, 수피부분

ⓒ 형성층(形成層, 부름켜)
   • 나무의 줄기와 뿌리의 부피생장에 관여하는 조직
   • 목부와 사부 사이에 존재하는 얇은 세포층

ⓓ 춘재(春材) : 기온이 온난하여 생장이 왕성한 봄철에 만들어진 목부조직으로 색이 비교적 흐림

ⓜ 추재(秋材) : 비교적 생장이 왕성하지 않은 가을철에 만들어진 목부조직으료 색이 비교적 진함

ⓗ 나이테(연륜, 年輪) : 봄에 형성된 춘재와 여름·가을에 형성된 추재 사이의 뚜렷한 경계선(1년에 1개)으로 수목의 연령을 나타냄

(3) 뿌리(root)

① 땅속으로 뻗어 수목의 몸체를 고정하고 지상부를 지탱하는 기관이다.

② 생장에 필요한 수분과 양분을 흡수하며 탄수화물을 저장하는 기능을 한다.

③ 일반적으로 배수가 잘 되고 건조한 토양에서는 직근(直根)이, 습기가 많고 배수가 불량한 토양에서는 측근(側根)이 형성되는 경향이 있다.

Summary!

수목의 기본 구조

영양기관	• 식물에 필요한 양분을 만들고 개체를 유지하는 기관 • 잎, 줄기, 뿌리
생식기관	• 후대 생산에 관여하는 기관 • 꽃, 열매, 종자

2. 수목의 형태

(1) 수형(樹形)

① 수목의 잎, 가지, 줄기 등이 총체적으로 나타내는 형상을 수형이라 한다.
② 수종에 따라 고유형이 있으나 환경에 따라 그 모양새가 변화하기도 한다.
③ 수형에는 자연적인 형태(자연수형)와 인위적인 형태(인공수형)가 있다.

(2) 수관형(樹冠形)

① 가지와 잎이 무성히 달린 수목의 상층부를 수관(樹冠)이라 하며, 하나하나의 수관이 모인 임분 전체의 수관을 임관(林冠)이라 한다.

② 수관은 줄기의 신장 방식에 영향을 받아 모양의 차이가 생기며, 가지가 돋아나는 형상에 따라 단축분지(單軸分枝)와 가축분지(假軸分枝)로 구분한다.
　㉠ 단축분지 : 주축(主軸)이 측지(側枝) 세력보다 강하게 성장하는 것, 굵고 곧은 줄기가 하늘로 쭉 뻗는 경향, 정아우세현상
　㉡ 가축분지 : 측지가 주축 세력보다 강하게 성장하는 것, 가지가 옆으로 넓게 퍼지는 경향

참고

정아우세현상
- 측아(側芽, 곁눈)보다 정아(頂芽, 줄기의 끝눈)의 세력이 우세하게 나타나는 현상이다.
- 옥신에 의해 발달하고, 대부분의 침엽수에 나타나며 둥근 원뿔 형태의 수형을 한다.

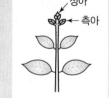

　🖊 옥신(auxin)
　- 수목의 정아에서 생성되어 측아생장을 억제하고 정아생장을 촉진시키는 호르몬으로 길이생장에 관여한다.
　- 천연호르몬인 IAA(인돌아세트산), 합성호르몬인 NAA(나프탈렌아세트산), IBA(인돌부틸산), 2,4-D(이사디) 등이 있다.
　- 옥신 중 특히 2,4-D는 제초제로 널리 이용되고 있으며, NAA, IBA는 발근촉진제로 많이 쓰이고 있다.
　- 옥신의 생리적 효과 : 정아우세, 뿌리생장 촉진, 발근 촉진, 개화·결실 촉진, 제초제 효과 등

(3) 수간형(樹幹形)

① 수목의 가장 굵은 단일 줄기를 수간(樹幹)이라 하며, 이 줄기의 형성이 정아로부터 이루어지느냐 측아로부터 이루어지느냐에 따라 수간의 형태가 달라진다.

② 수간은 유전적·환경적 영향에 따라 곡직성(曲直性)이 달라지는데, 보통 침엽수는 직간(直幹)을, 활엽수는 곡간(曲幹)을 형성하는 경우가 많다.

> **참고**
>
> **수목의 명칭**
> • 수관(樹冠) : 가지와 잎이 무성히 달린 수목의 상층부
> • 수간(樹幹) : 수목의 굵은 단일 줄기
> • 지하고(枝下高) : 지상에서 가지 시작점까지의 줄기 높이
> • 수고(樹高) : 수목의 지상부로부터 가장 높은 가지 끝까지의 높이
>
>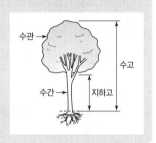

3. 수목의 분류

(1) 수고와 형태에 따른 구분

① 교목(喬木 또는 高木)
  • 보통 한 개의 뚜렷하고 굵은 줄기로 8m 이상 자라는 키가 큰 수목
  • 소나무, 밤나무, 참나무, 가문비나무, 박달나무, 느티나무 등

② 관목(灌木 또는 低木)
  • 주된 줄기가 없이 여러 개의 줄기가 모여나며, 2m 이하로 자라는 키가 작은 수목
  • 개나리, 진달래, 산철쭉, 회양목, 매자나무, 쥐똥나무, 작살나무, 싸리나무 등

(2) 낙엽 유무에 따른 구분

① 상록수(常綠樹)
  • 일 년 동안 계절에 관계없이 항상 푸른 잎을 달고 있는 수목
  • 상록수에는 잎이 넓은 상록활엽수와 잎이 좁은 상록침엽수가 있음
  • 붉가시나무, 가시나무, 동백나무, 소나무, 리기다소나무, 전나무, 가문비나무 등

② 낙엽수(落葉樹)
  - 가을 겨울에 잎이 퇴색하거나 낙엽을 하는 수목
  - 낙엽수에는 잎이 넓은 낙엽활엽수와 잎이 좁은 낙엽침엽수가 있음
  - 참나무, 벚나무, 느티나무, 은행나무, 낙엽송, 낙우송 등

(3) 잎의 형태와 종자 노출 여부에 따른 구분

① 침엽수(針葉樹) : 겉씨식물(나자식물, 裸子植物)
  - 잎이 좁고 평행한 잎맥(평행맥)을 보이며, 밑씨가 씨방에 싸여 있지 않고 밖으로 드러나 있는 수종
  - 도관이 없고 가도관(헛물관)이 발달, 한 꽃 안에 암술과 수술 중 하나만 있는 단성화(單性花)
  - 소나무, 잣나무, 전나무, 분비나무, 가문비나무, 잎갈나무, 향나무, 비자나무, 은행나무 등

② 활엽수(闊葉樹) : 속씨식물(피자식물, 被子植物)
  - 잎이 넓은 그물모양의 잎맥을 보이며, 밑씨가 씨방으로 싸여 있는 수종
  - 도관이 발달, 한 꽃 안에 암술과 수술이 모두 있는 양성화(兩性花)가 많음

[속씨식물(피자식물)의 구분]

구분	떡잎 수	관다발(유관속)	잎맥	뿌리
쌍떡잎식물 (雙子葉植物)	2장	규칙적(원통형) 체관/물관/형성층	그물맥(망상맥)	주근(원뿌리)
외떡잎식물 (單子葉植物)	1장	불규칙적(흩어짐) 체관/물관	평행맥(나란히맥)	수염뿌리

> **참고**
>
> 관다발(유관속) 조직
> - **물관부**
>   - 식물의 뿌리에서 흡수된 물과 질소, 인산, 칼륨 등의 무기양분이 잎까지 이동하는 통로
>   - 물관에는 도관과 가도관의 형태가 있으며, 활엽수는 도관이, 침엽수는 가도관이 발달
>   - 도관(導管) : 하나의 긴 대롱과 같은 형태의 물관
>   - 가도관(假導管) : 길이가 짧고 가는 섬유질 같은 물관. 무수히 많은 가도관이 물과 양분의 이동통로가 되며 기계적으로 수목을 지탱
> - **체관부**
>   식물의 잎에서 광합성으로 만들어진 포도당(탄수화물)과 같은 양분이 줄기나 뿌리로 이동하는 통로
> - **형성층(부름켜)**
>   물관부와 체관부 사이에 있는 얇은 세포층으로 식물의 비대생장에 관여함

(4) 음지에 견디는 정도에 따른 구분

① 음수
- 약한 광선에도 광합성을 효율적으로 수행하여 생장 · 발육할 수 있는 수목
- 주목, 회양목, 사철나무, 가문비나무, 전나무, 너도밤나무 등

② 양수
- 충분한 광선에서만 생장 · 발육이 가능한 수목
- 낙엽송, 자작나무, 포플러류, 소나무류, 은행나무, 밤나무 등

4. 수목의 생장

수목의 생장은 크게 개체의 크기가 증가하는 영양생장과 꽃눈이 생기고 개화 · 결실을 하는 생식생장으로 구분할 수 있다.

(1) 영양생장

① 수고생장
- 수목의 길이가 길어지는 현상으로 줄기나 뿌리 끝의 생장점에서 일어난다. 지상부는 가지의 눈이 자라 새로운 가지를 만들면서 키가 커지게 된다.
- 온대지방에서는 수목의 줄기가 자라는 양상을 유한생장과 무한생장, 고정생장과 자유생장으로 나눠 설명할 수 있다.

[줄기생장형에 따른 구분]

구분	내용
유한생장	• 일정 기간 동안만 자라며 생장에 제한이 있음 • 일정한 크기에 도달하면 생장이 멈춤
무한생장	• 오랫동안 생장을 계속하여 생장에 제한이 없음 • 수백 년 동안 생장하는 노거수(老巨樹)도 많음
고정생장	• 줄기의 생장이 전년도에 형성된 겨울눈에 의해 이미 결정 • 봄에만 수고생장을 하며, 이후에는 느림
자유생장	• 봄부터 여름, 가을까지 새 가지가 계속 자람 • 생장이 빠른 속성수의 생장

② 지름생장
- 지름생장은 목부와 사부 사이에 있는 형성층의 분열활동으로 직경이 굵어지며 이루어진다.
- 형성층의 세포분열을 통해 안쪽으로는 물관부조직을, 바깥쪽으로는 체관부조직을 형성하며 비대생장을 하는 것이다. 목부와 사부를 추가로 생산하며 형성층은 계속 분열조직으로 남는다.

③ 뿌리생장
- 뿌리는 유근(어린뿌리)이 직근으로 발달하기 시작하면서 측근이 생기고 많은 뿌리털이 발달하게 된다. 가는 뿌리털들은 물과 양분의 흡수를 담당하고, 점차 직경이 굵어지며 비대생장을 하게 된다.
- 직경이 굵어지는 것은 지름생장의 원리와 같아 형성층이 만들어지며, 안쪽으로 목부조직을 바깥쪽으로 사부조직을 추가하며 형성된다.
- 뿌리의 분포는 토성의 영향을 많이 받아 점질토에서는 뿌리의 침투가 불량하며, 사질토에서는 근계가 깊숙이 발달하게 된다.
- 건조한 곳에서 자란 수목일수록 근계가 발달하여 T/R률이 작다.

 참고

T/R률
- 식물의 뿌리(root) 생장량에 대한 지상부(top) 생장량의 비율
- 지상부의 무게를 지하부의 무게로 나눈 값으로 묘목의 지상부와 지하부의 중량비
- 일반적으로 값이 작아야 묘목이 충실
- 근계의 발달과 충실도를 판단하는 지표로 자주 쓰임
- 수종과 연령에 따라 다르며, 보통 우량한 묘목의 T/R률은 3.0 정도
- 건조한 지역의 경우 지상부는 축소되고 지하부는 발달하여 T/R률 값이 작음
- 뿌리의 생육이 나빠져 T/R률이 커지는 경우 : 토양 내 과수분, 일조 부족, 석회 부족, 질소 다량 시비

(2) 생식생장

① 생식생장의 특징

- 생식생장은 꽃눈이 형성되어 개화·결실에 이르고 후대를 이어가는 생식의 발육단계이다.
- 수목이 일정 크기로 자라면 영양생장을 멈추고 꽃눈 형성 후 꽃을 피우며 생식생장을 한다.
- 소나무와 해송의 암꽃분화 시기는 8월 중순부터 9월 상순까지이며, 침엽수종은 보통 꽃 피는 전해의 여름에 꽃눈이 분화하여 일본잎갈나무는 7월경 분화한다.

② 개화생리의 순서

화아형성 → 화아분화 → 수분 → 수정

- 화아형성 : 꽃눈 형성
- 화아분화 : 꽃눈이 형성되어 발육하는 일
- 수분(受粉) : 암술머리(주두)에 수술의 꽃가루(화분)가 붙는 일
- 수정(受精) : 암술의 씨방 안의 난핵과 수술의 정핵이 결합하는 일

③ 꽃의 분류

- 양성화(兩性花, 완전화) : 암술과 수술이 다 들어 있는 꽃 예 자귀나무, 벚나무
- 단성화(單性花, 불완전화) : 암술과 수술 중 하나만 있는 꽃

📝 **POINT!**

단성화(불완전화)의 분류

구분	내용
자웅동주 (암수한그루)	• 암꽃과 수꽃이 같은 나무에서 달리는 것 • 소나무류, 삼나무, 오리나무류, 호두나무, 참나무류, 밤나무, 가래나무 등
자웅이주 (암수딴그루)	• 암꽃과 수꽃이 각각 다른 나무에서 달리는 것 • 은행나무, 소철, 포플러류, 버드나무, 주목, 호랑가시나무, 꽝꽝나무, 가죽나무 등

 Summary!

영양생장과 생식생장

구분	내용
영양생장	• 키가 크거나 직경이 굵어지는 등 수목 자체의 양적인 크기 증가 • 종자가 발아하여 잎, 줄기, 뿌리가 자라는 현상 • 발아하여 화아분화 전까지의 기간 • 수고생장(길이생장), 지름생장(직경생장, 비대생장), 뿌리생장, 재적생장 등
생식생장	• 꽃눈이 형성되어 꽃이 피고 열매가 열리는 과정 • 화아분화하여 개화·결실에 이르는 기간 • 생식적인 발육의 단계 • 시간의 경과에 따라 수목이 완성되는 과정

CHAPTER 02 산림일반

1. 산림과 임분의 개념

(1) 산림(山林)

수목이 집단적으로 생육하고 있는 토지로서 임목과 임지를 합한 전체적인 모습을 일컫는다.

(2) 임분(林分)

① 일정한 토지를 점하고 있는 수목 집단으로서 수목의 종류, 수목의 나이, 생육 상태, 임상 등이 거의 비슷하여 주위의 다른 수목 집단과 구별될 때를 말한다.
② 적어도 1ha 이상은 되어야 한다.

2. 우리나라의 산림대

(1) 산림대의 개념

기후는 위도와 고도에 따라 기온이 변화하면서 나타나는 것으로, 산림 식물은 주로 이 기온 변화에 따라 수종이 수평적·수직적으로 달라지며 대면적의 거대한 띠 모양을 형성하는데, 이 띠를 산림대(山林帶) 또는 산림식물대(山林植物帶)라고 부른다.

(2) 수평적 산림대

① 위도에 따라 변하는 수평적 산림대에는 열대림, 난대림, 온대림, 냉대림, 한대림 등이 있다.
② 우리나라의 수평적 산림대에는 남부로부터 난대림, 온대 남부림, 온대 중부림, 온대 북부림, 한대림이 있고, 연평균 기온에 따라 구분한다.
③ 우리나라는 연평균 기온을 중심으로 14℃ 이상인 곳을 난대림, 5~14℃인 곳을 온대림, 5℃ 미만인 곳을 한대림으로 구분하고 있다.
④ 우리나라에는 열대림이 분포하지 않는다.

┃ 우리나라의 수평적 산림대 ┃

[우리나라의 수평적 산림대와 그 특징수종]

산림대	분포지역	연평균 기온	대표 특징수종
난대림 (상록활엽수림)	제주도, 울릉도, 남해안과 도서지역 일부	14℃ 이상	• 활엽수 : 가시나무, 붉가시나무, 호랑가시나무, 동백나무, 사철나무, 후박나무, 구실잣밤나무, 생달나무, 녹나무, 감탕나무, 돈나무, 먼나무, 아왜나무, 식나무, 꽝꽝나무, 멀구슬나무 등 • 침엽수 : 삼나무, 편백나무 등
온대림 (낙엽활엽수림)	한반도 전역, 이북	5~14℃	• 활엽수 : 참나무류, 서어나무류, 단풍나무류, 느티나무, 느릅나무, 벚나무, 물푸레나무, 밤나무, 박달나무 등 • 침엽수 : 소나무, 잣나무, 전나무 등
한대림 (상록침엽수림)	개마고원 일대와 고산지역	5℃ 미만	침엽수 : 가문비나무, 분비나무, 주목, 잎갈나무, 종비나무, 잣나무, 전나무, 눈주목, 구상나무 등

(3) 수직적 산림대

① 고도에 따라 변하는 수직적 산림대는 산정으로부터 고산대, 아고산대, 산지대, 구릉대로 나뉜다.

② 우리나라에서 그 수직적 특징이 가장 잘 나타나는 곳은 한라산으로, 산록에는 난대림의 식생이, 산정으로 갈수록 온대림·한대림의 식생이 골고루 분포한다.

[우리나라의 수직적 산림대]

구분	백두산	설악산	지리산	한라산
난대림	–	–	–	600m 이하
온대림	700m 이하	1,000m 이하	1,300m 이하	600~1,500m
한대림	700m 이상	1,000m 이상	1,300m 이상	1,500m 이상

3. 산림의 분류

(1) 생성 원인에 따른 분류

① 천연림(天然林)
- 사람의 힘 없이 자생하여 이루어진 산림을 말한다.
- 인공이 가해진 사실은 있으나 현재는 자연의 상태로 돌아와 천연의 모습을 하고 있는 산림도 천연림이라 한다.
- 천연림은 크고 작은 다양한 수종이 숲을 구성하여 식생의 층상구조가 잘 나타나며, 생물종다양성이 풍부하여 안전한 생태계를 유지할 수 있다.

  ✎ 천연림 특징 : 나무 크기 다양, 수종 다양, 층위 다양, 생물종 다양, 안전한 생태계 유지 등
- 원시림(처녀림) : 오랜 세월 동안 사람의 힘이 전혀 가해지지 않았으며 산불이나 병해충 등의 극심한 해를 받은 적도 없는 자연 그대로의 숲
- 극상천연림 : 생태학적으로 자연상태가 완전히 회복되어 안정된 숲이며, 풍치림으로 중요한 가지를 지니고 있는 숲

② 인공림(人工林)

인공조림 등 인위적인 힘으로 이루어진 산림을 말한다.

(2) 수종 수에 따른 분류

① 순림(純林, pure forest)
- 한 가지 수종으로 이루어진 산림을 말한다.
- 순림 또는 단순림이라고도 한다.

㉠ 장점
- 가장 유리한 수종으로만 임분을 형성할 수 있다.
- 경제적으로 가치 있는 나무를 대량생산할 수 있다.
- 산림작업(조림, 무육 등)과 경영을 간편하고 경제적으로 수행할 수 있다.
- 임목의 벌채비용과 시장성이 유리하게 될 수 있다.
- 바라는 수종으로 쉽게 임분을 조성할 수 있다.

㉡ 단점

경제적 측면에서는 이로울 수 있으나, 각종 병해충에는 취약하다.

② 혼효림(混淆林, mixed forest)

두 가지 이상의 수종으로 이루어진 산림을 말한다.

　ⓐ 장점
- 산림 병해충 등 각종 재해에 대한 저항력이 높다.
- 생물 다양성이 높으며, 건강한 생태계를 유지한다.
- 심근성과 천근성 수종이 섞여 자라면 바람 저항성이 증가하고 토양 내 공간 이용이 효율적이다.
  * 심근성(深根性) : 뿌리가 땅속 깊이 자라는 성질 * 천근성(淺根性) : 뿌리가 지표 가까이 자라는 성질
- 수관에 의한 공간 이용도 효율적이다.
- 유기물의 분해가 빨라져 무기양분의 순환이 더 잘 된다.

　ⓑ 단점

　인공적으로 조성하기에는 기술적으로 복잡하고, 보호관리에 많은 경비가 소요된다.

(3) 수목의 연령에 따른 분류

① 동령림(同齡林, even-aged forest)
- 한 임분을 구성하는 모든 수목의 나이가 동일한 경우의 산림을 말하는 것이나 사실상 그러한 산림은 흔치 않다.
- 보통 어떤 임분을 구성하고 있는 수목들의 수령 범위가 평균임령의 20% 이내이면 동령림으로 취급한다.
- 임업상으로는 나무의 굵기와 높이가 비슷하면 동령으로 취급한다.

　ⓐ 장점
- 갱신이 짧은 시간 내에 이루어진다.
- 산림경영상 조림 및 육림작업, 산림조사, 수확 등이 더 간편하다.
- 일반적으로 단위면적당 더 많은 목재를 생산할 수 있다.
- 생산되는 원목의 질이 우량하며 규격이 고르다.

② 이령림(異齡林, uneven-aged forest)
- 한 임분을 구성하는 수목들의 나이가 서로 다른 임분을 말한다.
- 이령림은 일정한 주기로 성숙목을 벌채하고 갱신시키는 택벌작업에 의해 조성할 수 있다.

　ⓐ 장점
- 지속적인 수입이 가능하여 소규모 임업경영에 적용할 수 있다.
- 시장 여건에 맞는 유연한 벌채를 할 수 있다.
- 천연갱신에 유리하다.
- 병충해 등 각종 유해인자에 대한 저항력이 높다.
- 숲의 공간구조가 복잡하여 생태적 측면에서는 바람직한 형태이다.

[동령림과 이령림의 차이점]

구분	동령림	이령림
임관	얇고 수평적이다.	깊고 복잡하다.
풍해	취약하여 작업상 주의를 요한다.	거의 없다.
소경목	피압된다.	장차 유용임목이 된다.
갱신	단기적으로 이루어진다.	윤벌기 전체에 걸쳐 이루어진다.
지력	감퇴된다.	지력보호상 유리하다.
입지정비	불량수종의 정비가 쉽다.	수종정비가 더 어렵다.
내해성	병충해의 위험이 많다.	병충해의 위험이 비교적 적다.
임상유기물	일시에 다량이 쌓여 산불 등의 위험성이 높다.	지속적으로 소량씩 쌓여 위해의 정도가 낮다.

* 피압(被壓) : 나무들 간의 경쟁에는 지는 것   * 지력(地力) : 임지의 생산능력

(4) 수목의 발생기원에 따른 분류

① 교림(喬林, high forest)
- 종자에 의해 발달한 수목으로 이루어진 산림으로 주로 침엽수가 교림을 형성한다.
- 용재를 생산하는 키가 큰 숲을 형성하여 고림(高林)이라고도 부른다.

② 왜림(矮林, coppice forest)
- 움이나 맹아가 발달한 수목으로 이루어진 산림으로 주로 활엽수가 왜림(맹아림)을 형성한다.
- 연료재나 펄프재 등을 생산하는 키가 낮은 숲을 형성하여 저림(低林)이라고도 부른다.

③ 중림(中林)
- 교림수종과 왜림수종이 같은 임지에 함께 조성되었을 때의 산림을 말한다.
- 일반적으로 상층은 교림을, 하층은 왜림을 조성하여 작업을 진행한다.

(5) 수목의 종류와 특성에 따른 분류

① 침엽수림(針葉樹林)
- 주로 잎이 바늘모양인 침엽수로 이루어진 산림을 말한다.
- 침엽수는 분류상 겉씨식물에 속하는 수목으로 대체로 잎이 좁고 뾰족한 바늘과 같은 잎맥을 보인다.
- 줄기가 곧고 수관이 좁아 일정 면적에 많은 나무를 심을 수 있어 경제적으로 중요한 수종이다.

- 침엽수는 보통 상록수가 대부분이지만 은행나무, 낙엽송(일본잎갈나무), 낙우송, 메타세쿼이아 등 잎이 지는 낙엽침엽수도 있다.

② 활엽수림(闊葉樹林)
- 잎이 넓은 그물모양인 활엽수로 이루어진 산림을 말한다.
- 활엽수는 분류상 속씨식물에 속하는 수목으로 대체로 잎이 넓은 그물모양의 잎맥을 보인다.
- 원줄기가 곧지 못하고 수관이 넓게 퍼져 일정 면적에 많은 나무를 심기 어려운 수종이다.

수목의 생리 · 생태

1. 수목의 수분 흡수

① 수목은 뿌리로부터 수분을 흡수하며, 수분의 흡수가 가장 왕성하게 이루어지는 부위는 뿌리 털이고, 양분의 흡수는 생장점에서 이루어진다.

② 식물은 잎을 통한 증산작용으로 수분이 배출되고 그때 발생되는 끌어올리는 힘에 의해 뿌리 가 수동적으로 수분을 흡수하게 된다.

③ 식물 대부분의 수분 흡수는 이러한 수동적 방법에 의해 일어나며, 수분 흡수의 과정에서 에너 지를 소모하지 않는다.

④ 증산작용이 일어나지 않는 시기에는 뿌리의 삼투압에 의해 능동적으로 수분을 흡수하게 된다.

2. 수목의 무기양분 흡수

(1) 무기양분 일반

① 무기양분(무기염류)은 식물생육에 필요한 무기질 영양소로 수분과 함께 식물이 생장하 는 데 없어서는 안 될 중요한 양분이다.

② 나무가 토양용액 속에 녹아 있는 무기양분을 수분과 함께 뿌리를 통해 흡수하게 된다.

③ 식물생육에 꼭 있어야 하는 필수원소는 식물조직 내에 많이 함유되어 있는 다량원소 9종 과 아주 적게 함유되어 있는 미량원소 8종으로 총 17종이다.

④ 이중 탄소, 산소, 수소는 대기나 토양의 물로부터 얻어 사용하며, 무기양분이라 하지는 않 으나 식물생육 필수영양소이다.

[필수원소의 종류]

구분	내용
다량원소(9종)	탄소(C), 산소(O), 수소(H), 질소(N), 칼륨(K), 칼슘(Ca), 인(P), 마그네슘(Mg), 황(S)
미량원소(8종)	철(Fe), 염소(Cl), 망간(Mn), 붕소(B), 아연(Zn), 구리(Cu), 몰리브덴(Mo), 니켈(Ni)

(2) 수종에 따른 무기양분 요구도

① 산림수목은 농작물보다 양분 요구량이 적으며, 수목 간에는 대체적으로 활엽수보다 침엽수의 양분 요구량이 적다.

② 침엽수 중에서도 낙우송과 독일가문비는 요구량이 많으며, 잣나무가 보통, 소나무가 가장 적게 요구한다.

③ 소나무류는 활엽수와의 경쟁에서 밀려 산능선과 같이 건조하며 척박한 환경에서도 적응하여, 수분과 양분요구도가 매우 낮은 수종이다.

　✎ 소나무류 < 침엽수 < 활엽수 < 농작물

④ 오동나무와 같이 양분요구도가 높은 수종은 식재 시 비료를 많이 주는 것이 좋다.

[수종별 무기양분 요구도]

무기양분 요구도	수종
많음	오동나무, 느티나무, 밤나무, 전나무, 물푸레나무, 미루나무, 참나무류, 낙우송, 백합나무
중간	잣나무, 낙엽송, 서어나무, 버드나무
적음	소나무, 해송, 향나무, 오리나무, 아까시나무, 자작나무

[무기양분 요구도의 크기 비교]
• 소나무 < 잣나무 < 낙우송
• 소나무 < 자작나무 < 백합나무

3. 수목의 광합성과 호흡

① 광합성(光合成)이란 식물이 빛을 이용하여 물(H_2O)과 이산화탄소(CO_2)를 원료로 포도당(탄수화물)과 같은 유기양분을 만드는 과정으로 탄소동화작용이라고도 한다.

② 식물은 광합성을 통해 유기물을 만들며 동시에 호흡으로 에너지를 소비하고 남은 양을 축적하여 생장한다.

③ 양분을 합성하여 에너지를 저장하는 과정이 광합성이라면, 양분을 분해하여 에너지를 소모하는 과정은 호흡이다.

[광합성과 호흡의 화학식]

$$6CO_2 + 6H_2O \xrightarrow{\text{광합성}} C_6H_{12}O_6 + 6O_2$$
$$\text{이산화탄소} + \text{물} \longleftrightarrow \text{포도당} + \text{산소}$$
$$6CO_2 + 6H_2O \xleftarrow{\text{호흡}} C_6H_{12}O_6 + 6O_2$$

4. 수목의 내음성

(1) 내음성 일반

① 내음성이란 수목이 햇빛을 좋아하거나 싫어하는 정도를 나타내는 것이 아닌 그늘에서도 견딜 수 있는 정도를 나타낸 것이다.

② 빛이 적은 환경에서도 잘 자라면 내음성이 높고, 잘 자라지 못하면 내음성이 낮다고 표현한다.

(2) 수목별 내음성

수목은 그늘에서 견딜 수 있는 내음성의 정도에 따라 양수와 음수 또는 중용수로 나뉜다.

① 양수(陽樹)의 특징
- 광도가 높을 때 광합성이 활발하다.
- 빛을 받지 못하는 가지가 자연적으로 떨어져 자연전지(自然剪枝)가 잘 이루어진다.
- 빛을 충분히 받지 못한 나무는 도태되어 자연간벌 속도도 빠르게 나타난다.

② 음수(陰樹)의 특징
- 저조한 광량에도 충분히 효율적으로 광합성을 수행한다.
- 가지가 떨어지지 않아 가지가 많다.
- 음지에서도 잘 견뎌 수관밀도가 높게 나타난다.

[수목별 내음성]

구분	내용
극음수	주목, 사철나무, 개비자나무, 회양목, 금송, 나한백
음수	가문비나무, 전나무, 너도밤나무, 솔송나무, 비자나무, 녹나무, 단풍나무, 서어나무, 칠엽수
중용수	잣나무, 편백나무, 목련, 느릅나무, 참나무
양수	소나무, 해송, 은행나무, 오리나무, 오동나무, 향나무, 낙우송, 측백나무, 밤나무, 옻나무, 노간주나무, 삼나무
극양수	낙엽송(일본잎갈나무), 버드나무, 자작나무, 포플러, 잎갈나무

PART

02

식재

주요 조림 수종

1. 침엽수의 주요 수종

[주요 침엽수 구과목(球果目)의 분류(괄호 안은 학명)]

과	속		종
낙우송과	낙우송속(*Taxodium*)		낙우송
	메타세쿼이아속(*Metasequoia*)		메타세쿼이아
	삼나무속(*Cryptomeria*)		삼나무
소나무과	소나무속(*Pinus*)	소나무류	소나무, 곰솔(해송), 리기다소나무
		잣나무류	잣나무, 섬잣나무, 눈잣나무
	잎갈나무속(*Larix*)		잎갈나무, 일본잎갈나무(낙엽송)
	가문비나무속(*Picea*)		가문비나무, 종비나무, 독일가문비
	전나무속(*Abies*)		전나무, 분비나무, 구상나무
측백나무과	측백속(*Thuja*)		측백나무, 눈측백나무
	편백속(*Chamaecyparis*)		편백나무, 화백나무
	향나무속(*Juniperus*)		향나무, 눈향나무, 노간주나무

* 구과 : 솔방울과 같이 목질의 비늘조각을 달고 있는 둥근 모양의 과실

① 소나무(*Pinus densiflora*)
- 우리나라에서 가장 넓은 분포 면적을 차지하는 수종으로 북한의 고원과 고산을 제외한 전역에서 자생한다.
- 햇빛을 좋아하는 양수이며, 물과 양분에 대한 요구도가 낮은 편이다.
- 소나무는 인공조림도 하지만 천연갱신이 용이한 수종이다.

② 곰솔(*Pinus thunbergii*)
- 해안선의 좁은 지대나 남쪽 도서 지방에 분포하며, 해송(海松)이라고도 부른다.
- 바닷바람에 강하여 해안 방풍림 조성에 많이 쓰이는 수종이다.
- 소나무와 함께 양수로 직사광선을 받는 곳에서 생장이 왕성하며, 근계는 땅속 깊이 자라는 심근성이다.

- 곰솔을 포함한 소나무류는 암꽃과 수꽃이 한 나무에 같이 피는 암수한그루(자웅동주)이다.
- 초기 생장이 소나무보다 빨라 소나무에 비해 실생묘의 양성이 쉬운 편이다.

  * 실생묘(實生苗) : 종자를 파종하여 기른 묘목

[소나무와 곰솔의 비교]

구분	잎	수피	겨울눈
소나무 (적송, 육송)	짧고 가늘며 부드럽다.	적갈색	끝이 뾰족한 작은 솔방울 모양의 타원형, 붉은 갈색
곰솔 (흑송, 해송)	길고 억세며 두껍고 거칠다.	흑갈색 (암흑색)	위가 뾰족하고 울룩불룩한 긴 병 모양, 회백색

참고

방풍림(防風林)
- 바람에 의한 피해를 막고자 내풍성 수목으로 조성하는 일정 길이와 넓이를 가진 산림대를 말한다.
- 바람이 불어오는 주풍방향에 직각으로 길게 설치하며, 너비는 10~20m 정도로 한다.
- 해안 방풍림으로는 염풍(鹽風)에 강하며 심근성인 해송(곰솔)이 적당하다.

③ 방크스소나무(*Pinus banksiana*)
- 미국이 원산이며, 내건성이 높아 주로 척박한 건조지에 식재되고 있다.
- 구과(球果)는 아주 단단하여 성숙하여도 실편이 벌어지지 않고 수년 동안 가지에 매달려 있으며, 산불과 같은 고온에서만 실편이 열려 종자가 나출된다.

  * 실편(實片, 인편) : 솔방울을 이루고 있는 단단한 목질 비늘 조각

- 구과가 성숙한 후에 10년 이상이나 모수에 부착되어 있어 종자의 발아력이 상실되지 않고, 산불이 나면 인편이 열린다.

④ 리기다소나무(*Pinus rigida*)
- 미국이 원산이며, 우리나라에 20세기 초에 도입된 수종이다.
- 척박지에서도 적응력이 좋고 우리나라 풍토에 잘 맞아 전국 어디에서나 잘 자란다.
- 잎이 3개씩 비틀리며 모여난다.
- 발아력과 맹아력이 좋으며, 건조와 추위에도 잘 견뎌 사방조림 수종으로 많이 식재되고 있다.
- 목재의 재질은 떨어지지만 내한성이 매우 강해, 내한성은 약하나 재질이 좋고 생장속도가 빠른 테다소나무와의 교잡을 통해 장점만을 가진 리기테다소나무도 조림되고 있다.

┃ 리기다소나무의 구과와 종자 ┃

- 리기테다소나무는 우리나라에서 인공적으로 교배되어 만들어진 신품종으로 내한력과 재질이 우수하여 중부 이북을 제외한 전국에 식재를 권장하고 있다.

⑤ 잣나무(*Pinus koraiensis*)
- 우리나라의 재래종으로 주로 높은 산지의 한랭한 기후에서 생장하며, 온대 북부에서 한대에 걸쳐 분포한다.
- 침엽이 5개씩 모여나며, 심근성이고 목재의 색이 붉어 홍송(紅松)이라고도 부른다.
- 소나무과 중 목재로서 재질이 가장 뛰어나다.
- 어릴 때는 음수의 성질을 띠며 천천히 자라다가 점차 양수로 변하여 햇빛 요구량이 많아지며 생장이 빨라진다.
- 습기가 다소 있으며 부식질이 많은 비옥한 토양에서 생장이 좋으므로 토양 수분이 충분한 계곡이나 산복의 비옥지에 식재하는 것이 좋다.

[소나무류와 잣나무류의 잎 비교]

구분	관다발 수	잎 수	수종
소나무류	2개	2개	소나무, 해송, 방크스소나무, 반송
		3개	리기다소나무, 테다소나무, 리기테다소나무, 백송
잣나무류	1개	5개	잣나무, 눈잣나무, 섬잣나무, 스트로브잣나무

소나무 곰솔(해송) 리기다소나무 잣나무

┃ 소나무류와 잣나무류의 잎 수 비교 ┃

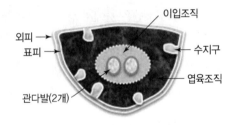

이입조직
외피 →
표피 →
수지구
엽육조직
관다발(2개)

┃ 소나무 잎 횡단면의 모식도 ┃

⑥ 일본잎갈나무(*Larix leptolepis/Larix kaempferi*)
- 일본이 원산으로 우리나라에 들여와 용재 생산에 주로 쓰이는 경제수종 중 하나이다.
- 일본잎갈나무 또는 가을에 낙엽이 지기 때문에 낙엽송이라 부른다.
- 잎은 20~30개씩 한데 뭉쳐나고, 줄기가 곧고 키가 크며, 생장이 빠르고 목재의 재질이 우수하다.

⑦ 가문비나무(*Picea jezoensis*)
- 고산의 한랭한 곳에 많이 분포하는 수종으로 어릴 때는 생장이 느리나 후에는 빨라진다.

- 잎이 한데 뭉쳐나는 소나무속과 달리 잎은 하나씩 따로 난다.
- 구과는 둥근 기둥모양을 하고 있으며 아래를 향해 달리는 것이 특징이다.
- 가문비나무류 중 독일가문비는 유럽이 원산인 수종이다.

⑧ 전나무(*Abies holophylla*)
- 가문비나무와 함께 대표적인 음수이다.
- 어릴 때 생장이 느리지만 약 10년생이 되면서부터 점차 빨리 자라기 시작한다.
- 가문비나무속과 같이 잎은 따로 나며 구과도 둥근 기둥모양을 하고 있으나 위를 향해 달리는 것이 가문비나무와 다른 점이다.

⑨ 구상나무(*Abies koreana*)
- 우리나라의 대표적인 재래종으로 주로 높은 산에 분포한다.
- 다른 전나무속의 나무들과 같이 구과가 하늘을 향해 달린다.
- 잎의 끝이 뾰족한 다른 침엽수와는 달리 잎의 끝이 둥글게 두 갈래로 갈라져 오목한 것이 특징이다. 분비나무도 이러한 형상을 하고 있으나 구상나무의 잎이 더 짧고 넓은 편이다.

┃ 구상나무의 잎 뒷면 ┃

⑩ 삼나무(*Cryptomeria japonica*)
- 일본이 원산으로 우리나라에서는 기온이 온난한 제주도나 남부지방에 조림용으로 식재되며, 습도가 높은 곳에서 생장이 좋은 특성이 있다.
- 줄기가 곧고 키가 크며, 풍성한 푸른 잎을 달고 있어 제주도에서 방풍림으로 많이 이용된다.

⑪ 편백나무(*Chamaecyparis obtusa*)
일본이 원산으로 삼나무와 함께 도입되어 우리나라의 따뜻한 남부지방에 주로 식재되고 있다.

⑫ 노간주나무(*Juniperus rigida*)
우리나라 재래종으로 전국의 건조한 산지나 암석지대에 자생하며, 사방사업에서 암벽 녹화용으로 식재되기도 한다.

⑬ 은행나무(*Ginkgo biloba*)
- 각종 병해충 및 대기오염, 산불 등에 강하며 단풍이 아름다워 가로수나 공원수, 풍치수로 식재된다. ✎ 내연성, 내화력 강함
- 1속 1종이며, 수명이 긴 장수목이다.
- 침엽수 중 유일하게 잎이 넓으며, 암수딴그루(자웅이주)로 암꽃과 수꽃이 따로 피고 암나무에만 열매가 열린다.

2. 활엽수의 주요 수종

[주요 활엽수의 분류(괄호 안은 학명)]

과	속		종
참나무과	밤나무속(*Castanea*)		밤나무, 약밤나무
	참나무속 (*Quercus*)	가시나무류	가시나무, 붉가시나무, 종가시나무, 개가시나무
		참나무류	상수리나무, 굴참나무, 신갈나무, 떡갈나무, 갈참나무, 졸참나무
	너도밤나무속(*Fagus*)		너도밤나무
	모밀잣밤나무속(*Castanopsis*)		모밀잣밤나무, 구실잣밤나무
버드나무과	포플러속 (*Populus*, 사시나무속)	백양절	은백양, 사시나무
		흑양절	미루나무, 양버들
		황철나무절	황철나무, 물황철나무
	버드나무속(*Salix*)		버드나무, 수양버들, 왕버들, 능수버들
자작나무과	자작나무속(*Betula*)		자작나무, 박달나무, 거제수나무
	오리나무속(*Alnus*)		오리나무, 사방오리나무, 물오리나무
	서어나무속(*Carpinus*)		서어나무, 소사나무, 까치박달나무
	개암나무속(*Corylus*)		개암나무, 참개암나무, 물개암나무
느릅나무과	느릅나무속(*Ulmus*)		느릅나무, 왕느릅나무, 난티나무, 비술나무
	느티나무속(*Zelkova*)		느티나무
장미과	조팝나무아과		조팝나무, 국수나무
	장미아과		산딸기, 찔레나무
	앵도나무아과		벚나무, 왕벚나무, 산벚나무, 매실나무, 앵도나무
	능금아과		배나무, 사과나무, 모과나무, 팥배나무, 산사나무, 윤노리나무, 마가목
콩과(*Fabaceae*, 협과)			아까시나무, 주엽나무, 자귀나무, 박태기나무, 싸리나무, 칡

① 참나무류

낙엽활엽교목으로 우리나라 전국에 6종이 분포하고 있다.

- 상수리나무(*Quercus acutissima*) : 전국의 해발고도가 낮은 산지에 분포하며, 생장이 빠르고 목재가 단단하다. 여러 특징이 굴참나무와 유사하지만 잎 뒷면에 광택이 나고 연녹색을 띠는 것이 다르다.
- 굴참나무(*Quercus variabilis*) : 전국의 해발고도가 낮은 산지에 분포한다. 특징이나 모양새가 상수리나무와 유사하지만 잎 뒷면이 회백색(백색털)이고 수피에 코르크층이 발달했다.

- 신갈나무(*Quercus mongolica*) : 전국의 해발고도가 높은 산지에 분포한다. 잎 뒷면에 털이 거의 없고 잎자루가 짧으며, 잎 밑이 사람의 귓불 모양(이저, 耳底)으로 넓게 갈라져 있다.
- 떡갈나무(*Quercus dentata*) : 전국의 해발고도가 낮은 산지에 분포하며, 참나무류 중 대체로 잎이 가장 큰 편이다. 잎자루가 거의 없고 갈색털이 밀생하며 잎 아래쪽이 사람의 귓불 모양이다.
- 갈참나무(*Quercus aliena*) : 전국의 해발고도가 낮은 산지에 분포하며, 잎 뒷면이 회백색이고 잎자루가 길다.
- 졸참나무(*Quercus serrata*) : 주로 중부 이남의 해발고도가 낮은 산지에 분포하며, 참나무류 중 대체로 잎이 가장 작고 잎자루는 길다.

[참나무류의 분류]

구분	백색 계통	흑색 계통
줄기	껍질이 비교적 흰색	껍질이 비교적 검은색
잎 크기	잎이 넓은 편	잎이 좁은 편
열매 성숙시기	1년	2년
수종	떡갈나무, 졸참나무, 신갈나무, 갈참나무	상수리나무, 굴참나무

② 너도밤나무(*Fagus engleriana*)

울릉도에 자생하는 수종으로 음수이며, 결실주기가 5년 이상으로 상당히 길다.

③ 사시나무속(*Populus*)

- 사시나무속은 줄기가 곧게 자라며 생장이 빠르고 습기가 있는 토양을 좋아한다.
- 은백양과 양버들은 유럽이, 미루나무(미류나무)는 미국이 원산이다.

④ 버드나무(*Salix koreensis*)

- 전국의 계곡이나 하천, 저수지 등 습한 곳에서 흔하게 자라는 수목으로 양수이다.
- 4월경 꽃이 핀 직후 열매가 성숙하여 5월이면 종자를 얻을 수 있다.

⑤ 자작나무속(*Betula*)

- 자작나무(*Betula platyphylla*) : 수피가 희고 수평으로 갈라지며, 높은 산지에 분포한다.
- 박달나무(*Betula schmidtii*) : 수피가 약간 어두운 회색을 띠며, 목재가 단단하다.
- 거제수나무(*Betula costata*) : 깊은 산속에 분포하며, 수액을 채취하여 약수로 이용한다.

⑥ 오리나무(*Alnus japonica*)

- 전국 산야의 습한 곳에 분포하며, 암꽃과 수꽃이 한 나무에 같이 피는 자웅동주의 수목이다.
- 양분요구도가 적고 토양을 비옥하게 하는 효과가 있어 주로 척박한 곳에 식재된다.

⑦ 느티나무(*Zelkova serrata*)
- 전국에 분포하나 주로 남쪽 지방에 많이 나타나며, 생장이 빠르고 낮은 땅을 좋아하는 수목이다.
- 오래도록 살아남아 예로부터 당산목이나 정자나무로 이용되어 왔다.

⑧ 아까시나무(*Robinia pseudoacacia*)
- 콩깍지와 같은 열매를 맺는 콩과(협과) 수목이다.
- 수분과 양분요구도가 낮으며, 발아력과 맹아력이 모두 좋아 척박지에서도 생장이 좋다.
- 임지비배 효과도 있어 우리나라에서 대표적으로 많이 식재되고 있는 사방수종이다.
  - * 사방(砂防)수종 : 산지의 붕괴, 토사유출 등을 방지하기 위해 식재하는 수종

∥ 아까시나무의 열매 ∥

3. 조림 수종 기타

(1) 조림 수종의 선택 요건

- 성장 속도가 빠르고, 재적 성장량이 높은 것
- 질이 우수하여 수요가 많은 것
- 가지가 가늘고 짧으며, 줄기가 곧은 것
- 각종 위해에 대하여 저항력이 강한 것
- 입지에 대하여 적응력이 큰 것
- 산물의 이용 가치가 높고 수요량이 많은 것
- 종자채집과 양묘가 쉽고, 식재하여 활착이 잘 되는 것
- 임분 조성이 용이하고 조림의 실패율이 적은 것

(2) 우리나라의 재래수종과 도입수종

① 재래수종(자생종, 향토종)
- 침엽수 : 소나무, 해송, 금강송(강송), 잎갈나무, 잣나무, 전나무(젓나무), 구상나무, 노간주나무 등
- 활엽수 : 굴참나무, 느티나무, 너도밤나무, 버드나무 등

② 도입수종(외래종)
- 일본 : 낙엽송(일본잎갈나무), 삼나무, 편백, 화백, 일본전나무, 사방오리나무, 가이즈카향나무 등

- 미국 : 리기다소나무, 낙우송, 플라타너스, 아까시나무, 미루나무, 연필향나무, 미국 물 푸레나무, 방크스소나무, 버지니아소나무, 스트로브잣나무 등
- 유럽 : 은백양, 양버들, 독일가문비나무, 유럽소나무, 이태리포플러 등

(3) 우리나라의 주요 경제수종

우리나라가 중점적으로 권장하고 있는 경제수종은 장기수 15종, 속성수 5종, 유실수 2종으로 총 22종이다.

[우리나라 경제수종의 종류]

구분		수종
장기수(15종)	침엽수(10종)	강송(금강송), 잣나무, 전나무, 낙엽송, 삼나무, 편백, 해송, 리기테다소나무, 스트로브잣나무, 버지니아소나무
	활엽수(5종)	참나무류, 자작나무류, 물푸레나무, 느티나무, 루브라참나무
속성수(5종)		이태리포플러, 현사시나무, 양황철나무, 수원포플러, 오동나무
유실수(2종)		밤나무, 호두나무

묘목의 식재

묘상에서 키운 묘목을 굴취, 포장, 운반, 가식의 과정을 거쳐 드디어 산지에 식재함으로써 인공조림지를 조성하게 된다. 각 조림지의 기후나 토양조건에 맞는 적절한 조림수종을 선택해야 하는 것은 물론이고, 식재시기, 식재밀도, 식재방법 등을 충분히 고려하여 묘목을 식재하는 것이 조림의 성패를 크게 좌우하는 인자가 된다.

1. 묘목의 굴취 등

(1) 묘목의 굴취 및 포장

① 굴취(掘取)는 묘목을 이식하기 위해 캐내는 작업으로 주로 해빙이 되는 이른 봄에 실시하나 늦가을에 하기도 한다.

② 굴취는 포지에 어느 정도 습기가 있을 때 작업하며, 뿌리에 상처를 주지 않도록 주의한다.

[묘목 굴취의 적기]

실시	습도가 높고, 흐리며, 바람이 없고, 서늘한 날, 아침 이슬이 마른 시간 등
금지	비가 오거나 바람이 심하게 부는 날, 아침 이슬이 마르지 않은 새벽 등

③ 굴취한 묘목은 건전한 것을 골라 규격별로 선묘(選苗, 묘목의 선별)하여 다발로 묶어 둔다.

④ 묘목을 일정 본 수의 작은 다발로 묶은 것을 속(束)이라 하며, 이 속을 다시 큰 다발로 묶은 것을 곤포(梱包, packing)라 한다.

⑤ 곤포란 묘목을 식재지까지 운반하기 위해 알맞은 크기로 다발묶음하여 포장하는 것을 말한다.

⑥ 선묘한 2년생 소나무 묘목을 포함한 일반적 묶음별 그루수(속당 본수)는 20본이다.

[수종별 속당·곤포당 묘목 본수]

수종	묘령	속당본수	곤포당	
			속수	본수
리기다소나무	1년생	20	100	2,000
잣나무	2년생	20	100	2,000
자작나무	1년생	20	75	1,500
삼나무	2년생	20	50	1,000
호두나무	1년생	20	25	500
낙엽송	2년생	20	25	500

「종묘사업실시요령」 中

(2) 묘목의 운반

① 운반(運搬)은 포지에서 양성된 묘목을 식재될 산지까지 수송하는 일로, 되도록 포장 당일 (1일 이내) 조림지에 도착하도록 한다.

② 운반 시 건조로 인해 활력을 잃지 않도록 주의하고, 비를 맞히지 않도록 한다. 또한, 무게 에 의해 억눌려 뜨지 않도록 해야 하며, 묘목에 손상이 없도록 주의해야 한다.

(3) 묘목의 가식

① 가식(假植)은 묘목을 심기 전 일시적으로 도랑을 파서 그 안에 뿌리를 묻어 건조를 방지 하고 생기를 회복시키는 작업이다.

② 조림지에 심기 전 임시로 근처 가까운 곳에 심어 조림지의 환경에 적응하도록 돕는 것이다.

③ 선묘 결속하여 운반된 묘목은 즉시 가식하여야 한다.

④ 가식의 장소
- 배수와 통기가 좋은 사질양토인 곳
- 토양습도가 적당한 곳
- 배수가 양호하며, 그늘지고 서늘한 곳
- 물이 고이거나 과습하지 않은 곳
- 건조한 바람과 직사광선을 막을 수 있는 곳
- 주변의 대기 습도가 적당히 높은 곳
- 조림지의 최근거리에 위치한 곳

⑤ 묘목의 가식방법

- 가을에는 묘목의 끝이 남쪽으로 향하게 하여 45° 정도 경사지게 뉘여서 가식한다.
- 봄에는 묘목의 끝이 북쪽으로 향하게 하여 비스듬히 눕혀 묻는다.
- 지제부가 10cm 이상 깊게 묻히도록 한다.
- 뿌리부분을 부채살 모양으로 열가식한다.
- 단기간 가식하고자 할 때에는 묘목을 다발째로 비스듬히 뉘여서 뿌리를 묻는다.
- 장기간 가식하고자 할 때에는 묘목을 다발에서 풀어 낱개로 펴고 도랑에 세워 묻는다.
- 가식지 주변에 배수로를 설치한다.
- 비가 오거나 비 온 후에는 가급적 바로 가식하지 않는다.
- 동해에 약한 유묘는 움가식을 한다.
  * 움가식 : 구덩이를 파 깊숙이 묻고 거적이나 짚 등으로 덮어 동해 예방
- 낙엽수는 묘목 전체를 땅속에 묻어도 된다.
- 조림예정지가 원거리에 있거나 해빙이 늦은 지역은 조림예정지 부근에 가식 월동을 한다.
- 추위나 바람의 피해가 우려되는 곳은 묘목의 정단부분이 바람과 반대방향이 되도록 뉘여서 묻는다.

2. 식재예정지 정리

(1) 식재예정지 준비

① 식재예정지는 벌채 잔해물과 기존의 다양한 경쟁 식생들이 분포하고 있으며, 암석, 자갈, 낙엽과 같은 많은 유기물 등 식재 작업에 있어 각종 장애인자들이 존재한다.
② 이러한 요인들은 묘목 식재 시 불편을 줄 뿐만 아니라 식재목의 활착과 생육에도 지장을 주므로 식재 전에 제거하여야 한다. 🖉 식재예정지 정리 주요 이유 : 식재작업 조건 개선
③ 묘목 식재 전 예정지에서 잡초, 덩굴식물, 관목 등을 제거하는 조림지 준비 작업을 지존작업(地拵作業, ground clearance)이라고도 한다.

(2) 식재예정지 정리작업의 효과

① 식재된 묘목이나 발아된 실생묘와 경쟁식생의 경합을 완화시킬 수 있다.
② 과습지역의 배수로를 만들어 초기 토양수분 상태를 개선할 수 있다.
③ 상층목의 밀도를 조절하여 식재된 묘목의 초기 활착과 생장을 개선할 수 있다.
④ 벌채 잔해물을 제거함으로써 식재작업 조건을 개선할 수 있다.
⑤ 묘목의 활착과 생장을 촉진하여 임지의 물질생산성을 높일 수 있다.

⑥ 식재 이후의 무육관리 작업조건을 개선할 수 있다.

⑦ 야생동물의 먹이조건과 은신처를 개선할 수 있다.

⑧ 산불의 위험을 줄일 수 있다.

⑨ 병충해를 감소시킬 수 있다.

⑩ 산림의 경관미학적 가치를 개선할 수 있다.

(3) 식재예정지 정리방법

조림지의 식생, 입지, 식재방법, 식재수종 등의 여건에 따라 효율적인 방법을 적용하며, 크게 기구나 기계를 이용하는 방법과 소각하는 방법, 제초제를 사용하는 방법 등이 있다.

① 기계적 방법
- 낫, 손도끼, 톱 등의 기구나 트랙터, 불도저 등의 기계를 이용하여 조림지를 정리하는 방법이다.
- 넓은 평탄지에서는 일률적 작업이 가능하여 중장비로 밀거나 갈아엎어 정리하는 것이 효율적일 수 있으나, 경사가 심한 산악지에서는 낫, 손도끼, 톱 등의 소도구를 이용하여 인력으로 잡목을 쳐내는 방법(쳐내기법)을 주로 적용한다.

② 화입법(火入法)
- 식재작업에 지장을 주는 벌채 잔해물이나 잡관목을 태워 처리하는 방법이다.
- 작업법이 간단하며 인력과 비용을 절감할 수 있으나, 인접지역으로 인화 우려가 있어 지금은 거의 사용하지 않는다.

③ 화학적 방법(약제처리법)
- 화학약제인 제초제를 사용하여 신속하게 처리하는 방법이다.
- 비교적 간편하게 작업할 수 있으며, 인력과 비용을 줄일 수 있지만 농약 사용으로 인한 주변 식물의 약해와 환경오염을 유발할 수 있어 주의가 필요하다.

 Summary!

식재예정지 정리방법(조림지 준비작업, 지존작업)
기계적 방법(쳐내기법), 화입법, 화학적 방법(약제처리법)

3. 묘목의 식재 시기

식재시기는 주로 봄이지만 가을에 식재하기도 한다. 봄철에는 서리의 피해가 우려되지 않을 때 심는 것이 좋으며, 가을 식재 시에는 겨울철의 동해나 한해를 고려하여야 한다.

[지역별 식재 시기]

지역	식재 시기
온대 남부지역	2월 하순~3월 중순
온대 중부지역	3월 초순~4월 초순
북부 고산지역	3월 하순~4월 하순

4. 묘목의 식재밀도

(1) 묘목의 식재본수

① 식재본수는 일반적으로 침엽수는 3,000본/ha, 활엽수는 3,000~6,000본/ha을 기준으로 하며, 땅의 비옥도나 목표생산재 등에 따라 가감하여 식재한다.
② 유실수인 밤나무는 보통 400본/ha, 호두나무는 300본/ha을 식재한다.

(2) 식재밀도에 따른 특징

① 식재밀도는 ha당 심는 수목의 본수로 나타내며, 그 정도에 따라 여러 특징을 보인다.
② 식재밀도는 수고생장에도 영향을 주지만 직경생장에 더 큰 영향을 끼친다.
③ ha당 5,000본 이상 식재하였을 때 밀식조림이라고 한다.

④ 식재밀도가 높을 때 수목의 특징
  • 연륜폭이 좁아져 지름은 가늘지만 완만한 목재를 생산할 수 있다.
  • 가지의 생장이 억제되어 총생산량 중 가지의 비율이 감소하고 간재적의 비율은 증가한다.

⑤ 식재밀도가 낮을 때 수목의 특징
단목재적은 빨리 증가하여 직경생장이 좋아지고 초살도가 높은 용재를 생산한다.
* 초살도(梢殺度) : 수간 하부의 직경생장이 증가하여 상부로 갈수록 좁아지며 뾰족해지는 현상

(3) 밀식조림의 장단점

① 장점
  • 수관이 조기에 울폐되어 임지의 침식과 건조 방지 및 보호 효과
  • 잡초의 발생을 억제하여 풀베기 작업 비용 절감

- 수목의 지름은 가늘지만 곧은 완만재 생산
- 가지의 생장을 막아 마디가 적으며 지하고가 높은 수목 생산
- 가지치기 비용 절감
- 키가 큰 나무를 빨리 이용하고자 할 때 유리
- 제벌, 간벌의 여유(선목의 여유)가 있어 우량 임분으로 유도 가능
- 간벌로 인한 중간 수입 기대

② 단점
- 묘목대, 조림비, 무육관리비, 노동력 등이 다량 소요
- 밀립하면 줄기가 가늘고 근계 발달이 약화되어 풍해, 설해, 병충해 등의 피해 우려
- 하층식생 발달이 빈약해져 산림생태계의 전반적 건전성 악화

(4) 식재밀도에 영향을 미치는 인자

① 밀도를 결정할 때에는 경영목표, 지리적 조건, 수종의 특성, 산주의 경영 여건 등 여러 인자를 고려하고 분석하여 시행한다.
② 연료재나 펄프재 등의 소경재 생산에는 밀식조림하여 대량생산하는 것이 좋으나, 교통이 불편한 오지림에서는 수목의 운반이 어려워 밀식 소경재 생산은 불리하다.
③ 비옥한 임지에서는 수목의 생장속도가 빨라 소식하며, 광선요구량이 많은 양수도 소식하는 것이 유리하다. 그러나 양수라도 줄기가 자유롭게 굽어 형질이 악화되는 느티나무, 소나무, 해송 등은 밀식을 하여 고급재로 생산할 수 있다.

[식재밀도에 영향을 미치는 인자]

구분	밀식(密植)	소식(疏植)
경영목표	소경재 생산	대경재 생산
지리적 조건	교통이 편리한 곳	교통이 불편한 오지림
토양의 비옥도	비옥도가 낮은 토양	비옥도가 높은 토양
양음수	음수	양수
수종의 특성	소나무, 해송, 느티나무 등 줄기가 굽는 수종	–

5. 식재망

일정한 간격과 형상으로 묘목을 식재하는 것을 식재망이라고 한다. 규칙적인 배열과 비규칙적인 배열의 식재망이 있는데, 규칙적 식재망(배식설계)에는 장방형(직사각형), 정방형(정사각형), 정삼각형, 이중정방형 등의 종류가 있다.

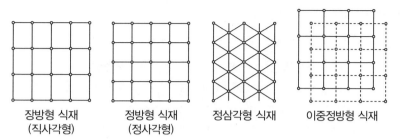

장방형 식재   정방형 식재   정삼각형 식재   이중정방형 식재
(직사각형)   (정사각형)

┃ 규칙적 식재망의 종류 ┃

(1) 장방형(직사각형) 식재

묘목의 묘간거리와 줄사이거리가 다른 직사각형 형태로 식재하는 방법이다.

$$N = \frac{A}{a \times b}$$

여기서, N : 소요 묘목 본수, A : 조림지 면적(m^2), a : 묘간거리(m), b : 줄사이거리(m)

Exercise 01

묘목과 묘목 사이의 거리가 1m, 열과 열 사이의 거리가 2.5m의 장방형 식재일 때, 1ha에 심게 되는 묘목 본수는?

풀이 1ha = 10,000m^2이므로, 본수는 $N = \dfrac{10,000}{1 \times 2.5} = 4,000$본

(2) 정방형(정사각형) 식재

① 묘목의 묘간거리와 줄사이거리가 같은 정사각형 형태로 식재하는 방법이다.

② 가장 일반적으로 많이 쓰이는 식재망이다.

③ ha당 1.8m×1.8m의 정방형으로 3,086본을 식재하는 것이 널리 이용되고 있다.

$$N = \frac{A}{a^2}$$

여기서, N : 소요 묘목 본수, A : 조림지 면적(m^2), a : 묘간거리(m)

Exercise 02

열간거리 2m, 묘간거리 2m로 묘목을 식재하려면 1ha당 몇 그루의 묘목이 필요한가?

풀이 1ha = 10,000m^2이므로, 본수는 $N = \dfrac{A}{a^2} = \dfrac{10,000}{2^2} = 2,500$본

(3) 정삼각형 식재

① 묘목의 전체 간격이 모두 같은 정삼각형 형태로 식재하는 방법이다.

② 일정 면적에 대해 정방형 식재보다 본수는 15.5% 증가한다.

③ 정방형 식재보다 묘목 1본이 차지하는 면적은 86.6%로 감소한다.

④ 일정 면적당 많은 묘목을 심을 수 있는 장점이 있다.

$$N = \frac{A}{a^2} \times 1.155 \text{ 또는 } N = \frac{A}{a^2 \times 0.866}$$

여기서, N : 소요 묘목 본수, A : 조림지 면적(m²), a : 묘간거리(m)

Exercise 03

묘간거리가 2m인 정삼각형 식재 때의 1ha당 묘목의 본수는?

풀이 1ha = 10,000m²이므로, 본수는 $N = \dfrac{A}{a^2} \times 1.155 = \dfrac{10,000}{2^2} \times 1.155 = 2,887.5$본

(4) 이중정방형 식재

① 정방형 식재를 이중으로 겹쳐 식재하는 방법이다.

② 정방형 식재의 2배에 해당하는 묘목을 식재 가능하다.

$$N = \frac{A}{a^2} \times 2$$

여기서, N : 소요 묘목 본수, A : 조림지 면적(m²), a : 묘간거리(m)

 Summary!

규칙적 식재망
- 일정한 규칙과 형태로 묘목을 식재하는 배식설계
- 장방형 식재, 정방형 식재, 정삼각형 식재, 이중정방형 식재 등

6. 식재방법 및 순서

(1) 어린 노지묘 일반 식재방법

① 식재지 주변 토양 표면의 돌, 잡초, 낙엽 등을 정리하여 한쪽으로 치운다.

② 수종, 근계 발달 상황 등을 고려하여 충분한 넓이와 깊이의 구덩이를 판다.

③ 부식이 많은 깨끗한 표토를 따로 분리하여 한쪽으로 잘 모아둔다.

④ 구덩이 중앙에 뿌리가 자연스럽게 퍼지도록 묘목을 수직으로 세운 후 가려두었던 표토를 뿌리 사이에 고루 넣어 구덩이를 가볍게 채운다.

⑤ 흙이 70%가량 채워지면 묘목을 살짝 위로 당기듯이 흔들어 주어 뿌리가 잘 퍼지고 뿌리 사이에 흙이 고르게 채워지도록 하며 나머지 흙도 채운다.

⑥ 원지면보다 약간 두둑하고 높게 흙을 채운 후 발로 밟아 잘 다져 준다.

⑦ 건조를 막기 위해 치워 두었던 낙엽과 잡초 등을 덮어 마무리한다.

 Summary!

구덩이 식재(식혈식재) 순서
지피물 제거 → 구덩이 파기 → 묘목 삽입 → 흙 채우기 → 다지기 → 지피물 피복

(2) 식재 시 유의사항

① 뿌리가 굽지 않도록 한다.

② 충분한 크기의 구덩이를 판다.

③ 너무 깊거나 얕게 식재되지 않도록 한다.

④ 비탈진 곳에서도 흙이 수평이 되도록 덮는다.

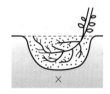 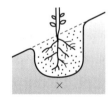 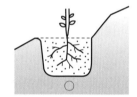

▮ 올바른 식재방법 ▮

(3) 봉우리 식재방법

① 식재지 구덩이 바닥 중앙에 흙을 모아 봉우리를 만들어 식재하는 방법이다.

② 천근성이며 직근이 빈약하고 측근이 잘 발달된 가문비나무 등과 같은 수종의 어린 노지묘를 식재할 때 사용되는 방법이다.

③ 흙을 봉우리 형태로 쌓아두고 묘목의 뿌리를 이 봉우리 위에 놓고 뿌리가 자연스럽게 사방으로 고루 퍼지게 하는 것이 좋다.

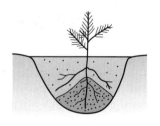

▮ 봉우리 식재 ▮

CHAPTER 03 파종조림

1. 파종조림 일반

(1) 파종조림 일반

① 파종조림이란 묘목을 양성하여 식재하는 것이 아닌 종자를 직접 임지에 파종하여 조림하는 것으로 직파조림(直播造林)이라고도 부른다.
② 파종조림은 종자의 결실량이 많고 발아가 잘 되는 수종에 실시하며, 식재조림이 어려운 암석지, 급경사지, 붕괴지, 척박지 등에 적용한다.
③ 침엽수 중에서는 소나무, 해송, 리기다소나무가 적합하며, 활엽수 중에서는 참나무류, 밤나무 등이 적합하다.

(2) 파종조림의 특징

① 발아율과 치묘(稚苗)의 생존율이 낮다.
② 발아된 치묘는 생존율이 낮아 발아 후 1~2년 사이에 고사하는 경우가 많다.
③ 일단 발아하여 크게 성장하면 식재묘목보다 환경에 잘 적응하여 환경 변화에 강하다.
④ 발아된 묘목의 자연적인 발달을 도모할 수 있다.
⑤ 묘목 양성 비용이 들지 않아 경제적이다.
⑥ 묘포장의 양묘방법보다 종자량은 많이 든다.
⑦ 파종을 위한 조림예정지 정리작업과 파종 후 흙덮기작업 등이 필요하다.

> **참고**
>
> 발아의 조건(발아에 영향을 미치는 환경인지)
> - 수분 : 종자가 수분을 흡수하면 종피가 연화되어 부드러워지고 내부조직은 팽윤하여 종피가 벗겨지기 쉬운 상태가 된다.
> - 온도 : 온도는 수분과 함께 종자의 발아에 결정적 영향을 주는 요소이다. 식물은 주로 밤낮의 온도 차이가 발생할 때 자극을 받아 발아하게 된다.
> - 산소 : 대부분의 종자는 충분한 산소 호흡이 이루어져야 발아에 필요한 에너지를 생성할 수 있다.

• 광선 : 광선은 종자의 발아에 크게 영향을 주지는 않으나, 종에 따라 빛을 좋아하는 호광성(好光性) 종자
  와 빛을 싫어하는 혐광성(嫌光性) 종자도 있다.
  → 이 중 수분, 온도, 산소(공기)는 발아의 필수 조건이다.

2. 파종방법

(1) 점파(點播, 점뿌림)

① 일직선으로 종자를 하나씩 띄엄띄엄 심는 방법

② 상수리나무, 밤나무, 호두나무, 칠엽수, 은행나무 등과 같은 대립종자

(2) 조파(條播, 줄뿌림)

① 일정 간격을 두고 줄지어 뿌리는 방법

② 아까시나무, 느티나무, 옻나무, 싸리나무 등과 같은 중립종자

(3) 산파(散播, 흩어뿌림)

① 파종상 전체에 고르게 흩어뿌리는 방법

② 소나무류, 삼나무, 낙엽송, 오리나무, 자작나무 등과 같은 세립종자

(4) 상파(床播, 모아뿌림)

① 종자를 몇 개씩 모아 점뿌림 형식으로 심는 방법

② 30cm 정도의 원형 파종상을 만들어 파종

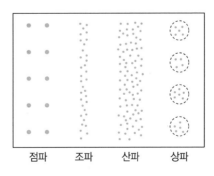

| 점파 | 조파 | 산파 | 상파 |

┃ 파종법의 종류 ┃

3. 파종조림의 성패 요인

① 파종조림은 여러 장애 요인에 의해 실패할 가능성이 크다.

② 가장 큰 원인은 조류나 설치류(토끼, 들쥐, 다람쥐) 등의 소동물로 인한 것인데, 이러한 피해를 막기 위해서는 파종 시 종자 보호물을 설치하여 대비하여야 한다.

③ 그 외에 발아한 어린 묘가 서리의 피해를 받거나, 발아하여 줄기가 약할 때 흙옷의 피해를 입어 죽게 될 수도 있다.

  * 흙옷(토의, 土衣) : 흙이 섞인 빗방울이 어린 묘목에 튀어 옷과 같이 덮어 쓰게 되는 현상으로 광합성이나 호흡작용을 막아 고사에 이르게 함

④ 특히, 우리나라의 봄 기후는 건조하여 발아가 지연되면 파종조림은 실패하게 된다.

> **POINT!**
>
> 파종조림의 성패에 영향을 주는 요인
> 수분, 동물의 피해, 건조의 피해, 서리(서릿발)의 피해, 흙옷(토의) 등 ✎ 식물의 해 ✕

P A R T

03

식재지 관리

CHAPTER 01 식재지 환경

1. 토양의 단면

(1) 토양의 기반암

지각의 표층에 있는 암석은 생성과정에 따라 크게 화성암, 퇴적암(수성암), 변성암으로 나뉘며, 이 암석들이 토양의 재료가 되는 기반암이 된다.

① 화성암(火成巖)
- 지하 깊은 곳의 마그마가 식으며 굳어져 생성된 암석으로 지각의 대부분을 이루고 있다.
- 암석에 들어 있는 규산(SiO_2)의 함량에 따라 염기성암, 중성암, 산성암으로 구분하며, 염기성일수록 규산의 함량이 적고 어두운 색을 띤다.
- 화강암, 현무암, 안산암, 섬록암, 유문암 등이 있다.

② 퇴적암(堆積巖, 수성암)
- 물이나 바람 등으로 운반된 광물이 퇴적되어 굳은 암석이다.
- 사암(모래퇴적), 혈암(셰일, 점토퇴적), 석회암, 응회암 등이 있다.

③ 변성암(變成巖)
- 높은 온도와 압력 등의 영향으로 성질이 변하는 변성작용을 받아 형성된 암석이다.
- 편마암(화강암이 변성), 결정편암, 점판암, 천매암, 대리석(석회암이 변성), 규암(사암이 변성) 등이 있다.

(2) 토양의 수직적 단면

토양은 일정한 단면을 형성하고 토층이 나뉘며 발달하게 되는데, 이것을 토양의 층위분화(層位分化)라고 한다. 이 층위분화를 통해 토양 단면의 모습이 갖추어진다.

구분	내용
유기물층(O층)	• 낙엽, 낙지 등의 유기물이 쌓이고 분해된 성분으로 구성된 층 • 산림토양층에서 가장 위층
표토층(A층)	• 실질적인 토양의 윗부분 표면이 되는 층 = 용탈층 • 용탈에 의해 용해성 토양 성분이 제거된 암흑색의 토양층
심토층(B층)	• A층으로부터 용탈된 물질이 쌓인 비교적 깊은 층 = 집적층 • 빗물에 의해 씻겨 내려온 부식질, 점토, 철분, 알루미늄 성분 등이 집적됨
모재층(C층)	• 토양 모재가 쌓인 층 • 우리나라는 화강편마암계가 가장 많음
모암층(R층)	토양의 원재료인 암석층

* 용탈 : 토양 중의 가용성 물질이 물에 녹아 씻겨 내려가는 현상
* 모재(母材) : 암석이 풍화작용을 거쳐 형성된 토양의 최초 재료

📝 **POINT!**

토양 단면의 층위 순서

유기물층(O층) → 표토층(A층, 용탈층) → 심토층(B층, 집적층) → 모재층(C층) → 모암층(R층)

2. 토양의 유기물

(1) 토양유기물 일반

① 산림토양에서 유기물층은 낙엽과 같은 많은 유기물이 쌓인 층으로 비교적 잘 발달되어 있다.
② 대부분의 토양 동물은 공간적인 조건이나 광조건이 양호한 이 유기물층에 서식한다.
③ 낙엽, 낙지, 동식물의 분비물 및 사체 등의 유기물이 토양미생물에 의해 썩고 분해되어 생성되는 물질을 부식(腐植, humus)이라 하며, 부식은 산림토양의 물리적·화학적 성질을 개량하는 데 도움을 준다.

(2) 산림토양에서 부식질(humus)의 기능

① 질소, 인산 같은 양분을 토양에 공급하여 수목생육을 돕는다.
② 유용미생물의 생육에 필요한 에너지를 제공하여 토양 구조개량을 돕는다.
③ 토양입자를 단단히 결합하여 구조적으로 안정한 입단구조를 형성한다.
④ 토양수분의 이동 및 저장에 영향을 미쳐 통기성, 보수력이 증대된다.
⑤ 산성토양을 간접적으로 개량한다.

⑥ 토양 가비중을 낮춘다. 가비중이란 채취한 토양의 부피에 대한 건조한 토양의 무게비를 말하는 것으로 부식함량이 높은 토양은 가벼워 가비중이 낮다.

3. 토양의 미생물

토양에는 세균, 사상균, 방사상균, 조류, 원생동물 등의 다양한 미생물이 존재한다.

(1) 세균(細菌, bacteria)

① 단세포 미생물로 토양미생물 중 수가 가장 많으나 산성에서는 잘 살지 못해 산림토양과 같은 산성땅에서는 그 수가 많지 않다.
② 적당한 온도와 pH가 중성일 때 생육이 양호하다.

(2) 사상균(絲狀菌, fungi)

① 실 모양의 균사(菌絲)를 가진 곰팡이로 진균, 균류라고도 하며, 대부분 호기성으로 산소 부족 시 번식이 불량하다.
② 토양 속에서 유기물을 분해하고 균사와 진을 내어 흙 알갱이들을 뭉치게 함으로써 토양의 입단 형성을 돕는다.
③ 세균이나 방사상균도 살지 못하는 산성토양 등 생육환경이 불량한 곳에서도 살아남아 부식을 생성하며 토양 입단 형성에도 크게 영향을 미친다.

(3) 근류균(根瘤菌, 뿌리혹균)

① 근류균이란 식물 뿌리에 공생하여 뿌리혹을 만들고 그 속에서 질소를 고정하는 균을 말한다. ✎ 질소고정 : 공기 중에 존재하는 기체상태의 질소를 식물이 이용 가능한 형태로 전환하는 과정
② 콩과식물의 뿌리에 공생하는 *Rhizobium* 속 세균(뿌리혹박테리아)과 비콩과식물에 공생하는 *Frankia* 속 방사상균을 근류균(根瘤菌)이라 한다.
③ 근류균이 공생하는 수목은 건조하고 척박한 환경에서도 생육이 좋다.

[근류균(뿌리혹균)의 종류]

구분	내용
Rhizobium 속	아까시나무, 싸리나무류, 자귀나무, 칡 등의 콩과식물의 뿌리에 공생
Frankia 속	오리나무류, 소귀나무, 보리수나무류 등의 비콩과식물의 뿌리에 공생

(4) 균근(菌根)

① 사상균 중 식물의 뿌리에 공생하며 수분과 양료를 흡수하여 기생식물에게 공급하는 균류가 있는데, 이러한 균의 균사와 긴밀히 결합하여 공생관계에 있는 뿌리를 균근(菌根)이라 한다.

② 기주식물로부터 탄수화물을 얻어 균사를 뻗고 더 효율적으로 수분과 무기양분을 흡수하여 기주식물에게 공급하게 된다.

③ 육상식물 뿌리의 거의 대부분에서 형성되어 인산을 포함한 양분의 흡수에 있어 대단히 중요한 역할을 한다.

④ 기생위치에 따라 외생균근, 내생균근, 내외생균근이 있으며, 소나무에는 외생균근(송이 버섯)이 형성된다.

  • 외생균근 : 균사가 뿌리 피층부의 상층세포 사이까지만 들어가 있는 균근. 대표적으로 소나무에는 외생균근인 송이버섯 형성

  • 내생균근 : 균사가 뿌리 세포의 내부조직까지 파고 들어가 있는 균근

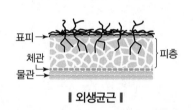

‖ 외생균근 ‖

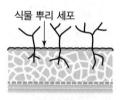

‖ 내생균근 ‖

4. 토양의 구조

(1) 토성(土性)

① 입자크기(입경)에 따른 모래, 미사(실트), 점토의 상대적인 함량비, 즉 토양의 입경조성을 토성(土性)이라 하며, 토성에 따라 토양의 물리적 성질이 달라지게 된다.

② 국제토양학회에서는 토양을 입경에 따라 자갈, 모래, 미사, 점토로 분류하고 있으며, 자갈의 입경이 2.0mm 이상으로 크고, 점토가 0.002mm 이하로 가장 작다. 자갈은 토성 결정 시 제외된다.

[토양입자의 분류]

입자구분		입경(입자의 지름, mm)
점토		0.002 이하
미사		0.002~0.02
모래	세사	0.02~0.2
	조사	0.2~2.0
자갈		2.0 이상

「국제토양학회법」中

③ 우리나라는 점토를 기준으로 하여 그 함량에 따라 사토, 사양토, 양토, 식양토, 식토로 토성을 구분하고 있다.

④ 대부분의 수목은 통기성 및 보수·보비력이 좋은 사양토나 양토에서 생장이 좋은 편이다.

  * 보비력(保肥力) : 토양이 비료성분을 오래 지니는 힘

[점토함량에 따른 일반적 토성 분류]

토성	점토함량(%)	특징
사토	12.5 이하	모래가 대부분인 토양
사양토	12.5~25.0	–
양토	25.0~37.5	–
식양토	37.5~50.0	–
식토	50.0 이상	점토가 대부분인 토양

(2) 토양 공극

① 토양 속에서 공기나 물이 차지하고 있는 흙 알갱이 사이의 공간을 공극(孔隙)이라 한다.

② 산림토양은 경작토양보다 전체적으로 공극이 많아 통기성이 좋고, 공극률이 높다.

③ 공극의 양과 크기는 토양 내 통기성, 보수력, 보비력 등과 관련이 깊어 식물생육을 크게 좌우한다.

④ 공극량과 공극 크기에 따른 성질

  • 공극량과 공극의 크기가 작을 때 : 통기성은 떨어지지만, 보수력과 보비력이 좋음
  • 공극량과 공극의 크기가 클 때 : 통기성은 좋으나, 보수력과 보비력이 떨어짐

(3) 토양구조

토양구조란 토양입자들이 이루고 있는 공간적인 배열이나 접합상태를 의미하는 것으로 크게 단립구조와 입단구조로 구분한다.

① 단립구조(單粒構造, 홑알구조)
  • 토양입자가 뭉쳐 있지 않고 하나하나 떨어져 존재하는 구조
  • 대공극이 많고 소공극이 적어 통기성이나 투수성은 좋으나 보수력과 보비력이 떨어짐
  • 모래, 미사(고운 모래) 등

② 입단구조(粒團構造, 떼알구조)
  • 토양입자가 모여 하나의 흙덩어리를 만들고 또 이 덩어리들이 모여 더 큰 덩어리를 만들며 순차적으로 집합하여 입단을 형성하는 구조
  • 대소 공극을 유효적절히 지녀 통기성 및 보수성이 좋음
  • 식물 생육에 있어 바람직한 토양구조로 유기물을 시용하면 입단 형성을 도울 수 있음

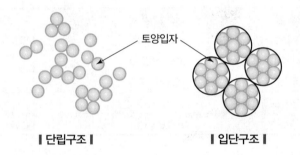

┃ 단립구조 ┃　　　　　　　┃ 입단구조 ┃

5. 토양의 산도

(1) 토양산도 일반

① 토양이 나타내는 산성이나 알칼리성(염기성)의 정도를 토양반응이라 하며, 산도(pH)로 나타낸다.
② 수소이온(H^+)의 농도에 따라 pH 1~14의 수치로 표현한다.
③ pH 7 중성을 기준으로 수소 이온(H^+)이 많을수록 수치가 작아지며 산성이 되고, 반대이면 알칼리성(염기성)이 된다.
④ 일반적으로 산림토양이 경작토양보다 산성으로 pH 수치가 낮게 나타낸다.
⑤ 우리나라는 기반암이 산성인 화강암인 데다가 많은 강우로 유용 양분이 유실되어 전체적으로 산성토양이 많이 분포하고 있다.

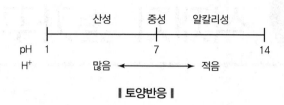

┃ 토양반응 ┃

(2) 산도와 수목생육

① 대부분의 수목은 pH 5.5~6.5의 약산성이나 중성에서 가장 생육이 좋다.

② pH 5.0 이하의 산성에서는 침엽수가 비교적 잘 자란다.

③ pH 6.6~7.3의 중성토양에서는 미생물의 활동이 왕성하며 부식 형성이 쉽고, 수목의 양료 이용이 높게 나타난다.

[토양산도에 따른 적합 수종]

구분	내용
강산성	소나무, 곰솔, 리기다소나무, 낙엽송(일본잎갈나무), 가문비나무, 전나무, 잣나무, 노간주나무, 밤나무, 진달래, 아까시나무, 싸리나무, 사방오리나무
약산성 (pH 5.5~6.5)	대부분의 수목, 참나무, 단풍나무, 피나무, 느릅나무
알칼리성 (염기성)	회양목, 오리나무, 물푸레나무, 사시나무(포플러), 개오동나무, 서어나무, 호두나무, 백합나무, 측백나무

(3) 산성토양의 개량

① 알칼리성인 석회(칼슘질)를 시용하면 산성토양을 개량하여 각종 양분의 효과를 높여주며, 유용미생물의 수가 늘어 토양의 물리 · 화학적 개선을 도모할 수 있다.

② 석회질 비료 중 생석회는 칼슘함량이 가장 높아 중화력도 가장 크다.

③ 산성토양에서는 유용미생물인 질소고정균, 균근 등의 활동이 억제되므로 이러한 균을 첨가(접종)하여 준다.

CHAPTER 02 식재지 숲가꾸기

1. 숲가꾸기 일반

(1) 숲가꾸기의 개념

① 숲가꾸기란 어린 조림목이 자라서 갱신기에 이르는 사이 주임목의 자람을 돕고 임지의
생산능력을 높이기 위해 실시되는 모든 육림작업으로, 산림무육 또는 산림보육이라고도
한다.

② 숲가꾸기는 수목의 실질적인 보육기능 외에 사람이 인위적으로 수목을 선별하고 도태시
키는 선목(選木)의 기능도 있다.

③ 산림무육에는 임목의 무육과 임지의 무육이 있다.

[산림무육의 구분]

구분		작업내용
임목무육		풀베기, 덩굴제거, 어린나무가꾸기(잡목 솎아내기, 제벌), 가지치기, 솎아베기 (간벌)
임지무육	물리적 무육	임지피복, 수평구 설치 등
	생물적 무육	비료목 식재, 수하식재(하목식재), 균근 증식 · 공급 등

(2) 숲가꾸기의 종류

① 자연친화적 무육

생태 환경적인 요소를 중요시하는 무육방법으로 생태적 건전성을 해치지 않는 범위 내에
서의 무육 또는 생태적 건전성을 향상시킬 수 있는 무육을 강조한다.

② 입지적 무육

입지의 특성에 따라 숲가꾸기 작업은 조금씩 다르게 계획되어야 한다. 자연적 입지, 경제
적 입지, 정책적 입지, 기술적 입지, 법적 입지, 개인적 입지 등 각각의 입지에 따른 무육방
법의 차별화를 입지적 무육이라 한다.

2. 산림의 기능별 숲가꾸기 지침

(1) 산림의 6가지 기능

지속 가능한 산림자원의 관리를 위하여 우리나라 산림은 6가지 기능으로 구분하고 있다.

① 생활환경보전림
- 도시와 생활권 주변의 경관유지 등 쾌적한 환경을 제공하기 위한 산림
- 풍치보안림, 비사방비보안림, 도시공원, 개발제한구역 등

② 자연환경보전림
- 생태 · 문화 및 학술적으로 보호할 가치가 있는 자연 및 산림을 보호 · 보전하기 위한 산림
- 생태, 문화, 역사, 경관, 학술적 가치의 보전에 필요한 산림
- 보건보안림, 어촌보안림, 산림유전자원보호림, 채종림, 채종원, 시험림, 자연공원, 습지보호지역, 사찰림, 문화재보호구역, 수목원 등

③ 수원함양림
- 수자원 함양과 수질정화를 위한 산림
- 수원함양보안림, 상수원보호구역, 한강수계, 금강수계, 영산강 · 섬진강수계, 낙동강수계, 집수자연경계 등

④ 산지재해방지림
- 산사태, 토사유출, 대형산불, 산림병해충 등 각종 산림 재해의 방지 및 임지의 보전에 필요한 산림
- 사방지, 토사방비보안림, 낙석방비보안림 등

⑤ 산림휴양림
산림휴양 및 휴식공간의 제공을 위한 산림. 자연휴양림

⑥ 목재생산림
생태적 안정을 기반으로 하여 국민경제활동에 필요한 양질의 목재를 지속적 · 효율적으로 생산 · 공급하기 위한 산림

(2) 기능별 숲가꾸기 목표

① 생활환경보전림

쾌적한 환경을 제공하기 위해 생태적 · 경관적으로 다양한 다층혼효림(多層混淆林)을 목표로 관리한다.

② 자연환경보전림

생태적 가치, 역사 · 문화적 가치, 학술 · 교육적 가치가 있어 건전하게 보전되도록 관리한다.

③ 수원함양림

수원의 유지와 수질을 개선할 수 있는 다층혼효림을 목표로 관리한다.

④ 산지재해방지림

각종 재해에 강한 다층혼효림으로 관리한다.

⑤ 산림휴양림

다양한 휴양기능을 발휘할 수 있는 특색 있는 산림과 종다양성이 풍부하고 경관이 다양하며 지역적 특성에 적합한 다층림 또는 다층혼효림으로 관리한다.

⑥ 목재생산림

양질의 목표생산재를 안정적으로 생산할 수 있는 산림을 목표로 관리한다.

CHAPTER 03 임지 무육 및 시비

1. 물리적 무육

(1) 임지피복

① 임목무육으로 발생한 낙엽, 낙지 등이나 피복재료를 이용하여 임지의 표면을 덮어 보호하는 작업으로 특히나 임지의 관목 등을 베어 피복할 때는 우죽덮기라 한다.

② 임지피복의 효과
- 강우에 의한 표토의 침식과 유실 방지
- 임지의 건조 방지와 토양수분 유지
- 잡초 발생 억제
- 표토의 온도를 조절하여 토양미생물을 보호
- 토양에 유기물 양분을 공급하여 양료 증가
- 보수성이 좋아져 수목의 근계가 발달

(2) 수평구(水平溝)

① 산의 등고선 방향에 따라 일정한 크기와 간격의 홈을 파고 흘러내리는 강우와 흙을 고정하는 공법이다.
② 수목 생육을 돕고 비탈의 침식을 방지하는 공법으로 등고선구(等高線溝)라고도 한다.
③ 폭 25~30cm, 길이 4~6m 정도의 크기로 엇갈리게 파서 설치한다.
④ 사면을 따라 흐르는 빗물과 유기물을 저지하여 수평구 안쪽에 모이게 하므로 지력이 좋아지고, 수평구에 묘목을 심으면 활착률이 증가하며 초기 생장이 왕성해진다.
⑤ 비탈면의 침식과 토사의 유실도 막을 수 있는 수토보전공법(水土保全工法)이다.

┃ 수평구 ┃

2. 생물적 무육

(1) 비료목(肥料木) 일반

① 비료목이란 질소를 고정하거나 질소와 같은 양분을 다량 지녀 임지의 지력 향상 및 비배 효과로 다른 수목의 생육 촉진에 기여하는 수목이다.

② 임목의 건전한 생산성을 위해 심는 보조적 임목으로 척박한 임지에 주임목의 생장 촉진 을 위해 비료목을 혼합 식재한다.

③ 뿌리혹균에 의해 토양 중의 질소를 고정하여 다른 식물에게 질소화합물을 공급하는 형태 와 잎 자체에 질소 함량이 높거나 엽량이 많아 낙엽으로 질소성분을 토양에 환원하는 형 태가 있다.

[비료목의 구분]

구분	내용	
질소고정 ○	콩과(*Rhizobium* 속 세균)	아까시나무, 싸리나무류, 자귀나무, 칡
	비콩과(*Frankia* 속 방사상균)	오리나무류, 소귀나무, 보리수나무류
질소고정 ×	• 질소 함량이 높은 잎의 낙엽으로 지력 향상 • 붉나무, 플라타너스, 포플러류, 백합나무 등	

(2) 비료목의 효과

① 질소 함량이 높은 잎의 낙엽으로 지력을 향상시킨다.

② 비료목의 뿌리혹균이 질소를 토양에 공급하여 토양 조건을 개선한다.

③ 침엽수에 활엽수를 혼식하면 활엽수의 뿌리혹균이 침엽수종의 균근 형성을 돕는다.

④ 비료목 자체도 후에 질소성분으로 환원되어 다른 식물의 영양원이 된다.

⑤ 뿌리혹균이 많은 양의 탄산가스를 방출하여 수목 생육(광합성)을 돕는다.

(3) 수하식재(樹下植栽)

① 임지 표토의 건조와 유실을 막고 보호하기 위해 주임목 아래에 비료효과와 내음성이 있는 수목을 식재하는 것으로 나무아래심기 또는 하목식재라고도 한다.

② 하목으로는 척박한 임지개량을 위한 비료목 식재와 수종갱신을 위한 식재가 있으며, 남부지방에서는 수종갱신 시 소나무숲 아래에 주로 삼나무나 편백을 심고 있다.

③ 강원도 지역에서 수하식재로 조림하여 수종을 갱신하고자 할 때에는 추위에도 강하며 내음성이 큰 전나무나 가문비나무 등이 적합하다.

④ 수하식재의 효과(목적)
- 표토의 건조 방지, 임지의 황폐와 유실 방지
- 토양 개량, 지력 증진
- 주임목의 불필요한 가지 발생 억제
- 산림이 우거져 임내의 미세환경 개량

⑤ 수하식재 수종의 구비요건
- 내음성이 큰 음수로 척박한 토양에도 잘 견딜 것
- 작은 나무라도 이용가치가 있을 것
- 잎과 가지가 무성하게 많이 자랄 것
- 낙엽, 낙지의 비효가 클 것 *비효 : 비료 효과
- 토양 개량 효과가 있을 것

3. 임지시비(비료주기)

(1) 임지시비 개념

① 식물의 생장을 돕기 위해 부족하기 쉬운 질소, 인산, 칼륨의 비료 3요소와 석회, 고토, 망간, 규산 등의 양분을 토양에 공급하는 것을 시비(施肥)라 한다.

② 산림토양은 무기양분이 부족하여 적절한 시비는 수목의 활착과 생장에 큰 도움이 된다.

(2) 임지시비 시 유의사항

① 비료는 임목의 뿌리에 직접 닿지 않도록 시비하며, 퇴비, 계분 등은 완전히 부숙된 것을 사용한다. 퇴비는 토양의 물리적 성질을 좋게 하고, 유익한 미생물의 활동을 도와 묘목생장을 건전하게 한다.

② 묘목을 식재하는 초기에는 뿌리의 발달을 촉진하여 활착을 돕고자 2~3회 반복해서 시비한다.

③ 일반적으로 봄에 비료를 주는 것이 가장 좋으며, 늦여름이나 초가을에는 가지가 웃자라거나 늦자라 동해, 한해, 풍해 등의 위험이 있으므로 이 시기에는 시비를 피한다.

④ 과한 시비는 생산량을 떨어뜨리는 경향이 있으므로 적정량의 비료를 주어야 한다.

⑤ 유기물이 적은 경사지에서는 지면을 파고 시비를 하며, 비가 오면 유실의 염려가 있으므로 비가 올 때는 시비하지 않는다.

(3) 장령림 시비의 특징

① 장령림에서의 시비는 임목의 생장 촉진과 임목생산량의 증대를 위해 실시한다.

② 생장이 촉진되어 수확량을 늘릴 수 있다.

③ 엽색이 진해지며 엽수와 엽량이 많아져 임내가 더 어두워지는 외관적 변화도 나타난다.

참고

산림용 고형복합비료

- 여러 성분의 화학비료를 섞어 낱알로 성형하여 만든 임지비배용 고형비료이다.
- 한 알의 무게는 15g이며, 일반적으로 질소, 인산, 칼륨 성분이 5g 들어있다.
- 질소, 인산, 칼륨(칼리)의 함유 비율=3 : 4 : 1

---

(4) 임지시비 방법

① 전면시비(全面施肥)
- 수목이 식재된 토양 전면에 골고루 시비하는 방법이다.
- 토양 표면을 가볍게 긁어내고 시비한다.

② 식혈시비(植穴施肥)
- 구덩이를 파서 시비하는 방법으로 주로 수목 식재 전에 실시한다.
- 식재 전 시비방법으로는 구덩이 안에 흙과 비료를 잘 섞어 넣어 주고 수목을 식재하는 식혈토양하부시비(植穴土壤下部施肥)가 있다.

③ 환상시비(環狀施肥)
- 수목의 둘레에 환상으로 홈을 파서 시비하는 방법이다.
- 시비량이 많은 속성수과 유실수에 적합하다.

④ 측방시비(側傍施肥)
- 수목의 사방으로 네 곳에 구덩이를 파고 시비하는 방법이다.
- 가장 긴 가지의 길이를 반지름으로 하는 원둘레에 5~10cm의 깊이로 구덩이를 파고 비료를 넣어준다.
- 시비량이 적은 장기수에 적합하다.

전면시비   환상시비   측방시비

┃ 임지시비 방법 ┃

Exercise 01

질소의 함유량이 20%인 비료가 있다. 이 비료를 80g 주었을 때, 질소성분량으로는 몇 g을 준 셈이 되는가?

풀이 $80g \times \dfrac{20}{100} = 16g$

CHAPTER 04 풀베기

1. 물리적 풀베기

(1) 풀베기 일반

① 식재된 묘목과 광선, 수분, 양분 등에 대한 경쟁관계에 있는 관목이나 초본류를 제거하는 작업으로 밑깎기 또는 하예(下刈)라고도 한다.

② 숲가꾸기(임목무육)에서 가장 먼저 실시하는 과정으로 어린나무 가꾸기와 간벌 이전에 실시한다.

③ 잡초나 관목이 무성한 경우의 피해

• 어린나무가 양수분 부족의 피해를 받기 쉽다.

• 그늘을 만들어 양수 수종의 어린나무 생장을 저해한다.

• 병충해의 중간기주 역할을 하여 피해를 확산시킨다.

• 임지를 갱신하려 할 때 방해요인이 된다.

(2) 풀베기의 시기와 정도

① 일반적으로 잡풀들이 자라나 피해를 입히기 시작하는 5~7월에 실시한다.

② 잡풀들의 세력이 왕성하여 연 2회 작업할 경우 6월(5~7월)과 8월(7~9월)에 실시한다.

③ 겨울의 추위로부터 조림목을 보호하기 위하여 9월 이후에는 실시하지 않는 것이 좋다.

④ 조림목이 잡초목보다 수고가 약 1.5배 또는 60~80cm 정도 더 클 때까지 실시한다.

⑤ 자람이 빠른 속성수는 식재 후 3~4년간, 어릴 때 자람이 느린 가문비나무, 전나무 등은 5~6년간 실시한다.

⑥ 잣나무와 소나무류는 5~8회, 낙엽송과 참나무류는 5회를 기준으로 한다.

⑦ 잡초목이 무성할 경우 연 2회 실시하고, 소나무와 같은 양수는 다른 수종보다 우선하여 풀베기한다.

⑧ 비료를 준 조림지는 잡초목이 무성하기 쉬워 식재 당년과 이듬해에 최소 연 2회씩 실시한다.

(3) 풀베기의 방법

① 모두베기(전면깎기, 전예)

- 조림목 주변의 모든 잡초목을 제거하는 방법
- 소나무, 낙엽송, 삼나무, 편백 등 주로 양수에 적용
- 임지가 비옥하여 잡초가 무성하게 나거나 식재목이 광선을 많이 요구할 때 실시
- 가장 많은 인력 소요, 조림목이 피압될 염려가 없음
- 모두베기와 줄베기 시에는 묘목찾기를 선행 후 식생을 제거

   * 묘목찾기 : 예취기 작업으로 인한 묘목피해를 줄이기 위해 낫을 사용하여 조림목 반경 20cm 이내 식생을 먼저 제거하는 일

② 줄베기(줄깎기, 조예)

- 조림목의 식재줄을 따라 잡초목을 제거하는 방법
- 식재줄을 따라 약 90~100cm 폭으로 제거
- 가장 일반적으로 쓰이며, 모두베기에 비하여 경비와 인력이 절감
- 수평조예 : 등고선 방향 줄을 따라 제거
- 경사조예 : 일반적인 방법으로 경사 방향 줄을 따라 제거

③ 둘레베기(둘레깎기)

- 조림목을 중심으로 둘레의 잡초목을 제거하는 방법
- 조림목 주변의 반경 50cm~1m 내외의 정방형 또는 원형으로 제거
- 극음수나 추위에 약하여 한해·풍해에 대해 특별한 보호가 필요한 수종에 적용

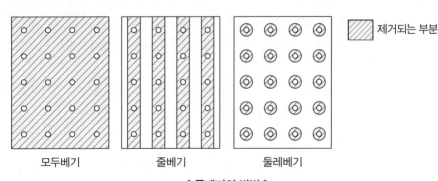

┃ 풀베기의 방법 ┃

 Summary!

풀베기의 방법

모두베기, 줄베기, 둘레베기 ✎ 골라베기, 부분베기, 점베기 ✕

2. 화학적 제초

(1) 제초제 일반

① 이행성에 따른 제초제
- 접촉형 제초제 : 경엽에 처리 시 약제가 직접 접촉한 부위에만 살초효과 작용
- 흡수이행형 제초제 : 잡초 내에 흡수되고 잎, 줄기, 뿌리까지 이행되어 살초효과 작용

② 선택성에 따른 제초제
- 선택성 제초제 : 특정 식물에만 선택적으로 해 작용 예 2,4-D : 광엽잡초 제거
- 비선택성 제초제 : 잡초 포함 모든 식물에 해 작용 예 글리포세이트 : 모든 식물 제거

③ 호르몬형 제초제
  식물호르몬의 생체 내 균형을 교란시켜 경엽이 뒤틀리거나 아래로 처지는 등의 살초효과를 나타내는 제초제

(2) 제초제의 종류

① 2,4-D(이사디아민염)
- 경엽에 처리하면 흡수 이행되어 고사시키는 선택성 흡수이행형 제초제
- 광엽 잡초와 덩굴을 선택적으로 제거
- 식물생장호르몬인 옥신의 한 종류로 고농도에서는 광엽잡초를 선택적으로 제거하는 제초효과가 있음

② 글라신액제(글리포세이트)
- 경엽을 통해 흡수된 뒤 생장점으로 이행되어 뿌리까지 고사시키는 비선택성 흡수이행형 경엽살포제
- 토양 중에서는 바로 분해되어 잔류하지 않아 대상수목을 잘 피복조치하여 살포하면 거의 모든 조림지에 적용 가능

③ 피클로람-K(Picloram-K)
- 주로 칡 등의 덩굴식물 주두부(主頭部)에 처리하여 제초하는 호르몬형 흡수이행형 제초제
- K-pin이라고도 하며, 흡수이행성이 커서 칡의 주두부에 구멍을 뚫고 K-pin을 삽입하면 흡수이행되어 살초

④ 시마진(Simazine)
- 토양에 처리하면 뿌리로 흡수되고 지상부로 이행되어 살초효과를 나타내는 선택성 흡수이행형 제초제
- 특히 광엽잡초 제거에 효과적

CHAPTER 05 덩굴 제거

1. 덩굴 제거 일반

(1) 덩굴 제거 특징

① 칡, 다래, 머루, 담쟁이덩굴, 으름덩굴 등의 덩굴은 조림목을 감고 올라가거나 수관을 덮어 수목생육에 지장을 줄 수 있으므로 제거한다.

② 덩굴은 햇빛을 좋아하여 임연부에 많이 분포하며, 울폐한 임지에는 적다.

③ 무성생식으로도 잘 번식하는 칡은 번식력이 강하여 조림목에 가장 피해를 많이 주고 줄기를 베어도 잘 제거되지 않기 때문에 디캄바액제, 글라신액제 등의 화학적 제초제를 사용하여 제거하는 것이 좋다.

④ 덩굴은 만경류라고도 하며, 되도록 어릴 때 제거하는 것이 효과적이다.

(2) 덩굴 종류

① 수관피복형 : 덩굴이 수관을 무성하게 덮어 광합성에 문제를 일으키는 형태

② 수간압박형 : 덩굴이 줄기를 감고 올라가 잘록하게 되어 목재 가치를 떨어뜨리는 형태

(3) 덩굴 제거의 시기와 정도

① 덩굴류 생장기인 5~9월 중에 작업하는 것이 효과적이며, 가장 적기는 덩굴식물이 뿌리 속의 저장양분을 소모한 7월경이다. 즉, 생장이 왕성한 여름에 제거한다.

② 작업횟수는 작업 대상지 덩굴의 종류와 양을 고려하여 2~3회 실시한다.

2. 덩굴 제거방법

덩굴은 사람의 힘으로 뿌리를 뽑거나 줄기, 잎 등을 제거하는 물리적 제거 방법과 화학약제를 사용하는 화학적 제거 방법이 있다.

(1) 화학약제 처리 방법

① 할도법

췱의 생장이 왕성한 여름철에 덩굴줄기는 남겨둔 채로 뿌리목 부분(근관부)에 4~5cm 깊이로 I자형 또는 X자형으로 상처를 내어 약액을 부어주는 방법이다.

② 얹어두는 법

- 덩굴에 상처를 내지 않고 뿌리 주위의 단면에 약제를 발라두는 방법이다.
- 할도법에 비해 작업이 간단하나 효과는 떨어지는 편이다.
- 췱의 발생량이 많을 때 사용한다.

③ 살포법

잎, 줄기에 약제를 뿌리는 방법으로 잎에 물기가 있을 때 처리하면 효과적이다.

④ 흡수법

덩굴 체내로 약제를 흡수시키는 방법이다.

(2) 화학약제의 종류

① 글라신액제(글리포세이트)

- 비선택성 이행형 제초제로 모든 임지의 일반적인 덩굴류에 적용 가능하다.
- 생장점까지 이행되어 뿌리까지 고사시키므로, 췱 제거에 효과적이다.
- 약제주입기나 약액침지 면봉을 이용하여 주두부(췱머리 부분)의 살아 있는 조직 내부로 약액을 주입 및 삽입한다.
- 글라신액제와 물을 1 : 1로 혼합한 약액을 주입기로 주입하거나, 글라신액제 원액을 흡수시킨 면봉을 췱머리 부분에 송곳으로 구멍을 뚫고 삽입하여 제거한다.

② 디캄바액제

- 선택성 이행형 호르몬형 제초제로 췱, 아까시나무 등의 콩과식물과 광엽잡초를 선택적으로 제거한다.
- 고온 시(30℃) 증발하여 주변 식물에 약해를 일으킬 수 있으므로 주의한다. ✎ 여름에 주의
- 약제주입기로 줄기에 처리하거나 약제도포기로 주두부의 중심부에 도포하여 제거한다.

(3) 약제 처리 시 주의사항

① 약제처리 시 방제효과를 높이기 위하여 비 오는 날은 실시하지 않는다.

② 약제가 빗물이나 관개수 등에 흘러들어 조림목이나 다른 작물에 피해를 줄 수 있으므로 약액을 땅에 흘리지 않도록 주의한다.

③ 약제처리 후 24시간 이내에 강우가 예상될 경우 작업을 중지한다.

④ 사용한 도구는 잘 씻어서 보관한다.

⑤ 빈병은 반드시 회수하여 지정된 장소에서 처리한다.

> **Summary!**
>
> **덩굴 제거 방법**
>
> | 물리적 제거 | | 사람의 힘으로 뿌리를 뽑거나, 줄기 · 잎 등 제거 |
> |---|---|---|
> | 화학적 제거 | 글라신액제 | • 약제주입기로 약액 주입
• 약액 침지 면봉 삽입 |
> | | 디캄바액제 | • 약제주입기로 줄기에 처리
• 약제도포기로 주두부의 중심부에 도포 |

PART

04

어린나무 가꾸기 및 가지치기

CHAPTER 01 어린나무 가꾸기

1. 어린나무 가꾸기 일반

(1) 어린나무 가꾸기의 정의

① 조림목과 경쟁하는 목적 이외의 수종과 조림목 중에서도 형질이 나쁘거나 다른 수목에 피해를 주는 수목 등을 제거하는 작업이다.

② '제벌(除伐)' 또는 '잡목 솎아내기'라고도 한다.

③ 조림목 하나하나의 성장보다는 임상을 정비하여 임분 전체의 형질을 향상시키는 데 목적을 둔다.

④ 수관 사이의 경쟁이 시작되는 시점에 실시하여 목적하는 수종의 완전한 생장과 건전한 자람을 도모한다.

(2) 제벌의 특징

① 하목의 수광량이 증가하여 남아 있는 조림목의 건전한 생장을 도울 수 있다.

② 주로 어린나무에 대한 솎아베기이므로 벌채목을 이용한 중간 수입을 기대하기 어렵다.

③ 솎아베기로 제벌을 실행하면 잠자고 있던 눈이 깨어 맹아가 발생하게 된다.

④ 제벌작업에 필요한 작업도구로는 낫, 톱, 도끼 등이 있다.

2. 작업시기와 방법

(1) 제벌 대상 및 시기

① 식재 후에 조림목이 임관을 형성한 후부터 간벌하기 이전에 실행한다. ✎ 간벌 이후에 실시×

② 조림목이 5~10년 자라서 수관의 경쟁으로 생육 저해가 나타나는 숲에 대해 실시한다.

③ 풀베기 작업이 끝나고 3~5년 후부터 간벌이 시작될 때까지 2~3회 실시한다.

④ 일 년 중에서는 나무의 고사상태를 알고 맹아력을 감소시키기에 가장 적합한 6~9월(여름~초가을)에 실시하는 것이 좋다.

[첫 번째 제벌 실시 임령]

수종	실시 임령
소나무, 낙엽송	식재 후 7~8년
삼나무, 편백	식재 후 10년
전나무, 가문비	식재 후 13~15년

(2) 제벌방법

① 제거 대상목은 보육 대상목(미래목, 중용목)의 생장에 지장을 주는 유해수종, 덩굴류, 침입수종, 형질불량목, 폭목, 경합목, 피해목 등으로 한다.

* 폭목(暴木) : 생장력이 너무 왕성해 형질도 나쁘며 다른 수목에 피해를 주는 수목

② 보육 대상목의 생장에 지장을 주는 나무는 가급적 지표면에 가깝게 근원부를 잘라낸다.

③ 조림수종이 그 임지에 적합하여 성림(成林)이 잘 되면 침입한 천연발생목은 원칙적으로 제거한다. 그러나 조림목의 생장이 불량해 성림에 문제가 있을 때는 천연 발생 우량목을 보육목으로 선정하여 조림목과 함께 남겨둔다. ✎ 형질이 우량한 자생수목은 존치

④ 목적 수종의 생장에 피해를 주지 않는 유용한 하층식생은 제거하지 않는다.

　　✎ 토양의 수분관리, 미세 환경 등을 고려하여 하층식생은 보존

⑤ 맹아력 강한 활엽수종은 여름에 지상 1m 높이에서 줄기를 꺾어 두면 맹아 발생을 줄일 수 있다.

⑥ 폭목은 제거가 원칙이나, 야생 동식물의 서식처가 되거나 경관상의 이유 등일 때는 제거하지 않기도 한다.

⑦ 폭목의 벌채 후 빈자리가 클 경우 보완식재를 할 수 있다.

⑧ 보육 대상목 중 수관형태가 불량한 나무는 가지치기와 쌍간지(雙幹枝) 중 한 가지 제거 등의 방법을 통해 수형을 교정한다.

⑨ 보육 대상목인 어린나무에 대한 가지치기는 전정가위를 이용한다.

⑩ 가지치기는 침엽수일 경우 형질 우세목 중심으로 실시한다.

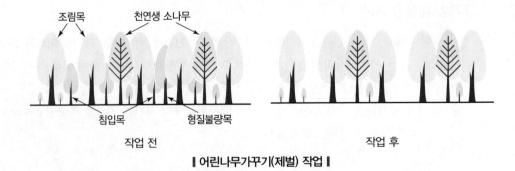

┃ 어린나무가꾸기(제벌) 작업 ┃

CHAPTER 02 가지치기

1. 가지치기 일반

① 가지치기란 마디가 없는 곧은 수간을 만들어 질이 좋은 우량목재를 생산하기 위해 죽은 가지나 살아있는 가지의 일부를 잘라내는 작업이다.
② 주로 형질이 우량한 수목에 대하여 중점적으로 실시하며, 최종수확 대상목에 대해서만 가지치기를 실시한다. ✎ 가지치기의 주요 목적 : 경제성 높은 마디없는 우량목재 생산
③ 어린나무 가꾸기와 솎아베기 시 가지치기 작업을 함께 시행하기도 하고, 가지치기만 별도의 과정으로 작업하기도 한다.

2. 가지치기의 효과

(1) 가지치기의 장점

① 옹이(마디)가 없는 무절 완만재를 생산할 수 있다.
② 나무끼리의 생존 경쟁을 완화시킨다.
③ 수간의 완만도가 향상된다.
④ 수고생장을 촉진한다.
⑤ 하층목을 보호하고 생장을 촉진시킨다.
⑥ 산불과 같은 산림의 위해를 감소시킨다.

(2) 가지치기의 단점

① 줄기에 부정아가 발생한다. * 부정아(不定芽) : 눈을 형성하지 않는 부분에 생기는 싹
② 인력과 비용이 소요된다.
③ 지나친 가지치기로 나무의 생장이 줄어들 수 있다.
④ 지엽(枝葉)이 토양에 환원되지 못해 토양 비옥도에 문제를 가져올 수 있다.

3. 가지치기의 작업시기와 대상

(1) 가지치기의 작업시기 및 정도

① 죽은 가지의 제거는 작업시기에 큰 상관이 없으나 산 가지치기는 가급적 생장휴지기인 11~3월(겨울, 늦가을~초봄)에 수목의 수액이 유동하기 직전에 실시한다.

② 겨울이 노동력 수급면에서도 좋으며, 수목의 상처도 잘 덧나지 않아 이 시기에 실시한다. 나무가 생리적으로 활동하고 있을 때 가지치기를 하면 껍질이 잘 벗겨지고 상처가 크게 된다.

③ 가지치기의 정도는 역지(으뜸가지) 이하의 가지로 한다.

 참고

역지(力枝, 으뜸가지)
• 수관폭이 가장 길고 굵은 가지
• 가장 많은 잎을 가지고 있는 가지
• 수관의 최대폭을 이루고 있는 가지
• 활력이 가장 왕성한 가지

(2) 가지치기의 대상

① 가지치기는 수종 및 생산목적 등에 따라 대상, 방법 등이 결정되어야 한다.

② 주로 목재생산을 목적으로 하는 삼나무, 낙엽송, 잣나무, 전나무, 소나무, 해송, 편백 등의 침엽수에 적용하며, 역지 이하의 가지를 자른다.

③ 목표생산재가 일반 소경재(톱밥, 펄프, 숯 등)일 경우는 재적 이용 면에서 가지치기를 실시하지 않는다.

④ 원칙적으로 직경 5cm 이상의 가지는 자르지 않으며, 죽은 가지는 잘라준다.

⑤ 낙엽송과 같이 자연낙지가 잘 되는 수종은 가지치기를 생략할 수 있다.
  * 자연낙지(自然落枝) : 수목 하부의 가지가 수광량 부족으로 떨어져 나가는 현상

⑥ 활엽수는 대체적으로 생가지치기가 적당하지 않으나 포플러나무류, 참나무류, 사시나무류는 으뜸가지 이하의 가지까지만 제거한다.

⑦ 포플러의 경우 식재 후 8년까지는 수고의 1/3까지 가지치기를 하는 것이 좋다.

⑧ 활엽수 중 특히 단풍나무, 물푸레나무, 벚나무, 느릅나무 등은 절단부위가 썩기 쉬워(부후의 위험성) 생가지치기를 하지 않으며, 죽은 가지만 제거하고 밀식으로 자연낙지를 유도한다. * 부후(腐朽) : 목재의 썩음

POINT!

가지치기 대상 수종

위험성이 없는 수종	삼나무, 포플러류, 낙엽송, 잣나무, 전나무, 소나무, 편백
위험성이 있는 수종	단풍나무, 물푸레나무, 벚나무, 느릅나무

4. 가지치기 방법

(1) 활엽수의 가지치기

① 지융부가 발달하는 활엽수는 지피융기선이 상하지 않도록 주의하여 최대한 가깝게 제거한다.

② 지융부(枝隆部)란 수간에서 가지가 뻗어 나오면서 수간과 가지 사이에 주름살 모양으로 융기된 부분으로 가지치기를 할 때 이것을 훼손하지 않고 그 바깥쪽(지피융기선, BBR)으로 최대한 밀착하여 실시한다.

(2) 침엽수의 가지치기

비교적 지융부가 발달하지 않은 침엽수는 절단면이 줄기와 평행하게 되도록 가지를 제거한다.

(3) 가지치기 공통

① 어린나무 가꾸기 작업 대상목에 대한 가지치기와 수형교정은 가급적 전정가위로 실행하고 수고의 50% 내외의 높이까지 가지를 제거한다.

② 솎아베기 작업 대상목에 대한 가지치기는 톱으로 실행하고 최종수확 대상목을 중심으로 가지치기를 50~60% 내외의 높이까지 한다.

활엽수   침엽수

┃ 가지치기 방법 ┃

숲아베기(간벌)

1. 숲아베기 일반

① 수목이 생장함에 따라 광선, 수분 및 양분 등의 경쟁이 심해지므로 이를 완화하기 위해 일부 수목을 베어 밀도를 낮추고 남은 수목의 생장을 촉진시키는 작업으로 간벌(間伐)이라고도 한다.

② 조림목 간의 경쟁을 최소화하고, 최종 생산될 잔존목의 생장 촉진과 형질 향상을 위하여 실시하며, 간벌목을 이용하여 중간 수입도 기대할 수 있다.

③ 어린나무 가꾸기 작업이 끝난 후 5년가량 경과하고 최종수확 10년 전까지의 산림이 대상이다.

④ 간벌을 하지 않고 수목을 밀립한 상태로 방치하면 가늘고 긴 수목으로 성장하여 각종 위해에 피해를 받기 쉬워지므로 적당한 숲아베기로 임분의 활력도를 증가시킨다.

⑤ 나무를 숲아 벤 곳에는 잡초가 무성하게 되어 표토의 유실을 막고, 빗물을 오래 머무르게 하여 숲땅이 비옥해지는 효과도 있다.

2. 간벌의 목적 및 효과

(1) 간벌의 목적(필요성)

① 생육공간의 조절(밀도 조절) : 밀도를 조절하여 조림목의 생육 공간을 확보한다.

② 임분의 형질 향상 : 형질 불량목, 폭목 등을 제거하여 임분의 전체적인 형질을 향상시킨다.

③ 임분의 수직구조 개선 : 수광량 증가로 하층 식생의 발달을 촉진하고 하층림을 유도하여 임분의 수직구조가 다양화·안정화된다.

④ 임분구성조절 : 원하는 수종이나 식생으로 유도하여 임분의 구성을 조절할 수 있다.

> **참고**
>
> 임연부(林緣部, 숲 가장자리)
> - 산림과 다른 환경 유형이 인접하는 지점으로 산림 지역 방향으로 30m 내외까지의 거리로 5m 미만의 임도나 시설물 등은 제외
> - 임연목은 가지치기를 하지 않으며 약도의 숲아베기를 5년 내외의 간격으로 수회 실시
> - 햇빛이 잘 들어 칡이나 덩굴이 왕성하게 잘 자라며, 무성한 관목 등으로 인하여 생물 종다양성이 풍부

(2) 간벌의 효과

① 남은 임목의 생육을 촉진하고, 형질을 향상시킨다.

② 지름생장(직경생장) 촉진으로 재적생장이 증가한다.

③ 각종 위해에 대한 저항력이 증진되어 피해가 감소한다.

④ 하층 식생 발달로 지력이 향상된다.

⑤ 중간수입을 얻을 수 있다.

⑥ 숲을 건전하게 만든다.

⑦ 연소물의 제거로 산불 위험성이 감소한다.

3. 간벌의 시기

① 생가지치기를 함께 실행하지 않는다면 연중 간벌이 가능하나, 생가지치기와 함께 실행한다면 보통 11월 이후부터 이듬해 5월 이전까지 실시한다.

② 수액 이동 정지기인 겨울과 봄에 실시하는 것이 좋다.

③ 활엽수는 일반적으로 지위에 따른 간벌 개시시기의 표준에 따른다.

* 지위(地位) : 임지의 생산능력

[활엽수의 간벌개시임령]

지위	간벌개시임령
상	20~30년
중	30~40년
하	40~50년

④ 침엽수는 수종마다의 식재밀도와 간벌을 개시하는 임령이 다르다.

⑤ 소나무 등 침엽수종은 대게 15~20년생일 때 간벌을 개시하는 것이 적당하다.

[침엽수의 간벌개시임령]

수종	식재밀도(본/ha)	간벌개시임령(연)
낙엽송	3,000	10~15
소나무	5,000	15~20
잣나무	3,000	15~20
삼나무	3,500	15~20
편백	4,000	20~25
가문비나무	4,000	20~25
전나무	4,500	20~25

Summary!

숲가꾸기(보육) 단계 및 적기

| 풀베기 | → | 덩굴 제거 | → | 제벌(어린나무 가꾸기) | → | 가지치기 | → | 간벌(솎아베기) |

- 풀베기 : 5~7월(9월 이후 ×)
- 덩굴 제거 : 7월(뿌리 속 영양 소모 최대)
- 제벌(어린나무 가꾸기) : 6~9월(여름~초가을)
- 가지치기 : 11~3월(생가지의 생장휴지기, 늦가을~초봄)
- 간벌(솎아베기) : 11~5월(연중 실행 가능)

CHAPTER 02 간벌의 종류

1. 수관급

(1) 수관급 일반

① 수관급(樹冠級)이란 수관의 배열 형태, 크기, 위치, 피해 정도 등에 따라 구분한 수목의 등급이다.

② 간벌 대상목을 선정하는 기준으로 이용된다.

③ 수형급(樹型級), 수간급(樹幹級), 수목급(樹木級)으로 불리기도 한다.

(2) 하울리(Hawley)의 수관급

① 우세목 : 상층임관에 속하며, 상방과 측방의 광선을 모두 받을 수 있는 수관을 가진 나무로 평균 이상의 크기를 가짐

② 준우세목 : 측방에서 다른 수관의 압력을 받고 있어 측방 광선의 양이 적고, 평균 정도의 수관 크기를 가지는 나무

③ 중간목 : 우세목과 준우세목에 비해 수고가 약간 낮으며, 수관의 크기도 작고, 측방에서 많은 압력을 받아 측방광선은 거의 받지 못하며, 상방광선도 제한이 있는 나무

④ 피압목 : 하층임관에 속하여 광선을 거의 받지 못하는 나무

(3) 데라사끼(寺崎)의 수형급

상층임관을 구성하는 우세목과 하층임관을 구성하는 열세목으로 크게 구분한 다음, 수관의 모양이나 줄기의 결함을 고려하여 다시 5급으로 세분한다.

① 우세목(상층임관)

    ㉠ 1급목 : 수관의 발달에 있어 알맞은 공간을 점유하여 다른 나무의 방해를 받지 않고 형태가 불량하지 않으며 우량한 수목

    ㉡ 2급목 : 수관의 발달에 있어 공간이 협소하여 다른 나무에 방해를 받거나 피압되고 또는 형태가 불량한 수목으로 5가지로 세분

- 폭목(暴木) : 수관의 발달이 지나치게 왕성하여 위로 솟구치거나 넓게 확장하며 다른 수목에 피해를 주는 나무
- 개재목(介在木) : 다른 나무 사이에 끼어 자라 줄기가 매우 가늘며, 수관의 발달도 미약한 나무
- 편의목(偏倚木) : 다른 나무 사이에 끼어 자라 수관이 기울거나 삐뚤게 자란 나무
- 곡차목(曲叉木) : 줄기가 구부러지거나 갈라져 수형에 문제가 있는 나무
- 피해목(被害木) : 병충해, 자연 재해 등의 피해를 받은 나무

② 열세목(하층임관)

　　㉠ 3급목(중간목, 중립목) : 수관의 발달이 왕성하지는 않으나 피압되지 않아 상층의 우세목이 제거되면 상층임관으로 자랄 가능성이 있는 수목

　　㉡ 4급목(피압목) : 피압 상태에 있고, 아직은 살아 있는 수관을 가진 수목. 너무 피압되어 충분한 공간을 주어도 쓸만한 나무로 자랄 가능성이 없음

　　㉢ 5급목 : 고사목, 피해목, 도목, 고쇠목 등

2. 정성간벌(定性間伐)

(1) 정성간벌의 특징

① 간벌 시 수관 특성, 줄기 형태, 생장량 등으로 정해지는 수관급에 기초하여 간벌목을 선정하는 방법으로 임목의 정해진 형질에 의한 선목법이다.

② 벌채량에 정해진 기준이 없으며, 간벌목 선정이 주관적이고 고도의 숙련을 요한다.

③ 간벌목 선정이 기술자의 주관에 따라 크게 영향을 받으며, 벌채의 한계를 정하기가 어렵다.

(2) 데라사끼(寺崎)의 간벌법

구분		내용
하층 간벌	A종	• 4급목과 5급목 전부, 2급목의 소수 벌채 • 임내 정리 차원의 약도간벌, 간벌량이 가장 적은 방식
	B종	• 4급목과 5급목 전부, 3급목의 일부, 2급목의 상당수 벌채 • 가장 일반적인 간벌법 • 3급목이 임분의 중요구성인자가 되고, 1급이 비교적 적은 곳에 적용
	C종	• 2급목, 4급목, 5급목 전부, 3급목 대부분 벌채, 지장주는 1급목도 일부 벌채 • 1급목과 3급목 일부가 남는 강도간벌 • 간벌량이 가장 많은 방식

구분		내용
상층 간벌	D종	• 상층임관을 강하게 벌채하고, 3급목을 전부 남김 • 수간과 임상이 직사광선을 받지 않도록 하는 방식
	E종	• 상층임관을 강하게 벌채하고, 3급목과 4급목을 전부 남김 • 2급목을 모두 자르고, 3·4급목은 자르지 않음

(3) 하울리(Hawley)의 간벌법

① 하층간벌
- 하층목 간벌, 흉고직경이 낮은 수목이 가장 많이 벌채됨
- 처음에는 가장 낮은 수관층의 피압목을 벌채하고 점차로 높은 층의 수목을 벌채하는 방법

② 수관간벌(상층간벌)
- 준우세목 간벌
- 주로 준우세목이 벌채되며 우량목에 지장을 주는 중간목과 우세목의 일부도 벌채

③ 택벌식 간벌
- 우세목 간벌
- 1급목을 벌채하여 자람이 좋은 하층목의 생육을 촉진하는 방법
- 일찍부터 수확을 올리고 남은 임목에 충분한 공간을 주어 우세목으로 만드는 것이 목적

④ 기계적 간벌
- 수형급에 따르지 않으며, 일정한 임목 간격에 따라 기계적으로 벌채하는 방법
- 생장이 비슷하며 밀도가 높은 어린 임분에 한 줄씩 간벌할 때 적용

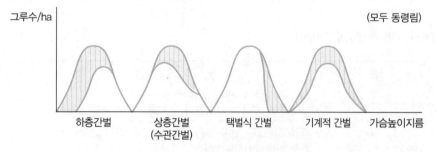

┃ 하울리(Hawley)의 4가지 간벌법 ┃

3. 정량간벌(定量間伐)

(1) 정량간벌의 특징

① 간벌 시 임령, 수고, 직경 등에 따라 벌채량(그루수, 재적)을 미리 정해 놓고 그에 맞게 기계적으로 벌채하는 방법으로 임목의 정해진 간벌량에 의한 선목법이다.

② 수종이 단순하고 수목의 형질이 비슷한 산림에서 실시한다.

③ 우세목의 평균수고가 10m 이상이며 임령은 15년생 이상인 산림이 적용 대상지이다.

(2) 간벌목의 선정

① 잔존 본수 결정 후 고사목·피해목 – 피압목 – 생장불량목 – 형질열등목 – 우량목 순으로 제거목을 선정하지만, 수관급에 준하여 간벌목을 선정하는 것은 아니다.

② 잔존 수목이 가능하면 임지 전체에 균일하게 분포되도록 간벌목을 선정한다.

4. 도태간벌(淘汰間伐)

(1) 도태간벌의 특징

① 현재의 가장 우수한 나무인 미래목을 집중적으로 선발·관리하고, 경쟁목은 제거하여 인위적 도태를 통한 미래목의 생장 촉진을 도모하는 간벌법이다.

② 우리나라에서 1985년부터 현재까지 실행하고 있는 보편적인 간벌법이다.

③ 현재의 가장 우수한 개체를 선발하여 남기는 것이 핵심이다.

④ 무육목표를 미래목에 집중시켜 장벌기 고급 대경재 생산에 적합하다.

  * 장벌기(長伐期) : 일반적으로 수목을 수확하는 벌기보다 길어 직경이 굵은 대경재 생산을 목적으로 하는 기간

⑤ 간벌목이 주로 미래목의 생장을 방해하는 수목으로 한정되어 있어 간벌목 선정이 용이하며 간벌로 인한 간벌재 이용에 유리하다.

⑥ 간벌양식으로 볼 때 상층간벌도 하층간벌도 아닌 새로운 간벌법이다.

⑦ 우세목을 선발하는 무육벌채적 수단을 갖고 있는 간벌양식이다.

⑧ 미래목 생장에 방해되지 않는 중층목과 하층목의 대부분은 존치한다.

⑨ 하층식생에 일시적으로 큰 수광량을 주어 미래목의 수간 맹아 형성 억제와 임분의 복층 구조 유도가 용이하다.

(2) 도태간벌의 수목 구분

① **미래목** : 수목사회적 위치, 형질, 건전성 등이 우수한 나무로 최종수확목 대상이 되는 나무
② **중용목** : 미래목으로 선발되지 못한 우세목 또는 준우세목으로 미래목에 피해를 주지 않으면서 임분의 구성상 필요한 예비목
③ **보호목** : 미래목에 지장을 주지 않으며 하층임관을 이루고 있어 임지보호 목적으로 잔존시키는 유용한 치수
④ **방해목** : 미래목, 중용목의 생육을 방해하는 간벌 대상목
⑤ **경합목** : 미래목, 중용목에 인접하여 압박하거나 경합하는 간벌 대상목
⑥ **지장목** : 미래목, 중용목에 인접된 세장목이나 기대어 자라는 수목으로 간벌 대상목

(3) 도태간벌의 적용 대상지

① 미래목의 집약적 관리를 통하여 우량대경재 이상을 목표생산재로 하는 산림
② 지위 '중' 이상으로 지력이 좋고 입목의 생육상태가 양호한 산림
③ 우세목의 평균수고 10m 이상 임분으로서 15년생 이상인 산림
④ 어린나무 가꾸기 등 숲가꾸기를 실행한 산림. 다만, 숲가꾸기를 실행하지 않았더라도 상층 입목 간의 우열이 현저한 우량 임분은 실행 가능
⑤ 조림수종 외에 다른 수종이 많이 혼효되어 정량간벌이나 열식간벌이 어려운 산림
　* 열식간벌 : 띠모양으로 열을 따라 간벌하는 방법

(4) 미래목의 선정 및 관리 기준

① 피압을 받지 않은 상층의 우세목으로 선정하되 폭목은 제외한다.
② 나무줄기가 곧고 갈라지지 않으며, 산림병충해 등 물리적인 피해가 없는 것으로 한다.
③ 미래목 간의 거리는 최소 5m 이상으로 임지 내에 고르게 분포하도록 하며, 활엽수는 ha당 200본 내외, 침엽수는 ha당 200~400본을 선정한다.
④ 미래목만 가지치기를 실행하며 산 가지치기일 경우 11월부터 이듬해 5월 이전까지 실행하여야 하나 작업 여건, 노동력 공급 여건 등을 감안하여 작업 시기 조정이 가능하다.
⑤ 가지치기는 반드시 톱을 사용하여 실행한다.
⑥ 솎아베기 및 산물의 하산, 집재, 반출 등의 작업 시 미래목을 손상치 않도록 주의한다.
⑦ 미래목은 가슴높이에서 10cm의 폭으로 황색 수성페인트로 둘러서 표시한다.
⑧ 제거 대상목은 미래목의 수관생장을 억압하는 생장경쟁목, 미래목의 수관과 줄기에 해를 입히는 나무를 대상목으로 한다.
⑨ 미래목과 중용목의 하층임관을 이루고 있는 보호목은 제거하지 않는다.

⑩ 칡, 머루, 다래, 담쟁이 등 미래목에 피해를 주거나 향후 피해가 예상되는 덩굴류는 제거한다.

 Summary!

미래목의 구비요건
- 피압받지 않은 상층의 우세목일 것
- 나무줄기가 곧고 갈라지지 않을 것
- 병해충 등 물리적 피해가 없을 것
- 적정한 간격을 유지할 것
- 상층임관을 구성하고 건전할 것 등

✎ 주위임목보다 수고가 월등히 높을 것 ✕

천연림 가꾸기

CHAPTER 01 천연림 보육

1. 천연림 보육 일반

(1) 천연림 보육 개념

① 임내 천연 발생한 수목의 형질이 비교적 우수하여 유령림 단계와 솎아베기 단계에서 숲 가꾸기를 실행하여 우량임분으로 유도하는 작업법이다.

② 수종 갱신을 하는 것보다 경제적으로 우량 용재를 생산할 수 있으며, 숲가꾸기 작업으로 건강한 산림으로 유도할 수 있다.

③ 그곳에서 나고 자란 자생수종으로 이루어진 임분이므로 성공이 확실하며, 우량하고 건전한 산림으로 조성할 수 있다.

(2) 천연림 보육 목적

① 우량 용재를 생산할 수 있다.

② 적은 투자로 용재림을 조성할 수 있다.

③ 임지환경에 맞는 건강한 산림을 유지시킬 수 있다.

④ 쓸모없어질 가능성이 있는 숲을 경제림으로 만들 수 있다.

(3) 천연림 보육 대상지

① 우량대경재 이상을 생산할 수 있는 천연림

② 조림지 중 형질이 우수한 조림목은 없으나 천연 발생목을 활용하여 우량대경재를 생산할 수 있는 인공림

③ 평균 수고 8m 이하이며, 입목 간의 우열이 현저하게 나타나지 않는 임분으로서 유령림 단계의 숲가꾸기가 필요한 산림

④ 평균 수고 10~20m이며, 상층목 간의 우열이 현저하게 나타나는 임분으로서 솎아베기 단계의 숲가꾸기가 필요한 산림

2. 유령림 단계의 작업 방법

① 상층목 중 형질이 불량한 나무, 폭목을 제거 대상목으로 한다.
② 형질이 불량한 상층목이라도 잔존하는 상층목에 피해를 주지 않고 경관 유지와 야생조류의 서식지·먹이 등의 목적으로 필요할 경우 제거하지 않을 수 있다.
③ 상층을 구성하고 있는 수종이 대부분 소나무일 경우, 형질이 불량한 대경목과 폭목은 제거한다.
④ 불량 상층목과 폭목의 벌채 시 남아 있는 나무에 피해를 줄 우려가 있을 경우 수피베끼기 등의 방법을 사용할 수 있다.
⑤ 칡, 다래 등 덩굴류와 병충해목은 제거한다.
⑥ 과다한 임지노출이 우려될 경우를 제외하고 형질 불량목, 아까시나무, 싸리나무, 불량 참나무류, 활엽수 움싹(맹아) 등은 제거한다.
⑦ 임분이 과밀할 경우 우량 상층목이라도 솎아 주고 제거 대상목은 지표에 가깝게 베어낸다.
⑧ 움싹(맹아)이 발생되었을 경우 각 근주에서 생긴 2본 정도 남기고 정리하며, 유용한 실생묘는 존치한다.
⑨ 제거하지 않는 나무 중 쌍가지로 자란 경우 하나는 잘라주고, 원형수관은 원추형으로 유도한다.
⑩ 상층목의 생육에 지장이 없는 하층식생은 제거하지 않고 존치한다.
⑪ 침엽수의 경우, 산 가지치기를 수반할 경우 11월 이후부터 이듬해 5월 이전까지 실행하고 가지치기는 전정가위를 사용하여 실시한다.
⑫ 가지치기는 침엽수일 경우 형질우세목 중심으로 실시한다.
  🖊 치수림과 유령림의 보육단계에서는 미래목을 선정하지 않는다.

3. 솎아베기 단계의 작업 방법

(1) 미래목 선정 및 관리

① 미래목은 상층의 우세목으로 선정하되 폭목은 제외한다.
② 나무줄기가 곧고 갈라지지 않으며 산림병해충 등 물리적인 피해가 없는 것으로 한다.
③ 미래목 간의 거리는 최소 5m 이상으로 임지 내에 고르게 분포하도록 하며, ha당 활엽수는 150~300본, 침엽수는 200~300본을 미래목으로 한다.
④ 침엽수의 경우 미래목만 가지치기를 실행하며 산 가지치기를 수반할 경우 11월 이후부터 이듬해 5월 이전까지 실행한다.
⑤ 솎아베기 및 산물의 하산, 집재, 반출 등의 작업 시 미래목을 손상치 않도록 주의한다.
⑥ 미래목은 가슴높이에서 10cm의 폭으로 황색 수성페인트로 둘러서 표시한다.

(2) 작업 방법

① 미래목의 수관생장을 억압하는 생장경쟁목, 미래목의 수관과 수간에 해를 입히는 나무, 피해목, 형질이 불량한 중용목 · 상층목, 폭목, 덩굴류를 제거 대상목으로 한다.

② 폭목은 미래목의 생장에 방해가 되지 않고 경관 유지와 야생조류의 서식지 · 먹이 등의 목적으로 필요할 경우 제거하지 않을 수 있다.

③ 폭목의 벌채 시 남아 있는 나무에 피해가 우려될 경우 수피베끼기 등의 방법을 사용할 수 있다.

④ 제거 대상목은 지표에 가깝게 베어내되 활엽수의 경우 미래목의 수간보호가 필요할 경우 줄기의 중간을 베어줄 수 있다.

⑤ 상층목의 생육에 지장이 없는 보호목(하층식생)은 제거하지 않고 존치한다.

⑥ 미래목 가지치기는 반드시 톱을 사용하여 실시한다.

> 🖊 천연림보육 작업 시 사용하는 작업도구 : 전정가위, 무육톱, 무육낫, 소형 기계톱 등

CHAPTER 02 천연림 개량

1. 천연림 개량 일반

(1) 천연림 개량 개념

① 임내 천연 발생한 수목의 형질이 비교적 불량하여 전반적 형질 개선을 위해 숲가꾸기를 실행하는 작업법이다.

② 천연림 보육과는 달리 미래목을 선정하지 않고 작업한다.

(2) 천연림 개량 대상지

① 형질이 불량하여 우량대경재 생산이 불가능한 천연림

② 유령림 단계의 천연림으로 특용·소경재 생산이 가능한 임지

③ 유령림으로서 천연림개량 후 간벌 단계에서 우량대경재 생산이 가능하여 천연림 보육을 실행할 임지

2. 천연림 개량 작업 방법

① 유령림의 경우 형질이 불량한 나무, 폭목을 제거하고 가급적 입목밀도를 높게 유지한다.

② 칡, 다래 등 덩굴류와 산림병해충 피해목을 제거한다.

③ 제거하지 않은 나무 중 쌍가지로 자란 경우 하나는 잘라주고, 원형수관은 원추형으로 유도한다.

④ 상층목의 생육에 지장이 없는 하층식생은 제거하지 않고 존치한다.

⑤ 형질 불량목의 제거로 인하여 발생된 공간은 활엽수를 ha당 5,000본 기준으로 식재할 수 있다.

⑥ 솎아베기 단계에 도달한 형질불량 천연림은 층위에 관계없이 형질불량목 위주로 제거하고 빈 공간에 활엽수를 밀식조림할 수 있다.

⑦ 폭목 제거로 인하여 우량목의 피해가 우려되는 지역은 수피베끼기 등의 방법을 사용한다.

⑧ 천연림개량 작업 후 우량대경재 이상을 생산할 수 있다고 판단되는 천연림에 대하여 천연림 보육 실시가 가능하다. 단 5년이 경과한 이후 천연림보육 등 실시가 가능하다.

⑨ 천연림개량 작업 이후 5년이 경과한 후에도 임분의 형질이 개선되지 않을 경우에는 인공갱신, 천연갱신, 움싹갱신 등의 방법을 통해 갱신(후계림 조성)할 수 있다.

산림 갱신
및 작업종

CHAPTER 01 산림갱신

CHAPTER —— Craftsman Forest

01

1. 산림갱신 일반

(1) 산림갱신의 정의

① 산림갱신(更新)이란 기존의 임목을 생산 · 벌채 · 이용하고 새로운 숲을 조성하는 것으로 이때 벌채와 갱신에 필요한 모든 작업체계를 산림작업종(作業種)이라 한다.

② 다음 세대로 수목의 발생이 이어지는 것이 사람의 인위적인 힘에 의할 때 인공갱신, 자연의 힘에 의할 때 천연갱신이라 한다.

③ 산림작업종은 임분의 기원, 벌채의 종류(벌채종), 벌구의 크기와 형태에 따라 여러 가지의 작업이 적용될 수 있다.

(2) 산림작업종 분류 기준

① 임분의 기원

임분의 발생이 종자(교림)에서 시작되었는지 맹아(왜림)에서 시작되었는지에 따라 작업종을 분류한다.

- 교림(喬林 또는 高林, 고림) : 종자로부터 발달한 수목(실생묘)으로 성립되는 산림
- 왜림(矮林 또는 低林, 저림) : 움이나 맹아가 발달한 수목으로 성립되는 산림
- 중림(中林) : 용재 생산의 교림작업과 연료재 생산의 왜림작업을 함께 적용한 산림

② 벌채의 종류(벌채종)

- 개벌(皆伐, 모두베기) : 모든 나무를 일시에 벌채하는 방법 = 1벌
- 산벌(傘伐) : 수목 전체를 몇 차례에 걸쳐서 벌채함과 동시에 천연하종갱신을 도와 새로운 임분을 발생시키는 벌채법 = 3벌, 점벌
- 택벌(擇伐, 골라베기) : 갱신기가 따로 없으며, 성숙목만을 부분적으로 선택하여 벌채하는 방법 = 다벌

③ 벌구의 크기와 형태

벌구(伐區)란 갱신하고자 하는 벌채구역을 말하며, 갱신벌구의 크기나 모양에 따라서도 작업종이 달라지게 된다.

CHAPTER 01 산림갱신**   **95**

ㄱ 벌구의 크기에 따른 구분
- 대벌구 : 대면적의 벌채구
- 소벌구 : 소면적의 벌채구

ㄴ 벌구의 형태에 따른 구분
- 대상(帶狀) : 소벌구의 형상을 띠모양으로 길게 하는 것으로 폭은 벌채면 인접 수목 수고의 1/2~2배 정도
- 군상(群狀)
  - 원형, 다각형, 부정형 등 모양에 크게 제한이 없는 무더기 형상이며 면적으로 구분
  - 면적이 0.1ha 이하는 군상, 0.1~1ha는 단상이라 함
  - 군상벌 : 임목들은 소군상, 군상, 단상 형태로 불규칙하게 벌채하는 갱신법

 Summary!

산림작업종 분류 기준
임분의 기원, 벌채의 종류(벌채종), 벌구의 크기와 형태

2. 인공갱신(人工更新, 인공조림)

(1) 인공조림의 특징

① 벌채 후 종자를 파종하거나 묘목을 식재하는 등 새로운 숲의 형성이 사람의 인위적 힘에 의한 것을 인공갱신 또는 인공조림이라 한다.
② 파종조림과 식재조림이 인공갱신에 속한다.
③ 미입목지나 황폐지에 숲을 조성할 수 있으며, 형질불량 숲의 개량에도 적용가능하다.

(2) 인공조림의 장단점

① 장점
- 묘목식재 시 묘목에서부터 시작하므로 숲의 형성이 빠르다.
- 사람이 원하는 수종과 품종으로 조림이 가능하다.
- 동령단순 경제림 조성이 용이하며, 집약적인 관리가 가능하다.
- 좋은 종자로 묘목을 기르고, 무육작업에 힘을 써서 원하는 목재를 생산한다.
- 생산되는 목재가 균일하며 작업이 단순하다.

② 단점

- 천연갱신에 비해 활착률이 떨어져, 조림지의 풍토와 맞지 않을 경우 갱신에 실패할 확률이 높다.
- 개벌을 통한 동령단순림을 형성하여 병충해, 한풍해 등 각종 환경 위해에 취약하다.
- 조림지의 교란으로 토양환경이 악화될 수 있다.
- 초기 노동력과 비용이 다량 소요된다.

3. 천연갱신(天然更新)

(1) 천연갱신의 특징

① 벌채 후 자연적으로 떨어진 종자(천연하종), 벌채된 수목의 맹아(맹아갱신) 등에 의한 천연적 발생으로 새로운 숲이 형성되는 것을 천연갱신이라 한다.
② 자연환경의 보존 및 생태계 유지 측면에서 유리한 갱신법으로 주로 보안림, 풍치림, 국립공원 등에 적용한다.
③ 생태계 보호 측면에서는 이로운 갱신법이나 생산된 목재가 균일하지 못하고, 숲을 이루기까지의 과정이 기술적으로 어려운 단점 등이 다수 존재한다.
④ 인공조림과 천연갱신을 적절히 병행하면 조림 성과를 높일 수 있다.

(2) 천연갱신의 장단점

① 장점

- 오랜세월 그곳의 환경에 적응한 수종으로 구성되어 성림(成林) 실패의 위험이 적다.
- 수종 선정의 잘못으로 인한 조림 실패의 염려가 적다.
- 해당 임지의 기후와 토질에 적합한 수종이 생육하므로 각종 위해에 대한 저항성이 강하다.
- 일정한 임상을 유지하여 임지가 보호되므로 임지의 지력 유지에 좋다.
- 생태적으로 보다 안정된 임분을 조성할 수 있으며, 생태계 보호에 유리하다.
- 노동력이 절감되며, 조림 · 보육비 등의 갱신비용이 적게 든다.
- 천연발생 치수는 모수의 보호를 받아 안정된 생육환경을 제공받는다.

② 단점

- 새로운 숲이 조성되기까지 오랜 기간이 소요된다.
- 원하는 수종으로 갱신이 어렵다.
- 숲을 이루기까지의 과정이 기술적으로 어렵다.
- 임내 작업 시 치수손상의 위험이 있으며, 작업이 어렵다.

• 생산된 목재가 균일하지 못하며, 수확량도 일정하지 않다.

(3) 천연갱신 수종

① 종자의 발아력이 좋으며, 번식률도 높고 맹아력이 좋은 수종이 천연갱신이 잘 되는 수종이다.

② 활엽수 중 참나무류, 아까시나무, 오리나무, 물푸레나무 등은 모두 종자의 발아력 및 맹아력이 좋아 갱신에 적합하다.

③ 침엽수 중 소나무, 리기다소나무, 해송(곰솔) 등도 종자 발아력이 좋아 천연갱신에 적합하며, 인공조림인 파종조림에도 이용되고 있다.

Summary!

천연갱신 가능 수종

• 침엽수 : 소나무, 리기다소나무, 해송(곰솔) 등
• 활엽수 : 참나무류, 아까시나무, 오리나무, 물푸레나무 등

(4) 천연하종갱신(天然下種更新)

① 천연하종갱신의 구분

• 천연하종갱신은 성숙한 나무로부터 자연적으로 떨어지는 종자에 의해 어린나무가 발생하여 갱신이 이루어지는 것이다.

• 종자가 떨어져 공급되는 방향에 따라 상방(上方)천연하종갱신과 측방(側方)천연하종갱신으로 구분한다.

• 울창한 숲 상태에서는 양수보다 음수가 갱신에 더 유리하다.

구분	내용
상방천연하종갱신 (上方天然下種更新)	무거운 종자가 중력에 의하여 그 무게로 수직 아래로 떨어져 발아가 이루어지는 갱신
측방천연하종갱신 (側方天然下種更新)	가벼운 종자가 바람에 날려 수목의 옆 방향으로 떨어져 발아가 이루어지는 갱신

▌상방천연하종갱신▐

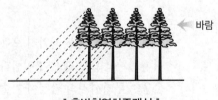

▌측방천연하종갱신▐

② 대면적 개벌 천연하종갱신

자연 상태에서는 음수가 더 유리하나, 대면적 개벌 후의 천연하종갱신인 경우는 임지가 일시에 노출되므로 양수가 적합하다.

㉠ 장점

- 양수의 갱신에 적용될 수 있다.
- 작업실행이 용이하며 빠르다.
- 새로운 수종 도입이 가능하다.
- 동일규격의 목재생산으로 경제적으로 유리할 수 있다.

㉡ 단점

- 동령 일제림 형성으로 병해충 및 각종 위해에 취약하다.
  * 일제림 : 동일한 수종의 수관층이 거의 같은 높이로 이루어진 산림
- 토양이 황폐해지기 쉬우며, 이화학적 성질이 나빠질 수 있다.

구분	내용
개벌 후 상방천연하종갱신	종자의 결실이 충분한 시기에 벌채를 하여 낙하한 종자에 의해 이루어지는 갱신
개벌 후 측방천연하종갱신	• 개벌면 측방의 성숙한 임목으로부터 비산하는 종자에 의해 이루어지는 갱신 • 개벌면을 정할 때 종자가 날릴 수 있도록 풍향 등을 고려하여 배치 • 종자의 산포 밀도는 성숙목에 근접해 있는 임연(林緣)일수록 높고, 개벌면의 중심부일수록 낮아짐

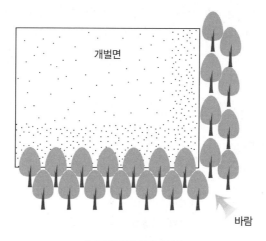

▌측방천연하종갱신▌

CHAPTER 02 산림작업종

산림갱신을 위한 작업종에는 개벌작업(모두베기), 모수작업, 산벌작업, 택벌작업(골라베기), 왜림작업, 중림작업 등이 있다. 이러한 작업종은 수확을 위한 벌채로 숲가꾸기를 위한 벌채인 간벌작업(솎아베기)과는 다르며, 산림작업종(山林作業種) 또는 갱신작업종(更新作業種)이라 부른다.

1. 개벌작업(皆伐作業)

(1) 개벌작업 일반

① 갱신지의 모든 임목을 일시에 벌채하는 방법으로 한 번의 벌채로 모든 임목을 제거한다 하여 1벌 또는 모두베기라고 부른다.

② 개벌 후에는 파종이나 묘목식재를 통한 인공갱신으로 새로운 임분을 조성하거나 자연발생 치수를 이용한 천연갱신으로 후계림을 조성하기도 한다.

③ 개벌 후에는 인공이든 천연이든 동령림이 형성된다.

④ 인공조림 시에는 대개 같은 종의 묘목으로 갱신하여 나이가 같고 단순한 종으로 이루어진 동령단순림(同齡單純林) 또는 단순일제림(單純一齊林)이 형성된다.

⑤ 인공조림에 의하여 새로운 수종의 숲을 조성하는 데 가장 간편하며 효율적인 갱신법이다.

⑥ 우리나라에서 보편적으로 적용하고 있는 작업종으로 개벌지의 1개 벌구 면적은 5ha 내외로 실행한다(경제림단지 제외).

⑦ 소면적 개벌인 경우 일반적 갱신 대상지 면적은 1ha 미만이다.

(2) 개벌작업의 장단점

① 장점
- 양수 수종 갱신에 유리하다. ✎ 음수 ✕
- 성숙 임분에 가장 간단하게 적용할 수 있는 방법이다.
- 기존 임분을 다른 수종으로 갱신하고자 할 때 가장 빠르고 쉬운 방법이다.
- 작업의 실행이 빠르고 간단하며, 높은 수준의 기술을 요하지 않는다.

- 동령림 형성으로 숲가꾸기 작업이 편리하고 경제적이다.
- 동일한 규격의 목재를 다량 생산하여 경제적으로 유리하다.
- 벌목작업이 한 지역에 집중되므로 벌목, 조재, 집재가 편리하고, 비용이 적게 든다.
- 갱신 시 치수의 손상이 적다.
- 인공조림에 의하여 새로운 수종의 숲을 조성하는 데 가장 효율적인 갱신법이다.

② 단점
- 임지가 일시에 노출되어 황폐해지기 쉬우며 표토 침식이 발생한다.
- 임지의 모든 수목이 제거되므로 지력 유지에 나쁘다.
- 임지의 물 보유능력이 약해져 지하수위가 올라가 침식의 우려가 있다.
- 잡초, 관목 등이 무성하게 되며, 갱신된 숲이 단조로워진다.
- 대면적이 벌채되어 음수의 갱신에 불리하다.
- 동령단순림 형성으로 병해충을 비롯한 각종 위해에 대한 저항력이 약하다.
- 산림 생태적인 면에서 환경친화적인 작업종과는 가장 거리가 멀다.

(3) 개벌작업의 종류

① 대상개벌(帶狀皆伐)작업[대상개벌천연하종갱신(帶狀皆伐天然下種更新)]
갱신대상 조림지를 띠모양(대상)으로 나누어 개벌하며 주위 성숙임분으로부터 종자를 공급받아 갱신을 도모하는 작업이다.

② 교호대상개벌(交互帶狀皆伐)작업
- 임분을 띠모양으로 구획하고 각 띠를 순차적으로 개벌하여 갱신하는 방법으로 띠모양의 구역을 교대로 벌채하여 두 번만에 모두 개벌한다.
- 갱신면을 4대의 띠로 구분한 뒤 한 번에 2대의 벌채면을 개벌하고, 몇 년 후 다음 나머지 2대를 교차로 개벌하는 방식이다.
- 두 번에 나누어 갱신대상 조림지의 모든 수목을 벌채하고 갱신한다.
- 1차 개벌지는 아직 벌채되지 않은 2차 개벌예정지의 성숙목에 의해 측방천연하종을 통해 갱신이 이루어진다.
- 그 후 2차 개벌지는 벌채 시 떨어지는 종자에 의해 천연갱신이 이루어지기도 하나 갱신이 쉽지 않아 주로 인공조림을 통해 갱신이 이루어진다.

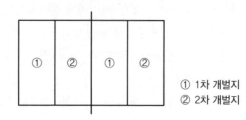

┃ 교호대상개벌작업 ┃

③ 연속대상개벌(連續帶狀皆伐)작업
- 갱신대상 조림지를 띠모양으로 나누어 3차례 이상에 걸쳐 순차적으로 개벌하는 방식이다.
- 1조에 3대 이상의 띠로 구성하고 각 조마다 한쪽에서부터 동시에 순서대로 개벌을 진행한다.
- 1차 개벌지는 2차 개벌지로부터 2차 개벌지는 3차 개벌지로부터 천연적으로 낙하하는 종자를 공급받아 갱신이 이루어지며, 3차 개벌지는 떨어진 종자에 의한 천연갱신이나 인공조림을 통해 이루어질 수 있다.

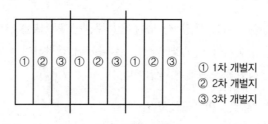

┃ 연속대상개벌작업 ┃

④ 군상개벌(群狀皆伐)작업
- 숲의 여건상 대상개벌작업이 어려운 곳에서 무더기 형식의 군상으로 개벌하는 방식이다.
- 최초개벌지로부터 시작하여 몇 년 주기로 점차 바깥쪽으로 개벌지를 넓혀가며 진행한다.
- 보통 4~5년의 간격을 두어 다음 구역을 벌채한다.
- 각각의 개벌지는 둘러싸고 있는 주변의 성숙목으로부터 종자를 공급받아 갱신이 이루어진다.
- 군상개벌작업에서 한 벌채구역의 크기는 일반적으로 0.03~0.1ha(3~10a)이다.

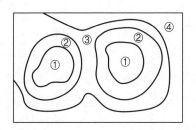

① 최초 개벌지
② 몇 년 후 개벌지
③ 다시 몇 년 후 개벌지
④ 최종 개벌지

▌ 군상개벌작업 ▐

2. 모수작업(母樹作業)

(1) 모수작업 일반

① 벌채지에 종자를 공급할 수 있는 모수(母樹)를 단독 또는 군상으로 남기고, 그 외 나머지 수목들을 모두 벌채하는 방법의 작업이다.
② 일종의 개벌작업의 변법으로 남겨질 모수의 수는 전체 나무의 수에 비해 극히 적으며 갱신이 끝나면 벌채·이용한다.
③ 모수를 제외한 나머지 임지는 일시에 노출되므로 주로 소나무, 곰솔(해송), 자작나무 등 양수의 천연갱신에 유리하며, 음수는 적합하지 않다.
  🖉 모수작업 수종 : 소나무, 곰솔(해송), 자작나무 등의 양수
④ 모수에서 떨어진 종자에 의해 갱신이 이루어지므로 모수를 제외하고는 후에 동령림을 형성한다.
⑤ 종자가 비교적 가벼워 잘 비산하며 쉽게 발아하는 수종에 적합한 갱신법으로 모수의 종류와 양을 적절히 조절하면 수종의 구성을 변화시킬 수 있다.
⑥ 모수를 남기는 것 외에는 개벌에 준하는 작업방식을 적용한다.

(2) 모수작업의 장단점

① 장점
  • 벌채가 집중되므로 경비가 절약된다(개벌 다음으로).
  • 작업방법이 용이하며 경제적이다(개벌 다음으로).
  • 작업의 용이성으로 보아서는 개벌작업과 상당히 유사하다.
  • 천연갱신보다 신생임분의 수종구성을 잘 조절할 수 있다.
  • 갱신 완료 시까지 모수를 남겨두므로 실패를 줄일 수 있다.

② 단점

- 토양침식과 유실이 발생할 가능성이 많다(개벌 다음으로).
- 종자의 착상·발아를 위한 낙엽층과 지피식생의 임상정리가 필요하다.
- 갱신 치수가 발생하면 풀베기를 해줘야 한다.
- 주위 수목의 부재로 모수가 노출되어 풍해를 비롯한 각종 피해를 받기 쉽다.

(3) 모수의 적정 본수와 조건

① 적정 모수 본수

- 전체 임목 본수의 2~3% 또는 재적의 약 10% 내외를 선정하여 남긴다.

   🖉 전재적의 약 90% 벌채
- 소나무, 곰솔(해송) 등 종자가 가벼워 비산력이 큰 수종은 1ha당 약 15~30본을 고루 배치시키며, 종자가 무거워 비산력이 작은 활엽수종은 더 많이 남긴다.
- 비산력을 갖추지 않은 수종은 작업이 불가능하나, 비산력이 작은 수종은 작업이 불가능하지는 않다.
- 암수한그루(자웅동주) 수종이 적합하나, 암수딴그루(자웅이주) 수종인 경우 암수를 같이 남겨야 종자가 형성될 수 있다.

② 모수의 선택 조건

- 유전적 형질 : 형질이 우수하여 활력이 좋으며 평균 이상으로 생장이 양호한 수종
- 풍도에 대한 저항력 : 균형 잡힌 수형과 심근성 뿌리로 바람에 대한 저항력이 강한 수종
- 적정 결실 연령 : 너무 어리거나 노쇠하지 않은 결실 연령에 달한 수종
- 종자 결실 능력 : 종자의 결실량이 많고, 종자가 가볍거나 날개가 달려 비산능력이 좋은 수종
- 기타 : 강렬한 햇빛으로부터 보호하기 위해 수피가 두꺼운 수종, 갑작스러운 환경 변화에 잘 적응할 수 있는 수종 등

 Summary!

모수의 구비조건

- 양수 수종일 것
- 바람에 대한 저항력이 강할 것
- 종자의 결실량이 많을 것
- 유전적 형질이 우수할 것
- 결실 연령에 도달할 것
- 종자의 비산능력이 좋을 것 등

(4) 모수작업의 종류

① 군생모수법 : 바람에 대한 저항력을 크게 하기 위하여 모수를 무더기(군생) 꼴로 남기는

방법이다.

② 보잔목작업(保殘木, 보잔모수법)
- 형질이 좋은 모수를 많이 남겨 천연갱신을 진행하는 동시에 다음 벌기에 그 모수를 우량대경재로 생산하여 이용하는 방법이다.
- 모수작업의 모수본수보다 다소 많은 모수를 남겨서 천연갱신을 통해 후계림을 조성하되 모수(보잔목)는 대경재 생산을 위해 다음 벌기까지 그대로 두는 것이다.
- 남아 있는 모수의 수광생장을 촉진시켜 대경재를 생산할 수 있다.
- 일반 모수작업처럼 양수수종의 갱신에 적합하다.

③ 대화산모수
- 모수로서의 작업이 끝나도 벌채하지 않고 두었다가 혹시 발생할 산불에 대비하는 모수이다.
- 치수가 산불에 피해를 입어 소실되었을 때 다시 종자를 공급하게 된다.

3. 산벌작업(傘伐作業)

(1) 산벌작업 일반

① 윤벌기가 완료되기 전에 짧은 갱신기간 동안 몇 차례 벌채를 실시하여 벌채지의 전 임목을 완전히 제거함과 동시에 천연하종으로 갱신을 유도하는 작업법이다.

   * 윤벌기(輪伐期) : 일정 면적씩 벌채(개벌)를 진행하여 전 임목의 벌채가 끝나고 다시 처음 벌채구를 벌채하게 될 때까지 걸리는 기간

② 단계적인 점진적 벌채라 하여 점벌(漸伐) 또는 예비벌, 하종벌, 후벌의 3차례에 걸친 벌채라 하여 3벌(3伐)이라고도 부른다.

③ 3차례에 걸친 점진적 벌채 양식으로, 초기 작업과정이 간벌작업과 유사한 면이 있다.

④ 성숙목을 벌채함과 동시에 치수가 발생하므로 갱신기간이 10~20년으로 짧다.

⑤ 개벌이나 모수작업처럼 후에 동령림이 형성되며, 동령림 갱신에 가장 알맞고 안전한 작업법이다.

⑥ 전나무, 너도밤나무 등의 음수수종 갱신에 적당하며, 양수수종 갱신은 불가능하지는 않으나 유리하거나 적합하지는 않다.

⑦ 종자의 종류 중에는 무거워 낙하하기 좋은 중력종자가 갱신에 좋다.

> 📝 POINT!

산벌작업의 단계

예비벌 → 하종벌 → 후벌

(2) 산벌작업의 단계

① 예비벌(豫備伐)

- 갱신 준비 단계의 벌채로 모수로서 부적합한 병충해목, 피압목, 폭목, 불량목 등을 선정하여 제거한다.
- 임상을 정리하여 어린나무의 발생에 적합한 환경을 조성하며, 벌채목의 반출이 용이하도록 돕는다.
- 임관을 소개시켜 천연갱신에 적합한 임지상태를 만드는 작업이다.
  * 소개(疎開) : 수목이 빽빽하지 않고, 성기게 자리함
- 솎아베기가 잘 된 임분이나 유령림 단계에서 집약적으로 관리된 임분에서는 예비벌을 생략하기도 한다.

② 하종벌(下種伐)

- 종자가 결실이 되어 충분히 성숙되었을 때 벌채하여 종자의 낙하를 돕는 단계이다.
- 종자를 공급하여 치수의 발생을 도모하기 위한 벌채이다.
- 종자가 다량 낙하하여 일제히 발아할 수 있도록 결실량이 많은 해에 1회 벌채로 하종을 실시한다.

③ 후벌(後伐)

- 남겨 두었던 모수를 점차적으로 벌채하여 신생임분의 발생을 돕는 단계이다.
- 어린나무의 높이가 1~2m 가량 되면 생장촉진을 위해 상층의 모수를 모두 베어낸다.
- 하종벌부터 후벌까지를 산벌작업의 갱신기간이라 한다.

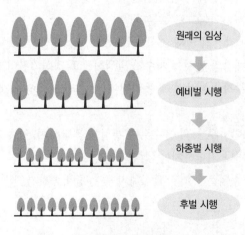

원래의 임상

예비벌 시행

하종벌 시행

후벌 시행

▮ 산벌작업의 순서 ▮

(3) 산벌작업의 장단점

① 장점
- 음수의 갱신에 잘 적용될 수 있다.
- 개벌이나 모수작업보다 동령림 갱신에 있어서 더 안전하고 확실하다.
- 개벌이나 모수작업보다 작업법이 복잡하나 택벌작업보다는 간단한다.
- 윤벌기를 단축시킬 수 있다.
- 동령림이므로 굵기가 일정하며, 줄기가 곧은 나무를 생산할 수 있다.
- 상층의 모수가 치수를 보호하여 갱신이 안전하다.
- 성숙한 모수의 보호하에 동령림이 갱신될 수 있는 유일한 방법이다.
- 우량한 임목들을 남겨 갱신되는 임분의 유전적 형질을 개량할 수 있다.
- 미적 가치와 임지 보호 측면에서 택벌작업 다음으로 좋은 작업법이다.

② 단점
- 개벌이나 모수작업보다 높은 수준의 기술을 요한다.
- 천연갱신으로 유도할 때 갱신기간이 길어진다.
- 후벌 시 어린나무에 피해를 주기 쉽다.
- 후벌에서 벌채될 나무들은 풍도의 해를 입기 쉽다.

4. 택벌작업(擇伐作業)

(1) 택벌작업 일반

① 한 임분을 구성하고 있는 임목 중 성숙한 임목만을 선택적으로 골라 벌채하는 작업법이다.
② 갱신이 어떤 기간 안에 이루어져야 한다는 제한이 없으며, 주벌과 간벌의 구별 없이 벌채를 계속 반복한다.
③ 남아 있는 수목의 직경분포 및 임목축적에 급격한 변화를 주지 않으며, 대소노유(大小老幼)의 다양한 수목들이 늘 일정한 임상을 유지한다.
④ 동일 임분에서 대경목을 지속적으로 생산할 수 있어 보속수확에 가장 적절하며, 산림 경관 조성에 있어서도 가장 생태적인 방법이다.

    * 보속수확 : 매년 일정량의 목재를 지속적으로 수확하는 것

⑤ 어린나무부터 벌기에 달한 성숙목까지 함께 섞여 자라므로 갱신면이 좁고 광선이 충분하지 못해 내음성이 약한 양수 갱신에는 적용하기 힘들다.

⑥ 개벌, 모수, 산벌작업은 동령림의 갱신이라면 택벌작업은 전형적인 이령림의 갱신이 이루어진다.

⑦ 이상적인 택벌림은 소경급 : 중경급 : 대경급의 재적비율이 2 : 3 : 5, 본수비율이 7 : 2 : 1을 기준으로 하여 본수는 소경급이 가장 많다.

⑧ 숲 생태계 기능 복원에 가장 유리한 갱신법으로 보안림, 풍치림, 국립공원 등의 지속적인 꾸준한 관리가 필요한 숲에 주로 적용한다.

⑨ 택벌작업에서 벌채목을 정할 때 생태적 측면에서 가장 중점을 두어야 할 사항은 숲의 보호와 무육이다.

> **참고**
>
> 야생동물군집 보전을 위한 임분구성 관리방법
>
> 갱신작업종 중에는 택벌 작업이 가장 적당하며, 침엽수 인공림에는 활엽수를 도입하여 혼효림 또는 복층림을 유도하면 동물군집 보전에 더욱 좋다.

(2) 택벌작업 용어

① 순환택벌(循環擇伐)

택벌림을 몇 개의 벌구(벌채구역)로 나누고, 각 벌구를 일정 기간마다 순환하면서 택벌하는 방식이다.

② 회귀년(回歸年)

- 매년 한 벌구씩 택벌하여 일순하고, 다시 최초의 택벌구로 벌채가 돌아오는 데 걸리는 기간이다.
- 벌채구를 구분하여 순차적으로 벌채하여 일정한 주기에 의해 갱신작업이 되풀이되는 것을 말한다.
- 각 벌구의 택벌 주기로 보통 5~20년으로 설정한다.

$$회귀년 = \frac{윤벌기}{벌채구역수}$$

- 택벌작업에서는 윤벌기의 개념을 잘 적용하지는 않으나, 만약 윤벌기가 100년이고 벌채구가 10개라면 벌구당 회귀년은 10년이 된다.

Exercise **01**

윤벌기가 80년이고, 벌채구역이 4개인 임지에서의 회귀년은?

풀이 회귀년 = $\dfrac{윤벌기}{벌채구역수} = \dfrac{80}{4} = 20년$

(3) 택벌작업의 장단점

① 장점

- 음수수종 갱신에 적합하다.
- 숲땅이 항상 나무로 덮여있어 임지와 치수가 보호받을 수 있다.
- 임지가 노출되지 않고 보호되어 표토유실이 없으며, 지력 유지에 유리하다.
- 면적이 작은 산림에서 보속 수확이 가능하다.
- 병충해 및 기상피해에 대한 저항력이 높다.
- 미관상 가장 아름다운 숲이 된다.
- 상층의 성숙목은 햇빛을 충분히 받아 결실이 잘 된다.
- 임지가 습윤하여 산불 발생 가능성이 저하된다.
- 가장 건전한 생태계를 유지할 수 있다.

✔ POINT!

택벌작업의 장점

음수수종 갱신 적합, 임지와 치수 보호, 지력 유지, 보속적인 생산, 높은 저항력, 산림경관조성, 건전한 생태계 유지, 임지의 생산력 보전 등

② 단점

- 작업내용이 복잡하여 고도의 기술을 필요로 한다.
- 양수수종 갱신이 어려워 부적합하다.
- 벌채가 까다롭고, 작업과정에서 하층목(치수)의 손상이 많다.
- 일시적인 벌채량은 적어 경제적으로 비효율적이다.

5. 왜림작업(矮林作業)

(1) 왜림작업 일반

① 주로 연료생산을 위해 짧은 벌기로 벌채 · 이용하고 그루터기에서 발생한 맹아를 이용하여 갱신이 이루어지는 작업이다.

② 왜림작업, 맹아갱신법 또는 주로 개벌로 진행하여 개벌왜림작업이라 한다.

③ 땔감용 연료재를 생산하여 연료림작업, 신탄림작업이라고도 하며, 맹아에 의한 키가 작고 왜소한 숲을 형성하여 저림작업(低林作業)이라고도 한다.

④ 왜림은 맹아로 갱신되어 수고가 낮고 벌기가 짧아 연료재(땔감)와 소경재의 생산에 알맞다.

 참고

맹아(萌芽, 움싹)

- 원래 눈이 생기지 않는 부분에서 눈이 발생하여 싹이 나고 가지가 자라는 것을 말한다.
- 자라나는 위치에 따라 절단면에서 발생하는 단면맹아(절단면맹아), 절단면의 측면에서 발생하는 측면맹아(근주맹아), 뿌리에서 발생하는 근맹아(근부맹아)가 있다.
- 갱신에는 측면맹아가 가장 효과적이며, 특히 아까시나무는 측면맹아력이 강하다.

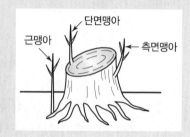

(2) 왜림작업의 장단점

① 장점

- 작업이 간단하며 작업에 대한 확실성이 있다.
- 연료재(땔감)와 소경재 생산에 적합하다. ✎ 용재생산 ✕
- 벌기가 짧아 적은 자본으로 경영할 수 있다.
- 벌기가 짧아 자본회수가 빠르다.
- 벌기가 짧아 농가에서도 쉽게 작업할 수 있다.
- 단위면적당 목재의 생산량이 매우 많다.
- 병해충 등 각종 위해에 대해 저항성이 크다.

② 단점

- 대경재(큰 목재)의 생산이 어려워 경제성이 작다.
- 맹아는 양분요구도가 높아 지력의 소모가 크다.
- 척박한 임지에서는 좋은 성과를 거둘 수 없다.

(3) 왜림작업 대상수종 및 시기

① 토양이 비옥하여 지력이 좋고 지리적 여건이 양호한 곳이 왜림작업을 적용하기에 적당한 임지로 맹아 발생이 왕성한 수종을 대상으로 한다.

② 특히 활엽수 중 참나무류는 맹아력이 좋아 왜림작업 적용이 가장 용이한 수종이고, 이 외에 아까시나무, 물푸레나무, 버드나무, 밤나무, 서어나무, 오리나무 등이 맹아로 후계림 조성이 유리한 수종이다.

③ 침엽수 중에서는 리기다소나무가 맹아갱신에 용이하다.

④ 맹아 발생을 위한 수목 벌채 시기는 11월 이후부터 이듬해 2월 이전까지로 근부에 많은 영양이 저장된 늦가을에서 초봄 사이에 실시한다.

> 📝 **POINT!**
>
> **왜림작업(맹아갱신) 수종**
>
> 참나무류, 아까시나무, 물푸레나무, 버드나무, 밤나무, 서어나무, 오리나무, 리기다소나무 등
>
> ✎ 전나무는 맹아력이 약함

(4) 왜림작업 방법

① 그루터기의 높이는 가능한 한 낮게 벌채하여 움싹이 지하부 또는 지표 근처에서 발생하도록 유도한다.

② 절단면은 남쪽으로 약간 경사지고 평활하게 제거하여 물이 고이지 않도록 한다.

③ 맹아는 양성으로 광선 부족 시 생장이 어려우므로 따뜻한 남향으로 약간 기울게 하여 벌채한다.

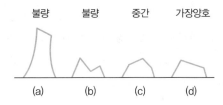

‖ 맹아발생(움돋이)을 위한 줄기 베기 ‖

6. 중림작업(中林作業)

(1) 중림작업 일반

① 동일 임지에 상층은 용재(대경재) 생산의 교림작업, 하층은 연료재(신탄재)와 소경재 생산의 왜림작업을 함께 시행하는 작업종이다.

　＊ 용재(用材) : 연료 이외에 건축, 가구 등의 일정 용도로 쓰이는 직경이 큰 목재

② 상(상목), 하(하목)로 나뉘어 2단의 임형을 형성한다.

③ 하층목은 보통 20년의 짧은 윤벌기로 개벌하고 맹아갱신을 반복하며, 일정 기간 반복하는 동안 성숙한 상층목은 택벌식으로 벌채하는 형식이다.

④ 보통 상층목은 하목 윤벌기의 배수가 되어 용재로 이용 가능한 크기에 도달하였을 때 택벌을 실시하게 된다.

⑤ 상목의 영급은 모두 하목 윤벌기의 정수배가 되는 작업이다.

⑥ 상목과 하목은 동일 수종으로 조성하는 것이 원칙이지만, 용재생산에 유리한 침엽수종을 상목으로 하고 맹아갱신이 우수한 참나무류 등을 하목으로 하여 혼생시키기도 한다.

⑦ 내음성이 강하고 맹아력이 좋은 수종을 하층목으로 식재하며, 상층목은 하층목 발달을 위하여 지하고가 높고, 수관밀도가 낮은 것이 좋다.

⑧ 대나무와 죽순 생산을 위한 작업법은 죽림작업(竹林作業)이라 칭하며 중림작업과는 다르다.

[중림작업]

구분	수종	임형	생산 목적	벌채 형식
상목	• 실생묘로 육성하는 침엽수종 • 소나무, 전나무, 낙엽송 등	교림	용재 (대경재)	택벌 (하목벌기의 배수)
하목	• 맹아로 갱신하는 활엽수종 • 참나무류, 서어나무류, 단풍나무류, 느릅나무 등	왜림	연료재, 소경재	짧은 윤벌기(20년)로 개벌

(2) 중림작업의 장단점

① 장점
- 용재(대경재) 및 연료재와 소경재를 동시에 생산할 수 있다.
- 상·하목의 일정한 임상으로 임지의 노출이 방지된다.
- 상목은 수광량이 많아서 생장이 좋아진다.

② 단점
- 작업이 복잡하고, 높은 작업기술을 필요로 한다.
- 상층목으로 인한 하층목의 맹아 발생과 생장이 억제된다.

Summary!

갱신작업종(주벌수확, 수확을 위한 벌채)

- 개벌작업 : 임목 전부를 일시에 벌채. 모두베기
- 모수작업 : 모수만 남기고, 그 외의 임목을 모두 벌채
- 산벌작업 : 3단계의 점진적 벌채, 예비벌－하종벌－후벌
- 택벌작업 : 성숙한 임목만을 선택적으로 골라 벌채. 골라베기
- 왜림작업 : 연료재 생산을 위한 짧은 벌기의 개벌과 맹아갱신
- 중림작업 : 용재의 교림과 연료재의 왜림을 동일 임지에 실시

✎ 간벌(솎아베기)은 산림 무육(숲가꾸기를 위한 벌채)

 참고

수확을 위한 벌채금지 구역(「지속가능한 산림자원 관리지침」 中)

- 생태통로 역할을 하는 주능선 8부 이상부터 정상부, 다만 표고가 100m 미만인 지역은 제외
- 암석지, 석력지, 황폐우려지로서 갱신이 어려운 지역
- 계곡부의 양안 홍수위 폭
- 호소, 저수지, 하천 등 수변지역은 수변 만수위로부터 30m 내외
- 도로변 지역(도로로부터 폭 20m 이내 지역)
- 임연부
- 내화수림대로 조성·관리되는 지역
- 벌채구역과 벌채구역 사이 20m 폭의 잔존수림대. 다만, 벌채구역이 어린나무가꾸기에 도달하는 시점에 잔존수림대 벌채 가능
- 임산물 운반로를 내기 위한 경우와 산사태, 산불, 산림병해충 등 산림재해로 인한 피해 복구, 그 밖에 공익적 목적을 위한 경우에는 벌채할 수 있으나 필요한 부분만 최소 실행

P A R T

08

산림조성사업 안전관리

안전관리 일반

1. 산림 안전관리의 중요성

① 안전관리란 작업장의 생산활동에서 발생되는 모든 위험으로부터 작업자의 신체와 건강을 보호하고 작업시설을 안전하게 유지하기 위한 것이다.

② 안전관리를 통해 인간의 생명과 재산을 보호하며, 작업자들의 능률향상과 기능발전을 도모할 수 있다.

③ 조림, 숲가꾸기, 수확, 벌목 등의 각종 산림사업에서 최근 더욱 강조되고 있는 개념이다.

2. 산림작업 안전사고

(1) 안전사고의 발생 원인

① 산림 노동재해는 기술적·교육적 문제, 기계·기구·장비 등의 문제, 작업 환경의 문제 등 다양한 원인으로 발생하고 있다.

② 그중 주요한 직접적 원인은 사람이나 기계장비 등의 불안전한 행동과 상태에서 기인한다.

③ 원인별로는 안전작업 미숙과 부주의에 따른 불안전한 행동에 의한 사고가 가장 많다.

(2) 안전사고의 직접적인 원인

① 불안전한 행동(인적요인) : 주의력 산만, 지시에 대한 이해부족, 지식의 결여, 숙련도 부족, 신체적 부적합성, 사고를 일으키기 쉬운 기계의 구조 등으로 불안전한 행동 유발

② 불안전한 상태(물적요인) : 기계나 장비 등이 부적당하게 장치되어 있는 상태, 결함이나 위험성이 있는 장비, 불안전한 기계 설계 및 구조, 기계나 장비의 위험한 배치, 유해한 작업환경 등

(3) 산림작업 시 안전사고 비율

① 작업별
• 벌목 등 수확작업 70%, 무육작업 20%, 기타 10%

- 작업 중에는 수확작업의 사고 비율이 가장 높다.

② 신체부위별

- 손 36%(손가락 27%), 다리 32%(발 7%), 머리 21%(눈 12%), 몸통과 팔 11%
- 신체부위 중에는 손의 사고 비율이 가장 높다.

③ 계절별로는 여름, 요일별로는 월요일, 연령별로는 경력이 적은 젊은이의 사고빈도가 높은 편이다.

(4) 안전사고의 예방 수칙(작업 시 준수사항)

① 혼자 작업하지 않으며 2인 이상 가시·가청권 내에서 작업한다. ✎ 혼자 작업 ×

② 올바른 장비와 기술을 사용하여 작업한다.

③ 작업복은 작업종과 일기에 따라 알맞은 것을 착용한다.

④ 작업실행에 심사숙고하며, 서두르지 말고 침착하게 작업한다.

⑤ 긴장하지 말고, 부드럽고 율동적인 작업을 한다.

⑥ 몸전체를 고르게 움직이며 작업한다.

⑦ 규칙적으로 휴식하고, 휴식 후 서서히 작업 속도를 올린다.

⑧ 안전에 대한 연구와 예방책 강구에 끊임없이 노력한다. ✎ 한 가지 작업을 계속 ×

3. 노동의 에너지 대사율(RMR, Relative Metabolic Rate)

① 작업자의 노동 시 산소호흡량을 에너지 소모량으로 하여 작업에만 소요된 에너지량이 기초대사량의 몇 배에 해당하는지를 나타내는 지수이다.

② 노동의 에너지 대사율 $= \dfrac{\text{노동 시 에너지 대사량} - \text{안정 시 에너지 대사량}}{\text{기초대사량}}$

③ 노동강도의 경중(輕重)은 RMR 수치로 표시하는데, 임업노동은 4~7로 중노동 작업에 속한다.

4. 산업안전보건표지

산림 산업의 안전 작업을 위해 알아두어야 할 금지표지 8종은 다음과 같다.

출입금지		보행금지		차량통행 금지		사용금지	
탑승금지		금연		화기금지		물체이동 금지	

1. 산림작업 일반 안전수칙

① 작업시작 전에 작업순서 및 작업원 간의 연락방법을 충분히 숙지한 후 작업에 착수한다.

② 작업자는 안전모, 안전화 등의 보호구를 착용하여야 하며, 항상 호루라기 등 경적 신호기를 휴대한다.

③ 강풍, 폭우, 폭설 등 악천후로 인하여 작업상의 위험이 예상될 때에는 작업을 중지한다.

④ 바람이 불어도 임목수확작업이 가능한 바람의 세기는 약 초속 14m 정도이다.

⑤ 톱, 도끼 등의 작업도구는 작업시작과 종료 시에 점검하여 안전한 상태로 사용한다.

2. 무육작업 안전수칙

(1) 무육작업 일반 안전수칙

① 작업로를 만들어 임분을 구획하여 작업한다.

② 임분 울폐도가 높아 전방을 분간하기 힘들 때는 특히 조심한다.

③ 단독 작업 시 다른 작업자의 가시권 및 가청권 내에서 작업한다.

④ 기계작업 시 수동작업과 기계작업을 교대로 한다.

⑤ 날이 있는 도구 사용 시 미끄러지지 않도록 주의하고 덮개를 씌운 후 이동한다.

⑥ 손톱 사용 시 찰과상에 주의하고, 한쪽 발을 약간 굽히고 다리를 벌려 허리에 부담을 덜 주는 자세로 작업한다.

⑦ 고지절단용 톱 사용 시 반드시 얼굴보호망을 착용한다.

(2) 체인톱(기계톱) 벌도목 가지치기 시 유의사항

① 길이가 30~40cm 정도로 안내판이 짧은 기계톱(경체인톱)을 사용한다.

   🖉 안내판 긴 것 사용 ×

② 작업자는 벌목한 나무에 가까이에 서서 작업한다.

③ 벌목한 나무를 몸과 체인톱 사이에 놓고 작업한다.

④ 안전한 자세로 서서 작업한다.

⑤ 전진하면서 작업하며, 체인톱을 자연스럽게 움직인다. ✎ 후진하면서 ✕

⑥ 안내판의 끝 쪽인 안내판코로 절단하지 않는다.

⑦ 톱은 몸체와 가급적 가까이 밀착하고 무릎을 약간 구부린다.

⑧ 오른발은 후방손잡이 뒤에 오도록 하고, 왼발은 뒤로 빼내어 안내판으로부터 멀리 떨어져 있도록 한다.

⑨ 장력을 받고있는 가지는 조금씩 절단하여 장력을 제거한 후 작업한다.

3. 벌목작업 안전수칙

(1) 벌목작업 시 고려사항

① 벌목방향을 정확히 하여야 한다.

② 안전사고를 예방하기 위한 준칙을 철저히 지켜야 한다.

③ 주변 입목의 피해를 가능한 감소시켜야 한다.

 ✎ 잔존목의 이용 재적이 많이 나오도록 한다. ✕

(2) 벌목작업 세부 안전수칙

① 작업 시 보호장비를 갖추고, 작업조는 2인 1조로 편성한다.

② 벌채사면의 구획은 세로방향으로 하고, 동일 벌채사면의 위·아래 동시 작업은 금지한다.

③ 벌채목이 넘어가는 구역인 벌목영역은 벌채목 수고의 2배에 해당하는 영역으로 이 구역 내에서는 작업에 참가하는 사람만 있어야 한다.

④ 벌목할 수목 주위의 관목, 고사목, 넝쿨 및 부석 등은 미리 제거한다.

⑤ 벌목 시에는 나무의 산정방향에 서서 작업하며, 작업면보다 아래 경사면 출입을 통제한다.

⑥ 조재작업 시에도 벌도목의 경사면 아래에서 작업하지 않는다.

⑦ 벌목방향은 나무가 안전하게 넘어가고, 집재하기 용이한 방향으로 설정한다.

⑧ 벌목 시 걸린 나무는 지렛대 등을 이용하여 제거하고, 받치고 있는 나무는 베지 않는다.

⑨ 벌목 시 장력을 받고 있는 나무는 반대편의 압력을 받는 부위를 먼저 절단한다.

 * 장력 : 당기는 힘　* 압력 : 누르는 힘

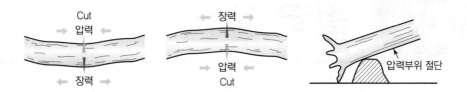

⑩ 미리 대피장소를 정하고, 작업도구들은 벌목 반대방향으로 치우며, 대피할 때 지장을 초래하는 나무뿌리, 넝쿨 등의 장해물을 미리 제거하여 정비한다.

　✎ 나무가 넘어가지 않는 방향으로 미리 도피로 결정 및 정비

⑪ 위험이 예상되는 도로, 반출로 등에는 위험표지를 잘 보이는 곳에 설치하고 유지 관리한다.

(3) 다른 나무에 걸린 벌채목 처리 방법

① 방향전환 지렛대를 이용하여 넘긴다.
② 걸린 나무를 흔들어 넘긴다.
③ 소형 견인기나 로프 등을 이용하여 끌어내거나 넘긴다.
④ 경사면을 따라 조심히 끌어낸다.　✎ 걸린 나무토막 내기 X

(4) 2인 1조 작업 조직의 특징

① 벌목작업에서 능률과 안전을 함께 고려할 때 가장 적합한 작업 조편성이다.
② 1인 1조 작업은 독립적으로 작업능률이 높을 수 있으나, 과로하기 쉽고 사고발생 시 위험하다.
③ 2인 1조 작업팀 간의 최소안전거리는 벌도목 수고의 2배 이상이어야 한다.

CHAPTER 03 벌목 방법

1. 대경재 벌목 방법

(1) 수구 자르기(방향베기)

- 수구(under cut)란 벌도 시 벌목 방향을 확정하고 벌도목이 쪼개지는 것을 방지하기 위하여 근원 부근에 만드는 칼집이다.
- 수구는 벌도목이 넘어지는 방향 쪽으로 만든다. 즉, 수구 방향으로 수목이 넘어가게 된다.
- 대경목일 경우 벌근 직경의 1/4이상 깊이로 자르고, 상·하면의 각도는 30∼45° 정도로 한다.

(2) 추구 자르기(따라베기)

- 추구(back cut)란 수구의 반대편에서 수목을 넘기기 위해 베어주는 것으로 수구보다 약간 높은 곳에서 실시한다.
- 수구 밑면보다 절단 수목지름의 10분의 1정도 높은 곳에서 줄기와 직각방향으로 자른다.
- 벌목의 순서 : 작업도구 정돈 → 벌목방향 결정 → 주위 정리 → 수구자르기 → 추구자르기

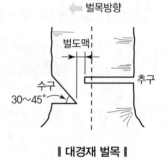

┃ 대경재 벌목 ┃

2. 소경재 벌목 방법

(1) 수구 및 추구에 의한 절단 방법

대경재일 경우와 동일한 작업법으로 절단하는 방법이다.

(2) 간이 수구에 의한 절단 방법

수구의 상하면 각도를 만들지 않고, 간단하게 수구를 만들어 절단하는 방법이다.

(3) 비스듬히 절단하는 방법

수구를 만들지 않고 벌목 방향으로 20°정도 경사를 두어 바로 절단하는 방법이다.

▮ 간이 수구에 의한 절단 방법 ▮

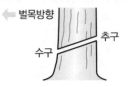

▮ 비스듬히 절단하는 방법 ▮

CHAPTER 04 안전장비 관리

Craftsman Forest

1. 안전장비 일반

(1) 안전장비의 중요성

① 임지는 넓고 험하며 지대가 높아 타 노동에 비해 각종 위험에 노출되어 있으며, 더욱이 벌채나 수확 시에는 안전에 취약한 기계 기구 등을 사용하게 되므로 개인 안전장비는 필수 요소이다.

② 벌목, 수확작업 등의 산림 작업 시에는 반드시 개인의 신체 보호를 위한 적절한 안전 장비를 갖추어야 한다.

(2) 신체부위 별 안전장비

① 머리 보호 : 안전헬멧, 귀마개, 얼굴보호망

② 손 보호 : 안전장갑

③ 다리와 발 보호 : 무릎보호대, 안전화

④ 몸통 보호 : 안전복

2. 개인 안전장비의 종류

(1) 안전헬멧(안전모)

① 추락하는 물체로부터 머리를 보호하는 장비이다.

② 귀마개와 얼굴보호망이 부착된 것을 착용한다.

(2) 귀마개

① 소음으로부터 난청을 예방하기 위한 장비이다.

② 체인톱의 소음은 약 100~115dB 정도이며, 소음이 90dB 이상이면 소음성 난청이 유발할 수 있으므로 귀마개를 착용한다.

✎ 기계톱 소음에 대비한 방음 대책 : 방음용 귀마개 착용, 작업시간 단축, 머플러(배기구) 개량 등

(3) 얼굴보호망(얼굴보호대)

① 톱밥, 가지 등의 오염물질로부터 눈을 보호하기 위한 장비이다.

   ✎ 자외선으로부터 피부보호 ✕

② 철망보다는 플라스틱 재질이 가볍고 좋다.

③ 가지치기 작업 시에는 반드시 얼굴보호망을 쓴다.

(4) 안전복

① 추위나 더위, 오염이나 각종 상해로부터 신체를 보호하기 위한 안전작업복이다.

② 몸에 맞는 안전복을 입어야 하며, 작업자의 식별을 위해 경계색이 들어가 있는 것이 좋다.

③ 땀을 잘 흡수하며, 물이 스며들지 않는 재질의 것을 선택한다.

④ 작업복 바지는 땀을 잘 흡수하는 멜빵 있는 바지를 입는 것이 좋다.

(5) 안전장갑

① 각종 위험으로부터 손을 보호한다.

② 손에 잘 맞는 것을 끼고, 벗겨지지 않도록 주의한다. ✎ 헐렁하게 ✕

(6) 안전화

① 바닥의 미끄러움을 방지하고, 각종 기계 기구 등에 의한 상해 및 타격으로부터 발을 보호한다.

② 발 사이즈에 맞는 것을 선택하여 착용하고, 신발끈이 풀리지 않도록 주의한다.

③ 앞코에 철판이 들어가 있으며, 전체에 특수보호 처리를 한 것이 좋다.

④ 안전화의 기능 : 발가락 보호, 발목 보호, 미끄럼 방지 등 ✎ 진동방지 ✕

⑤ 산림작업용 안전화의 조건

- 철판으로 보호된 안전화 코
- 미끄러짐을 막을 수 있는 바닥판
- 발이 찔리지 않도록 되어있는 특수보호재료
- 물이 스며들지 않는 재질 ✎ 땀의 흡수와 배출이 어려운 고무재질 ✕

Summary!

개인 안전장비의 종류

안전헬멧, 귀마개, 얼굴보호망, 안전복, 안전장갑, 안전화 등

✎ 구급낭, 마스크, 휴대용 라디오, 쌍안경 ✕

산림작업
도구 및 재료

CHAPTER 01 작업도구

Craftsman Forest

1. 작업도구 일반

(1) 작업도구의 능률

① 도구의 손잡이는 사용자의 손에 잘 맞아야 한다.

② 자루의 길이는 적당히 길수록 힘이 강해진다.

③ 자루가 너무 길면 정확한 작업이 어렵다.

④ 사용하기에 가장 적합한 도끼 자루의 길이는 사용자의 팔 길이 정도이다.

⑤ 도구는 적당한 무게를 가져야 내려칠 때 힘이 강해진다.

⑥ 작업자의 힘이 최대한 도구의 날 부분에 전달될 수 있어야 한다.

⑦ 도구의 날은 날카로운 것이 땅을 잘 파거나 잘 자를 수 있다.

⑧ 도구의 날 끝 각도가 클수록 나무가 잘 부셔진다.

⑨ 도구의 날과 자루는 작업 시 발생하는 충격을 작업자에게 최소한으로 줄일 수 있어야 한다.

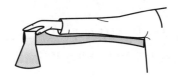

▎도끼자루 길이 ▎

(2) 작업도구 원목 자루(손잡이)의 요건

① 원목으로 제작 시 탄력(탄성)이 크며, 목질이 질긴 것이 좋다.

② 옹이가 없고, 열전도율이 낮은 나무가 좋다.

③ 다듬어진 목질 섬유 방향은 긴 방향으로 배열되어야 한다.

④ 재료로는 탄력이 좋으면서 목질섬유(섬유장)가 길고 질긴 활엽수가 적당하다.

   * 섬유장 : 목질부에 존재하는 식물섬유소의 길이로, 길수록 목재가 질기다.

⑤ 도끼자루 제작에 가장 적합한 수종으로는 가래나무, 물푸레나무, 호두나무 등이 있다.

⑥ 물푸레나무는 성질이 질기고 잘 휘는 탄성이 있으며, 무게도 적당하고 단단하여 도끼자루로 적합하다.

2. 조림(식재) 작업 도구

(1) 재래식 삽

식재나 사방공사 시 일반적으로 많이 이용하는 규격화된 공장제품의 삽이다.

(2) 재래식 괭이

식재지의 뿌리를 끊고 흙을 부드럽게 하는 용도의 괭이로 대부분 수공업제품이다. ✎ 규격품 ✕

(3) 각식재용 양날괭이

① 자루의 끝에 양쪽으로 도끼와 괭이가 붙어 있는 도구로 괭이에는 타원형과 네모형이 있다.
② 도끼는 땅을 가르는 데 사용하며, 괭이는 땅을 벌리는 데 사용한다.
③ 타원형 : 자갈과 뿌리가 섞여있는 땅에 적합
④ 네모형 : 자갈이 없고 무르며 잡초가 많은 땅에 적합

(4) 사식재용 괭이

경사지, 평지 등에 사용하며, 작은 묘목(소묘)의 빗심기(사식)에 이용하는 괭이로 자루에 대한 괭이날의 각도는 60~70°가 일반적이다.

(5) 손도끼

① 뿌리의 단근작업에 사용하는 자루가 짧은 도끼로 짧은 시간에 많은 뿌리를 자를 수 있다.
② 자루가 짧아 한손으로 사용하며, 간벌목 표시, 단근작업, 도구자루 제작 등에 이용된다.

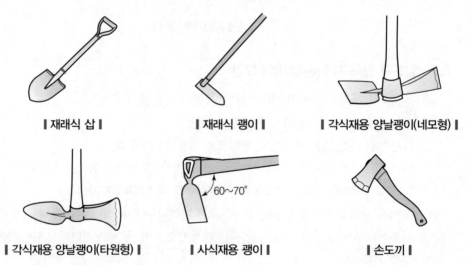

| 재래식 삽 | | 재래식 괭이 | | 각식재용 양날괭이(네모형) |

| 각식재용 양날괭이(타원형) | | 사식재용 괭이 | | 손도끼 |

식혈기(植穴機)

묘목 식재 시 조림목을 심을 구덩이를 파는 기계로 식혈날이 돌면서 땅속에 구멍을 뚫는다.

← 식혈날

3. 무육 작업 도구

식재목의 성숙시기에 풀베기, 덩굴제거, 잡목솎아내기, 가지치기 등의 작업을 수행하는 도구이다.

(1) 재래식 낫

주로 풀베기에 사용하는 재래식 낫이다.

(2) 스위스 보육낫(무육낫)

① 침 · 활엽수 유령림의 무육작업에 적합한 낫이다.

② 지름 5cm 내외의 잡목 및 불량목 제거에 사용하다.

(3) 소형 전정가위

지름 1.5cm 내외의 어린 치수의 무육작업에 사용하는 가위이다.

(4) 무육용 이리톱

① 가지치기와 유령림의 무육작업에 적합한 톱으로 손잡이가 구부러져 있는 것이 특징적이다.

② 지름 6~15cm 정도의 경쟁식생을 제거하기에 적합하다.

(5) 소형 손톱

덩굴식물 제거와 지름 2cm 이하의 가지치기에 사용하는 톱이다.

(6) 고지절단용 가지치기톱

① 수간 높이가 4~5m 정도 되는 높은 곳의 가지치기에 사용하는 톱이다.

② 고지절단용 가지치기 톱과 소형 손톱은 용도(가지치기)가 같은 도구이다.

(7) 마세티

작업에 방해가 되는 덩굴과 잡목 등의 제거와 소경목의 가지치기에 사용되는 장칼이다.

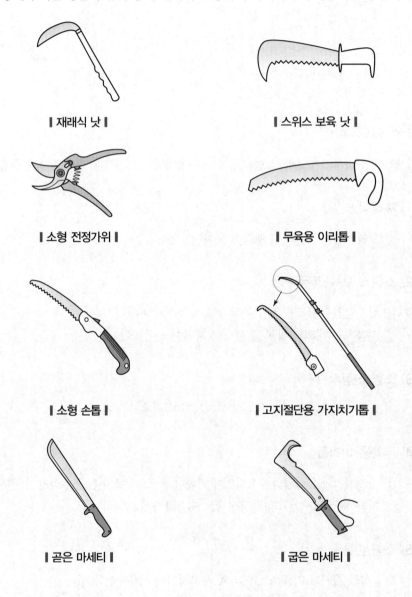

| 재래식 낫 |

| 스위스 보육 낫 |

| 소형 전정가위 |

| 무육용 이리톱 |

| 소형 손톱 |

| 고지절단용 가지치기톱 |

| 곧은 마세티 |

| 굽은 마세티 |

4. 벌목 작업 도구

(1) 톱

① 톱은 주로 벌목과 조재작업에 사용되며, 가지치기용으로도 사용된다.
② 최근에는 작업의 효율성 등의 문제로 체인톱이 널리 사용되고 있다.

(2) 도끼

용도에 따라 가지치기용, 벌목용, 장장패기용, 손도끼 등으로 구분한다.

(3) 쐐기

① 용도에 따라 벌목용, 절단용, 나무쪼개기용 등으로 구분하며, 재료에 따라 목재쐐기, 철재쐐기, 알루미늄 쐐기, 플라스틱 쐐기 등이 있다.
② 주로 벌목작업에서 벌도 방향 결정과 안전작업을 위해 사용되며, 톱질 시 톱이 끼지 않도록 괴는 데도 쓰인다.
③ 벌목작업에 사용되는 목재쐐기의 재료로 적합한 수종으로는 아까시나무, 단풍나무, 참나무류 등이 있다.
④ 보통 톱의 사용 시에는 철제쐐기가 사용되지만, 기계톱을 이용한 벌목작업 시에는 안전상 철재 쐐기(강철쐐기)는 사용하지 않는다.
⑤ 라이싱거 듀랄 : 원형 기계톱 사용 시 톱날이 목재에 끼지 않도록 사용하는 쐐기의 일종
  ≡ 듀랄루민 쐐기

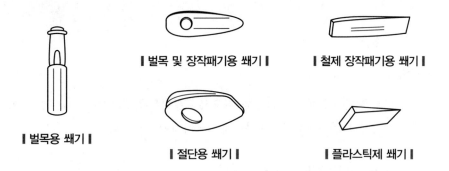

| 벌목 및 장작패기용 쐐기 | | 철제 장작패기용 쐐기 |

| 벌목용 쐐기 |

| 절단용 쐐기 | | 플라스틱제 쐐기 |

(4) 지렛대(목재돌림대)

벌목 시에 다른 나무에 걸려 있는 벌도목을 밀어 넘기거나 끌어내릴 때 또는 땅위 벌도목의 방향을 반대로 전환시키고자 할 때 사용하는 방향전도용 지렛대이다.

| 방향전도용 지렛대 | | 사용방법 |

(5) 밀게(밀대, 넘김대)

소경목의 벌목 시 나무를 원하는 방향으로 밀어 넘길 때 사용하는 기구이다.

(6) 박피기

벌도목의 껍질을 벗기는데 사용하는 기구이다.

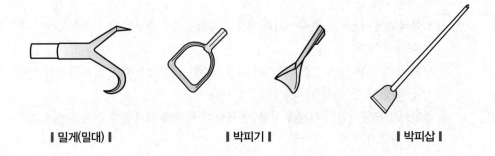

| 밀게(밀대) | | 박피기 | | 박피삽 |

5. 집재 작업 도구

(1) 사피

① 벌도목을 찍어 끌어 운반하는 데 사용하는 통나무용 끌개이다.
② 집재장에서 통나무를 끌어내리는데 사용하기에 적합하다.

(2) 피비(peavey) 및 캔트훅(cant hook)

집재장에서 통나무의 방향을 전환하거나 굴려서 이동하는데 쓰이는 지렛대이다.

(3) 피커룬(pickaroon)

나무를 찍어 들어 올리거나 끌 때 사용한다.

(4) 파이크폴(pike pole)

갈고리나 꼬챙이 등이 긴 장대 끝에 달려 있어 원목을 잡거나 끌 때 사용한다.

(5) 펄프훅(pulp hook)

짧은 길이의 연료재나 펄프재를 들어 옮길 때 사용하는 갈고리이다.

(6) 스웨디쉬 갈고리

작은 나무를 들어 옮길 때 사용하는 1인용 운반집게로 소경재 인력 집재에 적당하다.

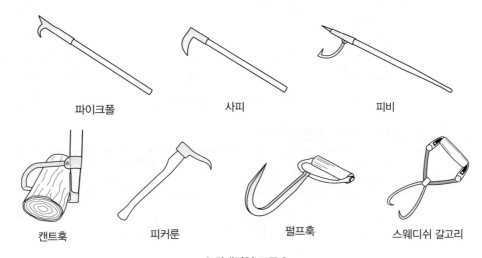

| 파이크폴 | 사피 | 피비 |
| 캔트훅 | 피커룬 | 펄프훅 | 스웨디쉬 갈고리 |

▮ 집재작업 도구 ▮

📑 **Summary!**

산림 작업 도구

작업 구분	도구 종류
조림(식재) 작업	재래식 삽, 재래식 괭이, 각식재용 양날 괭이, 사식재용 괭이, 손도끼 등
무육 작업	재래식 낫, 스위스 보육낫(무육낫), 소형 전정가위, 무육용 이리톱, 소형 손톱, 고지절단용 가지치기톱, 마세티 등
벌목 작업	톱, 도끼, 쐐기, 지렛대(목재돌림대), 밀게(밀대, 넘김대), 박피기, 사피 등
집재 작업	사피, 피비, 캔트훅, 피커룬, 파이크폴, 펄프훅 등

✏️ 양묘작업 도구
- 식혈봉 : 어린 묘목의 이식 시 구덩이를 파는 도구
- 이식판 : 묘목 이식 시 열과 간격을 맞추는데 사용되는 도구
- 이식승 : 이식판과 같은 용도의 도구

6. 작업도구의 날 관리

(1) 도끼날의 연마

① 평줄 등으로 날 위를 안쪽에서 바깥쪽으로 반복하여 연마한다.

② 활엽수용 도끼와 톱의 날은 침엽수용보다 더 둔하게 갈아준다.

③ 도끼날의 연마 형태

- 아치형이 되도록 연마한다. ✎ 아치형 연마 이유 : 도끼날이 목재에 끼이는 것 방지

- 날카로운 삼각형이 되면 날이 나무 속에 잘 끼며, 쉽게 무뎌진다.

- 무딘 둔각형이 되면 나무가 잘 갈라지지 않고 자르기 어렵다.

‖ 아치형(O) ‖   ‖ 날카로운 삼각형(X) ‖   ‖ 무딘 둔각형(X) ‖

④ 용도에 따른 도끼날의 연마 각도

가지치기용	8~10°	장작패기용	침엽수용(연한 나무)	15°
벌목용	9~12°		활엽수용(단단한 나무)	30~35°

8~10°   9~12°   15°   30~35°

‖ 가지치기용 ‖   ‖ 벌목용 ‖   ‖ 장작패기용(침엽수) ‖   ‖ 장작패기용(활엽수) ‖

(2) 손톱의 부분별 기능

① 톱니가슴

나무을 절단하는 부분으로 절삭작용에 관계한다.

② 톱니꼭지각

- 톱니의 강도 및 변형에 관계한다.

- 각이 작으면 톱니가 약해지고 쉽게 변형한다.

③ 톱니등

나무와의 마찰력을 감소시켜, 마찰작용에 관계한다.

④ 톱니홈(톱밥집)

톱밥이 일시적으로 머물렀다가 빠져나가는 홈이다.

⑤ 톱니뿌리선

톱니 시작부의 가장 아래를 연결한 선으로 일정해야 톱니가 강하고, 능률이 좋다.

⑥ 톱니꼭지선

• 톱니 끝의 꼭지를 연결한 선으로 일정해야 톱질이 힘들지 않다.

• 일정하지 않을 경우 잡아당기고 미는데 힘이 든다.

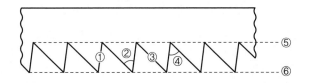

① 톱니가슴
② 톱니꼭지각
③ 톱니등
④ 톱니홈(톱밥집)
⑤ 톱니뿌리선
⑥ 톱니꼭지선

▌ 손톱의 명칭 ▌

(3) 손톱 톱니의 연마

① 삼각톱니 가는 방법

• 줄질은 안내판의 선과 평행하게 한다.

• 안내판 선의 각도는 침엽수가 60°, 활엽수가 70°이다.

• 삼각톱날 꼭지각은 38°가 되도록 한다.

• 줄질은 안에서 밖으로 한다.

• 한쪽면이 끝나면 다시 톱을 돌려 끼워 조인 후 반복하여 실시한다.

톱니 날면   톱니 평면

▌ 삼각톱니 형태 ▌

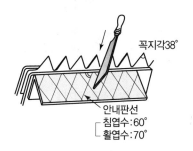

꼭지각38°

안내판선
┌침엽수:60°
└활엽수:70°

▌ 삼각톱니 가는 법 ▌

② 이리톱니 가는 방법
- 톱니꼭지각이 56~60°가 되도록 유지하면서 톱니등각이 35°가 되도록 톱니날 등을 갈아준다.
- 톱니가슴각은 수종에 따라 침엽수는 60°, 활엽수는 70° 또는 75°가 되게 갈아준다. 동시에 가슴각 경사선이 꼭지각과 이루는 각도는 75~80°가 되도록 한다.

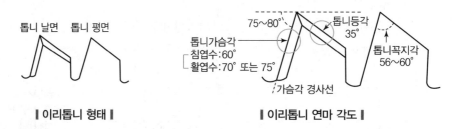

| 이리톱니 형태 | | 이리톱니 연마 각도 |

③ 톱니 젖힘
- 젖힘 집게나 도구를 이용하여 톱니를 잡고 톱니평면(날면이 아닌)쪽으로 젖혀주는 것을 말한다.
- 톱니 젖힘은 나무와의 마찰을 줄이기 위하여 실시한다.
- 침엽수는 활엽수보다 목섬유가 연하고 마찰이 크기 때문에 많이 젖혀준다.
- 톱니 젖힘은 톱니뿌리선으로부터 2/3 지점을 중심으로 하여 젖혀준다.
- 젖힘의 크기는 0.2~0.5mm가 적당하며, 젖힘의 크기는 모든 톱니가 항상 같아야 한다.
- 삼각톱니는 침엽수는 0.3~0.5mm, 활엽수는 0.2~0.3mm가 되도록 한다.
- 이리톱니는 침엽수는 0.4mm, 활엽수나 얼어있는 나무는 0.3mm가 되도록 한다.
- 젖힘의 크기는 톱니젖힘측정기를 사용하여 측정할 수 있다.

| 톱니 젖힘 집게 | | 톱니 젖힘 도구 | | 톱니 젖힘 횡단면 모습 |

CHAPTER 02 작업재료

1. 연료

벌목, 조재, 숲가꾸기, 수확 작업 등에 사용되는 각종 임업기계들은 엔진 작동을 위하여 연료가
필요하며, 주요 산림작업용 기계의 연료에는 휘발유(가솔린)와 경유(디젤)가 있다.

(1) 휘발유(gasoline, 가솔린)의 연료로서의 구비조건

① 충분한 안티노킹성을 지녀야 한다.
② 휘발성이 양호하여 시동이 용이해야 한다.
③ 휘발성이 베이퍼록을 일으킬 정도로 너무 높지 않아야 한다.
④ 충분한 출력을 지녀 가속성이 좋아야 한다.
⑤ 연료소비량이 적어야 한다.
⑥ 실린더 내에서 연소하기 어려운 비휘발성 유분이 없어야 한다.
⑦ 저장 안정성이 좋고, 부식성이 없어야 한다.

(2) 용어의 정리

노킹(knocking)현상	• 내연기관의 실린더 안에서 발생하는 휘발유의 이상 점화 현상이다. • 내연기관의 열효율을 저하시키고 기계적 마모와 손상의 원인이 된다.
안티노킹 (anti knocking)	노킹현상을 억제하는 성질이다.
베이퍼록 (vapor lock, 증기폐쇄)	휘발성이 큰 가솔린의 증발로 과도한 증기가 발생하여 연료공급을 저해하는 현상이다.
옥탄가(octane rating, octane number)	• 이상 자연점화(노킹)를 억제하는 능력을 수치화 한 것으로 휘발유의 내폭성을 나타내는 기준이다. • 옥탄가가 높으면 내폭성이 커서 노킹현상이 감소한다. • 가솔린기관은 일반적으로 옥탄가가 높은 휘발유가 좋으나, 체인톱은 옥탄가가 낮은 보통 휘발유를 사용하는 것이 좋다.

* 내폭성(耐爆性) : 이상 연소나 폭발에 견디는 성질

2. 엔진오일(윤활유)

(1) 엔진오일 일반

① 엔진오일은 다양한 내연기관(엔진)의 윤활제로 사용되는 기름으로 윤활유라고도 한다.

② 엔진 내부의 마찰 및 마모 방지, 기관의 냉각, 마찰면의 압력분산, 부식방지 등의 역할을 한다.

(2) 윤활유의 구비 조건

유성이 좋아야 한다.	유성(油性)이란 오일이 마찰 면에 유막을 형성하는 성질로 유성이 좋아야 물체 사이의 마찰이 감소하고 마모가 방지된다.
점도가 적당해야 한다.	점도(粘度)가 너무 낮으면 유막이 파괴되며, 너무 높으면 동력이 손실되므로 적당한 점도가 요구된다.
부식성이 없어야 한다.	기계를 부식시키는 성질이 없으며, 부식을 방지하여야 한다.
유동성이 낮아야 한다.	유동점이란 오일이 응고되지 않는 온도로 낮을수록 윤활에 효과적이다.
탄성이 낮아야 한다.	탄화성이 낮아야 슬러지가 발생하지 않고 부식이 더디다.

(3) 엔진오일의 점도(점액도, 점성도)

① SAE(Society of Automotive Engineers, 미국자동차기술자협회)에서는 점도(粘度)에 의해 엔진오일의 규격을 SAE 5W, SAE 10W, SAE 20, SAE 30 등으로 분류한다.

② 'SAE 숫자'로 표시하는데, 숫자가 클수록 점도가 크며, 숫자 뒤에 'W'는 겨울철용임을 의미한다.

③ 숫자가 작을수록 겨울에, 클수록 여름에 적합한 점도이다.

④ 우리나라의 여름철 체인톱(기계톱)의 윤활유 점도는 SAE 30이 적당하다.

⑤ 엔진오일의 점액도(점도) 표시는 사용 외기온도에 따라 아래와 같이 구분한다.

[엔진오일(윤활유)의 점액도 구분]

외기온도	점액도 종류
저온(겨울)에 알맞은 점도	SAE 5W, SAE 10W, SAE 20W 등
고온(여름)에 알맞은 점도	SAE 30, SAE 40, SAE 50 등
−30℃~−10℃	SAE 20W
10~40℃	SAE 30

3. 와이어로프

(1) 와이어로프의 특징

① 와이어로프는 와이어(소선)를 몇 개씩 꼬아 스트랜드(strand)를 만들고, 심줄을 중심으로 이 스트랜드를 다시 몇 개 꼬아서 만든 쇠밧줄이다.

② 가선집재나 윈치를 이용한 집재작업에 반드시 필요한 부품이다.

③ 임업용 와이어로프는 스트랜드가 6개인 것을 많이 사용한다.

④ 와이어나 스트랜드의 개수, 꼬임방식, 로프의 지름 등에 따라 다양한 용도로 쓰이고 있다.

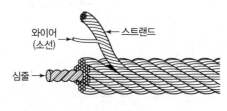

‖ 와이어로프 ‖

(2) 꼬임 방향에 따른 구분

① 꼬임 방향에 따라 보통꼬임과 랑꼬임으로 나뉘며, 보통꼬임이 일반적으로 많이 쓰인다.

② 꼬임의 구분은 왼쪽 방향으로 꼬였는지 오른쪽 방향으로 꼬였는지에 따라 다시 Z꼬임과 S꼬임으로 구분할 수 있다.

구분	보통꼬임	랑꼬임(랭꼬임)
꼬임 방향	와이어의 꼬임과 스트랜드의 꼬임 방향이 반대이다.	와이어의 꼬임과 스트랜드의 꼬임 방향이 동일하다.
특징	꼬임이 안정되어 킹크가 생기기 어렵고 취급이 용이하지만, 마모가 크다.	꼬임이 풀리기 쉬워 킹크가 생기기 쉽지만, 마모가 적다.
주 용도	작업본줄	가공본줄

* 킹크(kink) : 뒤틀리고 엉켜서 꼬이는 현상

보통 Z꼬임 보통 S꼬임 랭 Z꼬임 랭 S꼬임

‖ 꼬임 방향에 따른 구분 ‖

(3) 와이어로프의 표시방법

① 와이어로프는 '스트랜드의 본수 × 와이어의 개수'로 표시한다.
② 6×7 : 7본선 6꼬임, 6×24 : 24본선 6꼬임

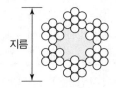

▮ 6×7 와이어로프 ▮

(4) 와이어로프의 안전계수

$$안전계수 = \frac{와이어로프의\ 최대장력(kg)}{와이어로프에\ 걸리는\ 하중(kg)}$$

안전계수는 가공본줄은 2.7 이상, 작업줄(작업선)은 4.0 이상이 적당하다.

Exercise 01

가선집재의 가공본줄로 사용되는 와이어로프의 최대장력이 2.5ton이다. 이 로프에 500kg의 벌목된 나무를 운반한다면 이 로프의 안전계수는 얼마인가?

풀이
$$안전계수 = \frac{와이어로프의\ 최대장력(kg)}{와이어로프에\ 걸리는\ 하중(kg)}$$
$$= \frac{2,500kg}{500kg} = 5$$

(5) 와이어로프의 폐기(교체)기준

다음과 같은 상태일 때는 와이어로프의 사용을 금지한다.
① 꼬임 상태(킹크)인 것
② 현저하게 변형 또는 부식된 것
③ 와이어로프 소선이 10분의 1(10%) 이상 절단된 것
④ 마모에 의한 직경 감소가 공칭직경의 7%를 초과하는 것

(6) 와이어로프 고리

① 각종 작업에 와이어로프를 이용할 때에는 연결 및 고정에 있어 고리를 만들어 사용한다.

② 와이어로프로 고리를 만들 때에는 와이어로프 직경의 20배 이상으로 한다.

③ 와이어로프의 단부를 고정할 때는 클립을 많이 이용하며, 로프의 지름에 따라 클립수가 정해진다.

④ 와이어로프의 지름이 16mm 미만이면 클립을 4개 사용하여 고리를 만들며, 이때 클립은 조이는 부분이 로프의 긴 쪽으로 향하게 하여 체결한다.

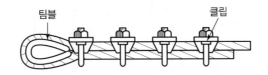

┃ 와이어로프 고리의 마감처리 ┃

임업기계
운용

풀베기작업 기계

1. 예불기 일반

① 둥근 톱날, 특수날 등을 구동하여 풀과 잡관목을 깍아 제거하는 소형 원동기이다.

② 예초기 또는 예취기라고도 한다.

③ 주로 배기량이 작은 1인용 운반식 예불기가 많이 사용되고 있다.

④ 주로 1기통 2행정 공랭식 가솔린 엔진을 사용한다.

* 1기통 : 실린더가 1개 * 2행정 : 압축과 폭발의 2가지 행정이 반복되는 것으로 소형 모터 장치에 유용
* 공랭식 : 엔진열의 제거를 위해 실린더 주변을 공기로 냉각하는 장치

2. 예불기의 종류

(1) 휴대형식에 의한 구분

① 어깨걸이식(견착식)

예불기에 붙어있는 어깨걸이용 띠를 작업자의 어깨에 걸고 작업하는 방식이다.

② 등짐식(배부식)

• 예불기의 원동기 부분을 등에 메고 작업하는 방식이다.

• 세 가지 형식 중 등짐식이 가장 많이 이용되고 있다.

③ 손잡이식

• 작업자는 긴 손잡이를 잡고 작업한다.

• 주로 중량이 적은 소형 예초기에 이용되는 형식이다.

 Summary!

예불기의 휴대형식에 의한 구분
어깨걸이식(견착식), 등짐식(배부식), 손잡이식
✎ 허리걸이식 ✕

(2) 예불날의 종류에 의한 구분

① 회전날식, 직선왕복식, 왕복요동식, 나일론코드식 등이 있다. ✎ 로터리식 ✕

② 나일론코드식 예불기
- 칼날 대신 나일론줄날이 회전하며 풀을 제거한다.
- 정원목 및 정원석 주위에 입목을 휘감은 풀들을 깎을 때 안심하고 사용 가능하다.

③ 예불날의 종류별 용도
- 나일론 줄 : 잔디 및 1년생 초본류 제거
- 삼각날(3날) : 직경 2cm까지의 관목류 제거
- 지름 200mm 원형톱날
  - 직경 10cm까지의 관목 및 풀베기 작업과 지존 작업용
  - 풀베기 작업, 조림지 정리, 어린나무 가꾸기 작업용으로 사용

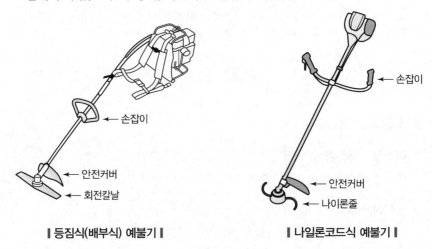

┃등짐식(배부식) 예불기┃   ┃나일론코드식 예불기┃

3. 예불기의 연료와 오일

(1) 예불기의 연료

① 체인톱과 같이 예불기의 연료도 휘발유(가솔린)와 윤활유(엔진오일)를 25 : 1로 혼합하여 사용한다. ✎ 가솔린과 오일 혼합유 사용

② 연료 주입 시 연료 탱크를 조금 열어 먼저 기압차를 제거한 후 뚜껑을 열고 급유한다.

③ 예불기의 연료는 시간당 약 0.5L 정도 소모되므로, 사용 시간에 알맞은 양을 주입한다.

Exercise 01

산림작업용 예불기로 6시간 작업하려면 혼합연료 소요량은 얼마인가?

풀이 　0.5L×6시간＝3L

(2) 예불기의 오일

① 기어는 마찰력이 크기 때문에 원활한 작동을 위해서는 기어케이스 등에 그리스를 적정량 주입한다. * 그리스(기어오일) : 변속기 등에 사용하는 반고체 상태의 윤활유

② 기어케이스의 기어오일 주유량 : SAE 90~120의 기어오일을 20~25cc 주유한다.

③ 기어케이스의 그리스 교환 시기는 20시간이다.

(3) 예불기의 정비

① 사용 전 연료 혼합비 25 : 1을 지켜서 주유한다.

② 예불기의 힘이 떨어지는 경우 공기여과장치를 청소하거나 교체한다.

③ 캬브레이터(기화기)의 청소주기는 100시간이므로, 일정시기에 청소한다.

④ 공기여과장치(에어필터, 공기필터, 에어클리너)

- 흡입되는 공기 중의 이물질과 먼지를 걸러주는 장치이다.
- 실린더 내부의 마모를 줄이고, 연료의 원활한 공급을 도와 과소비를 막는다.
- 공기여과장치가 막히면 엔진의 힘이 줄고, 연료 소모량이 많아지며, 시동이 어려워진다.

4. 예불기 작업 시 유의사항

① 작업 시에는 사고 예방을 위해 안전모, 얼굴보호망, 귀마개 등을 착용한다.

② 주변에 사람이 있는지 확인하고 엔진을 시동하며, 작업 전에 기계의 가동점검을 실시한다.

③ 예불기의 톱날이 발 끝에 접촉되지 않도록 항상 주의한다.

④ 다른 작업자와는 최소 10m 이상의 안전거리를 유지하여 작업한다.

⑤ 1년생 잡초 등 어린 잡관목(초년생 관목베기)의 작업폭은 1.5m가 적당하다.

⑥ 예불기의 톱날은 좌측방향(반시계방향)으로 회전하므로 우측에서 좌측으로 작업해야 효율적이다. ✎ 예불기 톱 회전방향 : 시계반대방향

⑦ 어깨걸이식 예불기를 메고 바른 자세로 서서 손을 뗐을 때, 지상으로부터 톱날까지의 높이는 10~20cm가 적당하고, 톱날의 각도는 5~10° 정도가 되도록 한다.

⑧ 원형톱날 사용 시에는 날끝으로부터 왼쪽부분만을 사용하여 작업하며, 안전을 위해 12~3시 방향의 사각점 부분으로는 작업하지 않는다.

⑨ 초본을 제거할 때는 날끝으로부터 2/3부분까지 사용하며, 소관목 등의 목본류를 제거할 때는 날 끝으로부터 1/3 정도의 부분을 사용하여 작업한다.

⑩ 작업은 등고선 방향으로 진행한다.

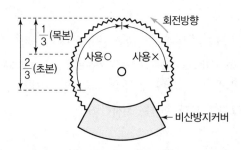

▎원형톱날 사용 시 작업 부위 ▎

CHAPTER 02 벌목 및 조재작업 기계 · · ·

1. 체인톱(엔진톱, 기계톱)

(1) 체인톱 일반

① 산림에서 가장 많이 사용하는 기계로 주로 벌목, 조재 및 무육작업에서 이용한다.

② 소형엔진의 동력에 의해 톱체인이 고속 회전하면서 원목을 절단한다.

③ 임지에서는 작고 가벼우며 출력이 높은 것이 효율적으로 우리나라에서는 주로 1기통 2행
정 공랭식 가솔린 엔진을 사용하여 작업한다.

④ 엔진의 출력과 무게에 따라 소형, 중형, 대형으로 구분하며, 우리나라의 주요 사용 체인톱
기종은 배기량 30~70cc의 소형 및 중형이 대부분을 차지한다.

⑤ 출력이란 엔진에서 발생하는 동력으로 기계톱 엔진 출력은 HP(영국마력) 단위로 표시한다.

⑥ 체인톱의 평균수명은 본체(엔진)가 약 1,500시간이며, 안내판은 약 450시간, 톱체인은 약
150시간으로, 안내판 1개가 수명이 다하는 동안 체인은 3개를 사용할 수 있다.

> 📝 **POINT!**
>
> **체인톱의 사용시간(수명)**
> - 체인톱 본체(엔진가동시간) : 약 1,500시간
> - 안내판 : 약 450시간
> - 톱체인(쏘체인) : 약 150시간

> **Exercise 02**
>
> 연간 체인톱 가동 시간이 600 시간일 경우, 연간 체인 소모는 몇 개가 되는가?
>
> **풀이** 600시간 ÷ 150시간＝4개

(2) 체인톱의 구비조건

① 무게가 가볍고 소형이며 취급방법이 간편해야 한다.

② 견고하고 가동률이 높으며 절삭능력이 좋아야 한다.

③ 소음과 진동이 적고 내구성이 높아야 한다.

④ 벌근(그루터기)의 높이를 되도록 낮게 절단할 수 있어야 한다.

⑤ 연료의 소비, 수리유지비 등 경비가 적게 소요되어야 한다.

⑥ 부품공급이 용이하고 가격이 저렴해야 한다.

(3) 체인톱의 구조

① 원동기 부분
- 엔진이 가동하면서 동력이 발생하는 부분
- 엔진의 본체로 실린더, 피스톤, 크랭크축, 불꽃점화장치, 기화기, 시동장치, 연료탱크, 에어필터 등으로 구성
- 스로틀레버(액셀레버) : 엔진의 회전속도를 조절하는 버튼
- 점화플러그(스파크플러그)
  - 실린더 내 압축된 혼합가스를 점화시키는 장치
  - 중심전극과 접지전극 사이의 간격이 0.4~0.5mm일 때 스파크가 잘 발생
- 시동손잡이와 시동줄 : 전기 없이 줄을 당겨 시동을 거는 리코일스타터 방식
- 에어필터 : 기관에 흡입되는 공기 중의 먼지 등 오물제거
- 초크밸브 : 시동 시 공기를 차단하여 폭발력을 증대시키는 역할로 시동 전에 밸브를 닫아줌 🖉 초크 역할 : 시동 시 공기 유입량 차단

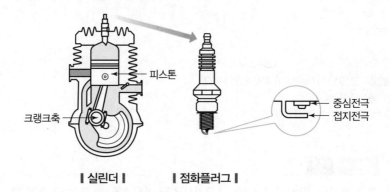

| 실린더 |　| 점화플러그 |

② 동력전달 부분
- 원동기의 동력을 톱체인에 전달하는 부분
- 원심클러치, 감속장치, 스프라켓으로 구성
- 원심클러치 : 기계톱의 체인을 돌려주는 동력전달 장치. 원심분리형 클러치
- 스프라켓 : 원심클러치에 연결되어 있는 톱니바퀴, 스프라켓의 회전으로 체인톱날이 회전

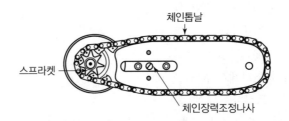

∎ 동력전달 부분과 톱날 부분 ∎

③ 톱날 부분
- 톱질로 원목을 잘라내는 부분
- 톱체인(쏘체인), 안내판, 체인장력조절장치, 체인덮개 등으로 구성
- 톱체인(체인톱날) : 체인에 톱날을 부착한 것
- 안내판(가이드바)
  - 체인톱날이 이탈하지 않도록 지탱하며 레일의 가이드 역할을 하는 판
  - 우리나라 임업에서 널리 사용되는 안내판의 길이는 30~60cm
  - 벌도목 가지치기용 안내판의 길이는 30~40cm 정도가 적당

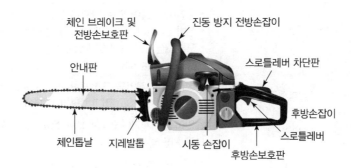

∎ 체인톱의 구조 ∎

(4) 체인톱의 구동원리

① 원동기에서 발생한 동력은 크랭크축의 원심클러치를 통해 스프라켓에 전달되고 체인을 구동하여 톱날이 회전하게 된다.
② 원심클러치에서 원심력과 마찰력에 의해 스프라켓에 동력이 전달된다.
③ 동력전달순서

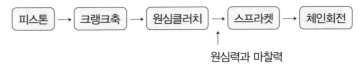

④ 엔진이 가동(시동)되지 않는 원인
- 연료탱크가 비어있음
- 잘못된 기화기 조절
- 기화기 내 연료체가 막힘
- 기화기 펌프질하는 막에 결함
- 점화플러그의 케이블 결함
- 점화플러그의 전극 간격 부적당 등

⑤ 엔진 과열 현상의 원인

사용 연료의 부적합, 연료 내 오일 혼합량 부족, 기화기 조절 잘못, 점화플러그의 불량, 냉각팬의 먼지 흡착 등 ✎ 클러치 문제 ✕

(5) 체인톱의 안전장치

구분	내용
전방·후방 손잡이	• 체인톱의 손잡이로 앞뒤에 있음 • 전방 손잡이는 왼손, 후방 손잡이는 오른손으로 잡고 작업
전방·후방 손보호판 (핸드가드)	• 손잡이에 붙어 있는 판으로 체인이나 나무가 튈 때 손을 보호 • 전방 손보호판은 체인 급정지 장치(체인브레이크)와 연결 • 오른손잡이일 때, 전방손보호판은 왼손을 보호하며, 후방손보호판은 오른손을 보호
체인브레이크	• 회전 중인 체인을 급정지할 때 사용하는 브레이크 • 전방 손보호판을 밀거나 당겨 브레이크 작동
체인잡이	체인이 끊어지거나 안내판에서 벗어날 경우 튕겨 나오는 것을 일차적으로 차단해 주는 장치
지레발톱 (완충스파이크, 범퍼스파이크)	• 작업할 원목에 박아 체인톱을 지지하여 안정화시키는 톱니장치 • 정확한 작업을 할 수 있도록 지지 및 완충과 받침대 역할
스로틀레버차단판 (액셀레버차단판, 안전스로틀)	• 액셀레버가 단독으로 작동되지 않도록 차단하는 장치. 오작동방지 기능 • 스로틀레버와 스로틀레버차단판을 동시에 누르며 잡아야 액셀이 가동
체인덮개(체인보호집)	보관이나 이동 시 톱날 보호를 위해 씌우는 보호캡
소음기	엔진의 소음을 줄여주는 장치
스위치	전동 체인톱의 전원(On/Off) 스위치

그 외 안전체인(안전이음새), 방진고무(진동방지고무) 등

(6) 톱체인의 구조

① 톱체인(쏘체인, sawchain)의 구성

구분	내용
좌우측톱니	절삭작용을 하는 좌우측의 톱날. 좌우절단톱날
전동쇠	스프라켓과 맞물려 체인을 구동. 구동쇠, 구동링크
이음쇠	톱니와 전동쇠를 연결. 이음링크
리벳	이음쇠와 톱날을 전동쇠와 결합. 결합리벳

② 톱체인의 규격

- 쏘체인(saw chain)의 규격은 피치(pitch) 로 표시하며, 단위는 인치($''$)로 나타낸다.
- 피치란 서로 접한 3개의 리벳 간격을 반 (2)으로 나눈 길이를 말한다.
- 리벳 3개의 간격을 l인치라 한다면,

$$\frac{l}{2}\text{인치} = 1\text{피치}$$

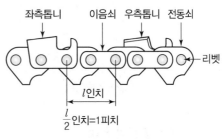

▌**톱체인의 구조** ▌

Exercise 03

체인톱니 3개의 리벳 간격이 16.5mm일 때, 톱니의 피치는?

풀이   16.5mm=0.649606$''$이므로 0.649606$'' \div 2$=0.324803$''$ ∴ 약 0.325$''$

---

③ 체인의 결합

- 먼저 체인장력조정나사를 시계 반대방향으로 돌려 풀어준다.
- 체인을 스프라켓에 걸고, 체인장력조정나사를 시계 방향으로 돌려 장력을 조절한다.
- 안내판에 체인이 가볍게 붙을 때가 장력이 적당한 상태이다.

(7) 톱체인(톱날)의 종류

① 대패형(치퍼형, chipper)

- 톱날의 모양이 둥글어 절삭저항은 크지만, 톱니의 마멸 정도가 적다.
- 원형줄로 톱니 날 세우기가 쉽고, 안전하여 초보자가 사용하기 편리하다.
- 흙·모래가 많이 박힌 도로변 가로수 정리용으로 적합하다.

② 끌형(치젤형, chisel)

- 톱날이 각이 져서 절삭저항이 작은 것이 장점이다.

• 숙련자는 작업 능률 올릴 수 있어 주로 전문가용으로 쓰인다.

• 각줄로 톱니를 세우므로 초보자는 사용하기 어렵다.

③ 반끌형(세미치젤형, semi-chisel)

• 윗날과 옆날의 접합부가 살짝 둥글며 대패형과 끌형의 중간형이다.

• 치퍼형과 같이 원형줄을 사용하여 톱니세우기를 한다.

• 목공용, 가정용 등 일반적으로 많이 사용한다.

④ 기타

개량끌형(슈퍼치젤형, super-chisel), 톱 파일링형(top-filing), 안전형(safety) 등

┃ 대패형(치퍼형) ┃　　　　┃ 끌형(치젤형) ┃　　　　┃ 반끌형(세미치젤형) ┃

(8) 체인 톱날의 연마

① 톱질과 연마

• 톱질은 톱날의 옆날이 먼저 나무를 자르고 밀고 나가면 윗날이 나무를 깍아내면서 절삭이 이루어진다.

• 원활한 톱질을 위해서는 톱날을 잘 갈아주어야 하는데, 옆날과 윗날을 사용용도에 따라 일정한 각도로 날세우기를 실시한다.

• 체인톱날 연마 시 필요공구 : 평줄, 원형줄, 깊이제한척 등 ✎ 반원형줄, 쇠톱 ✕

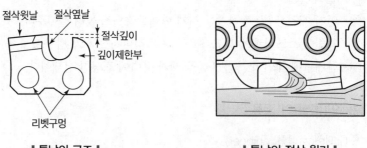

┃ 톱날의 구조 ┃　　　　　　　　　　┃ 톱날의 절삭 원리 ┃

② 톱니가 잘 세워지지 않은 것을 사용하였을 때의 문제점

절단효율 저하, 진동 발생, 작업자의 피로 증가, 톱체인의 마모와 파손, 절단면 불규칙, 스프라켓 손상 등 ✎ 엔진 파손 ✕

③ 톱날의 연마 방법

- 각 톱날에 알맞은 줄을 선택하여 작업한다.
- 줄질은 한쪽방향으로 끝에서 끝까지 밀면서 실시한다.
- 줄 직경의 1/10 정도가 톱날 보다 위로 오게 하여 줄질한다.
- 대패형은 수평으로 줄질하며, 반끌형과 끌형은 수평에서 위로 10° 정도 상향으로 줄질한다.
- 톱날의 길이, 각도 등을 고려하여 연마한다.

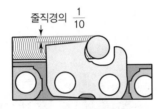

줄직경의 $\frac{1}{10}$

✎ 체인톱날 연마용 줄의 선택 : 줄 지름의 1/10 정도가 상부 날 위로 올라오는 원형줄

‖ 톱날의 연마방법 ‖

④ 톱날의 부위별 각

창날각		• 톱날의 윗면에서 보이는 각 • 옆날과 윗날의 옆면이 이루는 각
가슴각		• 톱날의 뒷면에서 보이는 각 • 옆날이 톱날의 최하면선과 이루는 각
지붕각		• 톱날의 앞면에서 보이는 각 • 윗날이 톱날의 최하면선과 이루는 각

⑤ 톱날의 연마 각도

창날각이 고르지 못하면 원목절단면에 파상 무늬가 생기며, 체인이 한쪽으로 기운다.

구분	대패형 톱날	반끌형 톱날	끌형 톱날
창날각	35°	35°	30°
가슴각	90°	85°	80°
지붕각	60°	60°	60°

⑥ 톱날의 깊이제한부

- 깊이제한부란 톱날이 나무를 깎는 깊이를 조절할 수 있는 부분으로 절삭두께 조절 기능을 한다.
- 깊이제한부의 높낮이에 따라 절삭깊이가 달라지므로 절삭량도 달라지게 된다.

㉠ 깊이제한부 너무 높게 연마 시 특징
- 절삭 깊이가 얕아 톱밥이 얇다.
- 절삭량이 적어 효율성이 저하된다.

㉡ 깊이제한부 너무 낮게 연마 시 특징
- 절삭 깊이가 깊어 톱밥이 두껍다.
- 톱날에 심한 부하가 걸린다.
- 안내판과 톱날의 마모로 수명이 단축된다.
- 체인 절단 등으로 위험한 사고가 발생할 수 있다.

> **POINT!**
>
> **깊이제한부의 역할**
> - 절삭 두께를 조절한다(주요 역할).
> - 절삭 각도를 조절한다.
> - 절삭 깊이를 조절한다.
> - 절삭된 톱밥을 밀어낸다. ✎ 절삭 폭 조절 ✕

(9) 체인톱의 연료와 윤활유

① 체인톱의 연료
  ㉠ 연료의 혼합
  - 체인톱의 연료는 휘발유(가솔린)와 윤활유(엔진오일)를 25 : 1로 혼합하여 사용한다.
  - 일반적으로 휘발유 1L에 윤활유를 40cc 정도 혼합하여 사용한다.
  - 체인톱 전용 윤활유를 사용하는 경우는 40 : 1로 혼합하기도 한다.
  - 휘발유는 기화되어 연료로 쓰이고 윤활유 입자는 엔진내부의 실린더벽, 피스톤 등에 부착하여 윤활 작용을 한다.
  ㉡ 오일의 혼합비가 낮을 때(부족 시) 현상
  - 엔진 내부에 기름칠이 적게 되어 엔진이 마모된다.
  - 피스톤, 실린더 및 엔진 각 부분에 눌러 붙을 염려가 있다.
  ㉢ 오일의 혼합비가 높을 때(과다 시) 현상
  - 점화플러그에 오일이 덮이며, 연소실에 쌓인다.
  - 출력저하 또는 시동 불량 현상이 나타난다.
  - 연료의 연소가 불충분해 매연이 증가한다.
  ㉣ 연료 보충 시 주의사항
  - 연료는 혼합 후 침전이 생기지 않도록 잘 흔들어서 섞어준 뒤 주입한다.
  - 체인톱 엔진이 고속 상태에서 갑자기 정지하였다면 연료가 모두 소진되어 연료탱크가 비어 있는 상태이므로 연료를 보충한다.

•보통 휘발유가 아닌 불법제조 휘발유를 사용하면 기화기막 또는 연료호스가 녹고 연료통 내막을 부식시키므로 주의한다.

Exercise 04

기계톱에 사용하는 연료는 휘발유와 오일을 25:1의 비율로 혼합하는데, 휘발유가 20리터라면 오일의 양은?

풀이 $25 : 1 = 20 : x$ 이므로 $x = 0.8$L이다.

---

② 톱체인의 윤활유

- 안내판의 홈 부분과 톱체인의 마찰을 줄이기 위하여 사용되는 체인오일이다.
- 윤활유는 톱날 및 안내판의 수명과 직결되므로 적정 오일을 적정 시기에 보충해 주어야 한다.
- 묽은 윤활유 사용 시 현상 : 가이드바의 마모가 빠름

POINT!

2행정 가솔린 기관

- 피스톤의 상승과 하강 2번의 행정으로 크랭크축이 1회전하여 1사이클(1회 폭발)을 완성하는 기관(엔진).
  * 행정 : 실린더 내에서 피스톤이 상승하거나 하강할 때의 작동 거리
- 종류 : 체인톱(기계톱), 예불기, 자동지타기, 아크야윈치 등
- 연료 배합비는 휘발유(가솔린) : 윤활유(엔진오일) = 25 : 1
- 휘발유에 오일을 혼합하는 이유 : 엔진 내부의 윤활 ✎ 폭발력 향상 ✕

(10) 체인톱의 정비와 보관

① 체인톱의 일일(일상)정비

- 주유 전 휘발유와 오일을 잘 흔들어 혼합한다.
- 체인톱 외부의 흙, 톱밥과 기화기의 오물 등을 제거한다.
- 톱체인의 장력을 알맞게 조절하고, 체인의 이물질을 제거한다.
- 톱밥, 이물질 등으로 오염된 에어필터(에어클리너)를 휘발유, 석유 등으로 깨끗하게 청소한다.
- 에어필터는 매일 작업 중 또는 작업 후에 손질한다.
- 톱날의 홈, 윤활유 구멍 등 안내판을 손질한다.
- 전후방 손보호판, 체인브레이크, 스로틀레버차단판 등 안전장치의 작동여부를 확인한다.

> **Summary!**
>
> **체인톱의 일일(일상)정비 사항**
> 휘발유와 오일의 혼합상태, 체인톱 외부와 기화기의 오물제거, 체인의 장력조절, 체인의 이물질 제거, 에어필터(에어클리너)의 청소, 안내판의 손질, 체인브레이크 등 안전장치의 이상 유무 확인 등
> ✏ 점화플러그(스파크플러그)의 전극 간격 조정 ✕

② 체인톱의 주간정비
- 기계톱의 수명연장과 파손방지를 위하여 체인을 윤활유(오일)에 넣어 보관한다.
- 점화플러그(스파크플러그)를 점검하고, 전극 간격(간극)을 조정한다.
- 체인톱 본체를 전반적으로 청소하고 정비한다.

③ 체인톱의 분기정비(계절정비)
- 연료통 및 연료필터(여과기)를 깨끗한 휘발유로 씻어내어 청소한다.
- 시동손잡이와 시동줄의 오물을 제거하고, 시동스프링을 점검한다.
- 원심분리형클러치를 청소하고 점검한다.
- 기화기의 연료막을 점검한다.

④ 체인톱의 장기보관
- 연료와 오일을 비워서 보관한다.
- 먼지가 없는 건조한 곳에 보관한다.
- 특수오일로 엔진 내부를 보호한다.
- 방청유를 발라서 보관한다. * 방청유 : 녹 방지 오일
- 장기간 미사용 시 매월 10분씩 가동하여 엔진을 작동시킨다.
- 연간 1회 정도 전문 기관에서 검사를 받는다.

(11) 체인톱의 사용방법

① 체인톱의 시동방법
- 연료탱크와 오일탱크에 각각 혼합연료와 체인오일을 가득 채운다.
- 왼손으로 앞손잡이를 단단히 잡고, 오른발로 뒷손잡이를 밟아 단단히 고정한다.
- 연료가 농축되도록 초크를 닫아 준다. 초크를 닫지 않으면 공기(혼합가스) 내 연료비가 낮아져 시동이 어렵다.
- 오른손으로 시동손잡이(시동줄)를 강하게 여러번 당겨 폭발음이 들리면 초크를 원상태로 돌린다.
- 뒤이어 바로 시동손잡이를 다시 당기면 시동이 걸린다.

‖ 체인톱 시동거는 모습 ‖

② 체인톱 작업 시 유의 사항

- 작업 시 안전을 위해 방진용 장갑, 방음용 귀마개, 안전모, 안전화, 안전복 등을 착용한다.
- 톱체인이 목재에 닿은 상태로는 시동을 걸지 않는다.
- 절단 작업 시 스로틀레버를 충분히 잡고 가속한 후 사용한다.
- 안내판의 끝부분(안내판코)으로 작업하지 않는다. ✎ 끝부분의 위쪽은 절대 사용금지
- 작업 시작 시에는 체인톱을 나무에 가볍게 접촉시킨 후 전진하면서 절단한다.
- 톱날이 나무 사이에 끼어 회전하지 않는 경우 톱날을 억지로 비틀어 빼지 않는다.
- 이동 시에는 반드시 엔진을 정지한다.
- 체인톱의 사용시간은 1일 2시간 이내로 하고, 10분 이상 연속운전은 피하도록 한다.

 참고

킥백(반력, kick back) 현상

안내판 끝 부분이 단단한 물체와 접촉하여 체인의 반발력으로 안내판이 작업자가 있는 뒤로 튀어 오르는 현상

2. 자동지타기(동력지타기)

(1) 자동지타기 일반

① 나무의 수간을 나선형으로 오르내리며 체인톱에 의해 가지를 자동으로 제거하는 기계이다. ✎ 직선형 ×

② 옹이 없는 우량한 원목 생산을 목적으로 사용한다.

③ 체인톱, 예불기와 함께 2행정 가솔린 엔진을 사용한다.

(2) 자동지타기 작업

① 절단 가능한 가지의 최대직경에 유의하여 작업한다.

② 가지가 가늘고 통직하게 잘 자란 나무에 적용하기 좋다.

③ 우천 시 미끄러짐, 센서 이상 등의 문제점이 있을 수 있으며, 승강용 바퀴의 답압에 의해 수목에 상처가 발생하기도 한다.

④ 인력에 의한 가지치기 작업보다 더 높은 위치까지 작업이 가능하다.

⑤ 높은 곳까지 작업이 가능하여 높이가 5m 이상일 때는 인력에 의한 가지치기보다 경제적 이며 효율적이다.

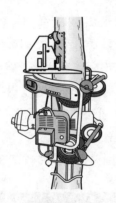

┃ 자동지타기 ┃

CHAPTER 03 수확작업 기계

1. 임목 수확작업의 구성요소

① 벌도(伐倒) : 입목의 지상부를 잘라 넘어뜨리는 작업 = 벌목
② 조재(造材) : 지타(가지치기), 조재목 마름질, 작동(통나무 자르기), 박피(껍질 벗기기) 등 원목을 정리하는 작업
③ 집재(集材) : 원목을 운반하기 편리한 임도변이나 집재장에 모아두는 작업
④ 운재(運材) : 집재한 원목을 제재소, 원목시장 등 수요처까지 운반하는 작업

Summary!

임목수확작업의 종류와 순서

| 벌도(벌목) | → | 조재 | → | 집재 | → | 운재 |

2. 다공정 임목수확기계

(1) 다공정 임목수확기계 일반

① 벌도, 가지치기, 통나무 토막내기, 집적 등의 여러 공정을 복수로 처리할 수 있는 차량형 고성능 기계를 말한다.
② 펠러번처, 프로세서, 하베스터 등이 있으며, 다공정 처리기계라고도 한다.
③ 특히, 하베스터는 벌도부터 가지치기, 조재목 마름질, 토막 내기(작동)의 각종 조재작업까지 모두 수행가능한 대표적 다공적 임목수확기계이다.

| 펠러번처 |

| 하베스터 |

(2) 임목수확기계의 종류

종류	작업내용
트리펠러(tree feller)	벌도만 실행
펠러번처(feller buncher)	• 벌도와 집적(모아서 쌓기)의 2가지 공정 실행 ✎ 가지치기, 절단 × • 벌목과 소경목의 집재
프로세서(processor)	• 집재된 전목재의 가지치기, 절단, 초두부 제거, 집적 등의 조재작업을 전문적으로 실행 ✎ 벌도 × • 산지집재장에서 작업하는 조재기계
하베스터(harvester)	• 벌도, 가지치기, 조재목 마름질, 토막내기 작업을 모두 수행 • 대표적 다공정 처리기계로 임내에서 벌도 및 각종 조재작업 수행

* 전목(全木) : 벌도만 진행한 가지와 잎이 무성히 달린 나무
* 조재목 마름질 : 생산 원목의 규격에 맞게 치수를 재어 표시하는 일로 생산재의 품등에 영향을 미치며, 일정 규격의 경제성 높은 목재를 생산할 수 있음

3. 임업의 기계화

(1) 임업기계화 일반

① 우리나라의 임업 기계 도입은 다른 산림 선진국에 비하면 연혁이 짧으며, 사용되고 있는 기계 또한 임업 전용의 기계가 아닌 타 산업의 기계를 이용하고 있는 경우가 많다.

② 또한 벌목, 통나무 자르기, 가지치기 등의 임목수확작업은 대부분 체인톱을 이용하고 있으며, 집재나 운반에서 부분적으로 기계화 작업이 이루어지고 있는 실정이다.

③ 앞으로 임업 노동력 부족 및 임금 상승 등의 문제 해결과 생산성 증대를 위하여 임업의 기계화는 앞으로도 더욱 추진되어야 할 사항이다.

④ 우리나라 임업기계화의 제약인자
복잡하고 험준한 지형 조건, 소규모의 영세한 경영 규모, 기계화 기술 및 경험 부족, 임도 시설 부족 등 ✎ 풍부한 전문기능인 ×

⑤ 부분기계화 작업

일부는 인력작업으로 이루어지고 일부는 기계작업이 공존하는 단계로서, 벌목은 인력작업인 체인톱으로 실시하고 집재는 기계를 이용하여 작업하는 것

(2) 임업기계화의 목적 및 효과

① 인력작업보다 작업능률이 월등히 높다.

② 작업시간을 단축시킬 수 있으며, 인력이 절감된다.

③ 인건비의 감소로 생산비용이 절감된다.

④ 적은 인력으로 많은 생산량을 달성하여 노동생산성이 향상된다.

   * 노동생산성 : 노동량 대비 생산량의 비율

⑤ 노동에 대한 부담이 줄고, 고된 중노동으로부터 벗어나게 한다.

⑥ 균일한 작업이 가능하여 생산된 상품의 질이 높다.

⑦ 작업성과가 기계를 다루는 인력에 좌우된다.

⑧ 기계작업으로 인한 재해의 발생 가능성이 있다.

⑨ 임지 및 자연환경의 훼손이 문제가 된다.

(3) 기계화 임목수확작업의 특징

① 장비구입으로 인한 초기 투자비용이 높다.

② 기상 및 지형 등 자연조건의 영향을 많이 받는다.

③ 재료인 입목의 규격화가 불가능하므로 재료에 맞는 기계를 선택해야 한다.

④ 작업원의 숙련도가 작업능률에 미치는 영향이 크다.

⑤ 임내에서는 작업원과 기계장비가 이동하면서 작업을 실시한다.

⑥ 이동작업으로 인한 안전사고의 위험이 높다.

⑦ 작업의 소규모화에 따라 전문기계장비에 비해 다공정기계장비가 경제적이다.

   ✎ 전문기계장비가 경제적 ✕

⑧ 경제적이고도 친환경적이며 인간공학적인 작업방법이 요구된다.

CHAPTER 04 집재작업 기계

Craftsman Forest

벌목과 조재가 끝난 원목을 운반에 편리한 일정한 장소에 모으는 작업인 집재는 원목을 잡을 수 있는 작은 도구에서부터 집재방법에 따라 활로나 가선 또는 트랙터나 포워더 등의 집재기를 이용한다.

1. 활로에 의한 집재

(1) 활로 집재의 특징

① 벌채지의 경사면을 이용하여 활주로를 만들고 중력에 의해 목재 자체의 무게로 활주하여 집재하는 방식이다.
② 비탈면에 자연적·인공적으로 설치한 홈통 모양의 골 위로 원목을 미끄러지게 하여 산지 아래로 내려보낸다.
③ 대표적인 것이 나무운반미끄럼틀(수라)이다.

(2) 수라의 종류

① 토수라(흙수라)
  • 경사면의 흙을 도랑모양으로 파 활주로로 이용하는 것
  • 시설비는 적으나 임지 훼손이 크고 목재에도 손상을 줌
  • 설치가 간단하여 활로 운재 중 가장 널리 이용
② 도수라
  • 토수라를 개량한 것으로 활로를 설치하고, 침목모양의 횡목을 일정 간격으로 깔아 목재가 잘 미끄러지는 동시에 빗물에 의해 흙이 흘러내리지 않도록 조정한 수라
  • 토수라에 비해 임지 훼손과 목재 손상이 적음
③ 목수라(나무수라) : 목재를 이용하여 활로를 만든 것으로 시설비는 많이 드나 목재 훼손이 적음
④ 플라스틱 수라
  • 반원형의 플라스틱을 여러 개 연결하여 활주로를 만든 것
  • 효율성이 좋으나 비용이 많이 듦

Summary!

수라의 종류

토수라(흙수라), 도수라, 목수라(나무수라), 플라스틱수라 ✎ 돌수라(석수라) X

(3) 플라스틱 수라의 설치방법

① 먼저, 수라를 설치할 집재선을 표시 · 설정하고, 집재선 내 지면을 정리한다.

② 집재선을 따라 수라와 수라를 핀으로 연결하고 견고히 고정한다.

③ 연결된 수라를 집재선 양쪽 옆의 나무나 그루터기에 로프를 이용하여 팽팽하게 당겨 묶는다.

④ 수라설치 지역의 최소 종단경사는 15~20%가 되어야 하고, 최대경사가 50~60% 이상일 경우에는 별도의 제동 장치(속도조절장치)를 설치하여야 한다.

⑤ 집재지 가까이 출구 쪽에서는 15% 이내의 완경사나 수평으로 유지되도록 하여 원목의 손상을 방지한다.

출처 : 산림청

∎ 플라스틱 수라 ∎

2. 와이어로프 또는 강선에 의한 집재

(1) 와이어로프 · 강선 집재의 특징

① 벌채경사면의 상부와 하부 집재지 사이에 와이어로프나 철강선을 공중에 설치하여 집재한다.

② 원목을 고리에 걸어 중력을 이용하여 아래로 내려 보내는 집재방식이다.

(2) 장점 및 단점

① 장점
- 설치가 간단하여 설치시간이 짧고, 시설비용도 적게 든다.
- 원목이 들려서 운반되므로 잔존임분에 대한 피해가 적고, 토양 침식의 위험성도 적다.
- 한번 설치하면 오래도록 사용 가능하여 사용수명이 길다.

② 단점
- 무겁고 큰 나무는 집재가 곤란하며, 단재 집재에 용이하다.
- 하향집재만 가능하고, 장거리 집재는 제한적이다.

3. 트랙터 집재

(1) 트랙터 집재기의 특징

① 트랙터의 본체에 집재 가능한 부속이 달려 있는 집재기이다.
② 급경사지에서는 뒤집힐 염려가 있어 평탄지나 경사 0~25°의 완경사지에 적합하다.
③ 가선집재에 비하여 운전이 용이하며, 작업이 단순하고, 기동성이 좋아 작업생산성이 높은 장점이 있으나, 저속이라 장거리 운반에는 제한이 있다.
④ 농업용 트랙터를 임업용으로 활용 시에는 앞차축과 뒷차축의 하중비가 60 : 40이어야 안전작업이 가능하다.
⑤ 임업용 트랙터 사용 시 집재목과 트랙터 간의 허용각도는 최대 15°이며, 안전각도는 0~10°이다.

(2) 스키더(skidder)

① 트랙터의 후면에 그래플(grapple)이나 윈치 등이 장착되어 있어 벌채목을 집거나 끌어 견인하는 집재차량이다.
② 크롤러식과 타이어식이 있으며, 바퀴를 장착한 타이어식 스키더는 대부분 차체굴절이 가능한 구조로 되어 있어 차체굴절방식 트랙터 집재기라고 부르기도 한다.
③ 차체굴절식 조향방식 트랙터의 장점
회전반경의 단축, 차체의 안전성 확보, 요철 지면에서의 견인력 향상 등

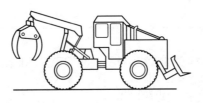

| 스키더 |

(3) 지면 끌기식 집재

① 지면끌기 집재(direct skidding)는 트랙터의 견인 고리에 걸거나 윈치와 로프를 연결하여
직접 목재를 끌어당기는 집재법이다.

② 파미(파르미)윈치 : 트랙터에 부착하는 지면 끌기식 윈치이다.

4. 가선집재

(1) 가선집재의 특징

① 가선집재란 집재기에 연결되어 있는 와이어로프에 반송기를 부착하여 집재하는 방식이다.

② 크게 원동기 부분인 야더집재기와 집재용 가선(삭도)으로 구성된 집재시스템이다.

③ 경사 60% 이상에서도 작업이 가능하여 급경사지에 적합한 집재기이다.

④ 가선형으로 집재가 가능한 기계에는 야더집재기 외에도 윈치, 타워야더, 케이블크레인
등이 있다.

(2) 가선집재의 장단점

① 장점

• 임지 및 잔존 임분에 대한 피해가 적다.

• 임도밀도가 낮은 곳에서도 작업이 용이하다.

• 험준한 지형에서도 집재가 가능하다.

• 지형조건의 영향을 적게 받는다.

② 단점

• 장비구입비가 비싸다.

• 운전에 숙련된 기술이 필요하다. ✎ 기술적 요구도가 낮다. ✗

• 가선(삭도)을 이용하므로 일시 대량 운반이 어렵다.

• 지정된 장소에서만 적재 및 하역이 이루어진다.

(3) 가선집재의 기계 · 기구

구분	내용
야더집재기 (yarder)	• 동력장치가 있는 원동기 부분으로 드럼에 연결한 와이어로프를 감거나 풀어 원목을 견인하는 기계 • 장거리 집재에 적합 • 현지에서 직접 가선을 설치하고 해체하므로 많은 시간이 소요되며 숙련된 기술력이 필요
반송기 (搬送器)	• 도르래가 부착되어 있어 원목을 매달고 가공본줄 위를 주행하는 운반기기 • 캐리지(carriage)라고도 함 • 종류 : 보통반송기, 계류형(係留形) 반송기, 자주식(自走式) 반송기 등
가공본줄 (skyline)	• 반송기에 실린 원목이 운반되도록 장력을 주어 설치한 와이어로프 • 스카이라인, 주삭이라고도 함
작업본줄	• 반송기를 집재기 방향으로 당겨 이동시키는 와이어로프 • 당김줄, 견인삭, 메인라인이라고도 함
되돌림줄	반송기를 집재기 방향에서 작업장 쪽으로 되돌려 주는 와이어로프
짐달림도르래 (loading block)	반송기에 매달려 화물의 승강에 이용되는 도르래
쵐도르래 (heel block)	• 본줄의 적정한 조절을 위한 도르래 • 스카이라인을 따라 견인이 어려운 경우 견인력을 높이기 위한 장치
머리기둥	본줄 설치를 위한 집재기 쪽의 지주목
꼬리기둥	집재기 반대쪽의 지주목
중간지지대	집재거리가 길어 스카이라인이 지면에 닿아 반송기의 주행이 곤란할 때 처짐을 방지하기 위해 설치하는 장치

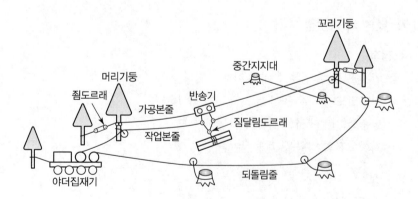

┃ 가선집재의 모식도 ┃

(4) 타워야더(tower yarder)

① 트랙터나 트럭 등에 타워(철기둥)와 반송기를 포함한 가선집재장치를 탑재한 이동식 차량형 집재기계이다.

② 임도가 적고 지형이 급경사지인 지역의 집재작업에 적합하다.

③ 야더집재기보다 가선의 이동과 설치가 용이하나, 800m 이상의 장거리 집재에는 부적합하다.

③ 대표적으로 콜러(koller)집재기가 있으며, 300m까지 집재가 가능한 K-300과 800m까지 집재가 가능한 K-800이 있다. ✎ K-300의 상향최대 집재거리 : 300m

출처 : 산림청

∥ 타워야더 ∥

5. 기타 집재

(1) 포워더(forwarder)

① 원목을 적재하여 임도변까지 운반하는 집재기로 목재를 얹어 싣고 운반하는 단일 공정만 수행한다. ✎ 주목적 : 벌도목의 임내 운반

② 보통 임내에서 하베스터로 작업한 원목을 포워더로 임도변의 집재장까지 반출한다.

(2) 소형 윈치

① 드럼에 연결한 와이어로프를 동력으로 감아 통나무를 견인하는 이동식 소형 집재기이다.

② 주로 소집재나 간벌재 집재에 이용하며, 대표적으로 썰매 형상을 하고 있는 아크야 윈치가 있다.

③ 비교적 지형이 험하거나, 단거리에 흩어져 있는 적은 양의 통나무를 집재하는데 사용한다.

④ 가공본줄을 설치하여 단거리 상향집재에 이용하기도 한다.

⑤ 리모콘으로 원격조정이 가능한 것도 있으며, 작업자가 보행하면서 조작하는 캐디형(caddy)도 있다.

📝 POINT!

소형원치의 이용

- 소집재나 간벌재 집재
- 수라 설치를 위한 수라 견인
- 설치된 수라의 집재선까지의 횡집재
- 대형 집재 장비의 집재선까지의 소집재 ✏ 대경재 장거리 집재 ✕

| 포워더 | | 아크야윈치(썰매형원치) |

 Summary!

집재작업 기구 및 기계

나무운반 미끄럼틀(플라스틱 수라), 와이어로프 또는 강선, 트랙터 집재기, 스키더, 파미윈치, 야더집재기(가선집재), 타워야더, 포워더, 소형원치(아크야윈치) 등

가선을 이용한 집재장비

- 가선집재 : 야더집재기, 반송기
- 타워야더 : 이동식 차량형 집재기
- 소형원치 : 썰매형 아크야윈치, 파미(파르미)윈치

CHAPTER 05 운재작업 기계

운재방법에는 수상운재, 육상운재, 공중운재가 있으나, 기계를 이용한 운재는 주로 육상에서 이루어지고 있으며, 활로운재, 도로운재, 삭도운재 등이 있다.

1. 도로운재

① 여러 형태의 임도나 도로를 이용하여 원목을 운재하는 방법으로 가장 보편적으로 널리 활용된다.

② 트럭 · 도로운재의 특징

철도나 삭도운재와 비교한 트럭을 이용한 도로운재의 특징은 다음과 같다.

- 기동성이 높으며, 시설비 및 유지보수비가 적게 든다.
- 대규모 장거리 운재작업에는 비용이 높다.
- 운반시간 지체 등의 운반사고 발생이 많다.

2. 삭도운재

① 삭도(索道)란 공중에 와이어로프나 철선을 설치하고 반송기를 장착하여 목재를 운반하는 시설이다.

② 삭도는 목재의 자중 또는 동력을 이용하여 운재한다.

 Summary!

산림용 임업기계의 분류

작업 구분		기계 종류
조림 · 육림 작업	식재 작업	식혈기
	풀베기 작업	예불기(예초기)
	가지치기 작업	체인톱, 자동지타기(동력지타기), 동력가지치기톱
수확작업(벌목 · 조재)		체인톱, 트리펠러, 펠러번처, 프로세서, 하베스터, 그래플톱
집재작업		트랙터, 스키더, 파미윈치, 야더집재기, 타워야더, 포워서, 소형윈치(아크야위치)
운재작업		트럭, 트레일러, 삭도

🖉 양묘작업 기계 : 트랙터, 경운기, 정지작업기(정지기), 종자파종기, 중경제초기, 단근굴취기, 묘목이식기 등

P A R T

11

산림병해충 예찰

수목병 일반

1. 수목병

(1) 수목병의 개념

① 수목병(樹木病, 수병)은 각종 병으로 인해 수목의 구조나 생리적 기능 이상 등이 식물체 내외부에 나타나는 현상이다.

② 이러한 수병의 발생은 병을 일으키는 병원체가 있어야 하고, 이 병원체가 기생할 수 있는 기주식물이 있어야 하며, 병원이 활동할 수 있는 적절한 환경이 주어져야 성립된다.

✎ 수병의 발생에 관여하는 3대 요소 : 병원체, 기주식물, 환경

③ 병을 일으키는 원인을 병원(病原)이라 하며, 생물적 병원을 병원체(病原體), 그중 세균이나 진균 등 균류일 때는 병원균(病原菌)이라 한다.

④ 보통 수목병은 생물적·비생물적 병원에 의해 발생하나 대나무류개화병은 일종의 생리적인 병해로 대나무가 생리적 변화로 꽃이 피면 이후 곧 죽게 되는 병이다.

✎ 대나무류개화병 : 생리적인 병해

(2) 수목병의 구분

구분	내용
생물적 병원에 의한 기생성 · 전염성병	세균, 진균(곰팡이), 바이러스, 파이토플라스마, 선충, 기생식물 등
비생물적 병원에 의한 비기생성 · 비전염성병	양수분의 결핍 및 불균형, 온도나 광선 등의 부적절한 기상조건, 토양조건, 농사작업으로 인한 피해, 대기오염, 유해물질, 공장폐수 등

2. 생물적 병원

(1) 세균(細菌, bacteria, 박테리아)

① 하나의 세포로 이루어진 단세포 하등생물로 형태가 단순하다.

② 바이러스보다는 비교적 크기가 커 일반 광학현미경으로도 관찰이 가능하다.

③ 세균의 형태는 여러 가지가 있지만 식물에 기생하는 대부분의 세균은 짧은 몽둥이와 같은 막대모양(간상형)의 간균(杆菌)이다.

④ 대부분이 부생체로 인공적인 배양과 증식이 가능하다.

⑤ 세균수병 : 뿌리혹병, 밤나무눈마름병, 불마름병, 세균성구멍병 등

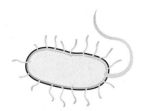

┃ 간상형세균(간균) ┃

(2) 진균(絲狀菌, 사상균, 곰팡이)

① 실모양의 균사(菌絲)가 발달하여 사상균(絲狀菌) 또는 곰팡이라고 하며, 균류에 속한다.

② 식물병을 일으키는 생물성 병원 중에는 진균(균류)에 의한 것이 가장 많다.

③ 생식기관인 포자로 번식하며, 포자에는 유성세대에 의한 유성포자와 무성세대에 의한 무성포자가 있다.

┃ 진균 ┃

[진균의 생식기관]

구분	포자 형성	특징 및 포자 종류
유성포자 (有性胞子)	유성세대 (유성생식)	• 수정에 의해 발생, 월동 후 1차 전염원 • 난포자, 자낭포자, 담자포자, 녹병포자 등
무성포자 (無性胞子)	무성세대 (무성생식)	• 핵분열에 의해 발생, 2차 전염원 • 분생포자, 분열포자, 유주포자 등

* 핵분열 : 세포의 분열로 새로운 포자가 발생하는 것

④ 균류의 분류

• 균류는 크게 진균류와 유사균류로 구분된다.

• 진균류 중에서는 자낭균, 담자균, 불완전균이, 유사균류 중에서는 난균이 주로 수목병을 일으키는 주요 균류이다.

[균류의 특징]

구분	특징
자낭균류	• 무성세대는 분생포자를, 유성세대는 자낭포자를 생성 • 균류 중 가장 많은 종, 곰팡이 중 가장 큰 분류군 • 일반적으로 자낭(포자 주머니) 안에 8개의 자낭포자 형성 • 수병 : 그을음병, 흰가루병, 잎떨림병, 마름병, 탄저병 등
담자균류	• 포자생성 기관인 담자기에서 유성세대인 담자포자를 생성 • 대부분의 버섯이 속하는 균류 • 병원균 : 녹병균, 목재부후균 등
불완전균류	• 무성세대로만 포자 생성 • 유성세대가 알려져 있지 않아 편의상 분류된 균류
난균류	• 주로 무성포자인 유주포자(유주자)에 의해 번식 • 수병 : 역병, 뿌리썩음병, 모잘록병 등

(3) 바이러스(virus)

① 세포가 아닌 핵산과 외부 단백질로 이루어진 일종의 핵단백질로 입자상 구조를 띤 비세포성 생물이다. * 핵산 : 유전정보의 저장 및 전달 물질

② 크기가 매우 작아 광학현미경으로는 관찰이 어려우며, 전자현미경을 통해서만 관찰이 가능하다.

③ 살아 있는 세포 내에서만 증식이 가능한 절대기생체로 인공 배지에서는 배양되지 않는다.

④ 바이러스 수병 : 포플러모자이크병, 아까시나무모자이크병 등의 모자이크 병

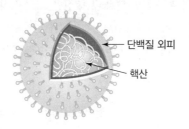

┃ 구형의 바이러스 ┃

(4) 파이토플라스마(phytoplasma)

① 세균보다는 작지만 바이러스보다는 큰 세균과 바이러스의 중간에 위치한 미생물이다.

② 식물의 체관부 즙액 속에서 번식하며, 전신감염성이다.

③ 파이토플라스마는 절대기생체로 인공배양이 불가능하다.

④ 옥시테트라사이클린(oxytetracycline)계 항생물질의 수간주사로 치료가 가능하다.

⑤ 파이토플라스마 수병 : 대추나무빗자루병, 오동나무빗자루병, 뽕나무오갈병 등

✎ 벚나무빗자루병 ✕

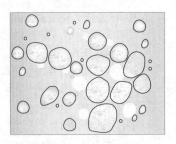

∥ 타원형의 파이토플라스마 ∥

(5) 선충(線蟲)

① 몸 길이 1mm 내외의 실처럼 가늘고 긴 형태를 하고 있는 선형동물문의 하등동물이다.

② 선충은 크게 비기생성(자유생활)선충과 기생성선충으로 나누며, 기생성선충은 다시 동물기생성선충과 식물기생성선충으로 구분한다.

③ 식물기생선충은 기생위치에 따라 내부, 외부, 반내부 기생선충으로 나누며, 이동성에 따라 고착성, 이동성 선충으로 구분한다.

④ 식물선충은 생활사의 일부 또는 전부가 토양을 경유하는 토양선충이 대부분으로 주로 뿌리에 기생하며 흡즙하여 피해를 준다. ✎ 입에 기생 ✕

⑤ 식물기생성선충의 대표적인 형태적 특징은 식물조직을 뚫어 흡즙할 수 있는 구침(口針)이 있다는 것이다.

⑥ 선충 수병 : 뿌리썩이선충병, 소나무재선충병(소나무시들음병) 등

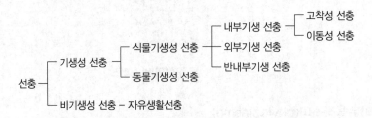

∥ 선충의 구분 ∥

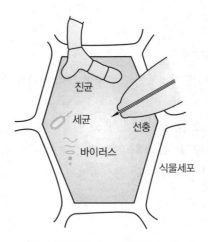

진균

세균

선충

바이러스

식물세포

┃ 생물성 병원체의 크기와 형태 비교 ┃

(6) 기생식물

① 기생식물은 다른 식물에 기생하여 양분을 섭취하며 생활하는 식물이다.

② 수목에 피해를 주는 기생식물에는 겨우살이, 새삼, 더부살이가 있다.

③ 겨우살이와 새삼은 줄기에 기생하여 수목의 양수분을 빼앗고, 더부살이는 뿌리에 기생하여 수목의 뿌리가 양분을 제대로 흡수하지 못하게 하는 피해를 입힌다.

④ 겨우살이의 특징

- 기생성 상록관목으로 수목의 가지에 뿌리를 박아 기생하며 양분과 수분을 약탈한다.
- 상록성으로 겨울철에도 잎이 지지 않아 쉽게 발견할 수 있다.
- 주로 종자를 먹은 새의 배설물에 의해 전파된다.
- 주로 참나무류에 피해가 심하고 그 밖의 활엽수에도 기생한다.

┃ 참나무 겨우살이 ┃

⑤ 새삼의 특징

- 기생성 덩굴식물로 기주의 조직 내부로 흡근(흡기)을 박고 양분을 섭취하며, 흡근의 정착이 이루어지면 스스로 땅속뿌리를 잘라낸다.
- 1년생 초본으로 줄기가 굵은 철사와 같고, 약간 붉은빛을 띤다.
- 잎은 삼각형의 얇은 비닐 잎으로 길이가 2mm 내외이며, 엽록체가 없어서 광합성을 하지 못한다.
- 여름에서 가을에 걸쳐 흰색의 작은 꽃들이 핀다. ✎ 꽃은 2~3월에 핀다. ✕

3. 병징과 표징

(1) 병징(病徵, symptom)

① 병징이란 병에 의해 식물조직에 형태와 색의 변화로 나타나는 눈에 보이는 외형적 이상 증상을 말한다.

② 변색(황화, 위황화, 갈색화, 백화, 반점, 얼룩), 위조(시듦), 총생(빗자루모양), 부패(썩음), 기관의 탈락, 괴사, 비대, 암종, 위축, 왜소화, 줄기마름, 가지마름, 분비 등

③ 바이러스와 파이토플라스마는 전신병징을 나타내며, 세균과 진균류는 부분적인 국부병징을 나타낸다.

④ 세균의 병징

- 유조직병 : 식물의 유조직을 침해
- 물관병 : 물관에 세균덩어리가 증식하여 양수분의 상승 저지
- 증생병 : 세포수의 이상 증식과 세포 크기의 이상 비대

⑤ 바이러스의 병징

모자이크 무늬가 대표적, 위축, 왜소, 잎말림, 얼룩무늬 등

⑥ 파이토플라스마의 병징

총총히 한무더기로 모여나 마치 빗자루와 같은 총생(叢生)이 대표적

(2) 표징(標徵, sign)

① 표징이란 병원체가 병든 식물의 환부에 겉으로 그대로 드러나 감염되었음을 알리는 신호로 진균 진단에서 가장 중요하고 확실한 증표이다.

② 병원체의 균사, 포자 등이 환부에 나타남으로써 확인할 수 있다.

③ 병원체가 진균(균류)일 때는 병징과 표징이 모두 잘 나타나며, 특히 표징이 다른 병원체보다 잘 나타난다.

④ 병원체가 바이러스, 파이토플라스마, 비전염성병인 경우에는 병징만 나타나고 표징은 없으며, 세균 또한 표징을 나타내는 경우가 드물다. ✎ 표징 없는 수병 : 오동나무빗자루병

4. 수목병의 발생

(1) 병원체의 침입

① 각피 침입
- 직접 식물 표면을 뚫고 침입하는 것으로 대부분의 균류(진균)는 각피 침입을 한다.
- 균류포자는 침입관을 형성하여 식물세포 내에 꽂고 양분을 섭취한다.
- 세균, 바이러스, 파이토플라스마는 균류와 같이 직접 각피를 뚫고 침입하지 못한다.
- 종류 : 모잘록병균, 뽕나무자줏빛날개무늬병균, 아밀라리아뿌리썩음병균 등

② 자연개구부 침입
- 기공, 수공, 피목, 밀선 등 식물체가 외부와 상호작용을 하는 통로가 되는 자연개구부를 통하여 침입하는 방법으로 세균과 진균에서 관찰된다.
  * 기공(氣孔) : 잎 뒷면에 있는 기체교환을 하는 공기구멍
  * 수공(水孔) : 잎 가장자리에 있는 수분을 배출하는 구멍
  * 피목(皮目, 껍질눈) : 잎의 기공처럼 줄기에 공기통로가 되는 조직
  * 밀선(蜜腺, 꿀샘) : 끈끈한 꿀을 분비하는 조직
- 기공침입 : 잣나무털녹병균, 소나무잎떨림병균, 삼나무붉은마름병균 등

③ 상처 침입
- 세균, 진균, 바이러스, 파이토플라스마 등 대부분의 병원체는 상처를 통해 쉽게 침입할 수 있으며, 특히 파이토플라스마는 매개충이나 접목 등의 상처를 통해서만 침입이 가능하다.
- 종류 : 파이토플라스마, 소나무재선충, 밤나무줄기마름병균, 포플러줄기마름병 등

(2) 병원체의 감염

① 병원체가 감수성인 기주에 침입하고 번성하여 정착하는 것을 감염이라 한다.
② 감수성(感受性)이란 병원체에 의해 식물이 가해받기 쉬운 성질, 즉 병에 걸리기 쉬운 성질을 일컫는다.
③ 세균, 진균, 선충 등은 부분적인 국부감염을 하며, 바이러스, 파이토플라스마 등은 전체적인 전신감염을 한다.

④ 잠복기
- 병원체가 침입하여 병징이 나타날 때까지의 기간을 말한다.
- 잣나무털녹병균은 2~4년으로 잠복기가 길며, 포플러잎녹병균은 4~6일로 짧다.

(3) 병원체의 월동

① 보통 병원체는 겨울의 저온기에 휴면에 들어갔다가 봄에 활동을 개시하며, 월동에 들어가는 병원체의 모습은 다양하다.

② 병원체의 주요 월동장소

월동장소	병원체
기주 체내	바이러스, 파이토플라스마, 잣나무털녹병균, 소나무혹병균, 벚나무빗자루병균
기주 표면	흰가루병균, 그을음병균, 줄기마름병균
토양 내	뿌리혹병균, 모잘록병균, 자줏빛날개무늬병균, 뿌리혹선충, 뿌리썩이선충
종자	모잘록병균, 오리나무갈색무늬병균

5. 수목병의 전반

(1) 병원체의 전반

① 전반(轉般)이란 병원체가 기주식물에 도달하는 것으로 대부분의 병원체는 스스로 기주식물에 접근할 수 없으며, 바람, 물, 곤충, 토양 등의 매개체에 의해 운반된다.

② 바이러스와 파이토플라스마는 절대기생체로 곤충이 중요한 매개체가 된다.

③ 병원체의 주요 전반수단

전반수단	병원체
풍매전반(바람)	잣나무털녹병 등의 녹병균, 흰가루병균, 밤나무줄기마름병균
수매전반(물)	밤나무줄기마름병균, 벚나무빗자루병균
충매전반(곤충)	대추나무빗자루병, 오동나무빗자루병, 바이러스, 파이토플라스마
토양	모잘록병균, 리지나뿌리썩음병균, 자줏빛날개무늬병균
종자	모잘록병균, 오리나무갈색무늬병균(종자 표면)

(2) 이종기생균

① 대부분의 병원균류는 한 가지 식물에 생활하며 다음 세대를 이루고 생활사를 완성하지만 일부 균류는 두 가지 식물에 번갈아 가며 기생하여야 생활사를 완성할 수 있다.

② 이러한 두 가지 식물에 번갈아가며 기생하는 균류를 이종기생균(異種寄生菌)이라 하며, 녹병균이 대표적이다.

③ 기주교대(寄主交代) : 이종기생균이 기주를 바꾸는 것

④ 중간기주(中間寄主) : 기주교대종 중에 경제적 가치가 상대적으로 낮아 피해가 적은 쪽

⑤ 녹병균의 특징

- 진균 중 담자균류에 속한다.
- 대부분이 기주교대를 하는 이종기생 녹병균이다.
- 살아 있는 생물에만 기생하는 절대기생체(순활물기생균)로 인공배양이 어렵다.
- 생활사 중 녹병포자(녹병정자), 녹포자, 여름포자(하포자), 겨울포자(동포자), 담자포자(소생자)의 5가지 포자를 형성한다.
- 포자 형태로 비산과 이동이 용이하여 풍매전반을 한다.

[주요 이종기생녹병균]

수병명	본기주	중간기주
	녹병포자 · 녹포자 세대	여름포자 · 겨울포자 세대
잣나무털녹병	잣나무	송이풀, 까치밥나무
소나무잎녹병	소나무	황벽나무, 참취, 잔대
소나무혹병	소나무	졸참나무 등의 참나무류
향나무녹병 (배나무붉은별무늬병)	배나무, 사과나무 (중간기주)	향나무(여름포자 ×)
포플러잎녹병	낙엽송, 현호색 (중간기주)	포플러
전나무잎녹병	전나무	뱀고사리

 참고

영양원에 따른 병원체의 분류

- 절대기생체(絕對寄生體, 순활물기생체)
  - 살아 있는 기주 내에서만 기생하며 양분을 섭취하는 병원체
  - 인공 배양이 불가능하고, 살아 있는 기주 내에서만 증식 가능
  - 바이러스, 파이토플라스마, 흰가루병균, 녹병균
- 부생체(腐生體, 사물기생체)
  - 죽은 생물체의 양분을 섭취하며 살아가는 병원체
  - 목재부후균

CHAPTER 02 주요 수목병

1. 세균 수목병

(1) 뿌리혹병(근두암종병)

① 병원

- 세균, *Agrobacterium tumefaciens*
- 뿌리나 지제부 부근에 혹(암종)을 형성하여 피해를 주는 토양서식 세균이다.

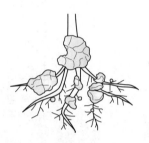

▌뿌리혹 ▌

② 수병 특징

- 밤나무, 감나무, 포플러, 벚나무 등의 주로 활엽수에 잘 발병한다.
- 고온 다습한 알칼리성 토양에서 많이 발생한다.
- 침입경로 : 지상 접목부위, 삽목 하단부위, 뿌리 절단면 등의 상처

③ 방제법

- 상처를 통해 침입하므로 상처가 나지 않도록 주의한다.
- 묘목은 항생제인 스트렙토마이신 용액에 침지하여 식재한다.
- 병해충에 강한 건전한 묘목을 식재하고, 석회 사용량을 줄인다.
- 접목이나 삽목 시 쓰이는 도구는 소독하여 사용한다.

(2) 밤나무눈마름병

① 병원 : 세균, *Pseudomonas* 속
② 새눈, 새잎 등에 발생하여 변색되며 말라 죽게 되는 수병이다.

2. 진균 수목병

(1) 모잘록병

① 병원

- 병원균은 난균류와 불완전균류가 있다.
- 난균류 : *Pythium debaryanum*, *Phytophthora cactorum*
- 불완전균류 : *Rhizoctonia solani*, *Fusarium oxysporum*, *Cylindrocladium scoparium*

② 수병 특징

- 어린 묘목의 뿌리 또는 지제부가 주로 감염되어 변색, 도복, 고사, 부패하게 되는 수병이다.
- 주로 과습한 토양에서 묘목 뿌리로 침입하여 발생한다.
- 병원균은 토양 중에 서식하며 피해를 주고, 토양 또는 병든 식물체에서 월동한다.
- 거의 모든 수종에 발병할 수 있으며, 묘포지에서 잘 발생하여 피해가 크다.
- 묘목이 너무 밀식되어 과습하거나 배수와 통풍이 좋지 않은 경우 발생이 심하므로 묘상의 환경개선만으로도 어느 정도 피해를 줄일 수 있다.

③ 모잘록병의 5가지 병징(피해 형태)

병징	피해 형태
지중부패형 (地中腐敗型)	땅속에 묻힌 종자가 지표면에 나타나기도 전에 감염되어 썩는 것. 땅속부패형
도복형(倒伏型)	발아 직후 지표면에 나타난 유묘의 지제부가 잘록하게 되어 쓰러져 죽는 것
수부형(首腐型)	땅위에 나온 어린 묘목의 떡잎, 어린줄기 등의 윗부분이 썩어 죽는 것
근부형(根腐型)	묘목이 생장하여 목질화된 후에 뿌리가 암갈색으로 썩어 고사하는 것. 뿌리썩음형
거부형(椐腐型)	묘목이 생장하여 목질화된 후에 줄기가 썩어 그 상부가 고사하는 것. 줄기썩음형

‖ 모잘록병의 피해 ‖

④ 방제법

- 모잘록병은 토양전염성 병이므로 토양소독 및 종자소독을 실시한다.
- 배수와 통풍이 잘 되어 묘상이 과습하지 않도록 주의한다.
- 질소질 비료의 과용을 피하며, 인산질, 칼륨질 비료를 충분히 주어 묘목이 강건히 자라도록 돕는다.
- 파종량을 적게 하여 과밀하지 않도록 하며, 복토는 두껍지 않게 한다.
- 병든 묘목은 발견 즉시 뽑아서 소각한다.
- 병이 심한 묘포지는 연작을 피하고 돌려짓기(윤작)를 한다.

(2) 리지나뿌리썩음병

① 병원 : 자낭균, *Rhizina undulata*

② 수병 특징
- 주로 소나무, 해송 등의 침엽수에 발생하며, 병원균이 뿌리를 침해하여 양수분의 흡수에 지장을 주고 말라 죽게 한다.
- 병원균은 높은 온도의 발병조건을 요구한다.
- 임지가 고온일 때 포자가 발아하여 모닥불자리나 산불이 있었던 지역에서 많이 발생한다.
- 병든 나무 주변에는 넓적하며 굴곡이 있는 진갈색의 파상땅해파리버섯(자실체)이 자란다.
  * 자실체 : 포자형성기관
- 산성토양에서 특히 잘 발생한다.

‖ 리지나뿌리썩음병의 피해 ‖

‖ 파상땅해파리버섯 ‖

③ 방제법
- 임지 내에서 불을 피우는 행위를 일절 금한다.
- 피해목 또한 벌채 후 임지 내에서 소각하지 않는다.
- 피해지에 베노밀수화제를 살포하여 병의 확산을 방지한다.
- 피해지에 일정량의 석회를 뿌려 토양을 중화하고 산도를 개선한다.

(3) 그을음병

① 병원 : 자낭균, *Lembosia quercicola*

② 수병 특징
- 잎, 줄기, 과실에 마치 그을음이 묻은 것과 같은 감염증상이 나타나는 수병이다.
- 병원균은 진딧물이나 깍지벌레가 수목에 기생한 후 그 분비물에서 양분을 섭취하고 번식한다.

‖ 그을음병의 병반 ‖

• 그을음병으로 수목이 급격히 말라 죽지는 않지만, 수목의 세력이 약해진다.

③ 방제법

• 진딧물, 깍지벌레 등의 흡즙성 해충을 방제한다.

• 질소질비료를 과용하지 않는다.

• 물을 자주 뿌려주고 깨끗이 닦아낸다.

• 적당한 세제로 닦아낸다.

• 채광과 통풍을 좋게 한다.

(4) 흰가루병

① 병원 : 자낭균, *Sphaerotheca* 속

② 수병 특징

┃ 흰가루병의 병반 ┃

• 잎의 앞뒷면에 하얀 밀가루를 뿌려 놓은 것과 같은 감염증상이 나타나는 수병으로 그을음병과는 다르게 증상이 잎에만 나타난다.

• 물푸레나무, 밤나무, 참나무, 포플러 등의 잎에 발병한다.

③ 방제법

• 병든 낙엽은 다음 해 전염원이 되므로 소각한다.

• 여름에는 약해를 입으므로 싹이 나기 전인 봄에 석회(유)황합제를 살포하여 살균한다.

• 통기불량, 일조부족, 질소과다 등은 발병원인이 되므로 사전에 조치한다.

(5) 벚나무빗자루병

① 병원 : 자낭균, *Taphrina wiesneri*

② 수병 특징

• 빗자루 모양의 잔가지와 잎이 총총히 많이 모여나며(총생), 봄에 꽃이 피지 않게 된다.

• 벚나무 중에서도 특히 왕벚나무에서 심하게 발생한다.

• 대추나무빗자루병, 오동나무빗자루병 등은 파이토플라스마에 의한 수병인 데 반해 벚나무빗자루병은 진균(자낭균)에 의한 수병이다.

③ 방제법

병든 가지를 꾸준히 제거 및 소각한다.

(6) 소나무잎떨림병

① 병원 : 자낭균, *Lophodermium pinastri*

② 수병 특징
- 병원균은 주로 잎의 기공을 통해 침입하며, 습한 여름에(7～9월)에 발병하나 증상이 일단 정지된다.
- 다음 해 봄(4～5월)에 다시 피해가 급진전되어 가을(9월경)에는 침엽이 변색하고 곧 떨어지게 된다.
- 병원균은 병든 낙엽에서 자낭포자의 형태로 월동하고 다음 해 전염원이 된다.
- 9월경에 수관하부에서부터 묵은(성숙한) 잎의 낙엽현상이 심하게 나타난다.
- 병원균은 5～7월에 다습할 때 자낭포자가 비산하여 번성하므로 숲 내부가 그늘지고 습하거나 비가 많이 오면 피해가 급증한다.

‖ 소나무잎떨림병의 피해 ‖   ‖ 소나무잎떨림병의 병반 ‖

③ 방제법
- 병든 낙엽은 모아 태우거나 땅에 묻는다.
- 수관하부에 발생이 심하므로 가지치기와 풀베기를 하여 통풍을 좋게 한다.
- 여러 종류의 활엽수를 하목으로 식재한다.
- 자낭포자 비산시기인 5～7월에 4-4식 보르도액, 캡탄제, 베노밀 수화제, 만코제브 수화제 등의 살균제를 살포한다.

(7) 잣나무잎떨림병

① 병원 : 자낭균, *Lophodermium maximum*

② 수병 특징
- 잎의 기공을 통해 자낭포자가 침입하여 감염되고, 침엽이 점차 적갈색으로 변하고 낙엽한다.

- 주로 15년생 이하의 어린 잣나무에서 잘 발생한다.
- 묵은 잎부터 떨어지므로 수관하부에서 심하게 발생한다.

③ 방제법
- 비배관리를 잘하고 병든 잎은 모두 모아서 태우거나 땅에 묻는다.
- 수관하부에 주로 발생하므로 풀베기와 가지치기를 실시하여 통풍을 좋게 한다.
- 자낭포자가 비산하는 시기에 적합한 약제(살균제)를 살포한다.
- 기타 소나무잎떨림병 방제법과 동일하다.

(8) 낙엽송잎떨림병

① 병원 : 자낭균, *Mycosphaerella laricis − leptolepidis*

② 수병 특징
- 소나무잎떨림병과 마찬가지로 9월경 병징이 가장 뚜렷하여 수목의 아래 가지에서부터 잎이 갈색으로 변하고 대부분 떨어진다.
- 감염된 수목이 급격히 말라 죽는 일은 없으나 활력과 생장에 문제를 가져온다.

③ 방제법
- 자낭포자가 병든 낙엽에서 월동하므로 낙엽을 모아 태우거나 땅에 묻는다.
- 낙엽송 단순림을 피하고 활엽수와의 혼효림을 유도한다.
- 자낭포자 비산 시기인 5~7월에 4−4식 보르도액, 만코제브 수화제 등의 살균제를 살포한다.

(9) 밤나무줄기마름병

① 병원 : 자낭균, *Cryphonectria parasitica*

② 수병 특징
- 밤나무의 줄기가 마르면서 패이거나 두껍게 부풀어 궤양을 만드는 수병이다.
- 병환부의 수피가 처음에는 황갈색 내지 적갈색으로 변한다.
- 동양의 풍토병으로, 동양에서 수입한 밤나무로 인해 미국의 밤나무가 큰 피해를 입었다. ✎ 서양의 풍토병 ✕

▌밤나무줄기마름병의 피해 ▌

- 병원균의 포자는 빗물이나 바람, 곤충 등에 의해 전파되고, 줄기의 상처를 통해 침입하여 병을 발생시킨다. ✎ 상처 침입
- 동해나 볕데기(피소), 천공성 해충 등으로 수피가 피해를 받을 때 잘 발생한다.

③ 방제법

- 동해나 볕데기(피소)로 인한 상처가 나지 않도록 백색 수성페인트를 칠해준다.
- 줄기를 침해하는 천공성 해충류(박쥐나방)의 방제를 위해 살충제를 살포한다.
- 수세가 약하거나 배수가 불량한 곳의 피해가 심하므로 비배관리를 철저히 해준다.
- 저항성(내병성) 품종을 식재한다.
- 상처 부위에 외과수술을 시행하고 도포제를 발라 병원균의 침입을 막는다.
- 질소질 비료를 과용하지 않는다.

> **참고**
>
> 볕데기(皮燒, 피소)
> - 강한 직사광선을 받은 줄기가 고온으로 인해 수피 부분에 과도한 수분증발이 발생하여 수피조직이 일부 고사하게 되는 현상이다.
> - 더운 여름날 강한 직사광선을 받아 급격한 온도변화가 있을 때 피해가 가장 심하다.
> - 오동나무, 호두나무, 가문비나무 등과 같이 수피가 평활하고 매끄러우며 코르크층이 발달하지 않은 수종에서 잘 발생한다.
> - 직사광선에 놓이는 남서 방향의 고립목이나 남서면 임연부의 성목에 피해가 나타나기 쉽다.
> - 가로수, 정원수는 해가림을 해주고, 고립목의 줄기는 짚을 둘러 보호하거나 석회유, 점토 등을 발라 피해를 줄인다.

(10) 낙엽송가지끝마름병

① 병원 : 자낭균, *Guignardia laricina*

② 수병 특징

- 주로 가지 끝의 새순, 새잎에서 피해가 발생하며, 가지 끝이 마르면서 휘고 생장이 멈추는 증상이 나타난다.
- 가지 끝이 밑으로 꼬부라져 농갈색 갈고리 모양으로 되어 낙엽한다.
- 그 해에 자란 신초에만 피해가 나타나며, 기존의 묵은 가지나 줄기에는 피해가 없다.
- 바람이 불 때 포자가 빠르게 번성하여 바람이 많이 부는 산림지역에서 피해가 크다.

③ 방제법

- 바람이 심하게 부는 곳은 낙엽송을 식재하지 않는다.
- 낙엽송이 아닌 활엽수로 방풍림을 조성하면 방제효과가 크다.

Summary!

환경요인과 병의 발생

- 산불, 모닥불 : 리지나뿌리썩음병
- 다습, 통기불량 : 잣나무잎떨림병
- 대기오염 : 소나무그을음잎마름병
- 상처 : 밤나무줄기마름병
- 바람 : 낙엽송가지끝마름병

(11) 아밀라리아뿌리썩음병

① 병원 : 담자균, *Armillariella mellea*

② 리지나뿌리썩음병균은 주로 침엽수에 발병하지만, 아밀라리아뿌리썩음병균은 침엽수와 활엽수 모두를 가해하는 다범성 병균으로 전국에 피해를 주고 있다.

③ 포자형성 기관인 자실체(뽕나무버섯)는 발견 즉시 제거하고, 병든 수목의 뿌리는 뽑아서 소각한다.

(12) 소나무잎녹병

① 병원

- 담자균, 이종기생녹병균, *Goleosporium* 속
- 기주교대를 하며 병을 옮기는 이종기생녹병균에 의한 수병이다.

구분	수종	포자 형태
본기주	소나무	녹병포자, 녹포자
중간기주	황벽나무, 참취, 잔대	여름포자, 겨울포자, 담자포자

- 녹병포자(녹병정자) → 녹포자 → 여름포자 → 겨울포자 → 담자포자(소생자)의 순으로 포자형을 바꾸며 병을 완성한다.
- 겨울포자에서 전균사라는 담자기가 네 가닥으로 자라며, 그 끝에 소생자가 달리고 이것이 비산하여 기주로 옮겨진다.
  * 담자기 : 담자포자 생성기관

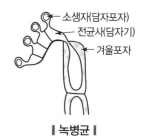

소생자(담자포자)
전균사(담자기)
겨울포자

┃ 녹병균 ┃

② 수병 특징

병원균이 침엽에 쇠의 누런 녹과 같은 도드라진 녹포자기를 형성하고 녹포자를 내어 잎이 퇴색하고 떨어지며 수세가 약해지는 피해를 가져온다. * 녹포자기 : 녹포자 생성기관

③ 생활사

- 병원균은 소나무에서 봄에 녹병포자, 녹포자를 순서대로 생성한다.
- 녹포자는 중간기주로 날아가 여름포자를 형성하며, 여름포자는 주변의 다른 중간기주로 옮겨가며 초가을까지 반복적으로 전염한다.
- 중간기주에서 여름포자가 쇠퇴하고 초가을에 겨울포자가 형성되며 발아하여 담자포자가 생성된다.
- 담자포자(소생자)는 소나무로 날아가 월동하고, 다음 해 봄에 잎녹병을 발생시킨다.

④ 방제법

- 겨울포자가 생성되기 전에 중간기주를 제거한다.
- 보르도액, 만코제브(만코지) 수화제와 같은 살균제를 살포한다.

‖ 소나무잎녹병의 피해 ‖   ‖ 소나무잎녹병의 녹포자기 ‖   ‖ 황벽나무의 포자 ‖

(13) 잣나무털녹병

① 병원

- 담자균, 이종기생녹병균, *Cronartium ribicola*
- 기주교대를 하며 병을 옮기는 이종기생녹병균에 의한 수병이다.

구분	수종	포자 형태
본기주	잣나무	녹병포자, 녹포자
중간기주	송이풀류, 까치밥나무류	여름포자, 겨울포자, 담자포자

② 수병 특징

- 잣나무의 줄기가 갈라 터지면서 양수분의 이동이 차단되어 고사하게 되는 수병이다.
- 주로 5~20년생 잣나무에 많이 발생하며, 20년생 이상된 큰 나무에도 피해를 준다.
- 우리나라에서는 1936년 경기도 가평에서 처음 발견되었다.
- 병원균은 9~10월에 잣나무 잎의 기공을 통하여 침입하고, 주된 피해는 줄기에 나타나는 것이 특징이다.

• 줄기에 병징이 나타나면 어린나무는 대부분 1~2년 내에 말라죽고, 20년생 이상의 큰 나무는 병이 수년간 지속되다가 마침내 말라 죽게 된다.

③ 생활사

• 병든 잣나무에서 4~5월경 수피가 터지면서 오렌지색의 녹포자가 비산하여 중간기주로 이동한다.

• 중간기주에서 순차적으로 여름포자, 겨울포자를 형성하고, 겨울포자에서 곧 담자포자가 형성되어 9~10월에 바람에 의해 잣나무로 날아간 후에 병을 발생시킨다.

• 잣나무로 이동한 담자포자는 균사를 내어 수피조직 내에서 월동한다.

• 잣나무에 담자포자가 침입하여 감염을 나타내기까지 2~4년의 긴 잠복기가 소요된다.

✎ 잠복기 long

| 잣나무털녹병의 피해 | 　 | 잣나무털녹병의 녹포자 | 　 | 송이풀의 포자 |

④ 방제법

• 중간기주인 송이풀, 까치밥나무는 겨울포자가 형성되기 전인 8월말 전까지 제거한다.

• 병든 나무는 녹포자가 비산하기 전에 지속적으로 제거하고 소각한다.

• 묘포에는 담자포자 비산시기인 초가을에 보호살균제인 보르도액을 살포한다.

• 병원균에 저항성인 내병성품종을 식재한다.

(14) 향나무녹병

① 병원

• 담자균, 이종기생녹병균, *Gymnosporangium* 속

• 기주교대를 하며 병을 옮기는 이종기생녹병균에 의한 수병이다.

구분	수종	포자 형태
본기주	향나무	겨울포자, 담자포자
중간기주	배나무, 사과나무	녹병포자, 녹포자

② 수병 특징

- 이 병원균은 여름포자 세대를 형성하지 않아 4가지 포자로만 생활사를 완성하는 것과 중간기주에서 녹병포자, 녹포자를 생성하는 점이 일반 녹병균과 다르다.
- 중간기주는 배나무, 사과나무, 모과나무 등의 장미과 식물로 중간기주에서는 붉은별무늬병이 발생한다.
- 붉은별무늬병의 관점에서 본다면 향나무가 중간기주가 된다.

③ 생활사

- 4~5월에 향나무의 잎과 가지 사이에 균사와 겨울포자로 이루어진 겨울포자퇴가 형성된다.
- 겨울포자퇴는 비가 올 때 수분을 흡수하면 진노란색의 한천 모양으로 부풀고, 겨울포자가 발아하여 소생자를 생성한다.
- 소생자는 바람에 의해 중간기주로 옮겨져 6~7월에 잎 앞면에 진노랑(오렌지색)의 별무늬가 나타나고 녹병자기가 형성되어 녹병포자를

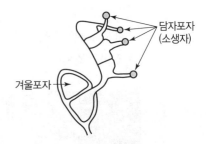

┃ 겨울포자의 발아 ┃

낸다. 곧이어 잎 뒷면에 녹포자기를 형성하며 녹포자를 순차적으로 생성한다.

* 녹병자기 : 녹병포자 생성기관

- 6~7월에 녹포자가 바람에 날려 향나무로 옮겨가 기생하면서 균사로 월동하고 향나무 녹병이 발생한다.

┃ 향나무녹병의 겨울포자퇴 ┃ ┃ 배나무붉은무늬병의 녹병자기 ┃ ┃ 배나무붉은무늬병의 녹포자기 ┃

④ 방제법

- 향나무에는 3~4월과 7월에 적정 약제를 살포한다.
- 향나무 부근에 배나무, 사과나무, 모과나무 등의 장미과 수목을 식재하지 않는다.
- 반대로 배나무 근처에는 향나무를 식재하지 않는다.
- 향나무와 중간기주(배나무)는 2km 이상 떨어져 식재한다.

(15) 소나무혹병

① 병원

- 담자균, 이종기생녹병균, *Cronartium quercuum*
- 기주교대를 하며 병을 옮기는 이종기생 녹병균에 의한 수병이다.

구분	수종	포자 형태
본기주	소나무	녹병포자, 녹포자
중간기주	참나무	여름포자, 겨울포자, 담자포자

② 수병의 특징 및 생활사

- 소나무의 가지나 줄기에 혹이 생기며 점차 비대해져 바람에 의해 쉽게 부러지고 목재로 서의 가치가 하락하는 피해를 준다.
- 병원균은 초봄에 피해 소나무의 혹에서 녹포자가 터져 나와 중간기주인 참나무로 이동한다.
- 참나무에서 순차적으로 여름포자, 겨울포자를 형성하며 월동한다.
- 다음해 봄에 겨울포자가 발아하여 담자포자(소생자)를 형성하면 이 담자포자가 건전한 소나무로 옮겨가 다시 혹을 만들며 침해하게 된다.

③ 방제법

- 소나무 근처에는 중간기주인 참나무류를 식재하지 않는다.
- 병든 나무는 즉시 제거하고 소각한다.

❙ 소나무혹병의 피해 ❙

❙ 참나무의 포자 ❙

(16) 포플러잎녹병

① 병원

- 담자균, 이종기생녹병균, *Melampsora larici - populina*
- 기주교대를 하며 병을 옮기는 이종기생녹병균에 의한 수병이다.

구분	수종	포자 형태
본기주	포플러	여름포자, 겨울포자, 소생자
중간기주	낙엽송(일본잎갈나무), 현호색	녹병포자, 녹포자

② 수병의 특징

- 포플러의 병든 낙엽에서 겨울포자로 월동하나, 일부 따뜻한 지역에서는 여름포자의 형태로도 월동이 가능하여 낙엽송을 거치지 않아도 생활사를 완성할 수 있다.
- 병 발생까지의 잠복기간이 4~6일로 짧다. ✏ 잠복기 shorts

③ 생활사

- 초여름, 포플러의 잎 뒷면에 가루처럼 보이는 노란색의 여름포자퇴(가루덩이)가 형성된다.
- 초가을이 되면 잎 양면에 짙은 갈색의 겨울포자퇴가 형성되고, 정상적인 나무보다 먼저 낙엽이 진다.
- 병원균은 병든 낙엽에서 겨울포자형으로 월동하고, 다음해 봄에 발아하여 담자포자(소생자)를 형성한다.

④ 방제법

- 병든 낙엽을 제거하고 소각한다.
- 낙엽송과 같은 중간기주가 없는 곳에 포플러를 식재한다.
- 저항성을 가진 개량 포플러 품종을 식재한다.

(17) 삼나무붉은마름병

① 병원 : 불완전균, *Cercospora sequoiae*

② 수병 특징

- 주로 묘목의 잎과 줄기가 말라 점차 빨갛게 변하여 고사하는 수병이다.
- 삼나무 병환부의 조직 내부에서 균사덩이(균사괴) 형태로 월동한다.

▎삼나무붉은마름병의 피해 ▎　　　　▎삼나무붉은마름병의 균사덩이 ▎

(18) 오리나무갈색무늬병

① 병원 : 불완전균, *Septoria alni*

② 수병 특징
  • 병원균은 병든 낙엽이나 종자에서 월동하며, 종자의 표면에 부착하여 전반된다.
  • 주로 묘목에 큰 피해를 주며, 종자를 소독하거나 윤작하면 방제효과가 좋은 수병이다.

③ 방제법
  • 연작을 피하고, 윤작을 실시한다.
  • 병든 낙엽은 제거하고 소각하며, 종자는 소독한다.
  • 잎이 발생하기 전부터 보호살균제인 보르도액을 살포한다.
  • 밀식 시에는 솎아주기를 한다.

(19) 참나무시들음병

① 병원 : 불완전균, *Raffaelea* 속

② 수병 특징
  • 병원균이 도관에 증식하여 양수분의 이동을 막아 잎이 빨갛게 시들고 급속히 말라죽는 피해를 입는 수병이다.
  • 참나무류 중에서도 주로 신갈나무에 피해가 심하게 발생하고, 고사한 피해목의 잎은 겨울에도 낙엽하지 않는다.
  • 매개충인 광릉긴나무좀의 암컷 등에는 곰팡이를 담은 균낭이 있어 매개충이 참나무를 가해할 때 병원균이 퍼지면서 감염시킨다.
  • 피해목에는 매개충이 침입한 구멍이 다수 있고, 줄기 하단부 땅가에는 톱밥가루의 목재 배출물이 배출되어 있어 피해 양상을 뚜렷하게 알 수 있다.

• 참나무시들음병을 매개하는 광릉긴나무좀을 구제하는 가장 효율적인 방제는 피해목을 벌채하여 훈증처리로 살균·살충하는 것이다. ✎ 훈증처리 효과적 수병

③ 방제법

• 유인목을 설치하여 매개충을 잡아 훈증 및 파쇄한다.
• 끈끈이롤 트랩을 수간에 감아 매개충을 잡는다.
• 매개충의 우화 최성기인 6월에 살충제인 페니트로티온 유제를 살포한다.
• 피해목을 벌채하여 타포린으로 덮은 후 훈증제를 처리한다.

▎ 끈끈이롤 트랩 설치 ▎

▎ 훈증제 처리 ▎

📋 참고

유관속시들음병

• 병원체가 물관에 증식하며 수분의 이동을 막아 시들어 죽게 되는 수목병이다.
• 참나무시들음병, 느릅나무시들음병, 감나무시들음병 등이 있다.

[유관속시들음병의 기주와 전파경로]

병명	기주	전파경로
참나무시들음병	참나무류	광릉긴나무좀
느릅나무시들음병	느릅나무	나무좀, 뿌리접목
감나무시들음병	감나무	수피의 상처 ✎ 뿌리 ×
흑변뿌리병	소나무	나무좀, 바구미

(20) 소나무가지끝마름병

① 병원 : 불완전균, *Sphaeropsis sapinea*

② 수병 특징

• 주로 새로 난 신초의 침엽기부와 가지를 고사시키는 수병이다.
• 가지 끝이 밑으로 구부러지며, 침엽이 갈색으로 마르면서 아래로 처지는 증상이 나타난다.

- 가뭄이나 해충의 피해를 받아 약해진 나무에 병이 잘 발생한다.
- 디플로디아순마름병이라고도 부른다.

3. 바이러스 수목병

(1) 포플러모자이크병

① 병원 : 포플러모자이크바이러스

② 수병 특징
- 잎에 모자이크 무늬와 황색의 반점이 생성되며, 딱딱해져 쉽게 부스러진다.
- 주로 병든 접수나 삽수를 채취하여 이용할 때 전염되며, 병원체가 나무의 전신으로 퍼져 심한 피해를 준다.

③ 방제법
- 모자이크의 병징이 나타난 나무는 즉시 뽑아 제거한다.
- 감염되지 않은 건전한 수목에서 접수 및 삽수를 채취하고, 기구는 철저히 소독하여 사용한다.
- 감염된 어린 대목은 고온의 열처리로 바이러스를 제거한다.

(2) 벚나무번개무늬병

- 병원 : 바이러스, *American plum line pattern virus*(APLPV)
- 벚나무 잎에 번개무늬 모양의 황백색 무늬가 나타난다.

4. 파이토플라스마 수목병

(1) 대추나무빗자루병

① 병원 : 파이토플라스마

② 수병 특징
- 작고 가늘며 왜소한 가지와 잎이 총총히 모여나 마치 빗자루와 같은 증상을 나타내는 수병이다.
- 빗자루의 병징과 함께 꽃봉오리가 잎으로 변하는 엽화현상이 나타나 꽃이 피지 않고 결실을 이루지 못한다.

- 파이토플라스마는 전신감염성으로 병든 수목에서 채취한 접수 및 삽수를 이용하거나 분주(포기 나누기) 등을 실시할 때 전염된다.
- 마름무늬매미충에 의해 병이 매개되며, 매개충이 수목의 즙액을 흡즙할 때 구침을 통하여 수병이 체내에 침입하고 번식하여 또 다른 건전 수목을 흡즙할 때 옮겨가 전염된다.

정상 잎 ── ── 피해 잎

❘ 대추나무빗자루병의 피해 ❘

③ 방제법
- 옥시테트라사이클린계(Oxytetracycline) 항생물질을 수간 주사한다.
- 병든 수목에서 접수, 삽수, 분주묘를 채취하지 않는다.
- 병든 수목은 즉시 제거하고 소각한다.
- 매개충 방제를 위해 살충제를 살포한다.

(2) 오동나무빗자루병

① 병원 : 파이토플라스마

② 수병 특징
- 작은 잎이 밀생하고, 잔가지가 총생하여 빗자루와 같은 증상을 나타내는 수병이다.
- 흡즙성인 담배장님노린재가 병의 매개충이다.
- 곤충이나 작은 동물의 몸에 붙거나 체내에 들어간 상태로 널리 분산되어 병이 확산된다.
- 오동나무빗자루병을 포함한 파이토플라스마는 침입 이후 식물체 전체에 확대되어 감염되는 전신감염성으로 전신적 병원균이다.

③ 방제법
- 옥시테트라사이클린계 항생물질을 수간 주사한다.
- 병든 수목은 즉시 제거하고 소각한다.
- 매개충이 가장 왕성한 발생시기인 7~9월에 살충제를 살포한다.

항생물질 살균제
• 병원균의 발육을 저지하거나 대사 기능을 억제하는 화학물질
• 스트랩토마이신, 옥시테트라사이클린, 폴리옥신비 등 🖉 석회황합제 ✕

(3) 뽕나무오갈병

① 병원 : 파이토플라스마

② 수병 특징
  • 잔가지가 총생하여 빗자루 모양을 하며, 잎은 결각이 없어져 둥글게 되고 오그라들며 말리는 증상을 나타내는 수병이다. * 결각 : 잎의 가장자리가 깊이 패어들어 간 형태
  • 대추나무빗자루병과 같이 마름무늬매미충에 의해 병이 매개되며, 접목 및 삽목으로도 전염된다.

③ 방제법
  • 병든 수목은 즉시 제거하고 소각한다.
  • 매개충 방제를 위해 살충제를 살포한다.
  • 저항성 품종을 식재한다.

📝 POINT!

파이토플라스마 수병
• 종류 : 대추나무빗자루병, 오동나무빗자루병, 뽕나무오갈병 등
• 방제 : 옥시테트라사이클린계(Oxytetracycline) 항생물질의 수간주사

5. 선충 수목병

(1) 소나무재선충병(소나무시들음병)

① 병원
  • 선충, *Bursaphelenchus xylophilus*
  • 길이 1mm 정도의 가늘고 긴 실모양으로 암컷과 수컷이 따로 있는 자웅이체(雌雄異體)이다.

┃ 소나무재선충병의 피해 ┃

② 수병 특징
- 재선충이 수목체 내에 침입하고, 물관폐쇄로 양수분의 흡수와 이동이 차단되어 피해가 나타난다.
- 감염된 수목은 급속히 시들고 거의 대부분 고사하게 되어 소나무의 AIDS로 불린다.
- 침엽이 모두 아래로 처지며 황갈색으로 시들고, 상처로부터 나오는 송진(수지)의 양이 감소하거나 정지한다.
- 육송, 해송이 매우 감수성이며, 우리나라에서는 잣나무에서도 발병된다.
- 재선충은 스스로 이동할 수 없으며 솔수염하늘소, 북방수염하늘소 등의 매개충에 의해 전염이 확산된다.
- 우리나라에서는 1988년 부산의 금정산에서 처음 발견되었다.

③ 재선충의 생활사
- 봄에 유충이 매개충의 번데기집 주변으로 모여들고 우화하는 성충의 기문을 통하여 체내로 침입해 들어간다.
- 5~7월에 우화한 매개충의 성충이 소나무 신초(새 가지)를 갉아먹을 때 재선충이 매개충의 몸속에서 나와 상처를 통하여 수목에 침입한다.

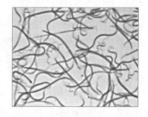

┃ 재선충 ┃

④ 솔수염하늘소의 생활사
- 연 1회 발생하며, 유충으로 월동한다.
- 유충은 소나무류의 수피 내 형성층과 목질부를 식해하며 성장한다.
- 성장한 유충은 수피 근처에 번데기집을 짓고 번데기가 된다(완전변태).
- 5~7월경 성충이 구멍을 뚫고 나와 우화한다.
- 우화한 암컷은 고사목이나 쇠약목의 수피에 산란한다.

∥ 솔수염하늘소의 탈출공과 톱밥 ∥ ∥ 솔수염하늘소 유충 ∥ ∥ 솔수염늘소 성충 ∥

⑤ 방제법

- 피해고사목은 벌채하여 소각하거나 메탐소듐 액제로 밀봉 · 훈증한다.
- 매개충의 먹이나무(餌木, 이목)를 설치하고 유인하여, 우화 전에 소각하거나 파쇄한다.
- 성충 발생시기인 5~7월에 살충제를 뿌려 매개충인 하늘소류를 구제한다.
- 솔수염하늘소 성충의 우화시기인 5~7월 전에 살충제인 티아메톡삼 분산성액제를 나무주사한다.
- 예방약제인 아바멕틴 또는 에마멕틴벤조에이트의 살충제를 수지분비량이 적은 12~2월에 나무주사한다.
- 밀생 임분은 간벌하여 고사목이나 쇠약목이 없도록 한다.

 Summary!

수병과 매개충

병원	수병	매개충
선충	소나무재선충병	솔수염하늘소, 북방수염하늘소
파이토플라스마	대추나무빗자루병	마름무늬매미충 (모무늬매미충)
	뽕나무오갈병	
	붉나무빗자루병	
	오동나무빗자루병	담배장님노린재
불완전균	참나무시들음병	광릉긴나무좀
바이러스	아까시나무모자이크병	복숭아혹진딧물

(2) 뿌리썩이선충병

① 병원

- 선충, *Pratylenchus penetrans* 등
- 식물선충 중에서도 이동성을 가진 내부기생선충이다.

- 길이 1mm 정도의 선충으로, 암수가 한 몸인 자웅동체(雌雄同體)이다.

② 수병 특징
- 선충이 뿌리 속을 헤집고 다녀 세포조직이 파괴되고 괴사하여 뿌리가 썩게 되는 피해를 가져온다.
- 토양과 기주식물의 뿌리를 오가며 이동이 가능하고, 뿌리를 통하여 침입한다.
- 묘포장의 침엽수 어린 묘목에 피해가 크다.

③ 방제법
- D−D제, 에토프입제, 타보입제 등의 살선충제로 토양을 소독한다.
- 오랜 기간 동일 종 재배지에서 피해가 크므로, 연작을 피하고 윤작을 실시한다.

Summary!

병의 원인에 따른 수병 분류

세균			뿌리혹병, 밤나무눈마름병, 불마름병
균류	난균		모잘록병
	진균	자낭균	리지나뿌리썩음병, 그을음병, 흰가루병, 벚나무빗자루병, 소나무잎떨림병, 잣나무잎떨림병, 낙엽송잎떨림병, 밤나무줄기마름병, 낙엽송가지끝마름병, 호두나무탄저병
		담자균	아밀라리아뿌리썩음병, 소나무잎녹병, 잣나무털녹병, 향나무녹병, 소나무혹병, 포플러잎녹병
		불완전균	모잘록병, 삼나무붉은마름병, 오리나무갈색무늬병, 참나무시들음병, 소나무가지끝마름병, 오동나무탄저병
바이러스			포플러모자이크병, 아까시나무모자이크병, 벚나무번개무늬병
파이토플라스마			대추나무빗자루병, 오동나무빗자루병, 뽕나무오갈병
선충			소나무재선충병, 뿌리썩이선충병, 뿌리혹선충병

CHAPTER 03 산림해충 일반

1. 곤충 일반

① 곤충은 지구 전체 동물의 약 80%가량을 차지할 정도로 지구에서 가장 번성한 부류이다.

② 소형이며 세대교체가 빠르고 날개를 가진 점 등이 불리한 환경에서도 오랫동안 살아남아 번성할 수 있는 이유이다.

③ 곤충류의 몸은 크게 머리, 가슴, 배의 3부분으로 뚜렷하게 구분되며, 보통 날개 2쌍, 다리 3쌍 등의 특징을 가지고 있어 동물계(動物界), 절지동물문(節肢動物門), 곤충강(昆蟲綱)에 속한다.

④ 산림해충으로 중요한 곤충으로는 메뚜기목, 노린재목, 매미목, 딱정벌레목, 나비목, 파리목, 흰개미목 등이 있다.

[주요 산림해충]

구분	내용
메뚜기목(orthoptera)	• 메뚜기, 여치, 귀뚜라미, 대벌레, 땅강아지 등 • 씹는 입틀, 불완전변태
노린재목(hemiptera)	• 노린재, 방패벌레, 물장군 등 • 바늘로 찔러넣어 빨아먹는 입틀, 불완전변태
매미목(homoptera)	• 매미, 거품벌레, 깍지벌레, 진딧물, 나무이, 가루이 등 • 빨아먹는 입틀, 불완전변태
딱정벌레목(coleoptera)	• 바구미, 하늘소, 잎벌레, 거위벌레, 무당벌레, 풍뎅이 등 • 외골격 발달, 씹는 입틀, 완전변태 • 곤충 중 가장 많은 종수 ✎ 해충 중 가장 많은 종류 차지
나비목(lepidoptera)	• 크게 나비류와 나방류로 구분 ✎ 밤나방은 나비목 • 유충은 씹는 입틀, 성충은 코일과 같은 관을 넣어 빠는 입틀, 완전변태
파리목(diptera)	• 혹파리, 기생파리, 등에 등 • 핥는 입틀, 완전변태
흰개미목(isoptera)	• 흰개미 1종 • 목재를 갉아먹어 피해, 불완전변태

2. 곤충의 형태

(1) 체벽(피부)

① 체벽은 바깥으로부터 표피층(외표피, 원표피), 진피층, 기저막으로 구성된다.

② 표피층(cuticle) : 체벽의 대부분을 이루는 층으로 가장 바깥쪽에 위치

③ 진피층 : 다른 피부층과 달리 한 개의 세포층(진피세포)으로 구성되어 표피 형성 물질을 합성하거나 분비

④ 기저막 : 진피층 밑의 얇은 막으로 이루어진 층으로 체강과의 경계 조직

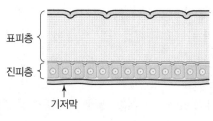

┃ **곤충의 체벽(피부)** ┃

(2) 머리

① 머리는 1쌍의 더듬이(촉각), 입틀(구기), 1쌍의 겹눈, 1~3개 홑눈 등으로 구성되어 있다.

② 입틀(구기, 口器)은 크게 씹어 먹는 형과 빨아먹는 형으로 구분한다.

[곤충의 입틀(구기형)]

구분	내용
저작구형	발달된 큰턱을 이용하여 씹어먹는 형 예 메뚜기, 딱정벌레, 풍뎅이, 잠자리, 나비의 유충
자흡구형	바늘모양의 구기를 찔러 넣어 빨아먹는 형 예 노린재, 진딧물, 멸구, 매미충, 깍지벌레
흡관구형	긴 관을 이용하여 빨아먹는 형 예 나비, 나방
흡취구형	핥아먹는 형 예 파리
저작 핥는 형	씹고 핥아먹는 형 예 꿀벌

(3) 가슴

① 가슴은 앞가슴, 가운데가슴, 뒷가슴의 3부분으로 구성된다.

② 날개, 다리, 기문 등의 부속기가 달려 있다.

③ 날개는 대개 2쌍으로, 가운데가슴에 앞날개 1쌍, 뒷가슴에 뒷날개 1쌍이 붙어있다.

④ 다리는 3쌍으로 앞가슴, 가운데가슴, 뒷가슴에 각각 1쌍씩 6개가 붙어있으며, 보통 5마디
   이다. ✎ 다리는 배가 아닌 가슴에 붙어 있음

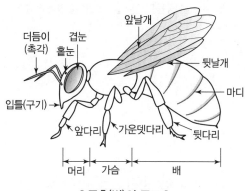

‖ 곤충(벌)의 구조 ‖

(4) 배

① 10개 내외의 마디로 이루어져 있다.

② 기문, 생식기, 항문 등의 부속기가 있다.

③ 기문(氣門)은 공기 호흡기관으로 가슴에 2쌍, 배에 8쌍으로 총 10쌍이 일반적이다.

 Summary!

곤충의 외부 구조적 특징

- 머리, 가슴, 배의 3부분으로 구성
- 머리 : 1쌍의 더듬이(촉각), 입틀(구기), 1쌍의 겹눈, 1~3개 홑눈
- 가슴 : 앞가슴, 가운데가슴, 뒷가슴의 3부분
- 배 : 10개 내외의 마디

구분	내용
날개	가운데가슴, 뒷가슴에 1쌍씩 총 2쌍
다리	• 앞가슴, 가운데가슴, 뒷가슴에 1쌍씩 총 3쌍 • 보통 5마디
기문	가슴에 2쌍, 배에 8쌍으로 총 10쌍

거미의 특징

- 거미는 곤충강이 아니며, 절지동물문 거미강으로 따로 분류한다.
- 몸은 머리가슴과 배의 2부분이다.
- 날개, 더듬이, 겹눈이 없다.
- 다리는 4쌍으로 각 7마디이다.
- 변태(탈바꿈)를 하지 않는다.

(5) 호흡계

① 곤충은 기관을 통하여 호흡을 하여 기관계(氣管系)라고도 부른다.

② 가슴과 배의 측면에 기체의 출입문이 되는 기문(氣門)이 있고, 기문과 연결되어 체내로 공기의 이동통로가 되는 기관(氣管)이 뻗어 있다.

(6) 소화계

① 입에서 항문까지로, 소화관과 부속선으로 이루어져 있다.

② 소화관은 크게 전장, 중장, 후장으로 나뉜다.

- 전장(前腸) : 음식물의 일시 저장 및 기계적 파쇄 기능
- 중장(中腸) : 음식물의 소화흡수 및 위(胃)로서의 기능
- 후장(後腸) : 배설 기능

(7) 분비계

① 내분비계(내분비선, 내분비샘)

- 각종 호르몬을 분비하여 혈액 속으로 보내는 기관이다.
- 유충호르몬(유약호르몬, 알라타체호르몬), 탈피호르몬, 휴면호르몬 등을 분비한다.

② 외분비계(외분비선, 외분비샘)

- 체내에서 생성된 분비물을 관이나 구멍을 통해 체외로 내보내는 기관이다.
- 페로몬 분비가 대표적이다.

페로몬(pheromone)

• 곤충의 몸 밖으로 방출되어 같은 종끼리 통신을 하는데 이용하는 외분비샘의 대표적인 물질이다.
• 곤충이 같은 종의 다른 개체에게 의사를 전달하고자 할 때 냄새로 알리는 종내 외분비 신호(통신)물질이다.
• 같은 종의 곤충에 대하여 행동 및 생리에 영향을 미친다.

3. 곤충의 생태

(1) 곤충의 생활사

① 암수의 교미로 암컷이 산란하면, 일정 기간이 지난 후 알이 부화하여 유충(애벌레)이 된다.
② 유충은 탈피라는 과정을 거쳐 점차 성장하고 성충이 되는데, 이때 번데기 과정을 거치냐 거치지 않느냐에 따라 변태의 과정이 달라진다.
③ 성충은 우화 후 교미를 하고 알을 낳으며 생활사를 마감한다.

④ 영충(齡蟲)
각 탈피 단계의 유충으로 부화하여 1회 탈피 전까지를 1령충, 2회 탈피 전까지를 2령충, 3회 탈피 전까지를 3령충이라 부른다.

부화	→	1회 탈피	→	2회 탈피	→	3회 탈피	→	번데기
1령충		2령충		3령충		4령충		

‖ 곤충의 탈피 단계 ‖

⑤ 용화(蛹化)
충분히 자란 유충이 먹는 것을 중지하고 유충시기의 껍질을 벗고 번데기가 되는 현상이다.

⑥ 우화(羽化)
성숙한 약충이나 번데기가 성충으로 탈피하는 현상이다.

[곤충의 생식]

구분	내용
양성생식(兩性生殖)	암수의 수정으로 개체 형성. 대부분의 곤충에 해당
단위생식 (單爲生殖, 단성생식)	암수의 수정 없이 단독으로 번식하여 개체 형성. 밤나무혹벌
다배생식(多胚生殖)	• 1개의 알에서 2개 이상의 배가 생겨 각각 개체로 발육 • 1개의 수정난에서 2개 이상의 여러 개의 개체 발생. 송충알좀벌

(2) 곤충의 변태

① 알에서 부화한 유충이 여러 차례 탈피를 거듭하여 성충으로 변하는 현상, 즉 곤충의 성장 변이 과정을 변태(變態)라고 한다.

② 변태의 과정은 크게 번데기시기를 거치는 완전변태와 거치지 않는 불완전변태로 나눌 수 있다.

③ 곤충의 약 90%는 완전변태를 하며, 보통 어린 애벌레는 유충(幼蟲)이라 부르나 불완전변태의 애벌레는 약충(若蟲)이라 부른다.

[곤충의 변태]

구분	내용
완전변태 (完全變態)	• 유충이 번데기 시기를 거쳐 성충이 되는 것 • 알 → 유충 → 번데기 → 성충 • 벌목, 나비목, 딱정벌레목, 파리목, 벼룩목 등 • 도토리거위벌레, 오리나무잎벌레, 소나무좀, 솔잎혹파리 등
불완전변태 (不完全變態)	• 성숙한 약충이 번데기 시기를 거치지 않고 바로 성충이 되는 것 • 알 → 약충 → 성충 • 잠자리목, 매미목, 노린재목, 대벌레목, 메뚜기목, 하루살이목 등 • 버즘나무방패벌레, 솔껍질깍지벌레(암컷), 솔거품벌레 등

④ 유충의 형태

유충은 다리의 유무와 개수, 몸의 마디 등에 따라 4가지 형태로 나눌 수 있다.

• 다각형(多脚型) : 머리와 몸마디가 뚜렷하고, 가슴다리와 배다리(복지)가 있는 형태

　　예 나비목 유충

• 소각형(少脚型) : 배다리(복지)는 없지만 성충과 비슷한 다리를 가진 형태

　　예 딱정벌레목 유충

• 무각형(無脚型) : 구더기형으로 몸에 다리가 전혀 없는 형태　예 파리목 유충

• 원각형(原脚型) : 배마디가 뚜렷하지 않고, 머리도 명확하지 않은 형태

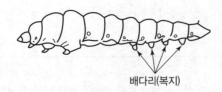

배다리(복지)

▎ **나비목 유충(다각형)** ▎

(3) 곤충의 휴면과 활동정지

① 곤충의 휴면
- 휴면(休眠)은 곤충이 생활하는 도중 환경이 좋지 않으면 발육을 멈추고 좋은 환경이 될 때까지 임시적으로 정지하는 현상이다.
- 곤충이 불리하고 부적합한 환경을 극복하기 위해 일정 기간 발육을 정지하는 것을 말한다.
- 계절 변화와 같은 규칙적이며 부적절한 환경 변화에 대비하여 미리 생장을 정지하는 것이다.
- 불리한 환경이 끝나고 환경조건이 좋아져도 곧바로 발육을 재개하는 것은 아니고, 일정한 시간이 지나야 발육을 개시한다.
- 휴면 이후 정상으로 돌아오는데 다소 시간이 걸린다.

② 곤충의 휴지
- 휴지(休止)는 곤충이 갑작스럽고 부적합한 환경에 대처하여 일시적으로 활동을 정지하는 것으로 활동정지(活動停止)라 한다.
- 갑작스러운 기온이상, 가뭄 등의 불규칙적인 환경 변화에 기인한다.
- 휴면과는 달리 환경조건이 개선되면 곧바로 활동정지를 멈추고 발육을 재개한다.

CHAPTER 04 주요 산림해충

1. 식엽성(食葉性) 해충

수목의 잎을 식해하여 피해를 주는 해충으로 불나방과, 솔나방과, 독나방과, 산누에나방과, 재주나방과, 잎벌레과, 잎벌과, 넓적잎벌과 등이 있다.

(1) 미국흰불나방

① 특징
- 학명 : *Hyphantria cunea*
- 기주범위가 넓어 버즘나무, 포플러, 벚나무, 단풍나무 등 활엽수 160여 종의 잎을 식해하는 잡식성이다.
- 북미(캐나다)가 원산지로 우리나라에서는 1958년 미군 주둔지 근처에서 처음 발생하였다.
- 특히 도시 주변의 가로수나 정원수에 피해가 심하게 발생한다.

② 생활사
- 5~6월 : 월동 번데기가 제1화기 성충으로 우화하고, 잎 뒷면에 600~700개의 알을 무더기로 산란한다.
- 5~7월 : 부화 유충은 4령기까지 실을 토해 잎을 싸고 그 속에서 엽육을 식해하며 집단 생활(군서생활)을 하고, 5령기부터 분산하여 7월 하순까지 본격적으로 잎을 식해하며 성장한다. ✎ 1령기부터 분산 ✕
- 7~8월 : 번데기에서 제2화기 성충이 우화하여 산란한다.
- 8~10월 : 부화 유충이 잎을 식해하며 다시 피해를 준다.
- 그 이후 : 수피 사이 또는 지피물 밑에서 고치를 짓고 번데기로 월동한다.

③ 생태
- 연 2회 발생하며, 번데기로 월동한다.
- 제1화기보다 제2화기의 피해가 더 심하다.

‖ 군서 중인 유충 ‖

‖ 미국흰불나방 성충 ‖

④ 방제법

- 유충의 가해시기인 5~10월에 디프제(디플루벤주론 수화제)와 같은 살충제를 살포한다.
- 군서 중인 알덩어리나 유충 또는 월동 중인 고치를 수시로 채집하여 소각한다.

(2) 솔나방

① 특징

- 학명 : *Dendrolimus spectabilis*
- 주로 소나무, 해송, 리기다소나무, 잣나무 등의 잎을 가해하는 해충이다.
- 유충을 송충이라고도 부르며, 예로부터 우리나라에 피해를 주는 재래해충이다.

② 생활사

- 7~8월 : 성충이 우화하여 주로 밤에 활동하며, 솔잎 사이에 500개 정도의 알을 산란한다.

  ✎ 솔잎 사이 산란

- 8~11월 : 부화한 유충이 솔잎을 식해하며 가해한다(전식피해).
- 11월 이후 : 5령충이 된 유충이 수피 틈이나 지피물(낙엽) 밑에서 월동한다.
- 4~7월 : 월동한 유충이 솔잎을 식해하며 가해한다(후식피해).
- 6~7월 : 8령충의 노숙유충이 번데기가 된다.

‖ 솔나방 유충 ‖

③ 생태

- 보통은 연 1회 발생하며, 유충(5령충)으로 월동한다.
- 부화한 유충은 7번 탈피 후 8령충으로 번데기가 되어 유충 기간이 긴 것이 특징적이다.
- 부화 유충기인 8월에 비가 많이 오면 사망률이 높아져 다음 해 피해 발생이 감소한다.

- 솔나방은 유충으로 월동하므로 월동 전(10월 중) 유충의 밀도를 조사하면 다음 해의 발생예찰이 가능하다.

④ 방제법
- 유충 가해시기인 봄과 가을에 디프제(디플루벤주론 수화제)와 같은 살충제를 살포한다.
- 7~8월에 알덩어리가 붙어 있는 가지를 잘라 소각한다.
- 유충이나 고치는 솜방망이로 석유를 묻혀 죽이거나, 집게 또는 나무젓가락으로 직접 잡아 죽인다.
- 주광성이 강한 성충은 7~8월 활동기에 유아등(수은등, 기타 등불)을 설치하여 유살한다.
  * 유아등(誘蛾燈) : 나방류 등의 해충을 유인하기 위한 등불
- 10월 중에 가마니, 거적 또는 볏짚을 수간에 싸매어 월동장소(잠복소)를 만들고 유충을 유인한다.
- 송충알좀벌(알), 고치벌·맵시벌(유충, 번데기) 등의 천적을 이용한다. ✎ 단순림 조성 ✕
  * 송충알좀벌 : 솔나방, 미국흰불나방 등의 알에 기생하는 천적

(3) 매미나방(집시나방)

① 특징
- 학명 : *Lymantria dispar*
- 참나무, 밤나무, 낙엽송 등의 활엽수와 침엽수 모두를 가해하는 잡식성 해충이다.
- 성충의 암컷은 몸이 비대하여 잘 날지 못하나 수컷은 밤낮으로 활발하게 활동하여 집시나방이라고도 불린다.

② 생태
- 독나방과로 식엽성이며, 연 1회 발생하고, 알로 월동한다.
- 나무줄기나 가지에서 알덩어리로 월동하고, 유충이 부화하여 알덩어리 주위에 며칠 머물다가 바람에 날려 분산한다.

┃ 매미나방 알덩어리 ┃ ┃ 매미나방 유충 ┃ ┃ 매미나방 암수 성충 ┃

③ 방제법

- 알덩어리는 부화 전인 4월 이전에 제거하거나 소각한다.
- 어린 유충시기에 살충제를 살포한다.
- Bt균(Bt제), 핵다각체바이러스 등의 천적미생물을 이용한다.

(4) 오리나무잎벌레

① 특징

- 학명 : *Agelastica coerulea*
- 유충과 성충이 모두 오리나무류 잎을 가해하며 피해를 준다. 🖉 유충과 성충 모두 잎 식해

② 생태

- 연 1회 발생하며, 성충으로 땅속에서 월동한다.
- 성충은 5~6월 300여 개의 알을 잎 뒷면에 무더기로 산란한다.
- 유충은 잎 뒷면에서 엽육(잎살)만을 식해하여 잎이 그물 모양이 되며, 성충은 주맥만 남기고 잎을 갉아 식해한다.

‖ 오리나무잎벌레 유충 ‖

‖ 오리나무잎벌레 성충 ‖

③ 방제법

- 유충 가해시기인 5~7월에 디프수화제 등의 살충제를 잎 뒷면에 중점 살포한다.
- 잎 뒷면의 알덩어리를 제거하고 소각한다.
- 유충 및 신성충, 월동성충을 포살한다.

  * 신성충(新成蟲) : 새롭게 우화한 성충 * 월동성충(越冬成蟲) : 월동기를 지낸 성충

(5) 텐트나방(천막벌레나방)

① 생태

- 솔나방과로 식엽성이며, 연 1회 발생하고, 알로 월동한다.
- 유충이 실을 토해 집을 짓고 낮에는 활동하지 않으며, 주로 밤에 잎을 가해한다.

- 유충은 4령기까지는 가지에 텐트모양의 천막을 치고 군서하며 밤에만 나와 가해하다가 5령기부터는 분산하여 가해한다.
- 성충은 작은 나뭇가지에 반지(가락지)모양으로 나란히 둘러서 산란하는 것이 특징적이다.

② 방제법
- 겨울에 가지에 달려 월동 중인 반지모양의 알덩어리를 제거한다.
- 군서 중인 유충의 벌레집을 제거하거나 태워 죽인다.

‖ 텐트나방 알덩어리 ‖   ‖ 텐트나방 유충 ‖

(6) 어스렝이나방(밤나무산누에나방)

- 연 1회 발생하며, 수피 사이에서 알로 월동한다.
- 유충이 밤나무, 호두나무 등의 잎을 갉아먹는 식엽성 해충이다.
- 유충의 몸 길이는 10cm 정도의 대형이며, 성충 또한 대형 나방이다.
- 천적인 어스렝이알좀벌을 이용하거나, 유아등을 설치하여 방제한다.

(7) 독나방

- 독나방과 식엽성 해충으로 연 1회 발생하고, 유충으로 월동한다.
- 사과나무, 배나무를 비롯한 많은 수종의 잎을 식해하여 피해를 준다.
- 성충의 날개가루나 유충의 털에는 독침이 있어 사람의 피부에 닿으면 심한 통증과 염증을 유발한다.

(8) 잣나무넓적잎벌(잣나무별납작잎벌)

- 주로 연 1회 발생하며, 노숙유충이 땅속으로 들어가 흙집을 짓고 월동한다.
- 주로 20년생 이상 된 밀생임분에서 발생한다.
- 부화유충은 실을 토해 잎을 묶어 집을 짓고 그 속에서 식해한다.
- 나무에서 생활하고 있는 어린 유충시기에 살충제를 살포하는 것이 가장 효과적인 방제법이다.

(9) 솔노랑잎벌

- 연 1회 발생하며, 알로 월동한다.
- 유충은 군서하며 주로 묵은 솔잎을 가해한다.
- 유충이 2년생(전년도) 잎을 잎끝에서부터 기부를 향하여 식해한다.
- 울폐한 임분에서는 피해가 없으며, 어린 소나무림이나 간벌이 잘 된 임분에서 많이 발생한다.

(10) 낙엽송잎벌

- 연 3회 발생하며, 번데기로 월동한다.
- 낙엽송만 가해하는 단식성 해충으로 2년 이상 잎만 식해한다. ✎ 새잎 식해 ×
- 어린 유충이 군서하며 잎을 가해하고, 3령충부터는 분산하여 가해한다.

(11) 대벌레

- 연 1회 발생하며, 알로 월동한다.
- 약충과 성충이 활엽수의 잎을 식해하여 피해를 준다.

(12) 풍뎅이(애풍뎅이)

- 2년에 1회 발생하며, 유충으로 월동하는 것으로 추정된다.
- 성충은 밤나무 등의 활엽수 잎을 식해하고, 유충은 뿌리를 가해한다.
- 풍뎅이류의 유충은 식물 뿌리를 가해하여 피해를 준다. ✎ 가해부위 : 뿌리
- 풍뎅이과는 묘포에서 지표면 부분의 뿌리 부분을 주로 가해하는 곤충류이다.

(13) 그 외 식엽성 해충

- 호두나무잎벌레 : 연 1회 발생, 성충으로 월동
- 참나무재주나방 : 연 1회 발생, 땅속에서 번데기로 월동

2. 흡즙성(吸汁性) 해충

수목의 잎과 줄기를 흡즙하여 피해를 주는 해충으로 깍지벌레류, 방패벌레류, 진딧물류, 나무이류 등이 있다.

(1) 솔껍질깍지벌레

① 특징

- 학명 : *Matsucoccus thunbergianae*
- 성충과 약충이 해송과 소나무의 줄기에 긴 주둥이를 꽂고 즙액을 흡즙하여 피해를 준다.

② 생활사

- 4~5월 : 암컷이 수피 틈이나 가지 사이에 알주머니를 분비하고 그 속에 알을 산란한다.
- 5~6월 : 부화약충이 바람에 날려 분산·이동한다.
- 5~11월 : 전약충(1령 약충)으로 탈피하여 수피 틈에 정착하고 긴 여름휴면 후 10월경부터 생장하기 시작한다.
- 11월~다음 해 3월 : 11월에 탈피하여 후약충(2령 약충)으로 월동하는데, 후약충은 기온이 낮아지는 겨울에 더욱 왕성한 활동을 하여 이때가 가장 피해가 큰 시기이다.
- 그 이후 : 수컷은 한 번 더 탈피하여 전성충이 되고 번데기 과정을 거쳐 하순쯤에 성충으로 우화하며, 암컷도 3월경 우화한다.

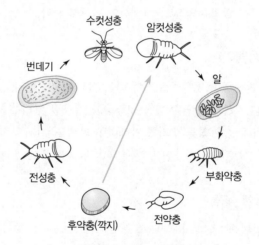

┃ 솔껍질깍지벌레의 생활사 ┃

③ 생태

- 연 1회 발생하며, 후약충으로 월동한다.
- 부화약충이 바람을 타고 이동하므로 바람이 많이 부는 해안지역에 피해 확산이 빠르다.
- 후약충이 주로 겨울철에 가해하며, 우리나라의 남부 해송림에 피해가 크게 발생하고 있다.
- 성충 암컷은 후약충에서 번데기를 거치지 않고 바로 성충이 되는 불완전변태를 하며, 수컷은 전성충과 번데기를 거치는 완전변태를 한다.

[솔껍질깍지벌레의 생태]

암컷(불완전변태)	알 → 부화약충 → 전약충(1령 약충)	성충
수컷(완전변태)	→ 후약충(2령 약충) →	전성충 → 번데기 → 성충

④ 방제법

- 약충 가해 시기에 침투성 살충제인 포스팜 액제 50%, 이미다클로프리드 분산성 액제 등을 수간 주사한다.
- 피해가 큰 후약충 가해시기에 뷰프로페진 수화제를 살포한다.
- 전약충기인 5~11월에 피해목을 벌채한다.

 참고

포스팜 액제

- 유효성분 : 포스파미돈(phosphamidon) 50%
- 고독성의 유기인계 침투성 살충제
- 솔잎혹파리, 솔껍질깍지벌레 방제의 수간주사용 약제로 사용

(2) 버즘나무방패벌레

- 연 3회 발생하며, 버즘나무의 수피 틈에서 성충으로 월동한다.
- 불완전변태를 하며, 양버즘나무에 주로 발생한다.
- 약충이 버즘나무류의 잎 뒷면에 모여 흡즙하며 피해를 준다.

❚ 버즘나무방패벌레 성충과 배설물 ❚

3. 천공성(穿孔性) 해충

수목의 줄기나 가지에 구멍을 뚫어 수피와 목질부(분열조직)를 가해하는 해충으로 나무좀과, 하늘소과, 박쥐나방과, 바구미과 등이 있다.

(1) 소나무좀

① 특징

- 학명 : *Tomicus piniperda*
- 유충과 성충이 모두 소나무류의 목질부를 식해하며 피해를 준다.
- 소나무류의 천공성 해충으로 쇠약목, 고사목 및 벌채목에 주로 발생한다.

② 생활사

- 3~4월 : 월동성충이 쇠약목이나 벌채목의 수피를 뚫고 들어가 세로로 10cm 정도의 갱도를 만들고 산란하며, 부화한 유충이 수피 밑을 식해한다(전식피해).
- 5~6월 : 부화유충은 세로인 갱도와 직각으로 구멍을 뚫고 섭식하다가 번데기가 된다.
- 6~10월 : 6월 초부터 신성충이 우화하여 소나무 신초(새가지)를 가해한다(후식피해).
- 11월 이후 : 소나무 지제부 근처의 수피 틈에서 성충으로 월동한다.

▐ 소나무좀 유충 ▐

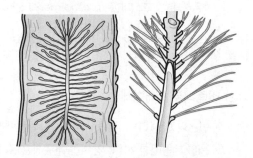

▐ 소나무좀 유충과 성충의 피해 ▐

③ 생태

- 연 1회 발생하며, 성충으로 월동한다.
- 유충과 성충이 봄 · 가을(여름)로 두 번 가해한다.

④ 방제법

- 2~3월에 먹이나무를 설치하여 월동성충의 산란을 유도하고 5월에 박피하여 소각한다(통나무 유살법).
- 쇠약목, 피해목, 고사목 등은 벌채하여 수피를 제거한다.
- 임목 벌채 후 나뭇가지가 없도록 하고, 원목은 반드시 껍질을 벗겨 놓는다.
- 좀벌류, 기생파리류 등의 기생성 천적을 보호하여 이용한다.

📖 Summary!

유충과 성충이 모두 수목을 가해하는 종류
오리나무잎벌레(식엽), 대벌레(식엽), 소나무좀(목질부 식해) 등

(2) 박쥐나방

- 연 1회 발생하며, 알로 월동한다.
- 성충은 밤에 활발하게 활동하여 박쥐나방이라 불린다.
- 부화유충은 초본식물의 줄기 속을 식해하다가 어느 정도 성장하면 나무로 이동하여 수피와 목질부 표면을 환상으로 식해한다.
- 하예작업(풀깎기)을 철저히 시행하고 초본류를 제거하여 방제한다.

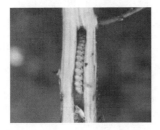 

‖ 박쥐나방 유충 ‖   ‖ 박쥐나방의 피해 ‖

(3) 향나무하늘소(측백하늘소)

- 연 1회 발생하며, 수피 밑에서 성충으로 월동한다.
- 주로 향나무, 편백, 측백, 나한백 등에 흔히 발생하며 치명적인 피해를 준다.
- 부화한 유충이 수피 안쪽의 형성층과 목질부를 불규칙하게 식해하여 피해를 준다.
- 똥을 외부로 배출하지 않고, 구멍도 생기지 않아 피해를 발견하기 매우 어렵다. 🖉 피해 발견 어려움
- 나무좀류와 하늘소류는 나무껍질을 물어 뜯어 그 속에 알을 낳는다.

‖ 향나무하늘소 성충 ‖

4. 충영성(蟲癭性) 해충

수목의 일부에 충영(벌레혹)을 만들고 그 안에서 흡즙 가해하는 해충으로 혹벌류, 혹파리류 등이 있다.

(1) 솔잎혹파리

① 특징
- 학명 : *Thecodiplosis japonensis*
- 유충이 솔잎 기부에 들어가 벌레혹을 만들고 그 속에서 수목을 가해하며 피해를 준다.
- 소나무와 해송에 피해가 나타나며, 1920년대 초반 일본으로부터 침입한 외래해충(도입해충)이다.
- 습도가 높을 때 왕성한 활동을 하여 울창하고 임내 습도가 높은 곳에서 잘 발생한다.

② 생활사
- 5~7월 : 크기가 약 2mm인 성충이 우화하여 소나무 침엽 접합 부위 사이에 평균 7~8개씩 총 100여 개 정도의 알을 낳는다. 6월 상순경이 우화최성기이다.
- 6~10월 : 알에서 깨어난 유충이 솔잎 아랫부분(기부)에 잠입하여 벌레혹(충영)을 만들고, 그 속에서 즙액을 흡즙하며 성숙한다.
- 9~12월 : 성숙한 유충은 월동을 위하여 비가 올 때 땅으로 떨어져 소나무를 탈출한다.
- 그 이후 : 낙하한 유충은 분산하여 낙엽(지피물) 밑이나 땅속에서 유충으로 월동하고, 다음 해에 번데기가 된다(완전변태). 🖊 땅속 유충 월동

‖ 솔잎혹파리 성충 ‖

‖ 솔잎혹파리의 피해 ‖

③ 생태
- 연 1회 발생하며, 땅속에서 유충으로 월동한다.
- 피해 침엽은 7월부터 생장이 정지되어 보통 잎보다 길이가 1/2 정도로 짧아진다.
- 충영은 주로 수관 상부에 많이 형성된다.
- 피해를 입은 수목은 그해에 직경생장이 감소하며, 다음 해에 수고생장이 감소한다.
- 번데기 과정을 거치는 완전변태를 한다.

④ 방제법

- 산란 및 우화 최성기에 포스팜 액제 등의 살충제를 수간주사한다.
- 솔잎혹파리먹좀벌, 혹파리살이먹좀벌, 혹파리등뽈먹좀벌 등의 천적 기생벌(기생봉)을 이용한다.
- 유충은 건조에 약하므로 밀생임분의 간벌, 지피물 정리 등으로 임지를 건조시킨다.
- 지표에 비닐을 피복하여 유충이 땅속으로 이동하는 것을 차단하거나 땅속에서 성충이 우화하여 올라오는 것을 방지한다.

(2) 밤나무(순)혹벌

① 특징

- 학명 : *Dryocosmus kuriphilus*
- 밤나무의 잎눈에 충영(벌레혹)을 만들고 그 속에서 기생하여 밤의 결실을 방해하는 해충이다.
- 피해목은 작은 잎이 총생하며 개화 및 결실이 잘 되지 않고, 피해가 누적되면 고사하는 경우가 많다.

② 생태

- 연 1회 발생하며, 눈의 조직 내에서 유충으로 월동한다.
- 암컷만이 알려져 있으며, 암수의 수정 없이 단독으로 번식하여 개체를 형성하는 단위생식을 한다. 즉, 번식은 암컷의 단위생식(단성생식)에 의해 이루어진다.
- 초여름인 6~7월에 크기가 약 3mm인 성충이 우화하여 충영을 뚫고 탈출하고 밤나무의 새 잎눈에 산란한다.
- 내충성(저항성) 밤나무품종을 재배하여 갱신하는 것이 가장 근본적이며 효과적인 방제법이다.

┃ 혹벌의 충영 ┃

┃ 밤나무혹벌 유충 ┃

③ 방제법

- 중국긴꼬리좀벌, 남색긴꼬리좀벌, 상수리좀벌 등의 천적을 이용(방사)한다.
- 성충 탈출 전인 봄에 충영을 채취하여 소각한다.
- 성충 발생 최성기인 6~7월에 전용약제를 살포한다.
- 알이 부화 후 잘 자라지 못하는 내충성(저항성) 품종을 선택하여 식재한다.

> **Summary!**
>
> **외래해충**
> 미국흰불나방, 솔껍질깍지벌레, 버즘나무방패벌레, 솔잎혹파리, 밤나무혹벌, 소나무재선충, 꽃매미, 미국
> 선녀벌레 등 ✎ 솔나방 ✕

(3) 외줄면충

- 느티나무 잎에 표주박 모양의 벌레혹을 만들고, 그 안에서 수액을 흡즙하며 가해한다.
- 대발생하면 전체 잎에 벌레혹이 형성되어 미관을 해친다.

5. 종실(種實) 해충

수목의 종실을 가해하는 해충으로 바구미과, 명나방과, 거위벌레과 등이 있다.

(1) 밤바구미

① 특징

- 학명 : *Curculio sikkimensis*
- 밤나무, 참나무류를 가해하며, 유충이 밤이나 도토리의 과육을 식해하여 피해를 준다.
- 복숭아명나방과 같이 밤나무의 주요한 종실 가해 해충이다.

② 생태

- 연 1회 발생하며, 땅속에서 흙집을 짓고 노숙유충으로 월동한다.
- 번데기 후 성충이 우화하여 9월에 긴 주둥이로 밤에 구멍을 뚫어 1~2개의 알을 산란한다.
- 부화 유충은 밤 종실 속에서 과육을 먹고 성장한다.
- 유충이 배설물을 밖으로 배출하지 않으며 벌레 먹은 흔적도 없어 외견상으로는 피해 식별이 어렵다.

| 밤바구미 유충 |

| 밤바구미 성충 |

③ 방제법

- 피해를 받은 밤은 수확 직후에 인화늄정제로 훈증하여 살충한다.
- 유아등을 이용하여 성충을 유인한다.

(2) 복숭아명나방

① 특징

- 학명 : *Dichocrocis punctiferalis*
- 밤나무, 복숭아나무, 사과나무, 배나무, 자두나무 등 다수의 종실을 가해하는 다식성(多食性) 해충이다.

② 생활사

- 6월경 : 1화기 성충이 우화하여 복숭아, 사과 등의 과실에 산란하며, 유충이 과실을 먹고 자란다.
- 7~8월 : 2화기 성충이 우화하여 밤나무, 감나무 종실에 산란하며, 유충이 과육을 먹고 자란다.
- 10월경 : 수피 틈에 고치를 짓고 유충으로 월동한다.

③ 생태

- 연 2~3회 발생하며, 고치 속에서 유충으로 월동한다.
- 유충이 배설물과 즙액을 밖으로 배출하여 거미줄로 밤송이에 붙여 놓아 외견상 피해 식별이 쉽다.
- 1, 2령기 유충은 밤가시를 식해하다가 3령기 이후 성숙해지면 밤과육을 식해하며 밤 열매에 피해를 준다.

| 유충의 배설물 |

④ 방제법

- 복숭아 등 과실에는 5월경 봉지를 씌운다.
- 밤나무는 성충 최성기인 7~8월에 살충제를 살포한다.

| 복숭아명나방 유충 |

| 복숭아명나방 성충 |

(3) 솔알락명나방

- 연 1회 발생하며, 땅속에서 노숙유충으로 월동하거나 구과에서 알 또는 어린 유충으로 월동한다.
- 소나무류나 잣나무의 구과(종실)를 가해하여 잣송이의 수확량을 크게 감소시키는 피해를 준다.
- 구과 속의 가해 부위와 외부의 표면에 배설물을 붙여 놓으며, 신초에도 피해를 주는 해충이다.
- 우화·산란기인 6월에 전문약제를 수관에 살포하여 방제한다.

| 솔알락명나방 유충 |

 Summary!

땅속에서 월동하는 해충

오리나무잎벌레, 잣나무넓적잎벌, 솔잎혹파리, 밤바구미, 솔알락명나방 등 ✎ 어스렝이나방 ✕

(4) 도토리거위벌레

- 연 1회 발생하며, 땅속에서 흙집을 짓고 노숙유충으로 월동하며, 완전변태를 한다.
- 우화 성충은 도토리에 주둥이를 꽂고 흡즙 가해하며, 7월 하순 이후 도토리에 구멍을 뚫고 산란한 후 도토리가 달린 가지째 주둥이로 잘라 땅에 떨어뜨린다.
- 땅에 떨어진 가지의 도토리 내에서 부화한 유충은 과육을 식해하며 성장한다.

Summary!

[해충의 가해양식에 따른 분류]

구분		내용
식엽성(食葉性)		미국흰불나방, 솔나방, 매미나방(집시나방), 오리나무잎벌레, 텐트나방(천막벌레나방), 어스렝이나방(밤나무산누에나방), 독나방, 잣나무넓적잎벌, 솔노랑잎벌, 낙엽송잎벌, 대벌레, 호두나무잎벌레, 참나무재주나방
흡즙성 (吸汁性)	잎	버즘나무방패벌레, 진달래방패벌레
	줄기	솔껍질깍지벌레
천공성(穿孔性)		소나무좀, 박쥐나방, 향나무하늘소(측백하늘소), 솔수염하늘소, 북방수염하늘소, 광릉긴나무좀
충영성 (蟲癭性)	잎	솔잎혹파리, 외줄면충
	눈	밤나무(순)혹벌
종실(種實) 가해		밤바구미, 복숭아명나방, 솔알락명나방, 도토리거위벌레

[해충의 발생횟수에 따른 분류]

구분	내용
1년 1회	솔나방, 매미나방(집시나방), 오리나무잎벌레, 텐트나방(천막벌레나방), 어스렝이나방(밤나무산누에나방), 독나방, 잣나무넓적잎벌, 솔노랑잎벌, 대벌레, 호두나무잎벌레, 참나무재주나방, 솔껍질깍지벌레, 소나무좀, 박쥐나방, 향나무하늘소(측백하늘소), 솔수염하늘소, 북방수염하늘소, 광릉긴나무좀, 솔잎혹파리, 밤나무(순)혹벌, 밤바구미, 솔알락명나방, 도토리거위벌레
1년 2회	미국흰불나방, 버들재주나방, 미류재주나방
1년 2~3회	복숭아명나방
1년 3회	버즘나무방패벌레, 낙엽송잎벌

[해충의 월동충태에 따른 분류]

구분	내용
알	매미나방(집시나방), 텐트나방(천막벌레나방), 어스렝이나방(밤나무산누에나방), 솔노랑잎벌, 대벌레, 박쥐나방, 미류재주나방
유충	솔나방(5령충), 독나방, 잣나무넓적잎벌, 솔껍질깍지벌레(후약충), 솔수염하늘소, 북방수염하늘소, 광릉긴나무좀, 솔잎혹파리, 밤나무(순)혹벌, 밤바구미, 복숭아명나방, 솔알락명나방, 도토리거위벌레, 버들재주나방
번데기	미국흰불나방, 참나무재주나방, 낙엽송잎벌
성충	오리나무잎벌레, 호두나무잎벌레, 버즘나무방패벌레, 소나무좀, 향나무하늘소(측백하늘소)

P A R T

12

산림병해충 방제

CHAPTER 01 수목병의 방제

1. 수목병의 예찰진단

① 수목병은 병징과 표징만으로 진단을 내리기도 하나, 보통은 병징과 표징이 비슷한 경우가 많아 현미경적 · 해부학적 · 면역학적 등 여러 다른 방법들을 병행하여 진단하고 있다.

② 병의 원인을 알아내는 작업을 진단이라고 하며, 수병의 진단에는 병든 부위에서 미생물을 분리하고 배양하여 다른 수목에 인공접종하고 다시 재분리하는 과정을 통하여 어떠한 병원체인가를 결정짓게 된다.

2. 수목병의 방제법

(1) 법적 방제

① 방역과 방제에 있어 법적 · 행정적 조치를 취하는 방법이다.

② 식물검역 : 전염원의 국제 간 이동과 확산을 막고자 실시

(2) 임업적(생태적) 방제

① 임지 정리 작업 : 임지를 깨끗하게 정리하여 전염원 차단 = 지존작업

② 건전한 묘목 육성 : 각종 수병에 강한 건실한 묘목 생산, 조림예정지와 비슷한 환경의 모수에서 종자 채취

③ 내병성(저항성) 수종 식재 : 특정 수병에 강하며, 토양 및 기후에 적합한 수종을 선택하여 조림

④ 무육작업(숲가꾸기) : 풀베기, 가지치기, 제벌, 간벌 등의 위생무육 실시

⑤ 적절한 수확 및 벌채 : 숲의 건전성 유지

⑥ 혼효림 및 이령림 조성 : 생태적으로 건강한 숲 조성

(3) 생물적 방제

① 병원체의 생장을 저지하는 능력을 가진 길항 미생물 등을 이용하여 방제하는 방법이다.

② 화학적 약해를 발생하지 않아 생태계의 균형 유지 및 환경보호 차원에서 권장되고 있는 방제법이다.

③ 길항미생물은 항생물질을 만들어 병원균의 발육을 막고 병원균에 새로운 병을 발생시켜 기능을 억제하며, 양분경쟁 등을 통해 활성화를 저지하여 방제하게 된다.

④ 길항미생물의 식물병 방제 작용기작 : 항생물질 생산, 병원균에 병 발생, 병원균과 양분경쟁 등

(4) 화학적 방제

화학적 방제는 화학약제(농약)를 이용하는 방제법으로 본 편의 'CHAPTER 03 농약'을 참고한다.

(5) 그 밖의 세부 방제

① 전염원 및 중간기주 제거

- 병든 수목과 병든 부위를 제거하여 전염원의 이동 방지
- 이종기생 녹병균은 중간기주 제거

[이종기생녹병균의 중간기주]

수목병	중간기주
잣나무털녹병	송이풀, 까치밥나무
소나무잎녹병	황벽나무, 참취, 잔대
소나무혹병	졸참나무 등의 참나무류
배나무붉은별무늬병	향나무
포플러잎녹병	낙엽송(일본잎갈나무), 현호색

② 윤작(돌려짓기)

한 임지에 같은 수종을 연작하면 병원체가 번성하여 더욱 큰 문제를 가져오므로 다른 수종으로 돌려 심어 병원체 방제

Summary!

수목병의 방제법

- 법적 방제 : 법적 조치, 식물검역
- 임업적(생태적) 방제 : 임지 정리 작업, 건전한 묘목 육성, 내병성(저항성) 수종 식재, 무육작업(숲가꾸기), 적절한 수확 및 벌채, 혼효림 및 이령림 조성 ✎ 미래목 선정 ✕
- 생물적 방제 : 길항 미생물 등 이용
- 화학적 방제 : 화학약제(농약) 이용
- 전염원 및 중간기주 제거, 윤작(돌려짓기) 등

CHAPTER 02 산림해충의 방제

1. 해충의 발생

(1) 해충의 발생예찰

① 산림해충을 적기에 방제하기 위하여 발생시기와 발생량을 미리 살펴 조사하고 예측하는 것을 발생예찰(發生豫察)이라 한다.

② 산림해충의 발생예찰 방법

- 야외에서 직접 조사하는 방법 : 발생해충, 피해상황 등의 직접적 조사를 통하여 예측
- 통계를 이용하는 방법 : 기존에 축적된 다년간의 통계 자료를 통하여 예측
- 개체군 동태를 이용하는 방법 : 해충 개체군의 밀도변동 패턴을 이용하여 예측
- 다른 생물 현상과의 관계를 이용하는 방법 : 해충의 먹이식물, 기생곤충 등의 다른 생물과의 상관관계를 통하여 예측
- 실험을 통한 방법 : 해충에 각종 실험적 조작을 가해 그 변화로 예측

③ 곤충 표본의 채집방법

- 유아등(誘蛾燈, light trap) : 주광성의 해충을 등불로 유인하여 채집
- 핏폴트랩(pitfall trap) : 유리병과 같은 트랩을 땅속에 묻고 트랩 안으로 곤충이 떨어지면 채집, 주로 지면을 배회하며 서식하는 해충에 효과적 = 낙하트랩, 함정트랩
- 말레이즈트랩(malaise trap) : 일종의 텐트와 같은 트랩으로 비행성 해충이 일단 트랩안으로 들어가면 밖으로 나오지 못하게 되어 채집
- 성페로몬 트랩(pheromone trap) : 성페로몬 트랩을 설치하여 유인하고 채집
- 수반트랩(水盤, water trap) : 황색의 수반에 물을 채우고 노란색 및 황색에 유인되는 해충을 채집
- 끈끈이 트랩 : 끈끈이에 달라붙은 해충 채집

참고

곤충의 주성(走性)

곤충이 외부의 자극에 대하여 일정한 방향으로 움직이는 행동 패턴으로 주광성, 주지성, 주화성 등이 있다.

- 주광성(走光性)
  - 곤충이 빛에 반응하여 빛을 가까이하거나 멀리하며 이동하는 성질이다.
  - 나방류와 풍뎅이류는 빛에 잘 유인된다.

- 주지성(走地性)
  - 곤충이 중력에 반응하여 위나 아래로 이동하는 성질이다.

- 주화성(走化性)
  - 곤충이 화학물질에 반응하여 이동하는 성질이다.

(2) 해충 개체군의 밀도 변동

① 일정 공간에서 같이 생활하는 동일종의 집단을 개체군이라 하며, 개체군은 사망과 출생, 이입과 이출을 통해 밀도가 증가하기도 감소하기도 하며 변화한다.

② 출생률(出生率)
- 사망이나 이동이 없다고 가정하였을 때 최초 개체수에 대한 일정 기간 동안 출생한 개체수의 비율이다.
- 성비(性比) : 전체 개체수에 대한 암컷 개체수의 비율로 전체 개체수가 100마리이고 수컷이 35마리라면 암컷은 65마리이므로 성비는 0.65이다.

③ 사망률(死亡率)
- 출생이나 이동이 없다고 가정하였을 때 최초 개체수에 대한 일정 기간 동안 사망한 개체수의 비율이다.
- 사망 원인 : 노쇠, 활력 감퇴, 사고, 천적, 먹이 부족, 은신처 감소 등

④ 이동(移動)
이동에는 어떤 지역으로 이동해 들어오는 이입(移入)과 어떤 지역으로부터 이동해 나가는 이출(移出)이 있다.

참고

생명표(生命表)
- 해충의 충태별 사망수, 사망요인, 사망률 등의 항목으로 구성된 표로 해충의 개체군 동태를 알기 위해 주로 사용한다.
- 같은 시기에 출생한 해충이 시간이 경과함에 따라 어떻게 감소하고 사망하였는지를 나타낸다.

2. 해충방제 일반

(1) 해충방제 개념

① 해충방제란 인류에게 경제적 손실을 초래하는 해충의 발생을 예방하거나 구제하여 피해를 최소화하고자 시행하는 각종 조치를 의미한다.

② 해충이란 늘 존재하는 것으로 일정 수준에서는 문제가 되지 않으나 어떤 한계 이상으로 증가하여 피해를 가져올 때 방제의 의미가 있다.

(2) 해충 밀도에 따른 피해 수준

구분	내용
경제적 피해 (가해) 수준	• 해충의 밀도가 점차 높아져 경제적으로 피해를 주기 시작하는 최소의 밀도 • 해충에 의한 피해액과 방제비가 같은 수준인 해충의 밀도
경제적 피해 허용 수준	• 경제적 피해 수준에 도달하는 것을 막기 위하여 직접적 방제를 시작해야 하는 밀도 • 경제적 피해 수준보다는 낮은 밀도
일반 평형 밀도	일반적 환경조건에서의 평균적인 해충의 밀도

3. 해충의 방제법

(1) 기계적 방제

① 포살법(捕殺法) : 기구나 손을 이용하여 직접 잡아 죽이는 방법

② 소살법(燒殺法) : 불을 붙인 솜방망이로 군서 중인 유충 등을 태워 죽이는 방법. 미국흰불나방, 텐트나방 등의 군서 중인 어린 유충 방제 시 적용

③ 유살법(誘殺法) : 해충을 유인하여 죽이는 방법

[유살법의 종류]

구분		내용
번식장소 유살법	통나무 유살법	• 나무좀, 하늘소, 바구미 등의 천공성 해충이 쇠약목에 산란하는 습성을 이용 • 벌목한 통나무를 이용하여 번식장소로 유인하고 우화 전 박피하여 소각
	입목 유살법	• 서 있는 수목에 약제처리 후 약제가 퍼지면 벌목하여 이용 • 좀류가 유인되어 산란을 하고, 알이나 유충단계에서 약제성분으로 인해 전멸
잠복장소 유살법		• 월동이나 용화를 위한 잠복장소로 유인 • 줄기에 짚이나 가마니를 감아 월동처로 유인하고 이른 봄에 소각

등화유살법	• 해충의 주광성을 이용한 유아등으로 유인하고 포살 • 해충이 여름철의 밤에 불빛을 보면 모여드는 성질을 이용하여 방제 • 고온다습하고 흐리며 바람이 없는 날이 효과적 • 주로 어스렝이나방 등 나방류와 풍뎅이류의 해충에 효과적 • 자외선등, 전등, 수은등을 이용
식이유살법	해충이 좋아하는 먹이로 유인

④ 경운법(耕耘法) : 토양을 갈아엎어 땅속해충을 지면에 노출시켜 직접 잡거나 새들의 포식으로 없애는 방법

⑤ 차단법 : 이동성 곤충의 이동을 차단하여 잡는 방법

⑥ 기타 : 찔러 죽임, 진동을 주어(나무를 털어) 떨어뜨려 잡아 죽임 등

(2) 물리적 방제

① 온도처리법 : 해충의 번성에 부적절한 고온이나 저온처리를 하여 방제하는 방법

② 습도처리법 : 해충의 번성에 부적절한 습도처리를 하여 방제하는 방법

③ 방사선 이용법 : 해충에 방사선을 조사하여 죽이거나 불임화를 조장하는 방법

④ 고주파 이용법 : 해충이 고주파로 인해 모여들지 못하도록 하여 방제하는 방법

(3) 화학적 방제

① 화학약제(농약)를 이용한 방제법이다.

② 적용 범위가 넓고, 효과가 신속하며 정확하고, 이용이 간단하다.

③ 해충 밀도가 위험에 달했을 때 더 효과적이며, 직접적이고 일시적으로 제거가 가능하다.

④ 비선택적이므로 생태계의 파괴와 오염, 살충제에 대한 저항성 출현, 잔류 독성 등의 문제가 발생할 수 있다.

(4) 생물적 방제

① 자연에 존재하는 포식곤충, 기생곤충(기생봉), 병원미생물 등의 천적을 이용하여 해충의 발생을 억제시키는 친환경적 방제법이다.

② 환경에 대한 독성이 없고, 원하는 대상 해충만을 선택적으로 방제 가능하다.

③ 해충저항성이 발생하지 않고, 해충을 선별적으로 방제할 수 있다.

④ 방제법으로는 병원미생물의 이용, 천적곤충의 보호, 식충조류의 보호 등이 있다.

✎ 혼효림 조성 ✕

⑤ 해충 밀도가 위험수준일 때는 화학적 방제가 적당하며, 해충 밀도가 낮을 때는 생물적 방제가 효과적이다.

[천적의 종류]

구분	내용
포식성 천적	• 해충을 잡아먹는 곤충류, 거미류, 조류, 포유류, 양서류 등 • 포식곤충으로는 풀잠자리, 무당벌레가 대표적
기생성 천적	해충에 기생하는 기생벌(기생봉), 기생파리, 맵시벌, 고치벌, 먹좀벌, 송충알벌 등
병원미생물	• 병원성을 지닌 미생물로 세균, 진균, 바이러스, 선충, 원생동물 등 • 병원성 세균은 BT제와 투리사이드가 대표적

⑥ BT제(비티수화제)
- 다른 생물에는 무해하지만 해충에는 살충효과를 나타내는 미생물 제제, 생물농약
- 미생물에서 유래한 친환경 천연 살충제로 유기농업에 많이 활용
- 솔나방, 집시나방, 복숭아명나방 등의 주로 나비목 유충 방제에 이용

⑦ 천적 선택 조건
- 대량으로 증식해야 한다. 즉, 증식력이 커야 한다.
- 목적 해충만을 가해할 수 있도록 단식성이어야 한다.
  * 단식성(單食性) : 한 종류의 해충만 잡아먹는 습성
- 해충의 출현과 천적의 생활사가 잘 일치해야 한다.
- 천적에 기생하는 곤충(2차 기생봉)이 없어야 한다.
- 성비가 커야 한다.

(5) 임업적 방제

① 혼효림과 복층림 조성 : 임상을 다양하게 함으로써 생태계의 안정성 증가
② 임분밀도 조절 : 적당한 간벌과 가지치기 등을 실시하여 건전한 임목으로 육성하고 해충의 잠복장소를 제거하여 수목의 활력을 증대
③ 내충성 수종 식재 : 특정 해충의 피해에 강하며 토양 및 기후에 적합한 수종을 선택하여 조림
④ 임지환경 개선 : 토양의 경운, 토성의 개량 등을 통해 해충이 서식하기 어려운 임지환경으로 조정
⑤ 시비 : 적절한 비료의 공급으로 해충에 대한 저항성 향상

(6) 법적 방제

① 식물검역 : 공항, 항만, 국제우체국 등에서 해외로부터 수입된 식물이나 국내를 오가는 식물에 대하여 검역을 실시하고 식물방역법에 따라 규제
② 기타 : 산림병해충 관련 법과 규정에 따라 규제 및 방제

(7) 페로몬 이용 방제

① 페로몬은 종 특이성이 있어 목적하는 해충만을 유인할 수 있고, 환경에 미치는 악영향도 없어 해충의 발생시기와 밀도를 예측하여 친환경 해충방제에 활용되고 있다.

② **성페로몬** : 상대 성의 개체를 유인하거나 흥분시키는 페로몬으로 주로 암컷이 분비하며, 수컷 유인 방제 시 이용

③ **집합페로몬** : 개척자가 새로운 기주를 찾았다고 동족을 불러들이는 페로몬으로 방제에 이용

 Summary!

해충의 방제법

• 기계적 방제 : 포살법, 소살법, 유살법, 경운법, 차단법, 찔러 죽임, 진동(털) ✎ 냉각법 ✕
• 물리적 방제 : 부적절한 온도와 습도처리, 방사선, 고주파
• 화학적 방제 : 화학약제(농약) 이용, 신속·정확한 효과
• 생물적 방제 : 포식성 천적, 기생성 천적, 병원미생물 등 활용
• 임업적 방제 : 혼효림과 복층림 조성, 임분밀도 조절(위생간벌, 가지치기), 내충성 수종 식재, 임지환경 개선(경운, 토성개량), 시비
• 법적 방제 : 식물검역
• 페로몬 이용 방제 : 성페로몬, 집합페로몬 이용

CHAPTER 03 농약

1. 농약의 종류

농약은 사용목적에 따라 살균제, 살충제, 살비제, 살선충제, 제초제, 식물생장조절제, 보조제 등으로 나뉘며, 농약의 물리적 형태인 제형(製形)에 따라 유제, 액제, 수화제, 수용제, 분제, 입제 등이 있다.

(1) 사용목적에 따른 분류

① 살균제(殺菌劑)

수병을 일으키는 세균, 진균, 바이러스 등의 미생물을 죽이거나 미연에 발생을 억제하는 약제

구분	내용
직접살균제	이미 병균이 침입되어 있는 곳에 직접 사용하여 살균하는 약제
보호살균제	• 병균 침입 전에 사용하여 미연에 병의 발생을 예방하기 위한 약제 • 병원균의 포자가 기주식물에 부착하여 발아하는 것을 저지하거나 식물이 병원균에 대항하여 저항성을 갖게 하는 약제 예 (석회)보르도액, 석회황합제
토양살균제	토양에 처리하여 유해 미생물을 살균하는 약제 예 클로로피크린
침투성 살균제	식물의 일부로 약제가 스며들고 전체로 퍼져 살균하는 약제
종자소독제	종자나 종묘를 약액에 침지하거나 분제인 약제에 묻혀 살균하는 약제 예 베노밀 수화제, 티람 수화제, 베노람 수화제(베노밀＋티람)

 참고

보르도액

특징
• 효력의 지속성이 큰 보호살균제로 비교적 광범위한 병원균에 유효하다.
• 특히, 소나무묘목의 잎마름병, 활엽수의 반점병, 잿빛곰팡이병 등에 효과가 우수하며, 수목의 흰가루병, 토양 전염성 병원균에는 효과가 없거나 미비하다.
• 발병이 예상되는 곳에 1차 전염 1주일 전에 미리 살포하면 수병예방에 효과적이다.
• 비는 약액의 막 형성을 저해하므로 비 오기 전후에는 살포하지 않는다.

- 약액 1리터당 황산구리와 생석회의 양(g)으로 나타내어 표시한다.
  - 예 4-4식, 6-6식 보르도액

조제법
- 조제 원료 : 황산구리(황산동), 생석회
- 황산구리와 생석회는 순도가 높은 것을 사용한다.
- 금속용기는 다른 화학반응이 일어나므로 사용하지 않는다. ✎ 양철통 사용 ×
- 황산구리액과 석회유를 따로 다른 나무통에 만든 후, 석회유에 황산구리액을 부어 혼합한다.
- 조제된 보르도액은 짙은 청색으로 오래두면 침전이 생기고 효과가 떨어지므로 필요할 때마다 만들어 즉시 사용하는 것이 바람직하다.

② 살충제(殺蟲劑)

수목을 가해하는 각종 벌레류를 죽이거나 생장을 약화시켜 발생을 억제하는 약제

구분	내용
소화중독제 (消化中毒劑)	• 약제를 식물체의 줄기, 잎 등에 살포·부착시켜 식엽성 해충이 먹이와 함께 약제를 직접 섭취하면 소화관 내에서 중독증상을 일으켜 죽게 되는 약제, 식독제 • 해충의 입을 통하여 소화관 내로 들어가 중독작용 • 씹는 입틀을 가진 해충에 주로 사용 예 비산납
접촉살충제 (接觸殺蟲劑)	• 해충의 몸 표면에 약제가 직접 또는 간접적으로 닿아 죽게 되는 약제, 접촉제 • 방제대상이 아닌 곤충에도 피해 주기 쉬움
침투성 살충제 (浸透性 殺蟲劑)	• 약제를 식물의 뿌리, 줄기, 잎 등에 흡수시켜 식물 전체에 퍼지면 그 식물을 가해하는 해충이 죽게 되는 약제 ✎ 약제가 해충에 직접 침투 × • 천적에 대한 피해가 가장 적어 천적 보호에 유리 • 깍지벌레류, 진딧물류 등의 흡즙성 해충에 효과적 • 솔잎혹파리, 솔껍질깍지벌레의 수간 주사에 포스팜 액제, 이미다클로프리드 분산성 액제 등을 이용
훈증제 (燻蒸劑)	• 약제의 유효성분이 가스상태가 되어 해충의 호흡기(기문)로 흡입되고 독작용을 나타내어 죽게 되는 약제 ✎ 액상 침투 × • 주로 밀폐공간에서 곡물소독 및 토양소독 등으로 이용 • 묘포장에서는 활용이 용이하나, 임내에서는 활용이 어려움 • 훈증제의 구비 조건 : 휘발성, 침투성, 확산성 등이 좋으며, 비인화성으로 폭발하지 않아야 함 ✎ 인화성 × 예 메틸브로마이드, 메탐소듐, 클로로피크린, 이황화탄소(CS_2), 인화알루미늄 등
훈연제(燻煙劑)	약제의 유효성분을 연기상태로 발생시켜 해충을 죽게 하는 약제
기피제(忌避劑)	• 해충이 기피하여 모여 들지 않게 되는 약제 예 나프탈렌, 크레오소트 • 농작물, 기타 저장물에 해충이 모이는 것 방지
유인제(誘引劑)	해충을 유인하는 약제 예 방향성 물질이나 성페로몬 등
불임제(不姙濟)	화학적 방법으로 해충의 불임을 조장하는 약제 예 알킬화제

③ 살비제(殺蜱濟)
- 일반 곤충에는 효과가 없으며 응애류만을 선택적으로 죽게 만드는 약제
- 종류 : 켈센(디코폴 유제·수화제), 켈탄, 테디온 등

④ 제초제(制草劑)
- 수목의 생육을 방해하는 잡초의 발생을 억제시키는 약제
- 제초제의 작용기작 : 광합성 저해, 호르몬 작용 교란, 세포분열 저해, 단백질 합성 저해, 호흡작용 저해 등 🖊 에너지 생성 촉진 ✕

⑤ 보조제(補助劑)

농약의 효력을 충분히 발휘하도록 첨가하는 물질

구분	내용
전착제(展着劑)	• 약액이 식물이나 해충의 표면에 잘 안착하여 붙어 있도록 하는 약제 • 고착성, 확전성, 현수성 향상
용제(溶劑)	농약의 주요 성분을 녹이는 제제
유화제(乳和劑)	• 약액 속에서 약제들이 잘 혼합되어 고루 섞일 수 있도록 하는 제제 • 주로 계면활성제가 사용. 유화성을 높임
증량제(增量劑)	약제 주성분의 농도를 낮추기 위하여 첨가하는 제제 🖊 농도를 높이기 위하여 ✕
협력제(協力劑)	혼합 사용하면 주제(농약원제)의 약효를 증진시키는 약제

* 고착성 : 약액이 잘 부착되어 소실되지 않는 성질 * 확전성 : 약액이 넓게 퍼지는 성질
* 현수성 : 약제 입자가 약액 속에서 균일하게 분포하는 성질

 참고

약제의 용도별 색깔 구분

농약은 용도에 따라 포장지나 병뚜껑에 다음과 같은 색으로 나타내어 표시한다.

살균제	살충제	제초제	식물생장조절제	맹독성 농약	기타 약제
분홍색	녹색	황색	청색	적색	백색

(2) 제형(製形, 물리적 형태)에 따른 분류

① 유제(乳劑, EC)
- 물에 녹지 않는 주제를 용제(유기용매)에 녹여 유화제(계면활성제)를 첨가한 약제
- 물에 희석하여 살포하는 액체상태의 농약제제

[유제의 장단점]

장점	단점
• 살포용 약액의 조제가 편리하다. • 다른 제형보다 약효가 우수하고 확실하다. • 야채류에는 수화제에 비하여 오염이 적다.	• 생산비가 다량 소요된다. • 유리병에 담기므로 포장, 운송, 보관이 어렵고, 경비가 다량 소요된다.

② 액제(液劑, SL)
- 물에 녹는 주제에 계면활성제나 동결방지제를 첨가하여 제제한 약제
- 물에 희석하여 살포하는 액체상태의 농약제제

③ 수화제(水和劑, WP)
- 물에 녹지 않는 주제를 각종 농약 첨가제와 혼합하고 분쇄하여 고운 가루로 제제한 약제
- 물에 타서 살포하는 고체상태의 농약제제

④ 수용제(水溶劑, SP)
- 물에 녹는 주제에 수용성 증량제를 첨가하여 가루나 입상으로 제제한 약제
- 물에 타서 살포하는 고체상태의 농약제제

⑤ 분제(粉劑, DP)
- 주제에 증량제와 각종 첨가제를 혼합하고 분쇄하여 고운 가루로 제제한 약제
- 고체인 분말 형태 그대로 살포
- 물이 없는 곳에서도 사용할 수 있어 편리하나, 약제의 가격이 조금 비싼편이며, 액제에 비해 고착성은 떨어짐

⑥ 입제(粒劑, GR)
- 주제에 증량제, 계면활성제 등을 첨가하고 혼합하여 입상(粒狀)으로 제제한 약제
- 고체인 작은 입자 상태 그대로 살포
- 고형 약제 중에서 입경(粒經)의 크기가 가장 큼
- 구형, 원통형, 불규칙형 등이 있으며, 살립기를 사용하거나 고무장갑을 끼고 뿌릴 수 있어 편리

 Summary!

농약의 분류
- 사용 목적에 따른 분류
  - 살균제 : 직접살균제, 보호살균제, 토양살균제, 침투성 살균제, 종자소독제
  - 살충제 : 소화중독제, 접촉살충제, 침투성 살충제, 훈증제, 훈연제, 기피제, 유인제, 불임제
  - 살비제 : 응애의 선택적 살충

　　　− 보조제 : 전착제, 용제, 유화제, 증량제, 협력제
　• 제형(물리적 형태)에 따른 분류
　　　− 희석살포제(액체시용제) : 유제, 액제, 수화제, 수용제 등
　　　− 직접살포제(고형시용제) : 분제, 입제, 미립제 등

2. 농약의 사용법

(1) 농약의 살포법(撒布法)

① 분무법(噴霧法, 액제살포법)
- 물에 희석한 액상의 약제를 분무기를 이용하여 안개와 같이 미세하게 살포하는 방법
- 유제, 액제, 수화제, 수용제 등에 적용

② 살분법(撒粉法, 분제살포법)
- 가루 상태의 농약을 살분기로 살포하는 방법
- 조제작업 없이 분제 그대로 살포하므로 간편하나, 약제가 다량 소요되며 효과는 낮음
- 약제가 쉽게 비산하여 단위시간당 액제보다 넓은 면적을 살포할 수 있으나, 인가 주변이나 큰 도로 가까이에서는 사용하기 어려움

③ 살립법(撒粒法, 입제살포법)
- 입제 상태의 농약을 살포기를 이용하거나, 장갑을 낀 손으로 직접 살포하는 방법
- 살포작업이 간편

④ 미스트법
- 미스트기를 이용하여 분무법보다 더 미세한 입자로 살포하는 방법
- 고농도 미량살포가 가능하여 살포량이 대폭 감소

⑤ 항공살포법
- 비행체를 이용하여 농약을 살포하는 방법
- 병해충이 대거 발생한 지역이나 지상방제가 어려운 경우 실시
- 농약 성분이 타 지역으로 비산하여 유실되지 않도록 바람이 없는 맑은 날 이른 아침이나 저녁 때 살포

(2) 기타 사용법

① 훈증법(熏蒸法)
- 약액을 땅에 주입하거나 천막, 창고 등의 밀폐된 공간에 놓아 독가스가 휘발되면 살

균·살충하는 방법

- 토양훈증 : 지표면에 구멍을 뚫고 약물을 주입하여 소독
- 저장곡물 및 수목 병해충의 훈증 : 일정한 밀폐 공간을 만들거나 이용하여 그 안의 대상 물을 소독
- 살충에 있어서는 식엽성 해충보다 광릉긴나무좀, 솔수염하늘소 등의 천공성 해충의 방제에 더욱 효과적

② 나무주사(수간주사)법

수간에 구멍을 뚫고 침투이행성인 약액을 주입하여 약성분이 수목 전체에 퍼지면 수병을 치료하거나 수목을 흡즙하며 가해하는 해충을 죽게 하는 방법

③ 중력식(링거식)
- 링거와 같은 수액이 중력에 의해 위에서 아래로 떨어지며 주사하는 가장 일반적인 방식
- 수간 아래쪽에 양쪽으로 두 개의 구멍을 내고 주입관을 꽂아 주사
- 저농도의 약액을 다량 주입할 때 주로 이용

○ 압력식
- 피스톤과 같은 주사제를 이용하여 약액을 압력으로 밀어 넣는 방식
- 주입속도가 가장 빠름, 소나무류에 주로 사용
- 소나무재선충의 예방약제인 아바멕틴 유제 등을 수간주사할 때 이용

© 삽입식
- 수간에 구멍을 내고 캡슐 형태의 약액을 삽입하는 방식
- 주입된 성분이 서서히 체내에 공급, 주입기 용량이 가장 적음

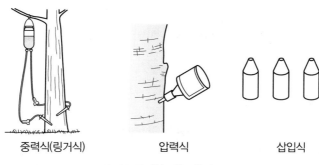

중력식(링거식)   압력식   삽입식

▌나무주사(수간주사)법▐

(3) 농약의 계산법

① 희석 시 소요되는 물의 양 $=$ 원액의 용량 $\times \left(\dfrac{\text{원액의 농도}}{\text{희석할 농도}} - 1 \right) \times$ 원액의 비중

② 희석 시 소요되는 약의 양 $= \dfrac{\text{단위면적당 사용량}}{\text{희석배수}}$

Exercise 01

45%의 EPN유제(비중 1.0) 200cc를 0.3%로 희석할 때 소요되는 물의 양(cc)은?

풀이 $200 \times (\dfrac{45}{0.3} - 1) \times 1 = 29,800\text{cc}$

Exercise 02

메티온 유제 40%를 1,000배액으로 희석하여 10a당 120L를 살포할 때 소요되는 약의 양(mL)은?

풀이 $\dfrac{120}{1,000} = 0.12\text{L} = 120\text{mL}$

---

3. 농약의 독성 및 주의사항

(1) 농약의 독성

① 독성은 발현되는 속도에 따라 급성독성과 만성독성으로 나뉘며, 강도에 따라 맹독성, 고독성, 보통독성, 저독성으로 구분한다.
② 농약의 독성 정도는 동물의 경구와 경피에 투여하여 사망수로 시험한다.
③ 독성의 표시는 반수치사량(LD_{50}, 중위치사량)으로 한다.
④ 반수치사량(LD_{50})이란 시험동물의 50%가 죽는 농약의 양으로 mg(농약의 양)/kg(시험동물의 체중)으로 나타낸다.

(2) 농약 사용 시 주의사항

① 희석용수는 깨끗한 일반 수돗물을 사용한다.
② 희석 배수는 반드시 엄수한다.
③ 살포작업은 아침, 저녁으로 서늘하고 바람이 적을 때 실시한다.
④ 바람을 등지고 후진하면서 살포한다.
⑤ 한 사람이 2시간 이상 살포하지 않도록 한다.

(3) 농약의 구비조건

   ① 살균 · 살충력이 강하고, 효과(효력)가 큰 것

   ② 작물과 인축에 해가 없는 것

   ③ 사용이 간편하고 품질이 균일한 것

   ④ 물리적 성질이 양호한 것

   ⑤ 다른 약제와 혼용할 수 있는 것

13

산불진화

CHAPTER 01 산불 일반

1. 산불 개요

(1) 산불 개요

① 산불은 예기치 않게 발생하여 산림의 생태적 · 경제적 측면에 돌이킬 수 없는 큰 피해를 남긴다.

② 산불의 원인으로는 매우 드물지만 번개나 벼락(낙뢰)에 의하여 자연적으로 불이 붙기도 하나 대부분의 경우는 사람에 의해 발생하여 입산자의 실화, 논과 밭두렁의 소각, 불사용의 부주의, 담뱃불 등이 대형 산불로 이어지기도 한다.

③ 산불 발생(연소)의 3요소는 연료, 공기, 열이다. 불을 발생시킬 수 있는 열이 있어야 하며, 열로 인해 연소할 가연물(연료)이 있어야 하고 공기(산소)가 있어야 한다.

    ✎ 산불 발생(연소)의 3요소 : 연료, 공기, 열

(2) 산불이 토양에 미치는 영향

① 낙엽, 낙지, 건초 등 토양 표면의 유기물을 태워 토양의 이화학적 성질을 악화시키고 토양 침식을 유발한다.

② 토양양분 중 질소의 손실이 가장 크며, 남아 있던 양분도 빗물에 소실되어 토양이 척박해진다.

③ 낙엽이 탄 재로 인하여 토양의 투수성이 감소된다.

④ 지표의 보호물이 사라져 지표 위를 흐르는 지표유하수(地表流下水)가 증가하며, 지표유하수에 의한 물침식이 가중된다.

⑤ 투수성 감소 및 지표유하수 증가로 지하의 저수능력이 떨어져 홍수의 원인이 되기도 한다.

2. 산불의 종류

(1) 지중화(地中火)

① 낙엽층 밑에 있는 층에서 발생하는 산불이다.

② 산소의 공급이 막혀 연기도 적고, 불꽃도 없지만, 높은 열로 서서히 오랫동안 연소하며 피해를 준다.

③ 이탄층이 두꺼운 지대나 낙엽층의 분해가 더뎌 두껍게 쌓여 있는 고산지대 등에서 주로 발생한다. * 이탄층(泥炭層) : 분해되지 않은 유기물이 다량 쌓인 층

④ 지표 부근의 잔뿌리들이 고온의 열로 인해 피해를 받아 지상부는 아무 변화 없이 서서히 고사하게 된다.

⑤ 우리나라에서는 극히 드문 산불이다.

(2) 지표화(地表化)

① 지표 위의 낙엽, 낙지 등의 지피물과 지상 관목층, 치수 등에서 발생하는 초기단계의 산불이다.

② 가장 흔히 발생하는 산불로 모든 산불의 시초가 된다.

③ 바람이 없을 때는 발화점을 중심으로 원형으로 퍼져나가며, 바람이 있을 때는 바람이 불어가는(부는) 방향으로 타원형으로 퍼진다.

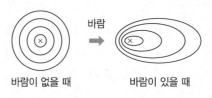

바람이 없을 때   바람이 있을 때

‖ 산불이 퍼지는 모양 ‖

(3) 수간화(樹幹火)

① 나무의 줄기에서 발생하는 산불이다.

② 지표화에 의해 옮겨 붙는 경우가 많으며, 흔히 발생하지 않는다.

(4) 수관화(樹冠火)

① 수목 상부의 잎과 가지가 무성한 수관(樹冠)에서 발생하는 산불이다.

② 잎과 가지를 타고 연속해서 불이 번져(비화) 산불 중 가장 큰 피해를 가져온다.

③ 한 번 발생하면 진화하기가 어려워 큰 면적에 걸쳐 피해를 준다.

④ 보통 지표화에 기인하여 발생하며, 특히 수지(樹脂)가 발달한 침엽수림에 큰 피해를 준다.

⑤ 우리나라에서 발생하는 대부분의 산불 형태이다.

3. 산불에 의한 피해 및 위험도

(1) 수종(樹種)

① 일반적으로 기름성분인 수지(樹脂)를 함유한 침엽수가 활엽수에 비하여 산불 피해를 심하게 받는다.

② 침엽수 중에는 양수이며 수지 함유량이 많은 소나무와 해송이 더욱 피해를 받기 쉬우며, 가문비나 분비나무 등의 음수가 임상이 울폐하여 비교적 피해가 덜하다.

③ 은행나무도 잎과 줄기에 모두 수분함량이 높아 소나무나 해송에 비하여 비교적 피해가 작다.

④ 활엽수 중에는 상록활엽수가 수분을 다량 함유한 두꺼운 엽육조직을 가지고 있어 낙엽활엽수보다 산불 피해에 강한 편이다.

⑤ 낙엽활엽수 중에는 굴참나무, 상수리나무 등의 참나무류가 두꺼운 코르크층의 수피를 가지고 있어 불에 강한 편이다.

⑥ 맹아력이 좋은 수종은 피해를 받더라도 다시 맹아를 형성하여 새 임분을 조성한다.

[수목의 내화력(耐火力)]

구분	강한 수종	약한 수종
침엽수	은행나무, 잎갈나무, 분비나무, 낙엽송, 가문비나무, 개비자나무, 대왕송	소나무, 해송(곰솔), 삼나무, 편백
상록활엽수	동백나무, 사철나무, 회양목, 아왜나무, 황벽나무, 가시나무	녹나무, 구실잣밤나무
낙엽활엽수	참나무류, 고로쇠나무, 음나무, 피나무, 마가목, 사시나무	아까시나무, 벚나무

(2) 수령(樹齡)

① 일반적으로 수령이 낮은 임분일수록 산불의 피해를 많이 받는다.

② 성숙하여 노령림에 가까워질수록 작은 불 정도로는 피해를 받지 않으며 지하고가 높아 불이 번지기도 어려워진다.

③ 나이 많은 큰 나무에는 산불이 쉽게 발생하지 않으며, 발생하여도 피해가 적다.

(3) 계절과 기후

① 계절 중에는 3～5월의 봄이 대기가 건조하고 강수량이 적으며 바람까지 강하게 불어 산불 발생 및 위험이 가장 높은 시기이다. 🖊 산불 발생 및 위험이 가장 높은 시기 : 3～5월의 봄

② 대기의 습도가 50% 이하일 때 산불이 발생하기 쉬우며, 수관화의 대부분은 공중습도 25% 이하에서 발생한다.

③ 산불은 바람이 불 때 피해가 가속화되므로 풍속도 큰 영향을 미치며, 기온이 상승해도 산불은 쉽게 번진다.

[공중습도에 따른 산불 발생 위험도]

공중습도	산불 발생 위험도
60% 이상	산불이 거의 잘 발생하지 않음
50~60%	산불이 발생하나, 진행이 더딤
40~50%	산불이 발생하기 쉽고, 진행이 빠름
30% 이하	산불이 대단히 발생하기 쉽고, 진압이 곤란함

(4) 기타

① 단순림과 동령림이 혼효림 또는 이령림보다 산불의 위험도가 높다.
② 왜림은 교림보다 산불 발생 위험성은 높으나 피해를 받더라도 맹아가 빠르게 형성되어 피해가 적은 편이다. 왜림은 교림보다 피해 적음
③ 간벌은 연소물의 제거로 산불의 위험성을 감소시킨다.
④ 택벌은 대소노유의 수목들이 섞여 울폐한 임상을 형성하므로 산불 발생 가능성이 저하된다.
⑤ 골짜기는 산줄기보다, 동북사면은 남서사면보다 피해가 적다.

Summary!

산불에 의한 피해 및 위험도

침엽수가 활엽수보다, 낙엽활엽수가 상록활엽수보다, 양수가 음수보다, 수피가 얇은 것이 코르크층이 발달해 수피가 두꺼운 것보다, 어린 임분이 성숙 임분보다, 봄이 다른 계절보다, 단순림과 동령림이 혼효림과 이령림보다 산불 피해 및 위험도가 크다.

크다(심하다)	작다(강하다)
침엽수	활엽수
낙엽활엽수	상록활엽수
양수	음수
수피가 얇은 것	수피가 두꺼운 것(코르크층)
어린 임분	성숙 임분
봄(3~5월)	봄 외 다른 계절
단순림과 동령림	혼효림과 이령림

산불위험도를 좌우하는 요인

가연성 지피물의 종류·양·건조도, 수지의 유무 등

CHAPTER 02 산불진화 일반

Craftsman Forest

1. 산불진화 개요

① 산불은 예방이 가장 중요하지만 일단 발생하였을 때는 초기 산불에 신속하게 대응하여 진화(鎭火)하여야 한다.

② 연소의 3요소인 연료, 공기, 열 중에 어느 하나를 제거하면 연소반응은 중지한다.

③ 바람이 불 때 불어나가는 가장 앞쪽의 불을 화두(火頭)라 하며, 가장 뒤쪽의 불을 화미(火尾)라 한다.

④ 화두는 불이 가장 거세게 번지는 부분으로 화두를 직접적으로 진압하는 것이 좋으나 규모가 큰 불에서는 접근이 어려우므로 측면화를 중심으로 꺼 나간다.

⑤ 불길이 약한 산불 초기에는 화두부터 안전하게 진화한다.

> **참고**
>
> **산불진화장비의 종류**
>
> • 항공진화장비 : 산불진화 헬리콥터, 진화용 드론 등 공중에서 산불진화를 위해 사용하는 장비
> • 지상진화장비 : 산불지휘차, 산불진화차, 산불소화시설 등 지상에서 산불진화를 위해 사용하는 장비
> • 통신장비 : 무선중계기, 통신기, 디지털단말기 등 산불진화현장의 통신체계 구축을 위해 사용하는 장비
>
> 「산림보호법 中」

2. 산불소화방법

(1) 직접소화법

① 초기산불이나 측면의 약한 산불에 효과적이며, 직접적으로 불길을 잡는 방법이다.

② 물 뿌리기가 가장 효과적이나, 물을 구하기가 쉽지 않아 다른 여러 방법도 쓰이고 있다.

③ 불털이개, 불갈퀴 등의 지상진화도구를 이용하거나, 삽 등으로 토사를 끼얹어 소화한다.

④ 효과 증대를 위해 벤토나이트, 인산암모늄, 중탄산소다 등의 산불 소화약제를 이용하기도 한다.

(2) 간접소화법

① 산불의 확대로 직접소화가 곤란한 경우 가연물을 제거하는 등 간접적으로 불길을 잡는 방법이다.

② 연소가 진행되는 전방에 소화선, 방화선을 구축하거나, 내화수림대를 조성하는 등의 방법이다.

③ 소화선(消化線) 설치

직접소화가 어려운 경우 화두의 전방에 30~50cm의 폭으로 흙을 파 엎어 불길을 약화시키는 방법이다.

④ 방화선(防火線, 진화선) 설치

- 방화선 : 산불의 진행을 막기 위해 일정 넓이로 설치하는 지대
- 보통 10~20m의 폭으로 땅을 파 엎고 수목이나 잡관목 등 모든 가연물을 제거한다.
- 연소물이 없는 나지(裸地)나 미입목지에 위치시킨다.
- 산림구획선, 산능선, 하천, 임도 등을 이용하여 효율적으로 구축한다.
- 산정 또는 능선 바로 뒤편 8~9부 능선에서 화세가 약해지는 경향이 있어 이 능선에 위치시키면 좋다.
- 방화선을 세분하면 산림경영에 있어 불리하게 작용할 수 있으므로 방화선 구획 시 산림 면적은 최소한 50ha 이상이 되도록 한다.

⑤ 내화수림대(耐火樹林帶, 방화수림대) 조성

- 내화수림대 : 불에 강한 내화력 수종을 산불의 위험이 있는 곳에 식재한 지대
- 50m 정도의 폭으로 참나무류, 잎갈나무, 낙엽송, 아왜나무 등의 방화수(防火樹)를 식재한다.
- 경영상 비경제적인 방화선 설치의 대안으로 조성한다.

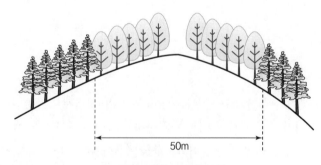

┃ 능선을 이용한 내화수림대 ┃

(3) 맞불 놓기

① 불길이 거세 진화가 어려운 경우 반대편에 맞불을 놓아 전소시킴으로써 더 이상의 진적을 막는 방법이다.

② 직·간접적 방법으로도 산불을 끄기 어려울 때는 맞불을 놓아 끄기도 한다.

③ 불길이 셀 때 불을 끄기 위한 최후의 수단으로 숙련된 경험자가 기상상황 등을 충분히 고려하여 실시한다.

(4) 뒷불정리

① 잡혔던 불씨가 살아나는 경우가 있으므로 남은 뒷불을 충분히 정리하여야 한다.

② 뒷불정리 방법

- 화재지 주변에 나지대를 만들어 토양이 노출될 때까지 파엎어 놓는다.
- 불 붙은 잔가지, 낙엽 등을 흙속에 파묻거나 진화선 밖으로 멀리 치운다.
- 잔 불씨는 흩어트려 뭉개서 끈 후 확인하며, 땅속에 파묻고 꺼진 불씨를 확인한다.
- 완전 진화가 될 때까지 자주 감시한다.

  🖊 소화선에 모아 태운다 ✕, 불파편을 소화선에 퍼트린다 ✕

 Summary!

산불소화방법
- 직접소화법 : 물 뿌리기, 진화도구(불털이개, 불갈퀴) 사용, 토사 끼얹기(삽), 소화약제 살포 등
- 간접소화법 : 소화선 설치, 방화선 설치, 내화수림대 조성 등

---

3. 산불피해지의 복구 대책

① 산불의 피해는 침엽수림이 활엽수림보다 크지만, 반대로 자연복원력은 활엽수림이 침엽수림보다 높다.

② 산불피해지는 상수리, 굴참나무 등의 참나무류와 내화 수종으로 수림을 조성한다.

③ 산불피해도가 '경'(피해목 30% 이하)으로 가벼운 경우 자연복원을 적용하나 그 이상인 경우는 일정 기준에 따른 생태시업을 시행한다.

④ 상수리와 굴참은 맹아가 잘 발생하여 숲풀 형성이 빠르므로 산림복원 방법 결정의 기준이 되는데, 산불피해지에서 상수리와 굴참나무의 그루터기가 3,000본 이상 남은 경우에는 자연복원을 유도한다.

참고

산불경보 수준별 판단기준

- 관심(blue) : 산불발생 시기 등을 고려하여 산불예방에 관한 관심이 필요한 경우로서 산불경보 '주의' 발령 기준에 미달되는 경우
- 주의(yellow) : 산불위험지수가 51 이상인 지역이 70% 이상이거나 산불발생 위험이 높아질 것으로 예상되어 특별한 주의가 필요하다고 인정되는 경우
- 경계(orange) : 산불위험지수가 66 이상인 지역이 70% 이상이거나 발생한 산불이 대형산불로 확산될 우려가 있어 특별한 경계가 필요하다고 인정되는 경우
- 심각(red) : 산불위험지수가 86 이상인 지역이 70% 이상이거나 산불이 동시다발적으로 발생하고 대형산불로 확산될 개연성이 높다고 인정되는 경우

A P P E N D I X

과년도
기출문제

01 다음 중 왜림작업으로 가장 적합한 수종은?

① 전나무   ② 향나무

③ 아까시나무   ④ 가문비나무

해설

왜림작업(맹아갱신) 수종

참나무류, 아까시나무, 물푸레나무, 버드나무, 밤나무, 서어나무, 오리나무, 리기다소나무 등

02 우리나라 산림대를 구성하는 요소로써 일반적으로 북위 35° 이남, 평균기온이 14℃ 이상되는 지역의 산림대는?

① 열대림   ② 난대림

③ 온대림   ④ 온북대림

해설

우리나라는 연평균 기온을 중심으로 14℃ 이상인 곳을 난대림, 5~14℃인 곳을 온대림, 5℃ 미만인 곳을 한대림으로 구분하고 있다.

03 열간거리 1.0m, 묘간거리 1.0m로 묘목을 식재하려면 1ha 당 몇 그루의 묘목이 필요한가?

① 3,000   ② 5,000

③ 10,000   ④ 12,000

해설

정방형(정사각형) 식재

1ha = 10,000m²이므로,

$$N = \frac{A}{a^2} = \frac{10,000}{1^2} = 10,000본$$

여기서, N : 소요 묘목 본수

    A : 조림지 면적(m²)

    a : 묘간거리(m)

04 발아율 90%, 고사율 10%, 순량률 80%일 때 종자의 효율은?

① 14.4%   ② 16.0%

③ 18.0%   ④ 72.0%

해설

효율(效率)

- 종자 품질의 실제 최종 평가기준이 되는 종자의 사용가치로 순량률과 발아율을 곱해 백분율로 나타낸 것이다.

- 효율(%) = $\dfrac{순량률(\%) \times 발아율(\%)}{100} = \dfrac{80 \times 90}{100}$

    = 72%

05 묘목을 굴취하여 식재하기 전에 묘포지나 조림지 근처에 일시적으로 도랑을 파서 뿌리부분을 묻어두어 건조 방지 및 생기회복 작업으로 옳은 것은?

① 가식   ② 선묘

③ 곤포   ④ 접목

해설

가식(假植)

- 가식은 묘목을 심기 전 일시적으로 도랑을 파서 그 안에 뿌리를 묻어 건조를 방지하고 생기를 회복시키는 작업이다.

- 조림지에 심기 전 임시로 근처 가까운 곳에 심어 조림지의 환경에 적응하도록 돕는 것이다.

06 다음 중 나무의 가지를 자르는 방법으로 옳지 않은 것은?

① 고사지는 제거한다.
② 침엽수는 절단면이 줄기와 평행하게 가지를 자른다.
③ 활엽수에서 지름 5cm 이상의 큰 가지 위주로 자른다.
④ 수액유동이 시작되기 직전인 생장휴지기에 하는 것이 좋다.

해설 • • •

가지치기
- 산 가지치기는 가급적 생장휴지기인 11~3월(겨울, 이른 봄)에 수목의 수액이 유동하기 직전에 실시한다.
- 원칙적으로 직경 5cm 이상의 가지는 자르지 않으며, 죽은 가지는 잘라주어 상처 유합조직의 형성을 도와준다.
- 비교적 지융부가 발달하지 않은 침엽수는 절단면이 줄기와 평행하게 되도록 가지를 제거한다.

07 대면적의 임분이 일시에 벌채되어 동령림으로 구성되는 작업종으로 옳은 것은?

① 개벌작업   ② 산벌작업
③ 택벌작업   ④ 모수작업

해설 • • •

개벌작업
- 갱신지의 모든 임목을 일시에 벌채하는 방법으로 한 번의 벌채로 모든 임목을 제거한다하여 1벌 또는 모두베기라고 부른다.
- 개벌 후에는 인공이든 천연이든 동령림이 형성된다.

08 종자가 비교적 가벼워서 잘 날아갈 수 있는 수종에 가장 적합한 갱신 작업은?

① 모수작업   ② 중림작업
③ 택벌작업   ④ 왜림작업

해설 • • •

모수작업
- 벌채지에 종자를 공급할 수 있는 모수(母樹)를 단독 또는 군상으로 남기고, 그 외 나머지 수목들을 모두 벌채하는 방법의 작업이다.
- 종자가 비교적 가벼워 잘 비산하며 쉽게 발아하는 수종에 적합한 갱신법이다.

09 임분갱신에 관한 설명 중 틀린 것은?

① 파종조림, 식재조림은 인공갱신에 속한다.
② 맹아갱신은 대경 우량재 생산이 곤란하다.
③ 천연하종갱신은 경제적이고 적지적수가 될 수 있다.
④ 모든 임분갱신은 천연하종 갱신으로 하는 것이 좋다.

해설 • • •

천연하종갱신은 시간이 오래 걸리며, 원하는 수종으로 갱신이 어렵고, 생산된 목재도 균일하지 못해 경영에 어려움이 있어 산림에 따라 인공갱신과 천연갱신을 적절히 실행한다.

10 꽃핀 이듬해 가을에 종자가 성숙하는 수종은?

① 버드나무   ② 느릅나무
③ 졸참나무   ④ 잣나무

해설 • • •

주요 수종의 3가지 종자 발달 형태
- 개화한 해의 봄에 종자 성숙(꽃 핀 직후 열매 성숙) : 사시나무, 미루나무, 버드나무, 은백양, 양버들, 황철나무, 느릅나무
- 개화한 해의 가을에 종자 성숙(꽃 핀 그해 가을 열매 성숙) : 삼나무, 편백, 낙엽송, 전나무, 가문비나무, 자작나무류, 오동나무, 오리나무류, 떡갈나무, 졸참나무, 신갈나무, 갈참나무

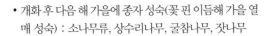

• 개화 후 다음 해 가을에 종자 성숙(꽃 핀 이듬해 가을 열매 성숙) : 소나무류, 상수리나무, 굴참나무, 잣나무

11 다음 설명 중 옳지 않은 것은?

① 취목은 휘묻이라고도 한다.
② 꺾꽂이와 조직배양은 무성번식이다.
③ 접목은 가을에 실시하는 것이 좋다.
④ 취목 시 환상박피하면 발근이 잘 된다.

해설 • • •

③ 접목은 초봄에 실시하는 것이 좋다. 발육이 왕성한 1년생 가지를 겨울에 접수로 채취하였다가 초봄에 대목이 생리적 활동을 시작할 때 접합하는 것이 가장 좋다.

취목(取木, layering, 휘묻이)
• 취목은 모식물에 붙어 있는 가지를 자르지 않은 상태에서 뿌리를 발생시켜 새로운 개체를 만드는 무성번식 방법이다.
• 상처 부위에 발근촉진제를 바르면 발근에 더욱 효과적이다.

12 대면적 개벌 천연하종갱신법의 장단점에 관한 설명으로 옳은 것은?

① 음수의 갱신에 적용한다.
② 새로운 수종 도입이 불가하다.
③ 성숙임분갱신에는 부적당하다
④ 토양의 이화학적 성질이 나빠진다.

해설 • • •

대면적 개벌 천연하종갱신
• 대면적 개벌 후의 천연하종갱신인 경우는 임지가 일시에 노출되므로 양수가 적합하다.
• 새로운 수종 도입이 가능하나 토양이 황폐해지기 쉬우며, 이화학적 성질이 나빠질 수 있다.

13 다음 중 곤포 당 수종의 본수가 가장 적은 것은?

① 잣나무(2년생)   ② 삼나무(2년생)
③ 호두나무(1년생)   ④ 자작나무(1년생)

해설 • • •

수종별 속당 · 곤포당 묘목 본수

수종	묘령	속당본수	곤포당	
			속수	본수
리기다소나무	1년생	20	100	2,000
잣나무	2년생	20	100	2,000
자작나무	1년생	20	75	1,500
삼나무	2년생	20	50	1,000
호두나무	1년생	20	25	500
낙엽송	2년생	20	25	500

「종묘사업실시요령」中

14 조림할 땅에 종자를 직접 뿌려 조림하는 것은?

① 식수조림   ② 파종조림
③ 삽목조림   ④ 취목조림

해설 • • •

파종조림
묘목을 양성하여 식재하는 것이 아닌 종자를 직접 임지에 파종하여 조림하는 것으로 직파조림(直播造林)이라고도 부른다.

15 다음 종자의 발아촉진 방법 중 옳지 않은 것은?

① 종피에 기계적으로 상처를 가하는 방법
② 황산처리법
③ 노천매장법
④ X선 법

해설

④ X선 법은 종자의 활력을 검사하는 발아검사법이다.

종자의 발아촉진법(휴면타파)
- 기계적 처리법 : 종피에 기계적으로 상처내어 발아 촉진
- 침수처리법 : 종자를 물에 담가 발아 촉진. 냉수침지법, 온탕침지법
- 황산처리법 : 황산을 종피에 처리하여 부식 및 밀랍 제거
- 노천매장법 : 종자를 노천에 모래와 섞어 묻어 저장 및 발아 촉진
- 고저온처리법 : 변온처리로 발아 촉진
- 화학약품처리법 : 지베렐린, 시토키닌(사이토키닌), 에틸렌, 질산칼륨 등 화학자극제 이용
- 광처리법 : 광선을 조사하여 발아 촉진
- 파종시기 변경 : 종자를 채취한 가을에 바로 파종하여 발아 촉진

16 소나무, 해송과 같은 양수의 수종에 적용되는 풀베기의 방법은?

① 전면깎기   ② 줄깎기
③ 둘레깎기   ④ 점깎기

해설

풀베기의 방법
- 모두베기(전면깎기, 전예)
  - 조림목 주변의 모든 잡초목을 제거하는 방법
  - 소나무, 낙엽송, 삼나무, 편백 등 주로 양수에 적용
- 줄베기(줄깎기, 조예)
  - 조림목의 식재줄을 따라 잡초목을 제거하는 방법
  - 가장 일반적으로 쓰이며, 모두베기에 비하여 경비와 인력이 절감
- 둘레베기(둘레깎기)
  - 조림목 주변의 반경 50cm~1m 내외의 정방형 또는 원형으로 제거하는 방법
  - 극음수나 추위에 약하여 한해·풍해에 대해 특별한 보호가 필요한 수종에 적용

17 벌채구를 구분하여 순차적으로 벌채하여 일정한 주기에 의해 갱신작업이 되풀이 되는 것을 무엇이라 하는가?

① 윤벌기   ② 회귀년
③ 간벌기간   ④ 벌채시기

해설

회귀년(回歸年)
매년 한 벌구씩 택벌하여 일순하고, 다시 최초의 택벌구로 벌채가 돌아오는 데 걸리는 기간이다.

18 일반적인 침엽수종에 대한 묘포의 가장 적당한 토양 산도는?

① pH 3.0~4.0   ② pH 4.0~5.0
③ pH 5.0~6.5   ④ pH 6.5~7.5

해설

묘포지의 선정 조건(묘포의 적지 선정 시 고려사항)
- 사양토나 식양토로 너무 비옥하지 않은 곳
- 토심이 깊은 곳
- pH 6.5 이하의 약산성 토양인 곳
- 평탄지보다 관배수가 좋은 5° 이하의 완경사지인 곳
- 교통과 노동력의 공급이 편리한 곳
- 서북향에 방풍림이 있어 북서풍을 차단할 수 있는 곳
- 가능한 한 조림지의 환경과 비슷한 곳 등

19 가지치기의 목적으로 가장 적합한 것은?

① 경제성 높은 목재 생산
② 연료림 조성
③ 맹아력 증진
④ 산불 예방

해설

가지치기
마디 없는 곧은 수간을 만들어 질이 좋은 우량목재를 생산하기 위해 죽은 가지나 살아있는 가지의 일부를 잘라내는 작업이다.

20 종자의 저장방법으로 옳지 않은 것은?

① 건조저장   ② 저온저장
③ 냉동저장   ④ 노천매장

해설   ···

종자저장법
- 건조저장법 : 상온(실온)저장법, 밀봉(저온)저장법
- 보습저장법 : 노천매장법, 보호저장법(건사저장법), 냉습적법

21 간벌에 관한 설명으로 옳지 않은 것은?

① 솎아베기라고도 한다.
② 임관을 울폐시켜 각종 재해에 대비하고자 한다.
③ 조림목의 생육공간 및 임분구성 조절이 목적이다.
④ 임분의 수직구조 및 안정화를 도모한다.

해설   ···

간벌(솎아베기)의 목적
- 생육공간의 조절(밀도 조절) : 밀도를 조절하여 조림목의 생육 공간을 확보한다.
- 임분의 형질 향상 : 형질 불량목, 폭목 등을 제거하여 임분의 전체적인 형질을 향상시킨다.
- 임분의 수직구조 개선 : 수광량 증가로 하층 식생의 발달을 촉진하고 하층림을 유도하여 임분의 수직구조가 다양화·안정화된다.
- 임분구성 조절 : 원하는 수종이나 식생으로 유도하여 임분의 구성을 조절할 수 있다.

22 일반적으로 가지치기 작업 시에 자르지 말아야 할 가지의 최소 지름의 기준은?

① 5cm   ② 10cm
③ 15cm   ④ 20cm

해설   ···

가지치기
원칙적으로 직경 5cm 이상의 가지는 자르지 않으며, 죽은 가지는 잘라준다.

23 일반적으로 밑깎기 작업에 적당한 계절은?

① 봄   ② 여름
③ 가을   ④ 겨울

해설   ···

풀베기
- 식재된 묘목과 광선, 수분, 양분 등에 대한 경쟁관계에 있는 관목이나 초본류를 제거하는 작업으로 밑깎기 또는 하예(下刈)라고도 한다.
- 일반적으로 잡풀들이 자라나 피해를 입히기 시작하는 5~7월에 실시한다.

24 묘포의 입지를 선정할 때 고려해야 할 요건별 최적조건으로 짝지은 것으로 옳지 않은 것은?

① 경사도 : 3~5   ② 토양 : 질땅
③ 방위 : 남향   ④ 교통 : 편리

해설   ···

18번 해설 참고

25 다음 중 조파에 의한 파종으로 가장 적합한 수종은?

① 회양목   ② 가래나무
③ 오리나무   ④ 아까시나무

해설   ···

파종방법
- 점파(點播, 점뿌림)
  - 일직선으로 종자를 하나씩 띄엄띄엄 심는 방법
  - 상수리나무, 밤나무, 호두나무, 칠엽수, 은행나무 등과 같은 대립종자

- 조파(條播, 줄뿌림)
  - 일정 간격을 두고 줄지어 뿌리는 방법
  - 아까시나무, 느티나무, 옻나무, 싸리나무 등과 같은 중립종자
- 산파(散播, 흩어뿌림)
  - 파종상 전체에 고르게 흩어뿌리는 방법
  - 소나무류, 삼나무, 낙엽송, 오리나무, 자작나무 등과 같은 세립종자
- 상파(床播, 모아뿌림)
  - 종자를 몇 개씩 모아 점뿌림 형식으로 심는 방법
  - 30cm 정도의 원형 파종상을 만들어 파종

26 농약 주성분의 농도를 낮추기 위하여 사용하는 보조제는?

① 전착제   ② 유화제
③ 증량제   ④ 협력제

해설 · · ·

보조제

구분	내용
전착제(展着劑)	약액이 식물이나 해충의 표면에 잘 안착하여 붙어 있도록 하는 약제
용제(溶劑)	농약의 주요 성분을 녹이는 제제
유화제(乳和劑)	약액 속에서 약제들이 잘 혼합되어 고루 섞일 수 있도록 하는 제제
증량제(增量劑)	약제 주성분의 농도를 낮추기 위하여 첨가하는 제제
협력제(協力劑)	혼합 사용하면 주제(농약원제)의 약효를 증진시키는 약제

27 소나무혹병의 중간기주는?

① 낙엽송   ② 송이풀
③ 졸참나무   ④ 까치밥나무

해설 · · ·

이종기생녹병균의 중간기주

수목병	중간기주
잣나무털녹병	송이풀, 까치밥나무
소나무잎녹병	황벽나무, 참취, 잔대
소나무혹병	졸참나무 등의 참나무류
배나무붉은별무늬병	향나무
포플러잎녹병	낙엽송(일본잎갈나무), 현호색

28 유관속시들음병의 기주 및 전파경로로 짝지어진 것으로 옳지 않은 것은?

① 흑변뿌리병 – 나무좀
② 감나무시들음병 – 뿌리
③ 느릅나무시들음병 – 나무좀
④ 참나무시들음병 – 광릉긴나무좀

해설 · · ·

유관속시들음병

- 병원체가 물관에 증식하며 수분의 이동을 막아 시들어 죽게 되는 수목병이다.
- 참나무시들음병, 느릅나무시들음병, 감나무시들음병 등이 있다.

유관속시들음병의 기주와 전파경로

병명	기주	전파경로
참나무시들음병	참나무류	광릉긴나무좀
느릅나무시들음병	느릅나무	나무좀, 뿌리접목
감나무시들음병	감나무	수피의 상처
흑변뿌리병	소나무	나무좀, 바구미

29 사과나무 및 배나무 등의 잎을 가해하고 성충의 날개 가루나 유충의 털이 사람의 피부에 묻으면 심한 통증과 피부염을 유발하는 해충은?

① 독나방   ② 박쥐나방
③ 미국흰불나방   ④ 어스랭이나방

독나방

• 독나방과 식엽성 해충으로 사과나무, 배나무를 비롯한 많은 수종의 잎을 식해하여 피해를 준다.

• 성충의 날개가루나 유충의 털에는 독침이 있어 사람의 피부에 닿으면 심한 통증과 염증을 유발한다.

구분	내용
유충	솔나방(5령충), 독나방, 잣나무넓적잎벌, 솔껍질깍지벌레(후약충), 솔수염하늘소, 북방수염하늘소, 광릉긴나무좀, 솔잎혹파리, 밤나무(순)혹벌, 밤바구미, 복숭아명나방, 솔알락명나방, 도토리거위벌레, 버들재주나방
번데기	미국흰불나방, 참나무재주나방, 낙엽송잎벌
성충	오리나무잎벌레, 호두나무잎벌레, 버즘나무방패벌레, 소나무좀, 향나무하늘소(측백하늘소)

30 해충 저항성이 발생하지 않고 해충을 선별적으로 방제할 수 있는 방법은?

① 생물적 방제법 ② 물리적 방제법
③ 임업적 방제법 ④ 기계적 방제법

해충의 생물적 방제

• 자연에 존재하는 포식곤충, 기생곤충, 병원미생물 등의 천적을 이용하여 해충의 발생을 억제시키는 친환경적 방제법

• 환경에 대한 독성이 없고, 원하는 대상 해충만을 선택적으로 방제 가능

• 살충제를 사용하지 않으므로 약제 저항성 해충이 발생하지 않음

32 어린 묘목을 재배하는 양묘장에서 겨울철에 저온의 피해를 막기 위하여 주풍방향에 나무를 심어 바람을 막아주는 것을 무엇이라 하는가?

① 방풍림 ② 방조림
③ 보안림 ④ 채종림

방풍림(防風林)

• 바람에 의한 피해를 막고자 내풍성 수목으로 조성하는 일정 길이와 넓이를 가진 산림대

• 바람이 불어오는 주풍방향에 직각으로 길게 설치하며, 너비는 10~20m

• 묘포지는 서북향에 방풍림이 있어 차가운 북서풍을 차단할 수 있는 곳이 좋음

31 해충의 월동 상태가 옳지 않은 것은?

① 대벌레 : 성충
② 천막벌레나방 : 알
③ 어스렝이나방 : 알
④ 참나무재주나방 : 번데기

① 대벌레는 연 1회 발생하며, 알로 월동한다.

해충의 월동충태에 따른 분류

구분	내용
알	매미나방(집시나방), 텐트나방(천막벌레나방), 어스렝이나방(밤나무산누에나방), 솔노랑잎벌, 대벌레, 박쥐나방, 미류재주나방

33 참나무시들음병을 매개하는 광릉긴나무좀을 구제하는 가장 효율적인 방제법은?

① 피해목 약제 수간주사
② 피해목 약제 수관살포
③ 피해 임지 약제 지면처리
④ 피해목 벌목 후 벌목재 살충 및 살균제 훈증처리

정답 **30** ① **31** ① **32** ① **33** ④

해설

참나무시들음병 방제법
- 유인목을 설치하여 매개충을 잡아 훈증 및 파쇄한다.
- 끈끈이롤 트랩을 수간에 감아 매개충을 잡는다.
- 매개충의 우화 최성기인 6월에 살충제인 페니트로티온 유제를 살포한다.
- 피해목을 벌채하여 타포린으로 덮은 후 훈증제를 처리한다.

34 다음 중 방화수림 조성용으로 가장 적합한 수종은?

① 편백 ② 삼나무
③ 소나무 ④ 가문비나무

해설

수목의 내화력(耐火力)

구분	강한 수종	약한 수종
침엽수	은행나무, 잎갈나무, 분비나무, 낙엽송, 가문비나무, 개비자나무, 대왕송	소나무, 해송(곰솔), 삼나무, 편백
상록 활엽수	동백나무, 사철나무, 회양목, 아왜나무, 황벽나무, 가시나무	녹나무, 구실잣밤나무
낙엽 활엽수	참나무류, 고로쇠나무, 음나무, 피나무, 마가목, 사시나무	아까시나무, 벚나무

35 수목의 주요 병원체가 균류에 의한 병은?

① 뽕나무오갈병 ② 잣나무털녹병
③ 소나무재선충병 ④ 대추나무빗자루병

해설

병의 원인에 따른 수병 분류

세균	뿌리혹병, 밤나무눈마름병, 불마름병

균류	진균	난균	모잘록병
		자낭균	리지나뿌리썩음병, 그을음병, 흰가루병, 벚나무빗자루병, 소나무잎떨림병, 잣나무잎떨림병, 낙엽송잎떨림병, 밤나무줄기마름병, 낙엽송가지끝마름병, 호두나무탄저병
		담자균	아밀라리아뿌리썩음병, 소나무잎녹병, 잣나무털녹병, 향나무녹병, 소나무혹병, 포플러잎녹병
		불완전균	모잘록병, 삼나무붉은마름병, 오리나무갈색무늬병, 참나무시들음병, 소나무가지끝마름병, 오동나무탄저병
바이러스			포플러모자이크병, 아까시나무모자이크병, 벚나무번개무늬병
파이토플라스마			대추나무빗자루병, 오동나무빗자루병, 뽕나무오갈병
선충			소나무재선충병, 뿌리썩이선충병, 뿌리혹선충병

36 나무줄기에 뜨거운 직사광선을 쬐면 나무 껍질의 일부에 급속한 수분 증발이 일어나거나 형성층 조직이 파괴되고, 그 부분의 껍질이 말라죽는 피해를 받기 쉬운 수종으로 짝지어진 것은?

① 소나무, 해송, 측백나무
② 참나무류, 낙엽송, 자작나무
③ 황벽나무, 굴참나무, 은행나무
④ 오동나무, 호두나무, 가문비나무

해설

볕데기(皮燒, 피소)
- 강한 직사광선을 받은 줄기가 고온으로 인해 수피 부분에 과도한 수분증발이 발생하여 수피조직이 일부 고사하게 되는 현상이다.
- 오동나무, 호두나무, 가문비나무 등과 같이 수피가 평활하고 매끄러우며 코르크층이 발달하지 않은 수종에서 잘 발생한다.

37 뛰어난 번식력으로 인하여 수목 피해를 가장 많이 끼치는 동물로 올바르게 짝지은 것은?

① 사슴, 노루
② 곰, 호랑이
③ 산토끼, 들쥐
④ 산까치, 박새

해설 · · ·

산토끼(멧토끼)와 들쥐는 번식력이 좋아 수목에 큰 피해를 끼친다.

38 다음 중 바이러스에 의하여 발생되는 수목병해로 옳은 것은?

① 청변병
② 불마름병
③ 뿌리혹병
④ 모자이크병

해설 · · ·

35번 해설 참고

39 살충제 중 유제에 대한 설명으로 옳지 않은 것은?

① 수화제에 비하여 살포용 약액조제가 편리하다.
② 포장, 수송, 보관이 용이하며 경비가 저렴하다.
③ 일반적으로 수화제나 다른 제형보다 약효가 우수하다.
④ 살충제의 주제를 용제에 녹여 계면활성제를 유화제로 첨가하여 만든다.

해설 · · ·

유제의 특징(수화제와의 비교)
• 수화제에 비하여 살포용 약액의 조제가 편리하다.
• 포장, 수송, 보관이 어려우며, 경비가 다량 소요된다.
• 일반적으로 다른 제형보다 약효가 우수하다.
• 생산비가 다량 소요된다.

40 다음 해충 중 주로 수목의 잎을 가해하는 것으로 옳지 않은 것은?

① 어스렝이나방
② 솔알락명나방
③ 천막벌레나방
④ 솔노랑잎벌

해설 · · ·

해충의 가해양식에 따른 분류

구분		내용
식엽성(食葉性)		미국흰불나방, 솔나방, 매미나방(집시나방), 오리나무잎벌레, 텐트나방(천막벌레나방), 어스렝이나방(밤나무산누에나방), 독나방, 잣나무넓적잎벌, 솔노랑잎벌, 낙엽송잎벌, 대벌레, 호두나무잎벌레, 참나무재주나방
흡즙성 (吸汁性)	잎	버즘나무방패벌레, 진달래방패벌레
	줄기	솔껍질깍지벌레
천공성(穿孔性)		소나무좀, 박쥐나방, 향나무하늘소(측백하늘소), 솔수염하늘소, 북방수염하늘소, 광릉긴나무좀
충영성 (蟲廮性)	잎	솔잎혹파리, 외줄면충
	눈	밤나무(순)혹벌
종실(種實) 가해		밤바구미, 복숭아명나방, 솔알락명나방, 도토리거위벌레

41 산림작업에 사용하는 식재도구로 옳지 않은 것은?

① 재래식 삽
② 재래식 낫
③ 재래식 괭이
④ 각식재용 양날괭이

해설 · · ·

산림 작업 도구

구분	도구종류
조림(식재) 작업	재래식 삽, 재래식 괭이, 각식재용 양날 괭이, 사식재용 괭이, 손도끼 등
무육 작업	재래식 낫, 스위스 보육낫(무육낫), 소형 전정가위, 무육용 이리톱, 소형 손톱, 고지 절단용 가지치기톱, 마세티 등
벌목 작업	톱, 도끼, 쐐기, 지렛대(목재돌림대), 밀게 (밀대, 넘김대), 박피기, 사피 등
집재 작업	사피, 피비, 캔트혹, 피커룬, 파이크폴, 펄 프혹 등

42 벌목조재 작업 시 다른 나무에 걸린 벌채목 의 처리로 옳지 않은 것은?

① 지렛대를 이용하여 넘긴다.
② 걸린 나무를 흔들어 넘긴다.
③ 걸려있는 나무를 토막 내어 넘긴다.
④ 소형견인기나 로프를 이용하여 넘긴다.

해설 · · ·

다른 나무에 걸린 벌채목 처리 방법
• 방향전환 지렛대를 이용하여 넘긴다.
• 걸린 나무를 흔들어 넘긴다.
• 소형 견인기나 로프 등을 이용하여 끌어낸다.
• 경사면을 따라 조심히 끌어낸다.

43 다음 중 산림무육도구가 아닌 것은?

① 스위스 무육낫
② 가지치기톱
③ 양날괭이
④ 전정가위

해설 · · ·

41번 해설 참고

44 체인톱 엔진이 돌지 않을 시 예상되는 고장 원인이 아닌 것은?

① 기화기 조절이 잘못되어 있다.
② 기화기 내 연료체가 막혀있다.
③ 기화기 내 공전노즐이 막혀있다.
④ 기화기 내 펌프질하는 막에 결함이 있다.

해설 · · ·

엔진이 가동(시동)되지 않는 원인
• 연료탱크가 비어있음
• 잘못된 기화기 조절
• 기화기 내 연료체가 막힘
• 기화기 펌프질하는 막에 결함
• 점화플러그의 케이블 결함
• 점화플러그의 전극 간격 부적당

45 초보자가 사용하기 편리하고 모래 등이 많 이 박힌 도로변 가로수 정리용으로 적합한 체인톱 톱날의 종류는?

① 끌형 톱날
② 대패형 톱날
③ 반끌형 톱날
④ L형 톱날

해설 · · ·

대패형 톱날(치퍼형, chipper)
• 톱날의 모양이 둥글어 절삭저항은 크지만, 톱니의 마멸 정도가 적다.
• 원형줄로 톱니 날 세우기가 쉽고, 안전하여 초보자가 사용하기 편리하다.
• 흙 · 모래가 많이 박힌 도로변 가로수 정리용으로 적합 하다.

46 다음에 해당하는 톱으로 옳은 것은?

① 제재용 톱   ② 무육용 이리톱

③ 벌도작업용 톱   ④ 조재작업용 톱

해설   ···

무육용 이리톱

가지치기와 유령림의 무육작업에 적합한 톱으로 손잡이가 구부러져 있는 것이 특징적이다.

47 대패형 톱날의 창날각도로 가장 적당한 것은?

① 30도   ② 35도

③ 60도   ④ 80도

해설   ···

톱날의 연마 각도

구분	대패형 톱날	반끌형 톱날	끌형 톱날
창날각	35°	35°	30°
가슴각	90°	85°	80°
지붕각	60°	60°	60°

48 체인톱 엔진 회전수를 조정할 수 있는 장치는?

① 에어휠터   ② 스프라켓

③ 스로틀레버   ④ 스파크플러그

해설   ···

스로틀레버(액셀레버)

엔진의 회전속도를 조절하는 버튼

49 임업용 트랙터를 사용하는데 있어 집재목과 트랙터 간의 허용각도와 안전각도로 옳은 것은?

① 허용각도 = 최대 15°, 안전각도 = 0~10°

② 허용각도 = 최대 30°, 안전각도 = 0~30°

③ 허용각도 = 최대 35°, 안전각도 = 0~40°

④ 허용각도 = 최대 90°, 안전각도 = 0~45°

해설   ···

트랙터 집재기

• 트랙터의 본체에 집재 가능한 부속이 달려 있는 집재기이다.

• 집재목과 트랙터 간의 허용각도는 최대 15°이며, 안전각도는 0~10°이다.

50 외기온도에 따른 윤활유 점액도로 올바르게 짝지은 것은?

① +30℃ ~ +60℃ : SAE 30

② +10℃ ~ +30℃ : SAE 10

③ -60℃ ~ -30℃ : SAE 30W

④ -30℃ ~ -10℃ : SAE 20W

해설   ···

엔진오일(윤활유)의 점액도 구분

외기온도	점액도 종류
저온(겨울)에 알맞은 점도	SAE 5W, SAE 10W, SAE 20W 등
고온(여름)에 알맞은 점도	SAE 30, SAE 40, SAE 50 등
-30℃~-10℃	SAE 20W
10~40℃	SAE 30

51 산림작업 안전사고 예방수칙으로 옳지 않은 것은?

① 몸 전체를 고르게 움직이며 작업할 것

② 긴장하지 말고 부드럽게 작업에 임할 것

③ 작업복은 작업종과 일기에 따라 착용할 것

④ 안전사고 예방을 위하여 가능한 혼자 작업할 것

안전사고의 예방 수칙(작업 시 준수사항)
- 혼자 작업하지 않으며, 2인 이상 가시 · 가청권 내에서 작업한다.
- 작업복은 작업종과 일기에 따라 알맞은 것을 착용한다.
- 긴장하지 말고, 부드럽고 율동적인 작업을 한다.
- 몸 전체를 고르게 움직이며 작업한다.
- 규칙적으로 휴식하고, 휴식 후 서서히 작업 속도를 올린다.

52 다음 중 가선 집재기계로 옳지 않은 것은?

① 하베스터
② 자주식 반송기
③ 썰매식 집재기
④ 이동식 타워형 집재기

가선을 이용한 집재 장비
- 가선집재 : 야더집재기, 반송기
- 타워야더 : 이동식 차량형 집재기
- 소형윈치 : 썰매형 아크야 윈치, 파미(파르미) 윈치

53 기계톱 운전, 작업 시 유의사항으로 옳지 않은 것은?

① 벌목 가동 중 톱을 빼낼 때는 톱을 비틀어서 빼낸다.
② 절단작업 시 충분히 스로틀레버를 잡아 주어야 한다.
③ 안내판의 끝 부분으로 작업하지 않는다.
④ 이동 시는 반드시 엔진을 정지한다.

체인톱 작업 시 유의 사항
- 절단작업 시는 충분히 스로틀레버를 잡아 가속한 후 사용한다.

- 톱날이 나무 사이에 끼어 회전하지 않는 경우 톱날을 억지로 비틀어 빼지 않는다.
- 이동 시에는 반드시 엔진을 정지한다.

54 4행정 엔진의 작동순서로 옳은 것은?

① 흡입 → 폭발 → 배기 → 압축
② 압축 → 흡입 → 배기 → 폭발
③ 폭발 → 압축 → 배기 → 흡입
④ 흡입 → 압축 → 폭발 → 배기

4행정 기관
- 피스톤이 두 번 왕복하는 4행정으로 크랭크축이 2회전하여 1사이클이 완성된다.
- 흡입, 압축, 폭발, 배기의 1사이클을 4행정으로 완결한다.

55 체인톱에 사용하는 연료로 휘발유와 윤활유를 혼합할 때 일반적으로 사용하는 비율(휘발유 : 윤활유)로 가장 적당한 것은?

① 5 : 1
② 15 : 1
③ 25 : 1
④ 35 : 1

체인톱의 연료
휘발유(가솔린)와 윤활유(엔진오일)를 25 : 1로 혼합하여 사용한다.

56 어깨걸이식 예불기를 메고 바른 자세로서 손을 떼었을 때 지상으로부터 날까지의 가장 적절한 높이는 몇 cm 정도인가?

① 5~10
② 10~20
③ 20~30
④ 30~40

해설 · · ·

어깨걸이식 예불기를 메고 바른 자세로 서서 손을 뗐을 때, 지상으로부터 톱날까지의 높이는 10~20cm가 적당하고, 톱날의 각도는 5~10° 정도가 되도록 한다.

57 기계톱 체인에 오일이 적게 공급될 때 예상되는 고장 원인으로 옳지 않은 것은?

① 기화기 내의 연료체가 막혀 있다.
② 흡수호수 또는 전기도선에 결함이 있다.
③ 흡입 통풍관의 필터가 작동하지 않는다.
④ 오일펌프가 잘못되어 공기가 들어가 있다.

해설 · · ·

기화기 내 연료체가 막히면 엔진이 가동되지 않는다.

58 동력가지치기톱 사용에 대한 설명으로 옳지 않은 것은?

① 작업 진행순서는 나무 아래에서 위로 향한다.
② 큰가지는 반드시 아래쪽에 1/3 정도 베고 위에서 아래로 향한다.
③ 작업자와 가지치기 봉과의 각도는 약 70도 정도를 유지해야 한다.
④ 큰 가지나 긴 가지는 가능한 톱날이 끼지 않도록 3단계 정도로 나누어 자른다.

해설 · · ·

① 가지는 위에서 아래 방향으로 절단한다.

동력가지치기톱
• 동력에 의해 톱날이 회전하면서 가지를 제거하는 기계로 주로 높은 곳의 가지치기에 사용된다.
• 체인톱과 같이 톱날과 엔진이 있으나 가지치기 봉이 긴 것이 특징적이다.

59 1PS에 대한 설명으로 옳은 것은?

① 45kg를 1초에 1m 들어 올린다.
② 55kg를 1초에 1m 들어 올린다.
③ 65kg를 1초에 1m 들어 올린다.
④ 75kg를 1초에 1m 들어 올린다.

해설 · · ·

출력의 단위
• kW, PS(미터마력, 프랑스마력), HP(영국마력) 등
• 1PS : 75kg을 1초에 1m 들어올리는 힘

60 플라스틱 수라의 속도 조절 장치를 설치하는 종단 경사로 가장 적당한 것은?

① 20~30%   ② 30~40%
③ 40~50%   ④ 50~60%

해설 · · ·

플라스틱 수라
수라설치 지역의 최소 종단경사는 15~20%가 되어야 하고, 최대경사가 50~60% 이상일 경우에는 별도의 제동장치(속도조절장치)를 설치하여야 한다.

정답　57 ①　58 ①　59 ④　60 ④

01 종자 저장방법에서 노천매장법에 관한 설명으로 옳지 않은 것은?

① 종자와 모래를 섞어서 매장한다.

② 종자의 발아촉진을 겸한 저장방법이다

③ 잣나무, 호두나무 등의 종자 저장법으로 활용할 수 있다.

④ 종자를 묻을 때 부패 방지를 위하여 수분이 스며들지 못하도록 한다.

> **해설** ...
>
> 노천매장법
> - 노천에 일정 크기(깊이 50~100cm)의 구덩이를 파고 종자를 모래와 섞어서 묻어 저장하는 방법
> - 저장과 함께 종자 후숙에 따른 발아 촉진의 효과
> - 겨울에 눈이나 빗물이 그대로 스며들 수 있도록 저장

02 묘목 식재 시 유의사항으로 적합하지 않은 것은?

① 뿌리나 수간 등이 굽지 않도록 한다.

② 너무 깊거나 얕게 식재 되지 않도록 한다.

③ 비탈진 곳에서의 표토 부위는 경사지게 한다.

④ 구덩이 속에 지피물, 낙엽 등이 유입되지 않도록 한다.

> **해설** ...
>
> 식재 시 유의사항
> - 뿌리가 굽지 않도록 한다.
> - 충분한 크기의 구덩이를 판다.
> - 너무 깊거나 얕게 식재 되지 않도록 한다.
> - 비탈진 곳에서도 흙이 수평이 되도록 덮는다.

03 어린나무 가꾸기에 관한 설명으로 옳지 않은 것은?

① 임분에서 대상 수종이 아닌 수종을 제거하는 것이다.

② 일반적으로 비용이 저렴하여 가능한 작업을 많이 한다.

③ 여름철에 실행하여 늦어도 11월 전에 종료하는 것이 좋다.

④ 약 6cm 이상의 우세목이 임분 내에서 50% 이상 다수 분포될 때까지의 단계를 말한다.

> **해설** ...
>
> ② 어린나무 가꾸기를 포함한 임목무육 작업은 대부분 인력작업이므로 비용이 많이 든다.
>
> 어린나무 가꾸기(제벌, 잡목 솎아내기)
> - 조림목과 경쟁하는 목적 이외의 수종과 조림목 중에서도 형질이 나쁘거나 다른 수목에 피해를 주는 수목 등을 제거하는 작업이다.
> - 일 년 중에서는 나무의 고사상태를 알고 맹아력을 감소시키기에 가장 적합한 6~9월(여름)에 실시하는 것이 좋다.

04 파종조림에 대한 설명으로 옳지 않은 것은?

① 종자 결실이 많은 수종에 적합하다.

② 산파, 조파, 점파 등의 방법이 있다.

③ 전나무, 주목, 일본잎갈나무 등에 알맞다.

④ 암석지, 급경사지, 붕괴지 등에 적용할 수 있다.

파종조림(직파조림)

- 파종조림은 종자의 결실량이 많고 발아가 잘 되는 수종에 실시하며, 식재조림이 어려운 암석지, 급경사지, 붕괴지, 척박지 등에 적용한다.
- 침엽수 중에서는 소나무, 해송, 리기다소나무가 적합하며, 활엽수 중에서는 참나무류, 밤나무 등이 적합하다.

05 다음 중 가지치기에 대한 설명으로 옳지 않은 것은?

① 하층목 보호 및 생장 촉진한다.
② 임목 간 생존경쟁을 심화시킬 수 있다.
③ 옹이가 없는 완만재로 생산 가능하다.
④ 목표생산재가 톱밥, 펄프 등의 일반소경재는 하지 않는다.

가지치기

- 옹이(마디)가 없는 무절 완만재를 생산할 수 있다.
- 나무끼리의 생존경쟁을 완화시킨다.
- 하층목을 보호하고 생장을 촉진시킨다.
- 목표생산재가 일반 소경재(톱밥, 펄프, 숯 등)일 경우는 재적 이용 면에서 가지치기를 실시하지 않는다.

06 일반적으로 소나무과 종자 저장에 가장 알맞은 조건은?

① 고온건조   ② 고온과습
③ 저온과습   ④ 저온건조

밀봉저온저장법

- 충분히 건조된 종자를 용기에 밀봉하여 5℃ 이하의 냉실에 보관하는 방법이다.
- 가장 오랜 기간 종자저장이 가능하다.
- 소나무, 해송, 리기다소나무, 낙엽송 등 소립종자의 침엽수종에 적용한다.

07 제벌작업에서 제거대상목이 아닌 것은?

① 폭목   ② 하층식생
③ 열등형질목   ④ 침입목 또는 가해목

제벌 방법

- 제거 대상목은 보육 대상목(미래목, 중용목)의 생장에 지장을 주는 유해수종, 덩굴류, 침입수종, 형질불량목, 폭목, 경합목, 피해목 등으로 한다.
- 목적 수종의 생장에 피해를 주지 않는 유용한 하층식생은 제거하지 않는다.

08 임목종자의 발아에 필요한 필수 요소는?

① CO_3, 온도, 광선   ② 온도, 수분, 산소
③ 비료, 수분, 광선   ④ 공기, 양분, 광선

발아의 조건
수분, 온도, 산소, 광선

09 토양입자의 직경이 0.02~0.2mm인 것은?(단, 토양입자의 분류 기준은 국제분류법에 따른다.)

① 세사   ② 조사
③ 자갈   ④ 점토

토양입자의 분류 「국제토양학회법」

입자구분		입경(입자의 지름, mm)
점토		0.002 이하
미사		0.002~0.02
모래	세사	0.02~0.2
	조사	0.2~2.0
자갈		2.0 이상

10 개벌작업의 장점에 해당되지 않는 것은?

① 성숙한 임목의 숲에 적용할 수 있는 가장 간편한 방법이다.

② 현재의 수종을 다른 수종으로 변경하고자 할 때 적절한 방법이다.

③ 다양한 크기의 목재를 일시에 생산하므로 경제적 수입면에서 좋다.

④ 벌채작업이 한 지역에 집중되므로 작업이 경제적으로 진행될 수 있다.

해설

개벌작업의 장점
- 양수 수종 갱신에 유리하다.
- 성숙 임분에 가장 간단하게 적용할 수 있는 방법이다.
- 기존 임분을 다른 수종으로 갱신하고자 할 때 가장 빠르고 쉬운 방법이다.
- 동일한 규격의 목재를 다량 생산하여 경제적으로 유리하다.
- 벌채작업이 한 지역에 집중되므로 벌목, 조재, 집재가 편리하고, 비용이 적게 든다.
- 인공조림에 의하여 새로운 수종의 숲을 조성하는 데 가장 효율적인 갱신법이다.

11 잔존본수 500본/m²인 수종의 묘목을 100,000본 생산하기 위해서는 순수 묘상면적이 최소 얼마나 필요한가?

① 2m²   ② 20m²

③ 200m²   ④ 2,000m²

해설

$100,000$본 $\div 500$본$/m^2 = 200m^2$

12 광합성작용은 이산화탄소와 물을 원료로 하여 무엇을 만드는 과정인가?

① 지방   ② 단백질

③ 비타민   ④ 탄수화물

해설

광합성(光合成)
식물이 빛을 이용하여 물(H_2O)과 이산화탄소(CO_2)를 원료로 포도당(탄수화물)과 같은 유기양분을 만드는 과정으로 탄소동화작용이라고도 한다.

13 산벌작업에 대한 설명으로 옳은 것은?

① 갱신이 완료된 후 하종벌 작업을 한다.

② 1회의 벌채로 갱신이 완료되어 경제적이다.

③ 초기 작업과정은 간벌작업과 유사한 면이 있다.

④ 갱신법들 중 가장 생태적으로 안정된 숲을 만들 수 있다.

해설

산벌작업
- 윤벌기가 완료되기 전에 짧은 갱신기간 동안 몇 차례 벌채를 실시하여 벌채지의 전 임목을 완전히 제거함과 동시에 천연하종으로 갱신을 유도하는 작업법이다.
- 3차례에 걸친 점진적 벌채 양식으로, 초기 작업과정이 간벌작업과 유사한 면이 있다.

14 다음 중 제벌의 살목제로 쓸 수 없는 것은?

① NAA   ② Ammate

③ 2,4-D   ④ 2,4,5-T

해설

② Ammate ③ 2,4-D ④ 2,4,5-T는 살초목제(殺草木劑)이다.

NAA(나프탈렌초산, 나프탈렌아세트산)
옥신의 한 종류로 발근과 뿌리생장을 촉진시키는 식물생장호르몬이다.

15 묘포지에 대한 설명으로 옳지 않은 것은?

① 경사가 없는 평지가 좋다.

② 관수와 배수가 양호한 곳이 좋다.

③ 일반적으로 양토 또는 사질양토가 좋다.

④ 관리가 편하고 조림지에 가까운 곳이 좋다.

해설 · · ·

묘포지의 선정 조건(묘포의 적지 선정 시 고려사항)
- 사양토나 식양토로 너무 비옥하지 않은 곳
- 토심이 깊은 곳
- pH 6.5 이하의 약산성 토양인 곳
- 평탄지보다 관배수가 좋은 5° 이하의 완경사지인 곳
- 교통과 노동력의 공급이 편리한 곳
- 서북향에 방풍림이 있어 북서풍을 차단할 수 있는 곳
- 가능한 한 조림지의 환경과 비슷한 곳

16 군상개벌 작업 시 군상지는 일반적으로 얼마 정도 간격으로 벌채를 실시하는가?

① 2~3년　　　　② 4~5년

③ 6~7년　　　　④ 8~9년

해설 · · ·

군상개벌(群狀皆伐)작업
- 숲의 여건상 대상개벌작업이 어려운 곳에서 무더기 형식의 군상으로 개벌하는 방식이다.
- 보통 4~5년의 간격을 두어 다음 구역을 벌채한다.

17 모수작업에 관한 설명으로 옳지 않은 것은?

① 음수 수종 갱신에 적합하다.

② 벌채작업이 집중되어 경제적으로 유리하다.

③ 주로 종자가 가볍고 쉽게 발아하는 수종에 적용한다.

④ 모수의 종류와 양을 적절히 조절하여 수종의 구성을 변화시킬 수 있다.

해설 · · ·

모수작업
- 벌채지에 종자를 공급할 수 있는 모수(母樹)를 단독 또는 군상으로 남기고, 그 외 나머지 수목들을 모두 벌채하는 방법의 작업이다.
- 모수를 제외한 나머지 임지는 일시에 노출되므로 주로 소나무, 곰솔(해송), 자작나무 등 양수의 천연갱신에 유리하며, 음수는 적합하지 않다.

18 다음 중 비료목의 효과가 가장 적은 수종은?

① 자귀나무　　　　② 아까시나무

③ 오리나무류　　　　④ 서어나무류

해설 · · ·

비료목의 구분

구분		내용
질소고정 O	콩과(*Rhizobium* 속 세균)	아까시나무, 싸리나무류, 자귀나무, 칡
	비콩과(*Frankia* 속 방사상균)	오리나무류, 소귀나무, 보리수나무류
질소고정 X	• 질소 함량이 높은 잎의 낙엽으로 지력 향상 • 붉나무, 플라타너스, 포플러류, 백합나무 등	

19 다음 중 2엽송생(한 곳에서 잎이 두 개 남)인 수종은?

① 곰솔　　　　② 백송

③ 잣나무　　　　④ 리기다소나무

해설 · · ·

소나무류와 잣나무류의 잎 수 비교

구분	잎의 수	수종
소나무류	2개	소나무, 해송, 방크스소나무, 반송
	3개	리기다소나무, 테다소나무, 리기테다소나무, 백송
잣나무류	5개	잣나무, 눈잣나무, 섬잣나무, 스트로브잣나무

20 주로 맹아에 의하여 갱신되는 작업종은?

① 왜림작업　　　　② 교림작업
③ 산벌작업　　　　④ 모수작업

해설 ···

왜림작업
주로 연료생산을 위해 짧은 벌기로 벌채·이용하고 그루터기에서 발생한 맹아를 이용하여 갱신이 이루어지는 작업이다.

21 면적 2.0ha의 조림지에 묘간거리 2m로 정사각형 식재할 때 묘목 소요 본수는?

① 2,500본　　　　② 3,000본
③ 4,000본　　　　④ 5,000본

해설 ···

정방형(정사각형) 식재
1ha＝20,000m²이므로,

$$N = \frac{A}{a^2} = \frac{20,000}{2^2} = 5,000본$$

여기서, N : 소요 묘목 본수
　　　　A : 조림지 면적(m²)
　　　　a : 묘간거리(m)

22 Hawley의 간벌양식 중 흉고직경급이 낮은 수목이 가장 많이 벌채되는 것은?

① 수관간벌　　　　② 하층간벌
③ 택벌식간벌　　　④ 기계적간벌

해설 ···

하울리(Hawley)의 간벌법
• 하층간벌 : 하층목 간벌
• 수관간벌(상층간벌) : 준우세목 간벌
• 택벌식 간벌 : 우세목 간벌
• 기계적 간벌 : 수형급에 따르지 않으며, 일정한 임목 간격에 따라 기계적으로 벌채하는 방법

23 다음 중 여름철(7월 정도)에 종자를 채취하는 수종으로 가장 적합한 것은?

① 소나무　　　　② 회양목
③ 느티나무　　　④ 오리나무

해설 ···

주요 수종의 종자 성숙기(채취시기)

월(月)	수종
5월	사시나무류, 미루나무, 버드나무류, 황철나무, 양버들
6월	느릅나무, 벚나무, 시무나무, 비술나무
7월	회양목, 벚나무
8월	스트로브잣나무, 향나무, 섬잣나무, 귀룽나무, 노간주나무
9~10월	대부분의 수종
11월	동백나무, 회화나무

24 일반적으로 소나무의 암꽃 꽃눈이 분화하는 시기는?

① 4월경　　　　② 6월경
③ 8월경　　　　④ 10월경

해설 ···

소나무와 해송의 암꽃 분화시기는 8월 중순부터 9월 상순까지이며, 침엽수종은 보통 꽃피는 전해의 여름에 꽃눈이 분화하여 일본잎갈나무는 7월경 분화한다.

25 조림의 기능 중 "수종 구성의 조절"에 대한 설명으로 옳은 것은?

① 유용수종의 도입은 인공식재료만 가능하다.
② 외지로부터 수종 도입은 고려대상이 아니다.
③ 유용수종을 남기고 원하지 않는 수종은 제거하는 일이다.
④ 주로 경제성 측면에서 수행하고 생물학적 측면은 고려대상이 아니다.

해설 · · ·

③ 수종 구성 조절은 유용수종을 남기고 원치않는 수종은 제거하여 원하는 수종으로 유도하는 기능이다.

조림의 기능

임분구조 조절, 수종 구성 조절, 임분밀도 조절, 산림 생산성 향상, 산림에 대한 보육적 처리, 윤벌기 조절, 환경 보호 등

---

26 다음 중 곤충의 외분비샘에서 분비되는 대표적인 물질은?

① 침   ② 페로몬
③ 유약호르몬   ④ 알라타체호르몬

해설 · · ·

곤충의 분비계

내분비샘	• 각종 호르몬을 분비하여 혈액 속으로 보내는 기관 • 유충호르몬(유약호르몬, 알라타체호르몬), 탈피호르몬, 휴면호르몬 등
외분비샘	• 체내 생성 분비물을 관이나 구멍을 통해 체외로 내보내는 기관 • 페로몬이 대표적

---

27 쇠약하거나 죽은 소나무 및 벌채목에 주로 발생하는 해충은?

① 솔나방   ② 소나무좀
③ 솔잎혹파리   ④ 소나무재선충

해설 · · ·

소나무좀

• 유충과 성충이 모두 소나무류의 목질부를 식해하며 피해를 준다.
• 소나무류의 천공성 해충으로, 쇠약목, 고사목 및 벌채목에 주로 발생한다.

---

28 두더지의 피해 형태에 대한 설명으로 가장 옳은 것은?

① 나무의 줄기 속을 파먹는다.
② 나무의 어린 새순을 잘라먹는다.
③ 땅속에 큰나무 뿌리를 잘라먹는다.
④ 묘포에서 나무의 뿌리를 들어 올려 말라죽게 한다.

해설 · · ·

포유류 종류에 따른 가해 양상

• 두더지 : 묘목의 뿌리 손상
• 고라니 : 새순과 나무 열매 식해
• 멧토끼 : 겨울에 어린나무의 수피 가해, 어린 조림목에 가장 큰 피해
• 다람쥐 : 종자나 나무 열매 식해

---

29 솔노랑잎벌의 가해 형태에 대한 설명으로 옳은 것은?

① 주로 묵은 잎을 가해한다.
② 울폐된 임분에 많이 발생한다.
③ 새순의 줄기에서 수액을 빨아 먹는다.
④ 봄에 부화한 유충이 새로 나온 잎을 갉아 먹는다.

해설 · · ·

솔노랑잎벌

• 연 1회 발생하며, 알로 월동한다.
• 유충은 군서하며 주로 묵은 솔잎을 가해한다.
• 울폐한 임분에서는 피해가 없으며, 어린 소나무림이나 간벌이 잘 된 임분에서 많이 발생한다.

---

30 소나무 잎떨림병의 병원균이 월동하는 형태는?

① 자낭각   ② 소생자
③ 자낭포자   ④ 분생포자

해설 ・・・

소나무잎떨림병

• 병원균은 병든 낙엽에서 자낭포자의 형태로 월동하고 다음 해 전염원이 된다.
• 9월경에 수관하부에서부터 묵은(성숙한) 잎의 낙엽현상이 심하게 나타난다.

31 비행하는 곤충을 채집하기 위해 사용하는 트랩으로 옳지 않은 것은?

① 유아등 ② 수반트랩
③ 미끼트랩 ④ 끈끈이트랩

해설 ・・・

곤충 표본의 채집방법

유아등, 핏폴트랩, 말레이즈트랩, 성페로몬트랩, 수반트랩, 끈끈이트랩 등

32 오동나무빗자루병의 매개충이 아닌 것은?

① 솔수염하늘소
② 담배장님노린재
③ 썩덩나무노린재
④ 오동나무매미충

해설 ・・・

수병과 매개충

병원	수병	매개충
선충	소나무재선충병	솔수염하늘소, 북방수염하늘소
파이토플라스마	대추나무빗자루병	마름무늬매미충 (모무늬매미충)
	뽕나무오갈병	
	붉나무빗자루병	
	오동나무빗자루병	담배장님노린재
불완전균	참나무시들음병	광릉긴나무좀
바이러스	~모자이크병	진딧물

33 병원균의 포자가 기주인 식물에 부착하여 발아하는 것을 저지하거나 식물이 병원균에 대하여 저항성을 가지게 하는 약제로 옳은 것은?

① 보호살균제
② 직접살균제
③ 단백질 형성저해제
④ 세포막 형성저해제

해설 ・・・

보호살균제

• 병균 침입 전에 사용하여 미연에 병의 발생을 예방하기 위한 약제. (석회)보르도액, 석회황합제
• 병균의 포자가 기주식물에 부착하여 발아하는 것을 저지하거나 식물이 병균에 대항하여 저항성을 갖도록 하는 약제

34 내화력이 강한 수종으로만 바르게 짝지은 것은?

① 은행나무, 녹나무
② 대왕송, 참죽나무
③ 가문비나무, 회양목
④ 동백나무, 구실잣밤나무

해설 ・・・

수목의 내화력(耐火力)

구분	강한 수종	약한 수종
침엽수	은행나무, 잎갈나무, 분비나무, 낙엽송, 가문비나무, 개비자나무, 대왕송	소나무, 해송(곰솔), 삼나무, 편백
상록활엽수	동백나무, 사철나무, 회양목, 아왜나무, 황벽나무, 가시나무	녹나무, 구실잣밤나무
낙엽활엽수	참나무류, 고로쇠나무, 음나무, 피나무, 마가목, 사시나무	아까시나무, 벚나무

35 다음 중 수목병해의 자낭균류에 대한 설명으로 옳지 않은 것은?

① 곰팡이 중에서 가장 큰 분류군이다.
② 일반적으로 8개의 자낭포자를 형성한다.
③ 소나무혹병, 잣나무잎떨림병 등의 발병원인이다.
④ 무성세대는 분생포자, 유성세대는 자낭포자를 형성한다.

해설   · · ·

③ 소나무혹병은 담자균에 의해 발생한다.

자낭균류
• 무성세대는 분생포자를, 유성세대는 자낭포자를 생성
• 일반적으로 자낭(포자 주머니) 안에 8개의 자낭포자 형성
• 균류 중 가장 많은 종, 곰팡이 중 가장 큰 분류군
• 수병 : 그을음병, 흰가루병, 잎떨림병, 마름병, 탄저병 등

36 수목 병해 원인 중 세균에 의한 수병으로 옳은 것은?

① 모잘록병   ② 그을음병
③ 흰가루병   ④ 뿌리혹병

해설   · · ·

병의 원인에 따른 수병 분류

세균			뿌리혹병, 밤나무눈마름병, 불마름병
균류	난균		모잘록병
	진균	자낭균	리지나뿌리썩음병, 그을음병, 흰가루병, 벚나무빗자루병, 소나무잎떨림병, 잣나무잎떨림병, 낙엽송잎떨림병, 밤나무줄기마름병, 낙엽송가지끝마름병, 호두나무탄저병
		담자균	아밀라리아뿌리썩음병, 소나무잎녹병, 잣나무털녹병, 향나무녹병, 소나무혹병, 포플러잎녹병

균류	진균	불완전균	모잘록병, 삼나무붉은마름병, 오리나무갈색무늬병, 참나무시들음병, 소나무가지끝마름병, 오동나무탄저병
바이러스			포플러모자이크병, 아까시나무모자이크병, 벚나무번개무늬병
파이토플라스마			대추나무빗자루병, 오동나무빗자루병, 뽕나무오갈병
선충			소나무재선충병, 뿌리썩이선충병, 뿌리혹선충병

37 개미와 진딧물의 관계나 식물과 화분매개충의 관계처럼 생물 간 서로가 이득을 준다는 개념의 용어로 옳은 것은?

① 격리공생   ② 편리공생
③ 의태공생   ④ 상리공생

해설   · · ·

생물종 간 상호작용
• 상리공생(相利共生) : 서로 이익을 주고받는 양쪽에 유리한 공생관계
• 편리공생(偏利共生) : 한쪽에는 유리하고 한쪽은 손익이 없는 공생관계
• 경쟁(競爭) : 양쪽에 불리한 관계
• 기생(寄生) : 한쪽에만 유리하고 한쪽은 피해를 받는 관계

38 대기오염물질로만 바르게 짝지은 것은?

① 수소, 염소, 중금속
② 황화수소, 분진, 질소산화물
③ 아황산가스, 불화수소, 질소
④ 암모니아, 이산화탄소, 에틸렌

해설   · · ·

대기오염물질
아황산가스(SO_2), 질소산화물(NO, NO_2), 불화수소(HF가스), 황화수소(H_2S), 염소(Cl_2), 분진, 오존(O_3), 팬(PAN) 등

39 파이토플라스마에 의한 병해에 해당하는 것은?

① 뽕나무오갈병
② 벚나무빗자루병
③ 참나무시들음병
④ 밤나무줄기마름병

해설 ···

36번 해설 참고

40 버즘나무, 벚나무, 포플러류 가로수를 주로 가해하는 미국흰불나방의 월동 형태는?

① 알 ② 유충
③ 성충 ④ 번데기

해설 ···

미국흰불나방
• 기주범위가 넓어 버즘나무, 포플러, 벚나무, 단풍나무 등 활엽수 160여 종의 잎을 식해하는 잡식성이다.
• 연 2회 발생하며, 번데기로 월동한다.

41 가선집재의 가공본줄로 사용되는 와이어로프의 최대장력이 2.5ton이다. 이 로프에 500kg의 벌목된 나무를 운반한다면 이 로프의 안전계수는 얼마인가?

① 0.05 ② 5
③ 200 ④ 1,250

해설 ···

$$안전계수 = \frac{와이어로프의\ 최대장력(kg)}{와이어로프에\ 걸리는\ 하중(kg)}$$
$$= \frac{2,500kg}{500kg} = 5$$

42 산림용 작업도구의 자루용 원목으로 적합하지 않은 것은?

① 탄력이 큰나무
② 목질이 질긴 나무
③ 목질섬유가 긴 나무
④ 옹이가 있는 나무

해설 ···

작업도구 원목 자루(손잡이)의 요건
• 원목으로 제작 시 탄력(탄성)이 크며, 목질이 질긴 것이 좋다.
• 옹이가 없고, 열전도율이 낮은 나무가 좋다.
• 다듬어진 목질 섬유 방향은 긴 방향으로 배열되어야 한다.
• 재료로는 탄력이 좋으면서 목질섬유(섬유장)가 길고 질긴 활엽수가 적당한다.

43 백호우의 장비 규격 표시 방법으로 옳은 것은?

① 차체의 길이(m) ② 차체의 무게(ton)
③ 표준 견인력(ton) ④ 표준 버킷 용량(m³)

해설 ···

백호우(back hoe)
• 기계가 서있는 지면보다 낮은 곳의 굳은 지반 굴착에 적합한 셔블계(shovel, 쇼벨) 굴착기이다.
• 본체가 360° 회전할 수 있어 굴착과 적재가 편리하다.
• 셔블계 굴착기의 크기는 붐의 길이로 나타내며, 능률은 버킷(bucket) 또는 디퍼(dipper)의 용량(m³)으로 나타낸다.

44 벌목 및 집재 작업 시 이용되는 도구로 옳지 않은 것은?

① 사피 ② 박피삽
③ 이식승 ④ 듀랄루민 쐐기

해설

③ 이식승은 양묘작업 도구이다.

산림 작업 도구

구분	도구종류
조림(식재) 작업	재래식 삽, 재래식 괭이, 각식재용 양날 괭이, 사식재용 괭이, 손도끼 등
무육 작업	재래식 낫, 스위스 보육낫(무육낫), 소형 전정가위, 무육용 이리톱, 소형 손톱, 고지 절단용 가지치기톱, 마세티 등
벌목 작업	톱, 도끼, 쐐기, 지렛대(목재돌림대), 밀게(밀대, 넘김대), 박피기, 사피 등
집재 작업	사피, 피비, 캔트훅, 피커룬, 파이크폴, 펄프훅 등

45 기계톱의 대패형 톱날 연마 방법으로 옳은 것은?

① 가슴각 : 60도 연마
② 가슴각 : 90도 연마
③ 창날각 : 40도 연마
④ 창날각 : 25도 연마

해설

톱날의 연마 각도

구분	대패형 톱날	반끌형 톱날	끌형 톱날
창날각	35°	35°	30°
가슴각	90°	85°	80°
지붕각	60°	60°	60°

46 소형원치의 일반적인 사용 목적으로 옳지 않은 것은?

① 대경재의 장거리 집재용
② 수라 설치를 위한 수라 견인용
③ 설치된 수라의 집재선까지의 횡집재용
④ 대형 집재 장비의 집재선까지의 소집재용

해설

소형원치의 이용
• 소집재나 간벌재 집재
• 수라 설치를 위한 수라 견인
• 설치된 수라의 집재선까지의 횡집재
• 대형 집재 장비의 집재선까지의 소집재

47 휘발유와 윤활유 혼합비가 50 : 1일 경우 휘발유 20리터에 필요한 윤활유는?

① 0.2리터　② 0.4리터
③ 0.6리터　④ 0.8리터

해설

50 : 1 = 20 : x 이므로 x = 0.4L이다.

48 다음 중 2행정 싸이클 기관에 있지만 4행정 기관에는 없는 것은?

① 밸브　② 오일판
③ 소기공　④ 푸시로드

해설

2행정 내연기관의 작동 원리
• 피스톤의 상승, 하강의 2행정으로 크랭크축이 1회전하여 1사이클이 완성된다.
• 피스톤 상승 시 크랭크실로 공기가 흡입되며, 피스톤 하강 시 압축 혼합가스가 소기공(소기구)을 통해 실린더로 유입되고 연소된 혼합가스는 배출된다.

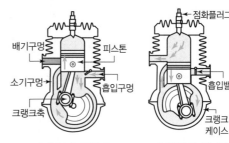

| 흡입과 압축 | | 폭발과 배기 |

정답　45 ② 46 ① 47 ② 48 ③

49 체인톱 작업 후 정비내용 중 틀린 것은?

① 혼합유를 사용하여 청소하면 더욱 효과적이다.

② 연료와 공기의 혼합비를 유지하기 위해 청소한다.

③ 일반적으로 1일 1회 이상 청소하고, 작업조건에 따라 수시로 청소한다.

④ 톱밥찌꺼기나 오물은 부드러운 솔을 맑은 휘발유나 경유에 묻혀 씻어낸다.

해설 ...

체인톱의 일일(일상)정비
톱밥, 이물질 등으로 오염된 에어필터(에어클리너)를 휘발유, 석유 등으로 깨끗하게 청소한다.

50 2행정 및 4행정 기관의 특징으로 옳지 않은 것은?

① 2행정 기관은 크랭크의 1회전으로 1회씩 연소를 한다.

② 이론적으로 동일한 배기량일 경우 2행정 기관이 4행정 기관보다 출력이 높다.

③ 2행정 기관은 하사점부근에서의 배기가스 배출과 혼합가스의 흡입을 별도로 한다.

④ 4행정 기관은 크랭크의 2회전으로 1회 연소하고, 흡기 → 압축 → 폭발팽창 → 배기의 4행정으로 한다.

해설 ...

2행정 기관은 배기가스의 배출과 혼합가스의 흡입이 하강 행정에서 같이 이루어진다.

51 예불기의 원형 톱날 사용 시 안전사고 예방을 위해 사용 금지된 부분은?

① 시계점 12~3시 방향

② 시계점 3~6시 방향

③ 시계점 6~9시 방향

④ 시계점 9~12시 방향

해설 ...

원형톱날 사용 시에는 날끝으로부터 왼쪽부분만을 사용하여 작업하며, 안전을 위해 12~3시 방향의 사각점 부분으로는 작업하지 않는다.

52 산림작업용 안전화가 갖추어야 할 조건으로 옳지 않은 것은?

① 철판으로 보호된 안전화코

② 미끄러짐을 막을 수 있는 바닥판

③ 땀의 배출을 최소화하는 고무재질

④ 발이 찔리지 않도록 되어있는 특수보호 재료

해설 ...

산림작업용 안전화의 조건
• 철판으로 보호된 안전화 코
• 미끄러짐을 막을 수 있는 바닥판
• 발이 찔리지 않도록 되어있는 특수보호재료
• 물이 스며들지 않는 재질

53 혼합연료에 오일의 함유비가 높을 경우 나타나는 현상으로 옳지 않은 것은?

① 연료의 연소가 불충분하여 매연이 증가한다.

② 스파크플러그에 오일이 덮히게 된다.

③ 오일이 연소실에 쌓인다.

④ 엔진을 마모시킨다.

정답 49 ① 50 ③ 51 ① 52 ③ 53 ④

해설 ...

체인톱의 연료

- 오일의 혼합비가 낮을 때(부족 시) 현상
  - 엔진 내부에 기름칠이 적게 되어 엔진이 마모된다.
  - 피스톤, 실린더 및 엔진 각 부분에 눌러 붙을 염려가 있다.
- 오일의 혼합비가 높을 때(과다 시) 현상
  - 점화플러그에 오일이 덮이며, 연소실에 쌓인다.
  - 출력저하 또는 시동 불량 현상이 나타난다.
  - 연료의 연소가 불충분해 매연이 증가한다.

---

54 다음 중 체인톱날을 구성하는 부품 명칭이 아닌 것은?

① 리벳 ② 이음쇠
③ 전동쇠 ④ 스프라켓

해설 ...

톱체인(쏘체인, sawchain)의 구성

구분	내용
좌우측톱니	절삭작용을 하는 좌우측의 톱날. 좌우절단 톱날
전동쇠	스프라켓과 맞물려 체인을 구동. 구동쇠, 구동링크
이음쇠	톱니와 전동쇠를 연결. 이음링크
리벳	이음쇠와 톱날을 전동쇠와 결합, 결합리벳

---

55 산림작업 도구에 대한 설명으로 옳지 않은 것은?

① 자루의 재료는 가볍고 열전도율이 높아야 한다.
② 도구의 크기와 형태는 작업자의 신체에 적합해야 한다.
③ 작업자의 힘이 최대한 도구 날 부분에 전달할 수 있어야 한다.
④ 도구의 날 부분은 작업 목적에 효과적일 수 있도록 단단하고 날카로워야 한다.

해설 ...

작업도구의 능률

- 도구의 손잡이는 사용자의 손에 잘 맞아야 한다.
- 도구는 적당한 무게를 가져야 내려칠 때 힘이 강해진다.
- 작업자의 힘이 최대한 도구의 날 부분에 전달 될 수 있어야 한다.
- 도구의 날은 날카로운 것이 땅을 잘 파거나 잘 자를 수 있다.
- 도구의 날 끝 각도가 클수록 나무가 잘 부셔진다.

---

56 벌도된 나무에 가지치기와 조재작업을 하는 임업기계는?

① 포워더 ② 프로세서
③ 스윙야더 ④ 원목집게

해설 ...

프로세서(processor)

- 집재된 전목재의 가지치기, 절단, 초두부 제거, 집적 등의 조재작업을 전문적으로 실행한다. ✎ 벌도 ×
- 산지집재장에서 작업하는 조재기계이다.

---

57 산림 작업에서 개인 안전복장 착용 시 준수 사항으로 가장 옳지 않은 것은?

① 몸에 맞는 작업복을 입어야 한다.
② 안전화와 안전장갑을 착용한다.
③ 가지치기 작업할 때는 얼굴보호망을 쓴다.
④ 작업복 바지는 멜빵 있는 바지는 입지 않는다.

해설 ...

작업복 바지는 땀을 잘 흡수하는 멜빵 있는 바지를 입는 것이 좋다.

---

58 기계의 성능을 판단할 때 필요한 조건으로 옳지 않은 것은?

① 취급방법 및 사용법이 간편
② 부품의 공급이 용이하고 가격이 저렴
③ 소음과 진동을 줄일 수 있도록 무거움
④ 연료비, 수리비, 유지비 등 경비가 적게 수용

해설

체인톱의 구비조건
• 무게가 가볍고 소형이며 취급방법이 간편해야 한다.
• 견고하고 가동률이 높으며 절삭능력이 좋아야 한다.
• 소음과 진동이 적고 내구성이 높아야 한다.
• 벌근(그루터기)의 높이를 되도록 낮게 절단할 수 있어야 한다.
• 연료의 소비, 수리유지비 등 경비가 적게 소요되어야 한다.
• 부품공급이 용이하고 가격이 저렴해야 한다.

59 벌목한 나무를 기계톱으로 가지치기할 때 유의할 사항으로 가장 옳은 것은?

① 후진하면서 작업한다.
② 안내판이 짧은 기계톱을 사용한다.
③ 벌목한 나무를 몸과 기계톱 밖에 놓고 작업한다.
④ 작업자는 벌목한 나무와 멀리 떨어져 서서 작업한다.

해설

체인톱(기계톱) 벌도목 가지치기 시 유의사항
• 길이가 30~40cm 정도로 안내판이 짧은 기계톱(경체인톱)을 사용한다.
• 작업자는 벌목한 나무에 가까이에 서서 작업한다.
• 벌목한 나무를 몸과 체인톱 사이에 놓고 작업한다.
• 안전한 자세로 서서 작업한다.
• 전진하면서 작업하며, 체인톱을 자연스럽게 움직인다.

60 다음 중 조림 및 육림용 기계가 아닌 것은?

① 윈치
② 예불기
③ 체인톱
④ 동력지타기

해설

② 예불기는 풀베기 기계
③ 체인톱은 벌목 · 조재 기계
④ 동력지타기는 가지치기 기계로 모두 조림 및 육림용

소형 윈치
드럼에 연결한 와이어로프를 동력으로 감아 통나무를 견인하는 이동식 소형 집재기이다.

01 우량한 종자의 채집을 목적으로 지정한 숲은?

① 산지림　　　　② 채종림
③ 종자림　　　　④ 우량림

해설

채종림(採種林)
• 우량한 조림용 종자를 채집할 목적으로 지정된 형질이 우수한 임분
• 우량목이 전 수목의 50% 이상, 불량목이 20% 이하인 임분에서 채종림 선발

02 산림갱신을 위하여 대상지의 모든 나무를 일시에 베어내는 작업법은?

① 개벌작업　　　　② 산벌작업
③ 모수작업　　　　④ 택벌작업

해설

갱신작업종(주벌수확, 수확을 위한 벌채)
• 개벌작업 : 임목 전부를 일시에 벌채. 모두베기
• 모수작업 : 모수만 남기고, 그 외의 임목을 모두 벌채
• 산벌작업 : 3단계의 점진적 벌채, 예비벌 – 하종벌 – 후벌
• 택벌작업 : 성숙한 임목만을 선택적으로 골라 벌채. 골라베기
• 왜림작업 : 연료재 생산을 위한 짧은 벌기의 개벌과 맹아갱신
• 중림작업 : 용재의 교림과 연료재의 왜림을 동일 임지에 실시

03 다음이 설명하고 있는 줄기접 방법으로 옳은 것은?

> [줄기접 시행순서]
> • 서로 독립적으로 자라고 있는 접수용 묘목과 대목용 묘목을 나란히 접근
> • 양쪽 묘목의 측면을 각각 칼로 도려냄
> • 도려낸 면을 서로 밀착시킨 상태에서 접목끈으로 단단히 묶음

① 절접　　　　② 할접
③ 기접　　　　④ 교접

해설

기접(寄接)
서로 독립적으로 자라고 있는 접수용 묘목과 대목용 묘목을 나란히 접근시킨 후 양쪽 묘목의 측면에 삭면을 만들어 서로 밀착시킨 상태에서 접목끈으로 단단히 묶어주는 접목방법이다.

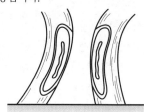

04 낙엽이 쌓이고 분해된 성분으로 구성된 토양 단면층은?

① 표토층　　　　② 모재층
③ 심토층　　　　④ 유기물층

해설 ···

유기물층(O층)

낙엽, 낙지 등의 유기물이 쌓인 층으로 낙엽층(L층), 분해층(F층), 부식층(H층)으로 세분된다.

05 임지 보육상 비료목으로 적당한 수종은?

① 소나무　　　　② 잣나무
③ 오리나무　　　④ 느티나무

해설 ···

비료목의 구분

구분	내용	
질소고정 O	콩과(*Rhizobium* 속 세균)	아까시나무, 싸리나무류, 자귀나무, 칡
	비콩과(*Frankia* 속 방사상균)	오리나무류, 소귀나무, 보리수나무류
질소고정 X	• 질소 함량이 높은 잎의 낙엽으로 지력 향상 • 붉나무, 플라타너스, 포플러류, 백합나무 등	

06 산성토양을 중화시키는 방법으로 가장 효과가 빠른 것은?

① 석회를 사용한다.
② NAA나 IBA를 사용한다.
③ 두엄을 많이 섞어준다.
④ 토양미생물을 접종한다.

해설 ···

산성토양의 개량

알칼리성인 석회(칼슘질)를 시용하면 산성토양을 개량하여 각종 양분의 효과를 높여주며, 유용미생물의 수가 늘어 토양의 물리화학적 개선을 도모할 수 있다.

07 다음 설명하는 용어로 옳은 것은?

발아된 종자의 수를 전체 시료종자의 수로 나누어 백분율로 표시한다.

① 효율　　　　　② 순량률
③ 발아율　　　　④ 종자율

해설 ···

종자 품질검사 기준

• 실중(實重) : 종자 1,000립의 무게, g 단위
• 용적중(容積重) : 종자 1리터의 무게, g 단위
• 순량률(純量率) : 전체 시료 종자량(g)에 대한 순정종자량(g)의 백분율
• 발아율(發芽率) : 전체 시료 종자수에 대한 발아종자수의 백분율
• 발아세(發芽勢) : 전체 시료 종자수에 대한 가장 많이 발아한 날까지 발아한 종자수의 백분율
• 효율(效率) : 종자의 실제 사용가치로 순량률과 발아율을 곱한 백분율

08 종자의 결실량이 많고 발아가 잘 되는 수종과 식재 조림이 어려운 수종에 대하여 주로 실시하는 조림방법은?

① 소묘조림　　　② 대묘조림
③ 용기조림　　　④ 직파조림

해설 ···

파종조림(직파조림)

파종조림은 종자의 결실량이 많고 발아가 잘 되는 수종에 실시하며, 식재조림이 어려운 암석지, 급경사지, 붕괴지, 척박지 등에 적용한다.

09 우리나라의 산림대에 대한 설명으로 옳은 것은?

① 온대림과 냉대림으로 구분된다.
② 온대림과 난대림으로 구분된다.
③ 난대림, 온대림, (아)한대림으로 구분된다.
④ 난대림, 온대림, 온대북부림으로 구분된다.

해설

우리나라의 수평적 산림대에는 남부로부터 난대림, 온대 남부림, 온대 중부림, 온대 북부림, 한대림이 있고, 연평 균 기온에 따라 구분한다.

10 곰솔에 관한 설명으로 옳지 않은 것은?

① 암수딴그루이다.
② 바다 바람에 강하다.
③ 근계는 심근성이고 측근의 발달이 왕성하다.
④ 양수 수종이다.

해설

곰솔(*Pinus thunbergii*)
• 해안선의 좁은 지대나 남쪽 도서 지방에 분포하며, 해 송(海松)이라고도 부른다.
• 바다바람에 강하여 해안 방풍림 조성에 많이 쓰이는 수 종이다.
• 소나무와 함께 양수로 직사광선을 받는 곳에서 생장이 왕성하며, 근계는 땅속 깊이 자라는 심근성이다.
• 곰솔을 포함한 소나무류는 한 나무에 암꽃과 수꽃이 같 이 피는 자웅동주(암수한그루)이다.

11 한 나무에 암꽃과 수꽃이 달리는 암수한그루 수종은?

① 주목　　　　　　② 은행나무
③ 사시나무　　　　④ 상수리나무

해설

단성화(불완전화)의 분류

구분	내용
자웅동주 (암수한그루)	• 암꽃과 수꽃이 같은 나무에서 달리는 것 • 소나무류, 삼나무, 오리나무류, 호두나무, 참나무류, 밤나무, 가래나무 등
자웅이주 (암수딴그루)	• 암꽃과 수꽃이 각각 다른 나무에서 달리는 것 • 은행나무, 소철, 포플러류, 버드나무, 주목, 호랑가시나무, 꽝꽝나무, 가죽나무 등

12 접목을 할 때 접수와 대목의 가장 좋은 조건 은?

① 접수와 대목이 모두 휴면상태일 때
② 접수와 대목이 모두 왕성하게 생리적 활동을 할 때
③ 접수는 휴면상태이고, 대목은 생리적 활동을 할 때
④ 접수는 생리적 활동을 하고, 대목은 휴명상태 일 때

해설

접목 시 대목과 접수의 생리적인 상태
• 접수는 휴면상태이고 대목은 생리적 활동을 시작한 상 태가 접합에 가장 좋다.
• 접수는 직경 0.5~1cm 정도의 발육이 왕성한 1년생 가 지를 휴면상태일 때 채취하여 저장하였다가 이용한다.

13 군상 식재지 등 조림목의 특별한 보호가 필 요한 경우 적용하는 풀베기 방법으로 가장 적합한 것은?

① 줄베기　　　　　② 전면베기
③ 둘레베기　　　　④ 대상베기

해설 • • •

둘레베기(둘레깎기)

- 조림목 주변의 반경 50cm~1m 내외의 정방형 또는 원형으로 제거하는 방법
- 극음수나 추위에 약하여 한해·풍해에 대해 특별한 보호가 필요한 수종에 적용

14 갱신기간에 제한이 없고 성숙 임목만 선택해서 일부 벌채하는 것은?

① 왜림작업 ② 택벌작업
③ 산벌작업 ④ 맹아작업

해설 • • •

택벌작업

- 한 임분을 구성하고 있는 임목 중 성숙한 임목만을 선택적으로 골라 벌채하는 작업법이다.
- 갱신이 어떤 기간 안에 이루어져야 한다는 제한이 없으며, 주벌과 간벌의 구별 없이 벌채를 계속 반복한다.

15 다음 중 생가지치기로 인한 부후의 위험성이 가장 높은 수종은?

① 소나무 ② 삼나무
③ 벚나무 ④ 일본잎갈나무

해설 • • •

가지치기 대상 수종

위험성이 없는 수종	삼나무, 포플러류, 낙엽송, 잣나무, 전나무, 소나무, 편백
위험성이 있는 수종	단풍나무, 물푸레나무, 벚나무, 느릅나무

16 윤벌기가 80년이고 벌채구역이 4개인 임지에서의 회귀년의 기간으로 알맞은 것은?

① 20년 ② 25년
③ 30년 ④ 40년

해설 • • •

회귀년(回歸年)

$$회귀년 = \frac{윤벌기}{벌채구역 수} = \frac{80}{4} = 20년$$

17 인공조림과 천연갱신의 설명으로 옳지 않은 것은?

① 천연갱신에는 오랜 시일이 필요하다.
② 인공조림은 기후, 풍토에 저항력이 강하다.
③ 천연갱신으로 숲을 이루기까지의 과정이 기술적으로 어렵다.
④ 천연갱신과 인공조림을 적절히 병행하면 조림성과를 높일 수 있다.

해설 • • •

인공조림의 단점

개벌을 통한 동령단순림을 형성하여 병충해, 한풍해 등 각종 환경 위해에 취약하다.

18 밤나무를 식재면적 1ha에 묘목간 거리 5m로 정사각형 식재할 때 소요되는 묘목의 총 본수는?

① 400본 ② 500본
③ 1,200본 ④ 3,000본

해설 • • •

정방형(정사각형) 식재

1ha=10,000m²이므로

$$N = \frac{A}{a^2} = \frac{10,000}{5^2} = 400본$$

여기서, N : 소요 묘목 본수
　　　　A : 조림지 면적(m²)
　　　　a : 묘간거리(m)

정답 14 ② 15 ③ 16 ① 17 ② 18 ①

19 음수 갱신에 좋으며 예비벌, 하종벌, 후벌의 3단계로 모두 벌채되고 새로운 임분이 동령림으로 나타나게 하는 작업종으로 옳은 것은?

① 저림작업　　　　② 택벌작업
③ 모수작업　　　　④ 산벌작업

해설 ・・・

산벌작업
• 예비벌, 하종벌, 후벌의 3차례에 걸친 벌채라 하여 3벌(3伐)이라고도 부른다.
• 개벌이나 모수작업처럼 후에 동령림이 형성되며, 동령림 갱신에 가장 알맞고 안전한 작업법이다.

20 종자를 미리 건조하여 밀봉 저장할 때 다음 중 가장 적당한 함수율은?

① 상관없음　　　　② 약 5~10%
③ 약 11~15%　　　④ 약 16~20%

해설 ・・・

밀봉건조저장법
함수율이 약 5~10%인 건조된 종자를 용기에 밀봉하여 보관하는 방법이다.

21 묘목의 뿌리가 2년생, 줄기가 1년생을 나타내는 삽목묘의 연령 표기가 옳은 것은?

① 1-2 묘　　　　② 2-1 묘
③ 1/2 묘　　　　④ 2/1 묘

해설 ・・・

삽목묘의 연령
분수로 나타내며, 뿌리의 나이를 분모, 줄기의 나이를 분자로 표기한다.
• 0/0 묘 : 뿌리도 줄기도 없는 삽수 자체로서 실생묘의 씨앗에 해당
• 1/1 묘 : 삽목한 지 1년이 경과되어 뿌리 1년, 줄기 1년된 삽목묘

• 0/1 묘 : 삽목 1년 후 지상부를 잘라 1년된 뿌리만 있는 삽목묘
• 1/2 묘 : 0/1 묘가 1년 경과하여 뿌리 2년, 줄기 1년된 삽목묘

22 곰솔 1-1 묘의 지상부 무게 27g, 지하부 무게 9g일 때 T/R률은?

① 0.3　　　　② 3.0
③ 18.0　　　　④ 6.0

해설 ・・・

T/R률
• 지상부의 무게를 지하부의 무게로 나눈 값으로 묘목의 지상부와 지하부의 중량비
• $T/R률 = \dfrac{27}{9} = 3.0$

23 일정한 규칙과 형태로 묘목을 식재하는 배식설계에 해당되지 않는 것은?

① 정방형 식재　　　② 장방형 식재
③ 정육각형 식재　　④ 정삼각형 식재

해설 ・・・

규칙적 식재망(배식설계)
장방형(직사각형), 정방형(정사각형), 정삼각형, 이중정방형 등

24 조림지에 침입한 수종 등 불필요한 나무 제거를 주목적으로 하는 작업으로 가장 적합한 것은?

① 산벌　　　　② 덩굴치기
③ 풀베기　　　④ 어린나무 가꾸기

해설 ・・・

어린나무 가꾸기(제벌, 잡목 솎아내기)
조림목과 경쟁하는 목적 이외의 수종과 조림목 중에서도 형질이 나쁘거나 다른 수목에 피해를 주는 수목 등을 제거하는 작업이다.

25 점파로 파종하는 수종으로 옳은 것은?

① 은행나무, 호두나무

② 주목, 아까시나무

③ 노간주나무, 옻나무

④ 전나무, 비자나무

해설 · · ·

점파(點播, 점뿌림)

• 일직선으로 종자를 하나씩 띄엄띄엄 심는 방법

• 상수리나무, 밤나무, 호두나무, 칠엽수, 은행나무 등과 같은 대립종자

26 곤충의 몸에 대한 설명으로 옳지 않은 것은?

① 기문은 몸의 양옆에 10쌍 내외가 있다.

② 곤충의 체벽은 표피, 진피층, 기저막으로 구성되어 있다.

③ 대부분의 곤충은 배에 각 1쌍씩 모두 6개의 다리를 가진다.

④ 부속지들이 마디로 되어 있고 몸 전체도 여러 마디로 이루어진다.

해설 · · ·

곤충의 외부 구조적 특징

• 머리, 가슴, 배의 3부분으로 구성

• 머리 : 더듬이(촉각), 입틀(구기), 겹눈, 홑눈

• 가슴 : 앞가슴, 가운데가슴, 뒷가슴의 3부분

• 배 : 10개 내외의 마디

구분	내용
날개	가운데가슴, 뒷가슴에 1쌍씩 총 2쌍
다리	• 앞가슴, 가운데가슴, 뒷가슴에 1쌍씩 총 3쌍 • 보통 5마디
기문	가슴에 2쌍, 배에 8쌍으로 총 10쌍

27 수정된 난핵이 분열하여 각각 개체로 발육하는 것으로서 1개의 수정난에서 여러 개의 유충이 나오는 곤충의 생식방법은 무엇인가?

① 단위생식 ② 다배생식

③ 양성생식 ④ 유생생식

해설 · · ·

곤충의 생식

구분	내용
양성생식(兩性生殖)	암수의 수정으로 개체 형성. 대부분의 곤충에 해당
단위생식(單爲生殖, 단성생식)	암수의 수정 없이 단독으로 번식하여 개체 형성. 밤나무(순)혹벌
다배생식(多胚生殖)	• 1개의 알에서 2개 이상의 배가 생겨 각각 개체로 발육 • 1개의 수정난에서 2개 이상의 여러 개의 개체 발생. 송충알좀벌

28 산림환경관리에 대한 설명으로 옳지 않은 것은?

① 천연림 내에서는 급격한 환경변화가 적다.

② 복층림의 하층목은 상층목보다 내음성 수종을 선택하여야 한다.

③ 혼효림은 구성 수종이 다양하여 특정 병해의 대면적 산림피해가 발생하기 쉽다.

④ 천연림은 성립과정에서 여러 가지 도태 과정을 겪어왔으므로 특정 병해에 대한 저항성이 강하다.

해설 · · ·

혼효림은 구성 수종이 다양하여 산림 병해충 등 각종 재해에 대한 저항력이 높다.

29 잣나무털녹병에 대한 설명으로 옳지 않은 것은?

① 송이풀 제거작업은 9월 이후 시행해야 효과적이다.
② 여름포자는 환경이 좋으면 여름 동안 계속 다른 송이풀에 전염한다.
③ 여름포자가 모두 소실되면 그 자리에 털 모양의 겨울포자퇴가 나타난다.
④ 중간기주에서 형성된 담자포자는 바람에 의하여 잣나무 잎에 날아가 기공을 통하여 침입한다.

해설

중간기주인 송이풀, 까치밥나무는 겨울포자가 형성되기 전인 8월 말 전까지 제거한다.

30 볕데기 현상의 원인은 무엇인가?

① 급격한 온도변화
② 급격한 토양 내 양분 용탈
③ 대기 중 오존농도의 급격한 증가
④ 대기 중 황산화물의 급격한 감소

해설

볕데기(皮燒, 피소)
더운 여름날 강한 직사광선을 받아 급격한 온도변화가 있을 때 피해가 가장 심하다.

31 어린 묘가 땅 위에 나온 후 묘의 윗부분이 썩는 모잘록병의 병증을 무엇이라고 하는가?

① 수부형   ② 근부형
③ 도복형   ④ 지중부패형

해설

모잘록병의 5가지 병징(피해 형태)

병징	피해 형태
지중부패형(地中腐敗型)	땅속에 묻힌 종자가 지표면에 나타나기도 전에 감염되어 썩는 것. 땅속부패형
도복형(倒伏型)	발아 직후 지표면에 나타난 유묘의 지제부가 잘록하게 되어 쓰러져 죽는 것
수부형(首腐型)	땅 위에 나온 어린 묘목의 떡잎, 어린줄기 등의 윗부분이 썩어 죽는 것
근부형(根腐型)	묘목이 생장하여 목질화된 후에 뿌리가 암갈색으로 썩어 고사하는 것. 뿌리썩음형
거부형(椐腐型)	묘목이 생장하여 목질화된 후에 줄기가 썩어 그 상부가 고사하는 것. 줄기썩음형

32 솔나방 발생 예찰(유충 밀도조사)에 가장 적합한 시기는?

① 6월 중   ② 8월 중
③ 10월 중   ④ 12월 중

해설

솔나방은 유충으로 월동하므로 월동 전(10월 중) 유충의 밀도를 조사하면 다음 해의 발생 예찰이 가능하다.

33 솔잎혹파리는 일반적으로 1년에 몇 회 발생하는가?

① 1회   ② 2회
③ 3회   ④ 5회

해설

솔잎혹파리
• 연 1회 발생하며, 땅속에서 유충으로 월동한다.
• 유충이 솔잎 기부에 들어가 벌레혹을 만들고 그 속에서 수목을 가해하며 피해를 준다.

정답   29 ①   30 ①   31 ①   32 ③   33 ①

34 대기오염에 의한 급성 피해증상이 아닌 것은?

① 조기낙엽   ② 엽록괴사

③ 엽맥 간 괴사   ④ 엽맥 황화현상

해설 · · ·

대기오염물질(아황산가스)의 피해 증상

• 급성증상은 잎 주변부와 잎맥(엽맥) 사이의 조직이 괴사하고, 연기에 의한 크고 작은 반점이 생기는 연반현상(煙斑現像) 등이 나타난다.

• 만성증상은 장시간 저농도 가스의 접촉으로 황화현상이 천천히 나타난다.

35 아황산가스에 강한 수종만으로 올바르게 묶인 것은?

① 가시나무, 편백, 소나무

② 동백나무, 가시나무, 소나무

③ 동백나무, 전나무, 은행나무

④ 은행나무, 향나무, 가시나무

해설 · · ·

아황산가스(SO₂) 피해 수종

• 저항성이 약한 수종 : 느티나무, 황철나무, 소나무, 층층나무, 들메나무, 전나무, 벚나무 등

• 저항성이 강한 수종 : 은행나무, 향나무, 단풍나무, 사철나무, 가시나무, 무궁화, 개나리, 철쭉 등

36 향나무녹병균은 배나무를 중간기주로 기생하여 오렌지색 별무늬가 나타나는 시기로 가장 옳은 것은?

① 3~4월   ② 6~7월

③ 8~9월   ④ 10~11월

해설 · · ·

향나무녹병의 생활사

• 4~5월에 향나무의 잎과 가지 사이에 겨울포자퇴가 형성된다.

• 겨울포자퇴에서 겨울포자가 발아하여 소생자를 생성한다.

• 소생자는 바람에 의해 중간기주로 옮겨져 6~7월에 잎앞면에 진노랑(오렌지색)의 별무늬가 나타나고 녹병포자와 녹포자를 순차적으로 생성한다.

37 솔나방의 월동충태와 월동장소로 짝지어진 것 중 옳은 것은?

① 알 – 솔잎   ② 유충 – 솔잎

③ 알 – 낙엽 밑   ④ 유충 – 낙엽 밑

해설 · · ·

솔나방

• 보통은 연 1회 발생하며, 유충(5령충)으로 월동한다.

• 5령충이 된 유충이 수피 틈이나 지피물(낙엽) 밑에서 월동한다.

38 기상에 의한 피해 중 풍해의 예방법으로 옳지 않은 것은?

① 택벌법을 이용한다.

② 묘목 식재 시 밀식 조림한다.

③ 단순동령림의 조성을 피한다.

④ 벌채 작업 시 순서를 풍향의 반대 방향부터 실행한다.

해설 · · ·

② 밀식조림하면 줄기가 가늘고 근계 발달이 약화되어 풍해 피해가 우려된다.

풍해의 예방

- 침엽수 단순림을 피하고 혼효림으로 조성한다.
- 내풍성이 강한 심근성 수종을 식재한다.
- 작업종 중에는 택벌작업을 택하여 실행한다.
- 방풍림을 조성한다.

39 성충으로 월동하는 것끼리 짝지어진 것은?

① 미국흰불나방, 소나무좀
② 소나무좀, 오리나무잎벌레
③ 잣나무넓적잎벌, 미국흰불나방
④ 오리나무잎벌레, 잣나무넓적잎벌

해설 ···

해충의 월동충태에 따른 분류

구분	내용
알	매미나방(집시나방), 텐트나방(천막벌레나방), 어스렝이나방(밤나무산누에나방), 솔노랑잎벌, 대벌레, 박쥐나방, 미류재주나방
유충	솔나방(5령충), 독나방, 잣나무넓적잎벌, 솔껍질깍지벌레(후약충), 솔수염하늘소, 북방수염하늘소, 광릉긴나무좀, 솔잎혹파리, 밤나무(순)혹벌, 밤바구미, 복숭아명나방, 솔알락명나방, 도토리거위벌레, 버들재주나방
번데기	미국흰불나방, 참나무재주나방, 낙엽송잎벌
성충	오리나무잎벌레, 호두나무잎벌레, 버즘나무방패벌레, 소나무좀, 향나무하늘소(측백하늘소)

40 기주교대를 하는 수목병이 아닌 것은?

① 포플러잎녹병
② 소나무혹병
③ 오동나무탄저병
④ 배나무붉은별무늬병

해설 ···

③ 오동나무탄저병은 불완전균에 의한 수병으로 기주교대를 하지 않는다.

주요 이종기생녹병균

수병명	본기주 녹병포자 · 녹포자 세대	중간기주 여름포자 · 겨울포자 세대
잣나무털녹병	잣나무	송이풀, 까치밥나무
소나무잎녹병	소나무	황벽나무, 참취, 잔대
소나무혹병	소나무	졸참나무 등의 참나무류
향나무녹병 (배나무붉은별 무늬병)	배나무, 사과나무 (중간기주)	향나무 (여름포자×)
포플러잎녹병	낙엽송, 현호색 (중간기주)	포플러
전나무잎녹병	전나무	뱀고사리

41 도끼날의 종류별 연마 각도(°)로 옳지 않은 것은?

① 벌목용 : 9~12°
② 가지치기용 : 8~10°
③ 장작패기용(활엽수) : 30~35°
④ 장작패기용(침엽수) : 25~30°

해설 ···

용도에 따른 도끼날의 연마 각도

가지 치기용	8~10°	장작 패기용	침엽수용 (연한 나무)	15°
벌목용	9~12°		활엽수용 (단단한 나무)	30~35°

42 기계톱 체인의 깊이제한부 역할은?

① 절삭 폭을 조절한다.
② 절삭 두께를 조절한다.
③ 절삭 각도를 조절한다.
④ 절삭 방향을 조정한다.

해설 · · ·

톱날의 깊이제한부
톱날이 나무를 깎는 깊이를 조절할 수 있는 부분으로 절삭두께 조절 기능을 한다.

43 다음 중 양묘용 장비로 사용되는 것이 아닌 것은?

① 지조결속기   ② 중경제초기
③ 정지작업기   ④ 단근굴취기

해설 · · ·

양묘용 기계
정지작업기(정지기), 종자파종기, 중경제초기, 단근굴취기, 묘목이식기 등

44 체인톱의 안내판 1개가 수명이 다하는 동안 체인은 보통 몇 개 사용할 수 있는가?

① 1/2개   ② 2개
③ 3개   ④ 4개

해설 · · ·

체인톱의 평균수명은 본체(엔진)가 약 1,500시간이며, 안내판은 약 450시간, 톱체인은 약 150시간으로, 안내판 1개가 수명이 다하는 동안 체인은 3개를 사용할 수 있다.

45 다음 중 기계톱의 체인을 돌려주는 동력전달장치는?

① 실린더   ② 플라이휠
③ 점화플러그   ④ 원심클러치

해설 · · ·

원심클러치
기계톱의 체인을 돌려주는 동력전달 장치. 원심분리형 클러치

46 기계톱의 연료와 오일을 혼합할 때 휘발유 15리터이면 오일의 적정 양은 얼마인가?(단, 오일은 특수오일이 아님)

① 0.06 리터   ② 0.15 리터
③ 0.6 리터   ④ 1.5 리터

해설 · · ·

체인톱의 연료
• 휘발유(가솔린)과 윤활유(엔진오일)를 25 : 1로 혼합하여 사용한다.
• 휘발유 : 엔진오일 = 25 : 1 = 15L : x
   ∴ $x = 0.6$L

47 엔진이 시동되지 않을 경우 예상되는 원인이 아닌 것은?

① 오일탱크가 비어 있다.
② 연료탱크가 비어 있다.
③ 기화기 내 연료가 막혀 있다.
④ 플러그 점화케이블 결함이 있다.

해설 · · ·

엔진이 가동(시동)되지 않는 원인
• 연료탱크가 비어 있음
• 잘못된 기화기 조절
• 기화기 내 연료체가 막힘
• 기화기 펌프질하는 막에 결함
• 점화플러그의 케이블 결함
• 점화플러그의 전극 간격 부적당

48 기계톱 최초 시동 시 초크를 닫지 않으면 어떤 현상 때문에 시동이 어렵게 되는가?

① 연료가 분사되지 않기 때문이다.
② 공기가 소량 유입하기 때문이다.
③ 기화기 내 연료가 막혀 있다.
④ 공기 내 연료비가 낮기 때문이다.

정답   43 ①   44 ③   45 ④   46 ③   47 ①   48 ④

해설 · · ·

체인톱의 최초 시동

연료가 농축되도록 초크를 닫아 준다. 초크를 닫지 않으면 공기(혼합가스) 내 연료비가 낮아져 시동이 어렵다.

49 기계톱 작업자를 위한 안전장치로 옳지 않은 것은?

① 스프라켓 덮개
② 체인잡이
③ 후방손잡이 보호판
④ 스로틀레버차단판

해설 · · ·

체인톱의 안전장치

전후방 손잡이, 전후방 손보호판(핸드가드), 체인브레이크, 체인잡이, 지레발톱(완충스파이크, 범퍼스파이크), 스로틀레버차단판(액셀레버차단판, 안전스로틀), 체인덮개(체인보호집), 소음기, 스위치, 안전체인(안전이음새), 방진고무(진동방지고무) 등

50 기계톱의 사용 시 오일 함유비가 낮은 연료의 사용으로 나타나는 현상으로 옳은 것은?

① 검은 배기가스가 배출되고 엔진에 힘이 없다.
② 오일이 연소되어 퇴적물이 연소실에 쌓인다.
③ 엔진 내부에 기름칠이 적게 되어 엔진을 마모시킨다.
④ 스파크플러그에 오일막이 생겨 노킹이 발생할 수 있다.

해설 · · ·

오일의 혼합비가 낮을 때(부족 시) 현상

• 엔진 내부에 기름칠이 적게 되어 엔진이 마모된다.
• 피스톤, 실린더 및 엔진 각 부분에 눌러 붙을 염려가 있다.

51 다음 중 집재용 장비로만 묶어진 것은?

① 윈치, 스키더
② 윈치, 프로세서
③ 타워야더, 하베스터
④ 모터그레이더, 스키더

해설 · · ·

집재작업 장비

트랙터, 스키더, 파미윈치, 야더집재기, 타워야더, 포워더, 소형윈치(아크야윈치) 등

52 안전사고 예방준칙과 관계가 먼 것은?

① 작업의 중용을 지킬 것
② 율동적인 작업을 피할 것
③ 규칙적인 휴식을 취할 것
④ 혼자서는 작업하지 말 것

해설 · · ·

안전사고의 예방 수칙(작업 시 준수사항)

• 혼자 작업하지 않으며, 2인 이상 가시·가청권 내에서 작업한다.
• 작업실행에 심사숙고하며, 서두르지 말고 침착하게 작업한다.
• 긴장하지 말고, 부드럽고 율동적인 작업을 한다.
• 규칙적으로 휴식하고, 휴식 후 서서히 작업 속도를 올린다.

53 디젤기관과 비교했을 때 가솔린기관의 특성으로 옳지 않은 것은?

① 전기점화 방식이다.
② 배기가스 온도가 낮다.
③ 무게가 가볍고 가격이 저렴하다.
④ 연료는 기화기에 의한 외부혼합방식이다.

해설 • • •

② 배기가스 온도는 디젤기관이 낮으며, 가솔린기관이 높다.

가솔린기관의 특징
• 불꽃점화방식 기관으로 전기점화장치와 기화기가 필요하다.
• 공기와 혼합된 연료가 기화기에 의해 공급된다.
• 무게가 가볍고 가격이 저렴하다.

54 무육톱의 삼각톱날 꼭지각은 몇 도(°)로 정비하여야 하는가?

① 25°   ② 28°
③ 35°   ④ 38°

해설 • • •

삼각톱니 가는 방법
• 줄질은 안내판의 선과 평행하게 한다.
• 안내판 선의 각도는 침엽수가 60°, 활엽수가 70°이다.
• 삼각톱날 꼭지각은 38°가 되도록 한다.
• 줄질은 안에서 밖으로 한다.

55 기계톱의 동력연결은 어떤 힘에 의하여 스프라켓에 전달되는가?

① 반력   ② 구심력
③ 중력과 마찰력   ④ 원심력과 마찰력

해설 • • •

원심클러치에서 원심력과 마찰력에 의해 스프라켓에 동력이 전달된다.

56 액셀레버를 잡아도 엔진이 가속되지 않을 때 예상되는 원인이 아닌 것은?

① 에어필터가 더럽혀져 있다.
② 연료 내 오일의 혼합량이 적다.

③ 점화코일과 단류장치가 결함이 있다.
④ 기화기 조절이 잘못되었거나 결함이 있다.

해설 • • •

연료 내 오일의 혼합량이 적더라도 엔진은 가속되며, 엔진 내부에 기름칠이 적게 되어 엔진이 마모된다.

57 다음 중 작업도구와 능률에 관한 기술로 가장 거리가 먼 것은?

① 자루의 길이는 적당히 길수록 힘이 강해진다.
② 도구의 날 끝 각도가 클수록 나무가 잘 부셔진다.
③ 도구는 가볍고 내려치는 속도가 빠를수록 힘이 세어진다.
④ 도구의 날은 날카로운 것이 땅을 잘 파거나 잘 자를 수 있다.

해설 • • •

작업도구의 능률
• 도구의 손잡이는 사용자의 손에 잘 맞아야 한다.
• 자루의 길이는 적당히 길수록 힘이 강해진다.
• 사용하기에 가장 적합한 도끼자루의 길이는 사용자의 팔 길이 정도이다.
• 도구는 적당한 무게를 가져야 내려칠 때 힘이 강해진다.
• 도구의 날은 날카로운 것이 땅을 잘 파거나 잘 자를 수 있다.
• 도구의 날 끝 각도가 클수록 나무가 잘 부셔진다.

58 특별한 경우를 제외하고 도끼를 사용하기에 가장 적합한 도끼 자루의 길이는?

① 사용자 팔 길이
② 사용자 팔 길이의 2배
③ 사용자 팔 길이의 0.5배
④ 사용자 팔 길이의 1.5배

해설 • • •

57번 해설 참고

정답   54 ④ 55 ④ 56 ② 57 ③ 58 ①

59 4행정기관과 비교한 2행정기관의 특징으로 옳지 않은 것은?

① 중량이 가볍다.
② 저속운전이 용이하다.
③ 시동이 용이하고 바로 따뜻해진다.
④ 배기음이 높고 제작비가 저렴하다.

해설　· · ·

2행정기관의 특징
• 동일배기량에 비해 출력이 크다.
• 고속 및 저속 운전이 어렵다.
• 엔진의 구조가 간단하고, 무게가 가볍다.
• 배기가 불안전하여 배기음이 크다.
• 휘발유와 엔진오일을 혼합하여 사용한다.
• 연료(휘발유와 엔진오일) 소모량이 크다.
• 별도의 엔진오일이 필요 없다.
• 시동이 쉽고, 제작비가 저렴하며, 폭발음이 적다.

60 트랙터를 이용한 집재 시 안전과 효율성을 고려했을 때 일반적으로 작업 가능한 최대 경사도(°)로 옳은 것은?

① 5~10°　　　　② 15~20°
③ 25~30°　　　　④ 35~40°

해설　· · ·

트랙터 집재기
급경사지에서는 뒤집힐 염려가 있어 평탄지나 경사 0~25°의 완경사지에 적합하다.

01 다음 중 종자 수득률이 가장 높은 수종은?

① 잣나무   ② 벚나무
③ 소나무   ④ 가래나무

해설

정선종자의 수득률(收得率, 수율)
• 채집한 열매를 정선하여 실제로 얻은 종자의 비율
• 대립종자일수록 수율이 큰 편이며, 소립종자일수록 수율이 작은 편이나 모든 종자에 해당되지는 않음
• 소나무(2.7), 해송(2.4) 등은 수율이 작은 편
• 가래나무(50.9), 호두나무(50.2), 은행나무(28.5) 등은 수율이 큰 편

02 소립종자의 실중에 대한 설명으로 옳은 것은?

① 종자 1L의 4회 평균 중량
② 종자 1,000립의 4회 평균 중량
③ 종자 100립의 4회 평균 중량 곱하기 10
④ 전체 시료종자 중량 대비 각종 불순물을 제거한 종자의 중량 비율

해설

실중(實重, 1,000 seeds weight)
• g 단위로 표시하는 종자 1,000립의 무게로 천립중(千粒重)이라고도 한다.
• 종자의 무게는 대립종자는 100알을 4번 반복, 중립종자는 500알을 4번 반복, 소립종자는 1,000알을 4번 반복 측정하여 그 평균치를 사용한다.

03 임지에 비료목을 식재하여 지력을 향상시킬 수 있는데 다음 중 비료목으로 적당한 수종은?

① 소나무   ② 전나무
③ 오리나무   ④ 사시나무

해설

비료목의 구분

구분	내용	
질소고정 O	콩과(*Rhizobium* 속 세균)	아까시나무, 싸리나무류, 자귀나무, 칡
	비콩과(*Frankia* 속 방사상균)	오리나무류, 소귀나무, 보리수나무류
질소고정 X	• 질소 함량이 높은 잎의 낙엽으로 지력 향상 • 붉나무, 플라타너스, 포플러류, 백합나무 등	

04 덩굴류 제거작업 시 약제사용에 대한 설명으로 옳은 것은?

① 작업 시기는 덩굴류 휴지기인 1~2월에 한다.
② 칡 제거는 뿌리까지 죽일 수 있는 글라신액제가 좋다.
③ 약제 처리 후 24시간 이내에 강우가 있을 때 흡수율이 높다.
④ 제초제는 살충제보다 독성이 적으므로 약제 취급에 주의를 기울일 필요가 없다.

해설

무성생식으로도 잘 번식하는 칡은 번식력이 강하여 조림목에 가장 피해를 많이 주고 줄기를 베어도 잘 제거되지 않기 때문에 디캄바액제, 글라신액제 등의 화학적 제초제를 사용하여 제거하는 것이 좋다.

05 파종조림의 성과에 영향을 미치는 요인에 대한 설명으로 옳지 않은 것은?

① 발아한 어린 묘는 서리의 피해가 많다.
② 다른 곳보다 흙을 더 두껍게 덮어줄 경우 수분 조절이 어려워 건조 피해를 입는다.
③ 발아하여 줄기가 약할 때 비가 와서 흙이 튀어 흙 옷을 만들면 그 묘목은 죽게 된다.
④ 우리나라의 봄 기후는 건조하기 쉬우므로 발아가 지연되면 파종조림은 실패하게 된다.

해설 ···

② 흙을 더 두껍게 덮어줄 경우 건조 피해를 막을 수 있다.

파종조림의 성패에 영향을 주는 요인
수분, 동물의 피해, 건조의 피해, 서리(서릿발)의 피해, 흙옷(토의) 등

06 묘포의 정지 및 작상에 있어서 가장 적합한 밭갈이 깊이는?

① 20cm 미만
② 20~30cm 정도
③ 30~50cm 정도
④ 50cm 이상

해설 ···

묘포의 정지와 작상
• 정지(整地)
 −파종 전에 토양을 정리·정돈하는 기계적 작업으로 경운(밭갈이), 쇄토(흙깨기), 진압(다지기) 등의 작업이 있다.
 −적합한 경운(밭갈이) 깊이는 20~30cm이다.
• 작상(作床, 상 만들기) : 파종 전에 묘목 양성을 위한 묘상(苗床)을 만드는 작업이다.

07 임분을 띠모양으로 구획하고 각 띠를 순차적으로 개벌하여 갱신하는 방법은?

① 산벌작업
② 대상개벌작업
③ 군상개벌작업
④ 대면적개벌작업

해설 ···

대상개벌(帶狀皆伐)작업
갱신대상 조림지를 띠모양(대상)으로 나누어 개벌하며 주위 성숙임분으로부터 종자를 공급받아 갱신을 도모하는 작업이다.

08 묘상에서의 단근작업에 관한 설명으로 옳지 않은 것은?

① 주로 휴면기에 실시한다.
② 측근과 세근을 발달시킨다.
③ 묘목의 철늦은 자람을 억제한다.
④ 단근의 깊이는 뿌리의 2/3 정도를 남기도록 한다.

해설 ···

단근(斷根, 뿌리 끊기)
• 굵은 직근(直根)을 잘라 양수분의 흡수를 담당하는 가는 측근(側根)과 세근(細根)을 발달시키는 작업이다.
• 조림지에 이식하였을 때 활착률이 좋아지며, T/R률이 낮은 건실한 묘목을 생산할 수 있다.
• 보통 8월에 실시하지만, 5월과 8월 두 차례 단근작업을 반복할 때도 있다.

09 벌채 방식이 간벌작업과 가장 비슷한 것은?

① 개벌작업
② 중림작업
③ 모수작업
④ 택벌작업

해설 ···

택벌작업
한 임분을 구성하고 있는 임목 중 성숙한 임목만을 선택적으로 골라 벌채하는 작업법이다.

정답 05 ② 06 ② 07 ② 08 ① 09 ④

10 침엽수의 수형목 선발기준으로 옳지 않은 것은?

① 수관이 넓을 것
② 생장이 왕성할 것
③ 상층 임관에 속할 것
④ 상당한 종자가 달릴 것

해설 ・・・

인공림 침엽수 수형목의 지정기준
• 상층 임관에 속할 것
• 주위 정상목 10본의 평균보다 수고는 5%, 직경은 20% 이상 클 것. 다만, 형질이 뛰어날 때는 생장이 평균 이상일 경우 선발 가능
• 생장이 왕성할 것
• 수관이 좁고 가지가 가늘며 한쪽으로 치우치지 말 것
• 밑가지들이 말라 떨어지기 쉽고 그 상처가 잘 아물 것
• 심한 병충에 걸리지 않은 것
• 수간이 완만하고 굽거나 비틀어지지 않은 것
• 상당량의 종자가 달릴 것

11 묘포 설계 면적에서 육묘지에 해당되지 않는 것은?

① 재배지
② 방풍림
③ 일시휴한지
④ 묘상 간의 통로면적

해설 ・・・

묘포의 구성
• 육묘지(포지)
 ─묘목이 자라고 있는 재배지. 휴한지, 보도(통로) 포함
 ─육묘상의 면적은 전체 묘포면적의 60~70%
• 부속지 : 묘목재배를 위한 부대시설 부지. 창고, 관리실, 작업실 등
• 제지 : 포지와 부속지를 제외한 나머지 부분. 계단 경사면 등

12 다음 중 모수작업에 대한 설명으로 옳은 것은?

① 양수 수종의 갱신에 적당하다.
② 양수와 음수의 섞임을 조절할 수 있다.
③ ha당 남겨질 모수는 100본 이상으로 한다.
④ 현재의 수종을 다른 수종으로 바꾸고자 할 때 적당하다.

해설 ・・・

모수작업
모수를 제외한 나머지 임지는 일시에 노출되므로 주로 소나무, 곰솔(해송), 자작나무 등 양수의 천연갱신에 유리하며, 음수는 적합하지 않다.

13 산림 토양층위 중 빗물이 아래로 침전하면서 부식질, 점토, 철분, 알루미늄 성분 등을 용탈하여 내려가다가 집적해 놓은 토양층은?

① A층
② B층
③ C층
④ R층

해설 ・・・

집적층(B층, 심토층)
• A층으로부터 용탈된 물질이 쌓인 층
• 빗물에 의해 씻겨 내려온 부식질, 점토, 철분, 알루미늄 성분 등이 집적됨

14 다음 중 수목 종자 발아에 영향을 미치는 주요 환경인자로 가장 거리가 먼 것은?

① 수분
② 공기
③ 토양
④ 온도

해설 ・・・

발아의 조건
수분, 온도, 산소, 광선

정답 10 ① 11 ② 12 ① 13 ② 14 ③

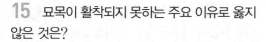

15 묘목이 활착되지 못하는 주요 이유로 옳지 않은 것은?

① T/R률이 낮을 때

② 건조한 임지에 심었을 때

③ 비료가 직접 뿌리에 닿았을 때

④ 적정 식재 시기보다 늦어졌을 때

해설

• • •

① T/R률이 낮으면 뿌리의 생장이 좋아 활착률이 높다.

T/R률

식물의 뿌리(root) 생장량에 대한 지상부(top) 생장량의 비율로 근계의 발달과 충실도를 판단하는 지표로 자주 쓰인다.

16 산지에 묘목을 식재한 후 가장 먼저 해야 할 무육작업은?

① 제벌   ② 간벌

③ 풀베기   ④ 가지치기

해설

• • •

숲 가꾸기(임목무육) 단계

풀베기 → 덩굴 제거 → 제벌(어린나무 가꾸기) → 가지치기 → 간벌(솎아베기)

17 채종림 지정 기준으로 옳지 않은 것은?

① 벌채나 도남벌이 없었던 임분

② 보호관리 및 채종작업이 편리한 지역

③ 병충해가 없고 생태적 조건에 적응한 상태

④ 단위면적이 1ha 이상, 모수는 50본/ha 이상

해설

• • •

채종림 지정 기준

• 1단지의 면적이 1ha 이상이고, 모수가 1ha당 150본 이상인 산림

• 지정기준을 명확히 판정할 수 있는 수령·수고에 달한 산림이거나 생육발달 단계에 이르고 개체 간 특성이 균일한 임분으로 구성된 산림

• 벌채나 도남벌이 없었던 산림

• 동일 수종의 불량 임분 또는 교잡종을 형성할 수 있는 수종의 임분과 충분한 거리가 있는 산림

• 임분 내 임목은 병해충 피해가 없고 생태적 조건에 적응이 된 산림

• 재적생산은 유사한 생태적 환경에서 평균 재적생산보다 우수하고, 생장형태는 수간의 통직성과 원통성이 좋아야 하고 분지상태가 양호하며 가지가 가늘고 자연 낙지가 잘 된 산림

• 보호관리 및 채종작업이 편리한 산림

18 다음 중 생가지치기를 할 때 상처 부위의 부후 위험성이 가장 큰 수종은?

① 곰솔   ② 단풍나무

③ 리기다소나무   ④ 일본잎갈나무

해설

• • •

가지치기 대상 수종

위험성이 없는 수종	삼나무, 포플러류, 낙엽송, 잣나무, 전나무, 소나무, 편백
위험성이 있는 수종	단풍나무, 물푸레나무, 벚나무, 느릅나무

19 선묘한 2년생 소나무 묘목의 속당 본수로 옳은 것은?

① 20본   ② 25본

③ 50본   ④ 100본

해설

• • •

선묘한 2년생 소나무 묘목을 포함한 일반적 묶음별 그루 수(속당 본수)는 20본이다.

20 우리나라 지각의 대부분을 이루고 있는 암석은?

① 석회암 ② 수성암
③ 변성암 ④ 화성암

> **해설** ···

지각의 표층에 있는 암석은 생성과정에 따라 크게 화성암, 퇴적암(수성암), 변성암으로 나뉘며, 이 중 화성암은 지각의 대부분을 이루고 있다.

21 택벌림에서 가장 많은 본수의 경급은?

① 소경급 ② 중경급
③ 대경급 ④ 모두 동일함

> **해설** ···

이상적 택벌림

이상적인 택벌림은 소경급 : 중경급 : 대경급의 재적비율이 2 : 3 : 5, 본수비율이 7 : 2 : 1을 기준으로 하여, 본수는 소경급이 가장 많다.

22 풀베기 작업을 1년에 2회 실시하려 할 때 가장 알맞은 시기는?

① 1월과 3월 ② 3월과 5월
③ 6월과 8월 ④ 7월과 10월

> **해설** ···

풀베기의 시기

- 일반적으로 잡풀들이 자라나 피해를 입히기 시작하는 5~7월에 실시한다.
- 잡풀들의 세력이 왕성하여 연 2회 작업할 경우 6월(5~7월)과 8월(7~9월)에 실시한다.

23 어린나무 가꾸기 작업 시 맹아력이 왕성한 활엽수종에 가장 적합한 작업방법은?

① 뿌리를 자른다.
② 큰 가지만 제거한다.
③ 뿌리목 부근에서 벌채한다.
④ 수간을 지상 1m 정도 높이에서 절단한다.

> **해설** ···

제벌방법

- 보육 대상목의 생장에 지장을 주는 나무는 가급적 지표면에 가깝게 근원부를 잘라낸다.
- 맹아력 강한 활엽수종은 여름에 지상 1m 높이에서 줄기를 꺾어 두면 맹아 발생을 줄일 수 있다.

24 다음 중 인공조림의 장점으로 옳지 않은 것은?

① 미입목지나 황폐지에 숲을 조성할 수 있다.
② 숲을 조성하는데 기간이 짧고 임목 관리가 용이하다.
③ 전체적으로 불량한 형질을 가진 임분의 개량에 적용 가능하다.
④ 오랜 세월을 지내는 동안 그곳의 환경에 적응되어 견디어내는 힘이 강하다.

> **해설** ···

인공조림의 장점

- 묘목식재 시 묘목에서부터 시작하므로 숲의 형성이 빠르다.
- 동령단순 경제림 조성이 용이하며, 집약적인 관리가 가능하다.
- 생산되는 목재가 균일하며 작업이 단순하다.
- 미입목지나 황폐지에 숲을 조성할 수 있으며, 형질불량 임분의 개량에도 적용 가능하다.

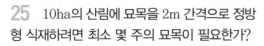

25 10ha의 산림에 묘목을 2m 간격으로 정방형 식재하려면 최소 몇 주의 묘목이 필요한가?

① 2,500주   ② 5,000주
③ 25,000주   ④ 50,000주

해설 • • •

정방형 식재

10ha = 100,000m²이므로,

$$N = \frac{A}{a^2} = \frac{100,000}{2^2} = 25,000주$$

여기서, N : 소요 묘목 본수
        A : 조림지 면적(m²)
        a : 묘간거리(m)

26 1년에 2~3회 발생하며, 1, 2령기 유충은 밤 가시를 식해하다가 3령기 이후 성숙해지면 과육을 식해하는 해충은?

① 밤바구미   ② 밤나무(순)혹벌
③ 복숭아명나방   ④ 솔알락명나방

해설 • • •

복숭아명나방

• 연 2~3회 발생하며, 고치 속에서 유충으로 월동한다.
• 1, 2령기 유충은 밤가시를 식해하다가 3령기 이후 성숙해지면 밤과육을 식해한다.

27 뽕나무오갈병의 병원균은?

① 균류   ② 선충
③ 바이러스   ④ 파이토플라스마

해설 • • •

파이토플라스마(phytoplasma) 수병

대추나무빗자루병, 오동나무빗자루병, 뽕나무오갈병 등

28 다음 중 알로 월동하는 해충은?

① 솔나방
② 텐트나방
③ 버들재주나방
④ 삼나무독나방

해설 • • •

알로 월동하는 해충

매미나방(집시나방), 텐트나방(천막벌레나방), 어스렝이나방(밤나무산누에나방), 솔노랑잎벌, 대벌레, 박쥐나방, 미류재주나방 등

29 다음 중 기주교대를 하는 수목병에 해당하지 않는 것은?

① 포플러잎녹병
② 소나무재선충병
③ 잣나무털녹병
④ 사과나무붉은별무늬병

해설 • • •

주요 이종기생녹병균

수병명	본기주	중간기주
	녹병포자 · 녹포자 세대	여름포자 · 겨울포자 세대
잣나무털녹병	잣나무	송이풀, 까치밥나무
소나무잎녹병	소나무	황벽나무, 참취, 잔대
소나무혹병	소나무	졸참나무 등의 참나무류
향나무녹병 (배나무붉은별무늬병)	배나무, 사과나무 (중간기주)	향나무 (여름포자×)
포플러잎녹병	낙엽송, 현호색 (중간기주)	포플러
전나무잎녹병	전나무	뱀고사리

30 충분히 자란 유충은 먹는 것을 중지하고 유충시기의 껍질을 벗고 번데기가 되는데, 이와 같은 현상을 무엇이라 하는가?

① 용화　　　　　　② 부화
③ 우화　　　　　　④ 약충

> **해설** ┐　　　　　　　　　　· · ·

용화(蛹化)
충분히 자란 유충이 먹는 것을 중지하고 유충시기의 껍질을 벗고 번데기가 되는 현상이다.

31 배나무를 기주교대 하는 이종 기생성 병은?

① 향나무녹병　　　　② 소나무혹병
③ 전나무잎녹병　　　④ 오리나무잎녹병

> **해설** ┐　　　　　　　　　　· · ·

29번 해설 참고

32 다음 수목 병해 중 바이러스에 의한 병은?

① 잣나무털녹병　　　② 벚나무빗자루병
③ 포플러모자이크병　④ 밤나무줄기마름병

> **해설** ┐　　　　　　　　　　· · ·

바이러스에 의한 수목병
포플러모자이크병, 아까시나무모자이크병 등의 모자이크병

33 다음 중 살충제의 제형에 따라 분류된 것은?

① 수화제　　　　　　② 훈증제
③ 유인제　　　　　　④ 소화중독제

> **해설** ┐　　　　　　　　　　· · ·

②, ③, ④는 농약의 목적에 따른 분류이다.

농약의 제형(물리적 형태)에 따른 분류
• 희석살포제(액체시용제) : 유제, 액제, 수화제, 수용제, 액상수화제
• 직접살포제(고형시용제) : 분제, 입제, 미립제

34 아황산가스 대기오염에 의한 수목의 피해 향상에 대한 설명으로 옳지 않은 것은?

① 바람이 없는 날에는 피해가 크다.
② 일반적으로 겨울보다 봄에 피해가 더 크다.
③ 대기 및 토양습도가 낮을 때 피해가 늘어난다.
④ 밤보다는 동화작용이 왕성한 낮에 피해가 심하다.

> **해설** ┐　　　　　　　　　　· · ·

아황산가스(SO_2)
• 대기오염의 상당 부분을 차지하는 물질로서 가스의 형태로 기공이나 잎 등의 접촉면을 통하여 흡수 · 축적되고, 식물체 내에서 황산 또는 황산염으로 변하여 장해를 일으키고 피해를 준다.
• 대기의 상대습도나 토양습도가 높고 바람이 없을 때 물과 반응하여 황산안개가 생성되고 정체되면서 피해가 현저하게 발생한다.

35 다음 중 산불에 대한 내화력이 강한 수종은?

① 편백　　　　　　　② 곰솔
③ 삼나무　　　　　　④ 은행나무

> **해설** ┐　　　　　　　　　　· · ·

수목의 내화력(耐火力)

구분	강한 수종	약한 수종
침엽수	은행나무, 잎갈나무, 분비나무, 낙엽송, 가문비나무, 개비자나무, 대왕송	소나무, 해송(곰솔), 삼나무, 편백
상록 활엽수	동백나무, 사철나무, 회양목, 아왜나무, 황벽나무, 가시나무	녹나무, 구실잣밤나무
낙엽 활엽수	참나무류, 고로쇠나무, 음나무, 피나무, 마가목, 사시나무	아까시나무, 벚나무

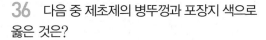

36 다음 중 제초제의 병뚜껑과 포장지 색으로 옳은 것은?

① 녹색
② 황색
③ 분홍색
④ 빨간색

해설 ...

약제의 용도별 색깔 구분

농약은 포장지나 병뚜껑에 용도에 따라 다음과 같이 색으로 나타내어 표시한다.

살균제	살충제	제초제	식물생장조절제	맹독성농약	기타약제
분홍색	녹색	황색	청색	적색	백색

37 대추나무빗자루병의 병원체 및 치료법에 대한 설명으로 옳은 것은?

① 재선충 – 살선충제
② 바이러스(Virus) – 침투성 살균제
③ 파이토플라스마(phytoplasma) – 항생제
④ 녹병균(Gymnosporangium spp) – 침투성 살균제

해설 ...

파이토플라스마(phytoplasma) 수병

• 종류 : 대추나무빗자루병, 오동나무빗자루병, 뽕나무 오갈병 등
• 옥시테트라사이클린(oxytetracycline)계 항생물질의 수간주사로 치료가 가능하다.

38 성숙한 유충의 몸길이가 가장 큰 해충은?

① 독나방
② 박쥐나방
③ 매미나방
④ 어스렝이나방

해설 ...

어스렝이나방(밤나무산누에나방)

• 유충이 밤나무, 호두나무 등의 잎을 갉아먹는 식엽성 해충이다.

• 유충의 몸길이는 10cm 정도의 대형이며, 성충 또한 대형 나방이다.

39 볕데기에 대한 설명으로 옳지 않은 것은?

① 남서방향 임연부의 고립목에 피해가 나타나기 쉽다.
② 오동나무나 호두나무처럼 코르크층이 발달되지 않는 수종에서 자주 발생한다.
③ 강한 복사광선에 의해 건조된 수피의 상처부위에 부후균이 침투하여 피해를 입는다.
④ 토양의 온도를 낮추기 위한 관수나 해가림 또는 짚을 이용한 토양피복 등의 처리를 하는 것이 좋다.

해설 ...

④ 열해(熱害)의 예방법이다.

볕데기(皮燒, 피소)

• 오동나무, 호두나무, 가문비나무 등과 같이 수피가 평활하고 매끄러우며 코르크층이 발달하지 않은 수종에서 잘 발생한다.
• 직사광선에 놓이는 남서 방향의 고립목이나 남서면 임연부의 성목에 피해가 나타나기 쉽다.
• 가로수, 정원수는 해가림을 해주고, 고립목의 줄기는 짚을 둘러 보호하거나 석회유, 점토 등을 발라 피해를 줄인다.

40 세균에 의해 발생되는 뿌리혹병에 관한 설명으로 옳은 것은?

① 방제법으로 석회 사용량을 줄인다.
② 건조할 때 알칼리성 토양에서 많이 발생한다.
③ 주로 뿌리에서 발생하며 가지에는 발생하지 않는다.
④ 병원균은 수목의 병환부에서는 월동하지 않고 토양 속에서만 월동한다.

해설

뿌리혹병
- 뿌리나 지제부 부근에 혹(암종)을 형성하여 피해를 주는 토양서식 세균에 의한 수병이다.
- 고온 다습한 알칼리성 토양에서 많이 발생한다.
- 병해충에 강한 건전한 묘목을 식재하고, 석회 사용량을 줄인다.

41 다음 중 냉각된 기계톱의 최초 시동 시 가장 먼저 조작하는 것은?

① 초크레버
② 스로틀레버
③ 엑셀고정레버
④ 체인브레이크레버

해설

체인톱의 시동 시에는 연료가 농축되도록 초크레버를 조작하여 초크를 닫아준다.

42 가선집재에 사용되는 가공본줄의 최대장력은?[단, T＝최대장력, W＝가선의 전체중량, ϕ＝최대장력계수(안전계수), P＝가공본줄에 걸리는 전체하중]

① $T = W \div P \times \phi$
② $T = W \times P \times \phi$
③ $T = (W - P) \times \phi$
④ $T = (W + P) \times \phi$

해설

$$안전계수 = \frac{와이어로프의 최대장력}{와이어로프에 걸리는 하중}$$

$$\varnothing = \frac{T}{W+P} \quad \therefore T = (W+P) \times \varnothing$$

43 소집재작업이나 간벌재를 집재하는데 가장 적절한 장비는?

① 스키더
② 타워야더
③ 소형 원치
④ 트랙터 집재기

해설

소형원치의 이용
- 소집재나 간벌재 집재
- 수라 설치를 위한 수라 견인
- 설치된 수라의 집재선까지의 횡집재
- 대형 집재 장비의 집재선까지의 소집재

44 삼각톱니 가는 방법에서 톱니 젖힘의 설명으로 옳지 않은 것은?

① 젖힘의 크기는 0.2~0.5mm가 적당하다.
② 활엽수는 침엽수보다 많이 젖혀 주어야 한다.
③ 톱니 젖힘은 나무와의 마찰을 줄이기 위하여 한다.
④ 톱니 젖힘은 톱니 뿌리선으로부터 2/3 지점을 중심으로 하여 젖혀준다.

해설

톱니 젖힘
- 톱니 젖힘은 나무와의 마찰을 줄이기 위하여 실시한다.
- 침엽수는 활엽수보다 목섬유가 연하고 마찰이 크기 때문에 많이 젖혀준다.
- 톱니 젖힘은 톱니뿌리선으로부터 2/3지점을 중심으로 하여 젖혀준다.
- 젖힘의 크기는 0.2~0.5mm가 적당한다.

45 다음 중 양묘작업 도구로 가장 적합한 것은?

① 이리톱
② 지렛대
③ 갈고리
④ 식혈봉

해설

양묘작업 도구
- 식혈봉 : 어린 묘목의 이식시 구덩를 파는 도구
- 이식판 : 묘목 이식 시 열과 간격을 맞추는데 사용되는 도구
- 이식승 : 이식판과 같은 용도의 도구

정답 41 ① 42 ④ 43 ③ 44 ② 45 ④

46 도끼자루 제작을 위한 재료에 대한 설명으로 옳은 것은?

① 탄력이 있고 질겨야 한다.
② 무겁고 보습력이 좋아야 한다.
③ 가볍고 섬유장이 짧아야 한다.
④ 일반적으로 느티나무는 적합하지 않다.

해설   • • •

작업도구 원목 자루(손잡이)의 요건
• 원목으로 제작 시 탄력(탄성)이 크며, 목질이 질긴 것이 좋다.
• 옹이가 없고, 열전도율이 낮은 나무가 좋다.
• 다듬어진 목질 섬유 방향은 긴 방향으로 배열되어야 한다.
• 재료로는 탄력이 좋으면서 목질섬유(섬유장)가 길고 질긴 활엽수가 적당한다.
• 도끼자루 제작에 가장 적합한 수종으로는 가래나무, 물푸레나무, 호두나무 등이 있다.

47 대패형 톱날의 창날각으로 가장 적합한 것은?

① 30°   ② 35°
③ 40°   ④ 45°

해설   • • •

톱날의 연마 각도

구분	대패형 톱날	반끌형 톱날	끌형 톱날
창날각	35°	35°	30°
가슴각	90°	85°	80°
지붕각	60°	60°	60°

48 산림작업 시 안전사고 예방을 위하여 지켜야 할 사항으로 옳지 않은 것은?

① 작업 실행에 심사숙고 할 것
② 긴장하지 말고 부드럽게 할 것
③ 가급적 혼자 작업하여 능률을 높일 것
④ 휴식 직후에는 서서히 작업속도를 높일 것

해설   • • •

안전사고의 예방 수칙(작업 시 준수사항)
• 혼자 작업하지 않으며, 2인 이상 가시·가청권 내에서 작업한다.
• 작업실행에 심사숙고하며, 서두르지 말고 침착하게 작업한다.
• 긴장하지 말고, 부드럽고 율동적인 작업을 한다.
• 규칙적으로 휴식하고, 휴식 후 서서히 작업 속도를 올린다.

49 집재장에서 통나무를 끌어내리는데 사용하기 가장 적합한 작업도구는?

① 삽   ② 지게
③ 사피   ④ 클램프

해설   • • •

사피
• 벌도목을 찍어 끌어 운반하는 데 사용하는 통나무용 끌개이다.
• 집재장에서 통나무를 끌어내리는데 사용하기에 적합하다.

50 기계톱 안내판의 끝부분이 단단한 물체에 접촉하여 안내판이 작업자가 있는 뒤로 튀어 오르는 현상은?

① 킥백현상   ② 댐핑현상
③ 브레이크현상   ④ 오버히팅현상

해설   • • •

킥백(반력, kick back) 현상
안내판 끝 부분이 단단한 물체와 접촉하여 체인의 반발력으로 안내판이 작업자가 있는 뒤로 튀어 오르는 현상

51 윤활유로서 구비해야 할 성질이 아닌 것은?

① 유성이 좋아야 한다.
② 점도가 적당해야 한다.
③ 부식성이 없어야 한다.
④ 온도에 의한 점도의 변화가 커야 한다.

해설

윤활유의 구비 조건
• 유성이 좋아야 한다.
• 점도가 적당해야 한다.
• 부식성이 없어야 한다.
• 유동점이 낮아야 한다.
• 탄화성이 낮아야 한다.

52 기계톱 출력의 표시로 사용되는 단위로 옳은 것은?

① HS
② HA
③ HO
④ HP

해설

출력이란 엔진에서 발생하는 동력으로 기계톱 엔진 출력은 HP(영국마력) 단위로 표시한다.

53 체인톱니의 피치(pitch)는 무엇을 의미하는가?

① 리벳 3개의 간격을 2등분하여 표시한 것
② 리벳 3개의 간격을 4등분하여 표시한 것
③ 리벳 2개의 간격을 3등분하여 표시한 것
④ 리벳 2개의 간격을 4등분하여 표시한 것

해설

피치란 서로 접한 3개의 리벳 간격을 반(2)으로 나눈 길이를 말한다.

54 기계톱을 이용한 벌목작업에서 안전상 일반적으로 사용하지 않는 쐐기는?

① 철재쐐기
② 목재쐐기
③ 알루미늄쐐기
④ 플라스틱쐐기

해설

보통 톱의 사용 시에는 철제쐐기가 사용되지만, 기계톱을 이용한 벌목작업 시에는 안전상 철재쐐기는 사용하지 않는다.

55 4행정 엔진과 비교할 때 2행정 엔진의 설명으로 옳은 것은?

① 무게가 가볍다.
② 배기음이 작다
③ 휘발유와 오일 소비가 적다.
④ 동일 배기량일 때 출력이 적다.

해설

2행정기관의 특징
• 동일배기량에 비해 출력이 크다.
• 고속 및 저속 운전이 어렵다.
• 엔진의 구조가 간단하고, 무게가 가볍다.
• 배기가 불안전하여 배기음이 크다.
• 휘발유와 엔진오일을 혼합하여 사용한다.
• 연료(휘발유와 엔진오일) 소모량이 크다.
• 별도의 엔진오일이 필요 없다.
• 시동이 쉽고, 제작비가 저렴하며, 폭발음이 적다.

56 기계톱에 사용하는 연료는 휘발유 20리터에 휘발유와 오일을 25 : 1의 비율로 혼합하려고 한다. 다음 중 오일의 양은 얼마인가?

① 0.4리터
② 0.6리터
③ 0.8리터
④ 1.0리터

해설 ・・・

체인톱의 연료

$25 : 1 = 20L : x$ 이므로 오일은 0.8L이다.

57 4행정 싸이클 기관의 작동순서로 옳은 것은?

① 흡입 → 압축 → 배기 → 폭발
② 흡입 → 폭발 → 배기 → 압축
③ 흡입 → 배기 → 압축 → 폭발
④ 흡입 → 압축 → 폭발 → 배기

해설 ・・・

4행정 기관
• 피스톤의 4행정 2왕복 운동으로 1사이클이 완료되는 기관
• 흡입, 압축, 폭발, 배기의 1사이클을 4행정(크랭크축 2회전)으로 완결

58 우리나라 여름철에 기계톱 사용 시 혼합유 제조를 위한 윤활유 점도가 가장 알맞은 것은?

① SAE 20
② SAE 20W
③ SAE 30
④ SAE 10

해설 ・・・

엔진오일의 점도(점액도, 점성도)
• 'SAE 숫자'로 표시하는데, 숫자가 클수록 점도가 크며, 숫자 뒤에 'W'는 겨울철용임을 의미한다.
• 숫자가 작을수록 겨울에, 클수록 여름에 적합한 점도이다.
• 우리나라의 여름철 기계톱의 윤활유 점도는 SAE 30이 적당하다.

59 벌목작업 시 다른 나무에 걸린 벌채목의 처리방법으로 옳지 않은 것은?

① 기계톱을 이용하여 토막낸다.
② 견인기를 이용하여 뒤로 끌어낸다.
③ 경사면을 따라 조심스럽게 끌어낸다.
④ 방향전환 지렛대를 이용하여 넘긴다.

해설 ・・・

다른 나무에 걸린 벌채목 처리 방법
• 방향전환 지렛대를 이용하여 넘긴다.
• 걸린 나무를 흔들어 넘긴다.
• 소형 견인기나 로프 등을 이용하여 끌어낸다.
• 경사면을 따라 조심히 끌어낸다.

60 다음 중 벌도, 가지치기 및 조재작업 기능을 모두 가진 장비는?

① 포워더
② 하베스터
③ 프로세서
④ 스윙야더

해설 ・・・

임목수확기계의 종류

종류	작업내용
트리펠러 (tree feller)	벌도만 실행
펠러번처 (feller buncher)	벌도와 집적(모아서 쌓기)의 2가지 공정 실행 ✎ 가지치기, 절단 ×
프로세서 (processor)	• 집재된 전목재의 가지치기, 절단, 초두부 제거, 집적 등의 조재작업을 전문적으로 실행 ✎ 벌도 × • 산지집재장에서 작업하는 조재기계
하베스터 (harvester)	• 벌도, 가지치기, 조재목 마름질, 토막내기 작업을 모두 수행 • 대표적 다공정 처리기계로 임내에서 벌도 및 각종 조재작업 수행

01 인공조림으로 갱신할 때 가장 용이한 작업종은?

① 개벌작업　　　　② 택벌작업
③ 산벌작업　　　　④ 모수작업

해설

개벌작업
갱신지의 모든 임목을 일시에 벌채하는 방법으로 인공조림에 의하여 새로운 수종의 숲을 조성하는 데 가장 간편하며 효율적인 갱신법이다.

02 산림 내 가지치기 작업의 주된 목적은 무엇인가?

① 연료용재 생산　　② 우량목재 생산
③ 중간수입 목적　　④ 각종 위해 방지

해설

가지치기의 주요목적
경제성 높은 마디 없는 우량목재 생산

03 다음 그림은 참나무류 종자의 내부 구조도이다. 어린뿌리는 어느 부분인가?

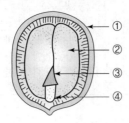

① 1　　　　　　　② 2
③ 3　　　　　　　④ 4

해설

① 외종피, ② 배유, ③ 떡잎(자엽), ④ 어린뿌리(유근)

종자의 구조
• 종자(열매)는 수정(受精)을 거쳐 형성되는 것으로 꽃의 구조에 기인하여 발생하며, 배, 배유, 종피 등으로 구성된다.
• 배의 가장 윗부분은 떡잎(자엽)이 될 부분, 중간은 어린줄기(유경)가 될 부분, 가장 아래는 어린뿌리(유근)가 될 부분으로 이루어져 있다.

04 묘목의 가식에 대한 설명으로 옳지 않은 것은?

① 동해에 약한 유묘는 움가식을 한다.
② 뿌리부분을 부채살 모양으로 열가식한다.
③ 선묘 결속된 묘목은 즉시 가식하여야 한다.
④ 지제부가 10cm가 되지 않도록 얕게 가식한다.

해설

묘목의 가식방법
• 지제부가 10cm 이상 깊게 묻히도록 한다.
• 뿌리부분을 부채살 모양으로 열가식한다.
• 가식지 주변에 배수로를 설치한다.
• 비가 오거나 비 온 후에는 가급적 바로 가식하지 않는다.
• 동해에 약한 유묘는 움가식을 한다.

05 산벌작업 중에서 후계목으로 키우고 싶지 않은 수종이나 불량목을 제거하고, 임관을 소개시켜 천연갱신에 적합한 임지상태를 만드는 작업을 무엇이라 하는가?

① 후벌　　　　　　② 종벌
③ 예비벌　　　　　④ 하종벌

해설

예비벌(豫備伐)
- 갱신 준비 단계의 벌채로 모수로서 부적합한 병충해목, 피압목, 폭목, 불량목 등을 선정하여 제거한다.
- 임관을 소개시켜 천연갱신에 적합한 임지상태를 만드는 작업이다.

06 중림작업에 대한 설명으로 옳은 것은?

① 각종 피해에 대한 저항력이 약하다.
② 하층목의 맹아 발생과 생장이 촉진된다.
③ 상층을 벌채하면 하층이 후계림으로 상층까지 자란다.
④ 상층과 하층은 동일수종인 것이 원칙이나 다른 수종으로 혼생시킬 수 있다.

해설

중림작업
상목과 하목은 동일 수종으로 조성하는 것이 원칙이지만, 용재생산에 유리한 침엽수종을 상목으로 하고 맹아 갱신이 우수한 참나무류 등을 하목으로 하여 혼생시키기도 한다.

07 덩굴을 제거하기 위해 생장기인 5~9월에 실시하는 약제는?

① 글라신액제
② 만코제브 수화제
③ 다이아지논 유제
④ 클로란트라닐리프롤 입상수화제

해설

덩굴 제거
- 덩굴류 생장기인 5~9월 중에 작업하는 것이 효과적이며, 가장 적기는 덩굴식물이 뿌리 속의 저장양분을 소모한 7월경이다.
- 덩굴 제거 약제로는 글라신액제, 디캄바액제를 사용한다.

08 임목 종자의 발아촉진 방법에 해당하지 않는 것은?

① 환원법
② 침수처리법
③ 황산처리법
④ 고저온처리법

해설

① 환원법(테트라졸륨 검사법)은 종자의 활력을 검사하는 발아검사법이다.

발아촉진법(휴면타파)
- 기계적 처리법 : 종피에 기계적으로 상처내어 발아 촉진
- 침수처리법 : 종자를 물에 담가 발아 촉진. 냉수침지법, 온탕침지법
- 황산처리법 : 황산을 종피에 처리하여 부식 및 밀랍 제거
- 노천매장법 : 종자를 노천에 모래와 섞어 묻어 저장 및 발아 촉진
- 고저온처리법 : 변온처리로 발아 촉진
- 화학약품처리법 : 지베렐린, 시토키닌(사이토키닌), 에틸렌, 질산칼륨 등 화학자극제 이용
- 광처리법 : 광선을 조사하여 발아 촉진
- 파종시기 변경 : 종자를 채취한 가을에 바로 파종하여 발아 촉진

09 파종 후의 작업 관리 중 삼나무 묘목의 뿌리 끊기 작업 시기로 가장 적합한 것은?

① 9월 중순   ② 7월 중순
③ 5월 중순   ④ 3월 중순

해설

뿌리 끊기 작업
- 일반적인 수종은 5~7월에 실시하여 측근과 잔뿌리의 발육을 촉진시킨다.
- 웃자라기 쉬운 삼나무, 낙엽송 등은 8~9월에 실시하여 겨울철 동해를 방지한다.

10 조림목 외의 수종을 제거하고 조림목이라도 형질이 불량한 나무를 벌채하는 무육작업은?

① 풀베기 ② 덩굴치기
③ 가지치기 ④ 잡목 솎아내기

해설 ...

어린나무 가꾸기(제벌, 잡목 솎아내기)
조림목과 경쟁하는 목적 이외의 수종과 조림목 중에서도 형질이 나쁘거나 다른 수목에 피해를 주는 수목 등을 제거하는 작업이다.

11 다음 중 임지의 지력 유지 및 증진 방법으로 적합하지 않은 것은?

① 개벌작업을 한다.
② 흙의 침식을 방지한다.
③ 토양의 pH를 교정한다.
④ 지표의 유기물을 보호한다.

해설 ...

개벌작업은 임지가 일시에 노출되어 황폐해지기 쉬우며 표토 침식이 발생하고, 임지의 모든 수목이 제거되므로 지력 유지에 나쁘다.

12 피나무, 단풍나무, 느릅나무, 참나무류 등의 생육에 적당한 산림토양의 pH는?

① pH 3.5~4.0 ② pH 4.5~4.0
③ pH 5.5~6.0 ④ pH 6.5~7.0

해설 ...

토양산도에 따른 적합 수종

구분	내용
강산성	소나무, 곰솔, 리기다소나무, 낙엽송(일본잎갈나무), 가문비나무, 전나무, 잣나무, 노간주나무, 밤나무, 진달래, 아까시나무, 싸리나무, 사방오리나무

구분	내용
약산성 (pH 5.5~6.5)	대부분의 수목, 참나무, 단풍나무, 피나무, 느릅나무
알칼리성 (염기성)	회양목, 오리나무, 물푸레나무, 사시나무(포플러), 개오동나무, 서어나무, 호두나무, 백합나무, 측백나무

13 풍치가 좋고 지속적으로 목재생산이 가능한 산림작업종은?

① 개벌작업 ② 택벌작업
③ 중림작업 ④ 모수작업

해설 ...

택벌작업
동일 임분에서 대경목을 지속적으로 생산할 수 있어 보속수확에 가장 적절하며, 산림 경관 조성에 있어서도 가장 생태적인 방법이다.

14 묘목식재에 대한 설명으로 옳지 않은 것은?

① 묘목의 굴취 시기는 식재하기 전이다.
② 묘목의 굴취는 비오는 날에 하면 좋다.
③ 캐낸 묘목의 건조를 막기 위하여 축축한 거적으로 덮는다.
④ 굴취 시 토양에 습기가 너무 많을 때는 어느 정도 마른 다음에 작업을 실시한다.

해설 ...

묘목 굴취의 적기
• 실시 : 습도가 높고, 흐리며, 바람이 없고, 서늘한 날, 아침 이슬이 마른 시간 등
• 금지 : 비가 오거나 바람이 심하게 부는 날, 아침 이슬이 마르지 않은 새벽 등

정답 10 ④ 11 ① 12 ③ 13 ② 14 ②

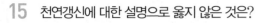

15 천연갱신에 대한 설명으로 옳지 않은 것은?

① 갱신기간이 길다.

② 조림 비용이 적게 든다.

③ 환경인자에 대한 저항력이 강하다.

④ 수종과 수령이 모두 동일하여 취급이 간편하다.

해설 ・・・

④ 수종과 수령을 동일하게 조성할 수 있는 것은 인공조림이다.

천연갱신의 장단점

• 오랜 세월 그곳의 환경에 적응한 수종으로 구성되어 성립 실패의 위험이 적다.

• 해당 임지에 적합한 수종이 생육하므로 각종 위해에 대한 저항성이 강하다.

• 노동력이 절감되며, 조림 · 보육비 등의 갱신비용이 적게 든다.

• 새로운 숲이 조성되기까지 오랜 기간이 소요된다.

16 다음 중 두 번 판갈이한 3년생 묘령을 나타낸 것은?

① 3−0묘   ② 2−1 묘

③ 1−2묘   ④ 1−1−1 묘

해설 ・・・

실생묘의 연령(묘령)

앞에는 파종상에서 지낸 연수, 뒤에는 상체상(판갈이, 이식)에서 지낸 연수를 숫자로 표기한다.

• 2−1 묘 : 파종상에서 2년, 판갈이하여 1년을 지낸 3년생의 실생묘

• 1−1−1 묘 : 파종상에서 1년, 그 뒤 두 번 판갈이하여 각각 1년씩 지낸 3년생 실생묘

17 묘목과 묘목 사이의 거리가 1m, 열과 열 사이의 거리가 2.5m의 장방형 식재일 때 1ha에 심게 되는 묘목본 수는?

① 1,000본   ② 2,000본

③ 3,000본   ④ 4,000본

해설 ・・・

장방형 식재

1ha = 10,000m²이므로

$$N = \frac{A}{a \times b} = \frac{10,000}{1 \times 2.5} = 4,000본$$

여기서, N : 소요 묘목 본수

A : 조림지 면적(m²)

a : 묘간거리(m)

b : 줄사이거리(m)

18 조림목이 양수인 경우 조림지의 밑깎기 방법으로 가장 적합한 작업은?

① 줄깎기   ② 둘레깎기

③ 전면깎기   ④ 혼합깎기

해설 ・・・

모두베기(전면깎기, 전예)

• 조림목 주변의 모든 잡초목을 제거하는 방법

• 소나무, 낙엽송, 삼나무, 편백 등 주로 양수에 적용

• 임지가 비옥하여 잡초가 무성하게 나거나 식재목이 광선을 많이 요구할 때 실시

19 양묘 시 일반적으로 1년생을 이식하지 않는 수종은?

① 편백   ② 소나무

③ 가시나무   ④ 일본잎갈나무

해설 ・・・

판갈이 작업

파종상에서 키운 묘목을 다른 상(床)으로 옮겨 심는 작업으로 상체(床替) 또는 이식(移植)이라고도 한다.

수종별 상체연도

• 1년생 상체 : 소나무류, 낙엽송(일본잎갈나무), 삼나무, 편백

• 2년생 상체 : 참나무류(측근 발달 후)
• 오랜 거치 후 상체 : 가문비나무, 전나무

20 다음 중 삽목이 잘되는 수종끼리만 짝지어진 것은?

① 개나리, 소나무 ② 버드나무, 잣나무
③ 사철나무, 미루나무 ④ 오동나무, 느티나무

해설 • • •

삽목 수종

삽목 발근이 쉬운 수종	버드나무류, 은행나무, 사철나무, 플라타너스, 개나리, 삼나무, 주목, 쥐똥나무, 포플러류(사시나무, 미루나무), 진달래, 측백, 화백, 회양목, 향나무, 동백나무, 무궁화, 배롱나무, 비자나무, 꽝꽝나무 등
삽목 발근이 어려운 수종	소나무, 해송, 잣나무, 전나무, 참나무류, 오리나무, 느티나무, 감나무, 밤나무, 호두나무, 벚나무, 아까시나무, 사과나무, 대나무류, 목련류 등

21 봄에 묘목을 가식할 때 묘목의 끝은 어느 방향으로 향하게 하여 경사지게 묻는가?

① 동쪽 ② 서쪽
③ 북쪽 ④ 남쪽

해설 • • •

묘목의 가식방법
• 가을에는 묘목의 끝이 남쪽으로 향하게 하여 45° 정도 경사지게 뉘어서 가식한다.
• 봄에는 묘목의 끝이 북쪽으로 향하게 하여 비스듬히 눕혀 묻는다.

22 다음 중 꽃이 핀 다음 씨앗이 익을 때까지 걸리는 기간이 가장 짧은 것은?

① 향나무, 가문비나무
② 사시나무, 버드나무

③ 소나무, 상수리나무
④ 자작나무, 굴참나무

해설 • • •

주요 수종의 3가지 종자 발달 형태
• 개화한 해의 봄에 종자 성숙(꽃 핀 직후 열매 성숙) : 사시나무, 미루나무, 버드나무, 은백양, 양버들, 황철나무, 느릅나무
• 개화한 해의 가을에 종자 성숙(꽃 핀 그해 가을 열매 성숙) : 삼나무, 편백, 낙엽송, 전나무, 가문비나무, 자작나무류, 오동나무, 오리나무류, 떡갈나무, 졸참나무, 신갈나무, 갈참나무
• 개화 후 다음 해 가을에 종자 성숙(꽃 핀 이듬해 가을 열매 성숙) : 소나무류, 상수리나무, 굴참나무, 잣나무

23 모수작업에서 잔존 모수로서 갖추어야 할 구비조건으로 옳지 않은 것은?

① 형질이 우수해야 할 것
② 음수 계통의 나무일 것
③ 풍해에 견딜 수 있고 병해가 없을 것
④ 결실 연령에 도달하여 종자 생산 능력이 많은 나무일 것

해설 • • •

② 모수작업은 양수의 천연갱신에 유리하며, 음수는 적합하지 않다.

모수의 선택 조건
• 유전적 형질 : 형질이 우수하여 활력이 좋으며 평균 이상으로 생장이 양호한 수종
• 풍도에 대한 저항력 : 균형 잡힌 수형과 심근성 뿌리로 바람에 대한 저항력이 강한 수종
• 적정 결실 연령 : 너무 어리거나 노쇠하지 않은 결실 연령에 달한 수종
• 종자 결실 능력 : 종자의 결실량이 많고, 종자가 가볍거나 날개가 달려 비산능력이 좋은 수종
• 기타 : 강렬한 햇빛으로부터 보호하기 위해 수피가 두꺼운 수종, 갑작스러운 환경 변화에 잘 적응할 수 있는 수종 등

24 비료목으로 적합하지 않는 수종은?

① 소나무　　　　② 오리나무
③ 자귀나무　　　④ 보리수나무

해설 ・・・

비료목의 구분

구분	내용	
질소고정 ○	콩과(*Rhizobium* 속 세균)	아까시나무, 싸리나무류, 자귀나무, 칡
	비콩과(*Frankia* 속 방사상균)	오리나무류, 소귀나무, 보리수나무류
질소고정 ×	• 질소 함량이 높은 잎의 낙엽으로 지력 향상 • 붉나무, 플라타너스, 포플러류, 백합나무 등	

25 종자를 저장하는 방법으로 보습저장법이 아닌 것은?

① 냉습적법　　　② 상온저장법
③ 노천매장법　　④ 보호저장법

해설 ・・・

종자저장법
• 건조저장법 : 상온(실온)저장법, 밀봉(저온)저장법
• 보습저장법 : 노천매장법, 보호저장법(건사저장법), 냉습적법

26 다음 중 상대적으로 가장 높은 온도의 발병 조건을 요구하는 수병은?

① 잿빛곰팡이병　　② 자줏빛날개무늬병
③ 리지나뿌리썩음병　④ 아밀라리아뿌리썩음병

해설 ・・・

리지나뿌리썩음병
• 주로 소나무, 해송 등의 침엽수에 발생하며, 병원균이 뿌리를 침해하여 양수분의 흡수에 지장을 주고 말라 죽게 한다.
• 임지가 고온일 때 포자가 발아하여 모닥불자리나 산불이 있었던 지역에서 많이 발생한다.

27 오리나무잎벌레 유충이 가해한 수목의 피해 행태로 옳은 것은?

① 잎맥만 가해하여 구멍이 뚫어진다.
② 가지 끝을 가해하여 피해 입은 부위가 말라죽는다.
③ 대부분 어린 새순을 갈아 먹어 수목의 생육을 방해한다.
④ 주로 잎의 잎살을 먹기 때문에 잎이 붉게 변색된다.

해설 ・・・

오리나무잎벌레
• 유충과 성충이 모두 오리나무류 잎을 가해하며 피해를 준다.
• 부화 유충은 잎 뒷면에서 엽육(잎살)만을 식해하고, 성충은 잎을 갈아 식해한다.

28 알로 월동하는 해충끼리 짝지어진 것은?

① 솔나방, 참나무재주나방, 매미나방
② 집시나방, 텐트나방, 어스렝이나방
③ 미국흰불나방, 천막벌레나방, 복숭아명나방
④ 참나무재주나방, 어스렝이나방, 복숭아명나방

해설 ・・・

해충의 월동충태에 따른 분류

구분	내용
알	매미나방(집시나방), 텐트나방(천막벌레나방), 어스렝이나방(밤나무산누에나방), 솔노랑잎벌, 대벌레, 박쥐나방, 미류재주나방
유충	솔나방(5령충), 독나방, 잣나무넓적잎벌, 솔껍질깍지벌레(후약충), 솔수염하늘소, 북방수염하늘소, 광릉긴나무좀, 솔잎혹파리, 밤나무(순)혹벌, 밤바구미, 복숭아명나방, 솔알락명나방, 도토리거위벌레, 버들재주나방
번데기	미국흰불나방, 참나무재주나방, 낙엽송잎벌
성충	오리나무잎벌레, 호두나무잎벌레, 버즘나무방패벌레, 소나무좀, 향나무하늘소(측백하늘소)

29 산불 진화 방법에 대한 설명으로 옳지 않은 것은?

① 불길이 약한 산불 초기는 화두부터 안전하게 진화한다.
② 직접, 간접법으로 끄기 어려울 때 맞불을 놓아 끄기도 한다.
③ 물이 없을 경우 삽 등으로 토사를 끼얹는 간접 소화법을 사용할 수 있다.
④ 불길이 강렬하면 소화선을 만들어 화두의 불길이 약해지면 끄는 간접소화법을 쓴다.

해설 · · ·

③ 삽 등으로 토사를 끼얹어 끄는 방법은 직접소화법이다.

산불소화방법
• 직접소화법 : 물 뿌리기, 진화도구(불털이개, 불갈퀴) 사용, 토사 끼얹기(삽), 소화약제 살포 등
• 간접소화법 : 소화선 설치, 방화선 설치, 내화수림대 조성 등

30 잣나무털녹병의 중간기주는?

① 잔대
② 송이풀
③ 향나무
④ 황벽나무

해설 · · ·

이종기생녹병균의 중간기주

수목병	중간기주
잣나무털녹병	송이풀, 까치밥나무
소나무잎녹병	황벽나무, 참취, 잔대
소나무혹병	졸참나무 등의 참나무류
배나무붉은별무늬병	향나무
포플러잎녹병	낙엽송(일본잎갈나무), 현호색

31 내화력이 강한 침엽수종으로 올바르게 짝지어진 것은?

① 삼나무, 편백
② 소나무, 곰솔
③ 삼나무, 분비나무
④ 은행나무, 분비나무

해설 · · ·

수목의 내화력

구분		강한 수종	약한 수종
	침엽수	은행나무, 잎갈나무, 분비나무, 낙엽송, 가문비나무, 개비자나무, 대왕송	소나무, 해송(곰솔), 삼나무, 편백
	상록활엽수	동백나무, 사철나무, 회양목, 아왜나무, 황벽나무, 가시나무	녹나무, 구실잣밤나무
	낙엽활엽수	참나무류, 고로쇠나무, 음나무, 피나무, 마가목, 사시나무	아까시나무, 벚나무

32 묘포에서 가장 피해가 심한 모잘록병의 발병원인은?

① 세균
② 균류
③ 바이러스
④ 파이토플라스마

해설 · · ·

모잘록병
• 병원균은 난균류와 불완전균류가 있다.
• 어린 묘목의 뿌리 또는 지제부가 주로 감염되어 변색, 도복, 고사, 부패하게 되는 수병이다.

33 수병의 예방법으로 임업적(생태적) 방제법과 거리가 가장 먼 것은?

① 미래목 선정　　　　② 혼효림 조성
③ 적지적수 조림　　　④ 숲 가꾸기 실시

해설 ・・・

③ 적지적수 조림이란 조림지의 환경에 알맞은 적합한 수종을 식재하는 것으로 임업적 방제법이다.

수목병의 임업적(생태적) 방제법
임지 정리 작업, 건전한 묘목 육성, 내병성(저항성) 수종 식재, 무육작업(숲 가꾸기), 적절한 수확 및 벌채, 혼효림 및 이령림 조성 등

34 농약의 사용 목적 및 작용 특성에 따른 분류에서 보조제가 아닌 것은?

① 유제　　　　　　　② 유화제
③ 협력제　　　　　　④ 전착제

해설 ・・・

① 유제는 농약의 제형에 따른 분류이다.

농약의 보조제
• 농약의 효력을 충분히 발휘하도록 첨가하는 물질
• 전착제, 용제, 유화제, 증량제, 협력제

35 완전변태를 하지 않는 산림해충은?

① 소나무좀　　　　　② 솔잎혹파리
③ 오리나무잎벌레　　④ 버즘나무방패벌레

해설 ・・・

곤충의 변태
• 완전변태 : 도토리거위벌레, 오리나무잎벌레, 소나무좀, 솔잎혹파리 등
• 불완전변태 : 버즘나무방패벌레, 솔껍질깍지벌레(암컷), 솔거품벌레 등

36 실을 토해 집을 짓고 낮에는 활동하지 않으며 주로 밤에 잎을 가해하는 해충은?

① 텐트나방　　　　　② 솔노랑잎벌
③ 어스렝이나방　　　④ 오리나무잎벌레

해설 ・・・

텐트나방(천막벌레나방)
• 솔나방과로 식엽성이며, 연 1회 발생하고, 알로 월동한다.
• 유충이 실을 토해 집을 짓고 낮에는 활동하지 않으며, 주로 밤에 잎을 가해한다.

37 낙엽송잎떨림병 방제에 주로 사용하는 약제는?

① 지오람 수화제
② 만코제브 수화제
③ 디플루벤주론 수화제
④ 티아클로프리드 액상수화제

해설 ・・・

낙엽송잎떨림병 방제법
자낭포자 비산 시기인 5∼7월에 4−4식 보르도액, 만코제브 수화제 등의 살균제를 살포한다.

38 저온에 의한 피해 중에서 수목 조직 내에 결빙이 일어나는 피해는?

① 한해　　　　　　　② 습해
③ 동해　　　　　　　④ 설해

해설 ・・・

저온에 의한 피해
• 한해(寒害) : 겨울철 저온으로 인한 피해
• 동해(凍害) : 한해 중에서도 식물체가 얼어서 받는 피해
• 냉해(冷害) : 여름철 저온으로 인한 피해
• 한상(寒傷) : 0℃ 이상이지만 낮은 기온으로 받는 피해

39 수목의 대기오염 피해를 줄이기 위한 방제법으로 옳지 않은 것은?

① 이령혼효림으로 유도

② 내연성 수종으로 조림

③ 택벌을 피하고 개벌로 전환

④ 석회질비료를 사용하여 양료 유실 방지

해설

대기오염 피해를 줄이기 위한 임업적 방제법

• 임지에 석회를 다량 사용하여 아황산가스를 중화시킨다.

• 내연성이 강하고 맹아력이 큰 수종을 식재한다.

• 교림을 피하고 중림이나 왜림으로 조성한다.

• 위해에 대한 힘을 갖도록 여러 번 이식한 큰 묘목을 밀식한다.

• 침엽수와 활엽수를 같이 심어 혼효림을 유도한다.

40 해충의 밀도가 증가하거나 감소하는 경향을 알기 위해 충태별 사망수, 사망요인, 사망률 등의 항목으로 구성된 표는 무엇인가?

① 생명표　　　　　② 생태표

③ 생식표　　　　　④ 수명표

해설

생명표(生命表)

• 해충의 충태별 사망수, 사망요인, 사망률 등의 항목으로 구성된 표로 해충의 개체군 동태를 알기 위해 주로 사용한다.

• 같은 시기에 출생한 해충이 시간이 경과함에 따라 어떻게 감소하고 사망하였는지를 나타낸다.

41 가선집재 기계를 이용하여 집재작업을 할 때 쵸커 설치에 대한 유의사항으로 옳은 것은?

① 가급적 대량 집적하도록 설치를 한다.

② 작업자 위치는 작업줄의 내각에 있어야 한다.

③ 측방집재선 변경을 할 때에는 작업줄을 최대한 팽팽하게 하고 작업을 한다.

④ 작업원은 로딩 블록을 원목이 있는 지점까지 유도하여 정지시킨 상태에서 설치를 한다.

해설

가선집재 쵸커(짐매달음줄) 설치 시 유의사항

• 작업자는 와이어로프 내각에서 작업하지 않는다.

• 반송기가 정지한 후 쵸커 설치 작업을 한다.

• 짐달림도르래(로딩블록)를 원목 지점까지 유도하여 정지시킨 상태에서 설치한다.

• 최대 사용 중량을 넘지 않도록 쵸커를 설치한다.

• 원목이 반송기로 올라간 뒤 스카이라인 밑으로 들어가지 않는다.

42 임목수확작업 기계화에 대한 설명으로 옳지 않은 것은?

① 기상 및 지형 등 자연조건에 따라 작업능률에 미치는 영향이 크다.

② 입목의 규격화가 불가능하므로 목적에 맞는 기계를 선택해야 한다.

③ 작업의 소규모화에 따라 다공정 기계장비보다 전문 기계장비가 경제적이다.

④ 기계 조작 작업원의 숙련 정도에 따라 작업능률에 미치는 영향이 크다.

해설

기계화 임목수확작업의 특징

• 장비구입으로 인한 초기 투자비용이 높다.

• 기상 및 지형 등 자연조건의 영향을 많이 받는다.

• 재료인 입목의 규격화가 불가능하므로 재료에 맞는 기계를 선택해야 한다.

• 작업원의 숙련도가 작업능률에 미치는 영향이 크다.

• 작업의 소규모화에 따라 전문기계장비에 비해 다공정 기계장비가 경제적이다.

• 경제적이고도 친환경적이며 인간공학적인 작업방법이 요구된다.

정답 39 ③　40 ①　41 ④　42 ③

43 다음 ( ) 안에 들어갈 단어로 옳은 것은?

> 기계톱에 사용하는 오일은 여름철 상온(10~40℃)에서는 SAE ( )을 사용한다.

① 10W ② 20
③ 20W ④ 30

해설 · · ·

엔진오일의 점액도(점도)

외기온도	점액도 종류
저온(겨울)에 알맞은 점도	SAE 5W, SAE 10W, SAE 20W 등
고온(여름)에 알맞은 점도	SAE 30, SAE 40, SAE 50 등
-30~-10℃	SAE 20W
10~40℃	SAE 30

44 기계톱의 안전장치가 아닌 것은?

① 이음쇠 ② 핸드가드
③ 체인잡이 ④ 안전스로틀

해설 · · ·

체인톱의 안전장치
전후방 손잡이, 전후방 손보호판(핸드가드), 체인브레이크, 체인잡이, 지레발톱(완충스파이크, 범퍼스파이크), 스로틀레버차단판(액셀레버차단판, 안전스로틀), 체인덮개(체인보호집), 소음기, 스위치, 안전체인(안전이음새), 방진고무(진동방지고무) 등

45 실린더 속에서 가스가 압축되는 정도를 나타내는 압축비의 공식은?

① (행정용적＋압축용적) / 연소실용적
② (연소실용적＋행정용적) / 연소실용적
③ (압축용적＋크랭크용적) / 크랭크실용적
④ (연소실용적＋크랭크실용적) / 행정용적

해설 · · ·

압축비
• 엔진의 실린더 내 피스톤이 상승하면 혼합가스가 압축되는데, 이때의 압축 정도.
• 압축비 = $\frac{연소실 용적＋행정 용적}{연소실 용적}$
여기서, 연소실용적＝간극용적

46 임업용 와이어로프의 용도 중 작업선의 안전계수 기준은?

① 2.7 이상 ② 4.0 이상
③ 6.0 이상 ④ 7.5 이상

해설 · · ·

와이어로프의 안전계수는 가공본줄은 2.7 이상, 작업줄은 4.0 이상이 적당하다.

47 손톱 톱니의 각 부분에 대한 설명으로 옳지 않은 것은?

① 톱니가슴 : 나무와의 마찰력을 감소시킨다.
② 톱니꼭지각 : 각이 작을수록 톱니가 약하다.
③ 톱니홈 : 톱밥이 임시 머문 후 빠져 나가는 곳이다.
④ 톱니꼭지선 : 일정하지 않으면 톱질할 때 힘이 든다.

해설 · · ·

손톱의 부분별 기능
• 톱니가슴 : 나무을 절단하는 부분으로 절삭작용에 관계한다.
• 톱니꼭지각 : 각이 작으면 톱니가 약해지고 쉽게 변형한다.
• 톱니등 : 나무와의 마찰력을 감소시켜, 마찰작용에 관계한다.
• 톱니홈(톱밥집) : 톱밥이 일시적으로 머물렀다가 빠져나가는 홈이다.

- 톱니뿌리선 : 톱니 시작부의 가장 아래를 연결한 선으로 일정해야 톱니가 강하고, 능률이 좋다.
- 톱니꼭지선 : 일정하지 않을 경우 잡아당기고 미는데 힘이 든다.

48 기계톱에 의한 벌목 조재작업 상의 주의점으로 가장 부적합한 것은?

① 작업 개시 전 작업 용구 점검
② 벌목 후에 이동 시 엔진 가동상태로 이동
③ 벌도 시 만약의 경우 대비해서 대피로를 미리 선정
④ 복장은 간편하며 몸을 보호할 수 있는 것으로 소음 방지용 귀마개 착용

해설 ···

체인톱 작업 시 유의 사항
- 작업 시 안전을 위해 방진용 장갑, 방음용 귀마개, 안전모, 안전화, 안전복 등을 착용한다.
- 톱체인이 목재에 닿은 상태로는 시동을 걸지 않는다.
- 안내판의 끝부분(안내판코)으로 작업하지 않는다.
- 이동 시에는 반드시 엔진을 정지한다.
- 체인톱의 사용시간은 1일 2시간 이내로 하고, 10분 이상 연속운전은 피하도록 한다.

49 체인톱니에서 창날각이 $30°$, 가슴각이 $80°$, 지붕각이 $60°$인 것은?

① 끌형 톱날
② L형 톱날
③ 반끌형 톱날
④ 대패형 톱날

해설 ···

톱날의 연마 각도

구분	대패형 톱날	반끌형 톱날	끌형 톱날
창날각	$35°$	$35°$	$30°$
가슴각	$90°$	$85°$	$80°$
지붕각	$60°$	$60°$	$60°$

50 기계톱 사용 직전에 점검할 사항으로 일상점검(작업 전 점검)사항이 아닌 것은?

① 기계톱의 이물질 제거
② 점화플러그의 간격 조정
③ 기계톱 외부, 기화기 등의 오물 제거
④ 체인브레이크 등 안전장치의 이상 유무

해설 ···

② 점화플러그의 간격 조정은 주간정비 사항이다.

체인톱의 일일(일상)정비
휘발유와 오일의 혼합상태, 체인톱 외부와 기화기의 오물제거, 체인의 장력조절 및 이물질 제거, 에어필터(에어클리너)의 청소, 안내판의 손질, 체인브레이크 등 안전장치의 이상 유무 확인 등

51 조림목을 심는 구덩이를 파는데 주로 사용하는 기계는?

① 예불기
② 예혈기
③ 하예기
④ 식혈기

해설 ···

식혈기(植穴機)
묘목 식재 시 조림목을 심을 구덩이를 파는 기계로 식혈날이 돌면서 땅속에 구멍을 뚫는다.

52 일반적으로 가솔린과 오일을 25 : 1로 혼합하여 연료로 사용하는 기계장비로 짝지어진 것은?

① 예불기, 타워야더
② 예불기, 아크야윈치
③ 파미윈치, 타워야더
④ 파미윈치, 아크야윈치

해설 ···

연료 배합비 25 : 1(휘발유 : 윤활유)인 기계
체인톱, 예불기, 아크야윈치 등

53 고성능 임업기계로서 비교적 경사가 완만한 작업지에서 벌도, 가지치기, 조재작업을 한 공정으로 처리할 수 있는 것은?

① 슬러셔   ② 펠러번쳐

③ 프로세서   ④ 하베스터

해설 ...

임목수확기계의 종류

종류	작업내용
트리펠러 (tree feller)	벌도만 실행
펠러번처 (feller buncher)	벌도와 집적(모아서 쌓기)의 2가지 공정 실행 ✐ 가지치기, 절단 ×
프로세서 (processor)	• 집재된 전목재의 가지치기, 절단, 초두부 제거, 집적 등의 조재작업을 전문적으로 실행 ✐ 벌도 × • 산지집재장에서 작업하는 조재기계
하베스터 (harvester)	• 벌도, 가지치기, 조재목 마름질, 토막내기 작업을 모두 수행 • 대표적 다공정 처리기계로 임내에서 벌도 및 각종 조재작업 수행

54 4행정 기관과 비교한 2행정 기관의 특성으로 옳지 않은 것은?

① 시동이 용이   ② 배기음이 낮음

③ 중량이 가벼움   ④ 토크 변동이 적음

해설 ...

2행정기관의 특징

• 동일배기량에 비해 출력이 크다.
• 고속 및 저속 운전이 어렵다.
• 엔진의 구조가 간단하고, 무게가 가볍다.
• 배기가 불안전하여 배기음이 크다.
• 휘발유와 엔진오일을 혼합하여 사용한다.
• 연료(휘발유와 엔진오일) 소모량이 크다.
• 별도의 엔진오일이 필요 없다.
• 시동이 쉽고, 제작비가 저렴하며, 폭발음이 적다.

55 자동지타기를 이용한 작업에 대한 설명으로 옳지 않은 것은?

① 절단 가능한 가지의 최대직경에 유의한다.

② 우천 시 미끄러짐, 센서 이상 등의 문제점이 있다.

③ 나선형으로 올라가지 못하고 곧바로만 올라간다.

④ 승강용 바퀴 답압에 의해 수목에 상처가 발생하기도 한다.

해설 ...

자동지타기(동력지타기)

나무의 수간을 나선형으로 오르내리며 체인톱에 의해 가지를 자동으로 제거하는 기계이다.

56 기계톱의 크랭크축에 연결하여 톱체인을 회전하도록 하는 것은?

① 체인   ② 안내판

③ 스프라켓   ④ 전방손잡이

해설 ...

스프라켓

원심클러치에 연결되어 있는 톱니바퀴, 스프라켓의 회전으로 체인톱날이 회전

57 와이어로프의 손상에 대비한 교체기준이 아닌 것은?

① 킹크가 발생한 것

② 변화 정도가 현저한 것

③ 직경의 감소가 공칭직경의 3%를 초과한 것

④ 와이어로프의 꼬임 사이의 소선수 1/10 이상 절단된 것

해설

와이어로프의 폐기(교체)기준

- 꼬임 상태(킹크)인 것
- 현저하게 변형 또는 부식된 것
- 와이어로프 소선이 10분의 1(10%) 이상 절단된 것
- 마모에 의한 직경 감소가 공칭직경의 7%를 초과하는 것

58 소형 원치에 대한 설명으로 옳지 않은 것은?

① 리모콘 등으로 원격 조정이 가능한 것도 있다.

② 가공본줄을 설치하여 단거리 상향집재에 이용하기도 한다.

③ 견인력은 약 5톤 내외이고 현장의 지주목에 고정하여 사용한다.

④ 작업자가 보행하면서 조작하는 것은 캐디형(caddy)이라고 한다.

해설

③ 5톤 내외의 다량의 원목 집재는 포워더가 가능하다.

소형 원치

- 드럼에 연결한 와이어로프를 동력으로 감아 통나무를 견인하는 이동식 소형 집재기이다.
- 주로 소집재에 이용하며, 대표적으로 썰매 형상을 하고 있는 아크야 원치가 있다.

59 다음 중 벌목용 작업 도구가 아닌 것은?

① 쐐기　　　　② 밀대

③ 이식승　　　④ 원목돌림대

해설

③ 이식승은 묘목 이식에 사용되는 양묘용 도구이다.

산림 작업 도구

구분	도구종류
조림(식재) 작업	재래식 삽, 재래식 괭이, 각식재용 양날 괭이, 사식재용 괭이, 손도끼 등
무육 작업	재래식 낫, 스위스 보육낫(무육낫), 소형 전정가위, 무육용 이리톱, 소형 손톱, 고지절단용 가지치기톱, 마세티 등
벌목 작업	톱, 도끼, 쐐기, 지렛대(목재돌림대), 밀게(밀대, 넘김대), 박피기, 사피 등
집재 작업	사피, 피비, 캔트훅, 피커룬, 파이크폴, 펄프훅 등

60 기계톱 작업 중 안내판의 끝부분이 단단한 물체와 접촉하여 체인의 반발력으로 튀어 오르는 현상은?

① 킥백 현상　　　　② 킥인 현상

③ 킥오프 현상　　　④ 킥포워딩 현상

해설

킥백(반력, kick back) 현상

안내판 끝 부분이 단단한 물체와 접촉하여 체인의 반발력으로 안내판이 작업자가 있는 뒤로 튀어 오르는 현상

01 산림토양층에서 가장 위층에 있는 것은?

① 표토층
② 심토층
③ 모재층
④ 유기물층

해설

토양 단면의 층위 순서

유기물층(O층) → 표토층(A층, 용탈층) → 심토층(B층, 집적층) → 모재층(C층) → 모암층(R층)

02 덩굴제거 작업에 대한 설명으로 옳지 않은 것은?

① 물리적방법과 화학적방법이 있다.
② 콩과식물은 디캄바액제를 살포한다.
③ 일반적인 덩굴류는 글라신액제로 처리한다.
④ 24시간 이내 강우가 예상될 경우 약제 필요량 보다 1.5배 정도 더 사용한다.

해설

덩굴제거

• 물리적 제거 방법과 화학적 제거 방법이 있다.
• 글라신액제는 비선택성으로 모든 임지의 덩굴류에 적용 가능한다.
• 디캄바액제는 콩과식물과 광엽잡초를 선택적으로 제거한다.
• 약제처리 후 24시간 이내에 강우가 예상될 경우 작업을 중지한다.

03 묘목의 가식 작업에 관한 설명으로 옳지 않은 것은?

① 장기간 가식할 때에는 다발채로 묻는다.
② 장기간 가식할 때에는 묘목을 바로 세운다.
③ 충분한 양의 흙으로 묻은 다음 관수(灌水)를 한다.
④ 일시적으로 뿌리를 묻어 건조 방지 및 생기 회복을 위해 실시한다.

해설

묘목의 가식방법

• 단기간 가식하고자 할 때에는 묘목을 다발째로 비스듬히 뉘여서 뿌리를 묻는다.
• 장기간 가식하고자 할 때에는 묘목을 다발에서 풀어 낱개로 펴고 도랑에 세워 묻는다.

04 묘목의 식혈식재(구덩이 식재) 순서를 바르게 나열한 것은?

• a : 구덩이파기	• b : 다지기
• c : 묘목 삽입	• d : 지피물 제거
• e : 지피물 피복	• f : 흙 채우기

① d → a → c → f → b → e
② d → c → a → f → b → e
③ d → a → c → b → f → e
④ d → c → a → b → f → e

해설

구덩이 식재(식혈식재) 순서

지피물 제거 – 구덩이 파기 – 묘목 삽입 – 흙 채우기 – 다지기 – 지피물 피복

05 다음 중 맹아갱신 작업에 가장 유리한 수종은?

① 소나무   ② 전나무
③ 신갈나무   ④ 은행나무

해설 ･ ･ ･

왜림작업(맹아갱신) 수종

• 참나무류, 아까시나무, 물푸레나무, 버드나무, 밤나무, 서어나무, 오리나무, 리기다소나무 등
• 활엽수 중 참나무류는 맹아력이 좋아 왜림작업 적용이 가장 용이한 수종

06 결실을 촉진시키는 방법으로 옳은 것은?

① 수목의 식재밀도를 높게 한다.
② 줄기의 껍질을 환상으로 박피한다.
③ 간벌이나 가지치기를 하지 않는다.
④ 차광망을 씌워 그늘을 만들어 준다.

해설 ･ ･ ･

② 수간의 둘레를 따라 수피를 환상으로 벗겨 내는 환상박피를 통해 탄수화물의 지하부 이동을 차단하고 상층부에 머물게 하여 개화·결실을 촉진한다.

개화·결실의 촉진방법

• 수관의 소개 : 간벌, 임분 밀도 조절, 수광량 증가
• 시비 : 비료 3요소를 알맞게 또는 질소보다는 인산, 칼륨을 많이 시비
• 환상박피 : 탄수화물의 지하부 이동 차단
• 접목 : 탄수화물의 지하부 이동 차단
• 식물 생장촉진호르몬(생장조절물질) : 지베렐린, 옥신
• 인식화분(멘토르 화분) : 불화합성 → 화합성 유도
• 스트레스 : 관수 억제, 저온 자극
• 그 밖의 기계적 처리 : 단근, 전지, 철선묶기

07 다음 중 내음성이 가장 강한 수종은?

① 밤나무   ② 사철나무
③ 오리나무   ④ 버드나무

해설 ･ ･ ･

수목별 내음성

구분	내용
극음수	주목, 사철나무, 개비자나무, 회양목, 금송, 나한백
음수	가문비나무, 전나무, 너도밤나무, 솔송나무, 비자나무, 녹나무, 단풍나무, 서어나무, 칠엽수
중용수	잣나무, 편백나무, 목련, 느릅나무, 참나무
양수	소나무, 해송, 은행나무, 오리나무, 오동나무, 향나무, 낙우송, 측백나무, 밤나무, 옻나무, 노간주나무, 삼나무
극양수	낙엽송(일본잎갈나무), 버드나무, 자작나무, 포플러, 잎갈나무

08 실생묘 표시법에서 1−1 묘란?

① 판갈이한 후 1년간 키운 1년생 묘목이다.
② 파종상에서만 1년 키운 1년생 묘목이다.
③ 판갈이를 하지 않고 1년 경과된 종자에서 나온 묘목이다.
④ 파종상에서 1년 보낸 다음, 판갈이하여 다시 1년이 지난 만 2년생 묘목으로 한 번 옮겨 심은 실생묘이다.

해설 ･ ･ ･

실생묘의 연령

앞에는 파종상에서 지낸 연수, 뒤에는 상체상(판갈이, 이식)에서 지낸 연수를 숫자로 표기한다.

• 1−1 묘 : 파종상에서 1년, 이식하여 1년을 지낸 2년생의 실생묘
• 2−1 묘 : 파종상에서 2년, 이식하여 1년을 지낸 3년생의 실생묘

09 다음 중 결실주기가 가장 긴 수종은?

① 곰솔
② 소나무
③ 전나무
④ 일본잎갈나무

해설 · · ·

주요 수종의 결실 주기

결실 주기	수종
매년(해마다)	오리나무류, 포플러류, 버드나무류
격년결실	오동나무, 소나무류, 자작나무류, 아까시나무
2~3년	낙우송, 참나무류(상수리, 굴참), 들메나무, 느티나무, 삼나무, 편백
3~4년	가문비나무, 전나무, 녹나무
5년 이상	낙엽송(일본잎갈나무), 너도밤나무

10 수확을 위한 벌채 금지 구역으로 옳지 않은 것은?

① 내화수림대로 조성·관리되는 지역
② 도로변 지역은 도로로부터 평균 수고폭
③ 벌채구역과 벌채구역 사이 100m 폭의 잔존수림대
④ 생태통로 역할을 하는 8부 능선 이상부터 정상부, 다만 표고가 100m 미만인 지역은 제외

해설 · · ·

수확을 위한 벌채 금지 구역
• 생태통로 역할을 하는 주능선 8부 이상부터 정상부
• 암석지, 석력지, 황폐우려지로서 갱신이 어려운 지역
• 계곡부의 양안 홍수위 폭
• 호소, 저수지, 하천 등 수변지역은 수변 만수위로부터 30m 내외
• 도로변 지역(도로로부터 폭 20m 이내 지역)
• 임연부
• 내화수림대로 조성·관리되는 지역
• 벌채구역과 벌채구역 사이 20m 폭의 잔존수림대

11 조림목과 경쟁하는 목적 이외의 수종 및 형질불량 목이나 폭목 등을 제거하여 원하는 수종의 조림목이 정상적으로 생장하기 위해 수행하는 작업은?

① 풀베기
② 간벌작업
③ 개벌작업
④ 어린나무 가꾸기

해설 · · ·

어린나무 가꾸기(제벌, 잡목 솎아내기)
조림목과 경쟁하는 목적 이외의 수종과 조림목 중에서도 형질이 나쁘거나 다른 수목에 피해를 주는 수목 등을 제거하는 작업이다.

12 리기다소나무 노지묘 1년생 묘목의 곤포당 본수는?

① 1,000본
② 2,000본
③ 3,000본
④ 4,000본

해설 · · ·

수종별 속당·곤포당 묘목 본수

수종	묘령	속당본수	곤포당 속수	곤포당 본수
리기다소나무	1년생	20	100	2,000
잣나무	2년생	20	100	2,000
자작나무	1년생	20	75	1,500
삼나무	2년생	20	50	1,000
호두나무	1년생	20	25	500
낙엽송	2년생	20	25	500

「종묘사업실시요령」中

13 종묘사업 실시요령의 종자품질 기준에서 다음 중 발아율이 가장 높은 수종은?

① 곰솔
② 주목
③ 전나무
④ 비자나무

해설 ···

발아율(發芽率)

- 전체 시료 종자수에 대한 일정 기간 내에 발아한 종자 수를 백분율로 나타낸 것이다.
- 곰솔 92%, 테다소나무 90%, 소나무·떡갈나무 87%로 발아율이 좋다.
- 발아율 $(\%) = \dfrac{\text{발아한 종자수}}{\text{전체 시료 종자수}} \times 100$

14 연료채취를 목적으로 벌기령을 짧게 하는 작업종은?

① 죽림작업　　　② 택벌작업
③ 왜림작업　　　④ 개벌작업

해설 ···

갱신작업종(주벌수확, 수확을 위한 벌채)

- 개벌작업 : 임목 전부를 일시에 벌채. 모두베기
- 모수작업 : 모수만 남기고, 그 외의 임목을 모두 벌채
- 산벌작업 : 3단계의 점진적 벌채. 예비벌－하종벌－후벌
- 택벌작업 : 성숙한 임목만을 선택적으로 골라 벌채. 골라베기
- 왜림작업 : 연료재 생산을 위한 짧은 벌기의 개벌과 맹아갱신
- 중림작업 : 용재의 교림과 연료재의 왜림을 동일 임지에 실시

15 중림작업의 상층목 및 하층목에 대한 설명으로 옳지 않은 것은?

① 일반적으로 하층목은 비교적 내음력이 강한 수종이 유리하다.
② 하층목이 상층목의 생장을 방해하여 대경재 생산에 어려운 단점이 있다.
③ 상층목은 지하고가 높고 수관밀도가 낮은 수종이 좋다.

④ 상층목과 하층목은 동일 수종으로 주로 실시하나, 침엽수 상층목과 활엽수 하층목의 임분 구성을 중림으로 취급하는 경우도 있다.

해설 ···

중림작업(中林作業)

- 상목과 하목은 동일 수종으로 조성하는 것이 원칙이지만, 용재생산에 유리한 침엽수종을 상목으로 하고 맹아갱신이 우수한 참나무류 등을 하목으로 하여 혼생시키기도 한다.
- 내음성이 강하고 맹아력이 좋은 수종을 하층목으로 식재하며, 상층목은 하층목 발달을 위하여 지하고가 높고, 수관밀도가 낮은 것이 좋다.

16 가지치기에 관한 설명으로 옳지 않은 것은?

① 포플러류는 역지(으뜸가지) 이하의 가지를 제거한다.
② 임목의 질적 개선으로, 옹이가 없고 통직한 완만재 생산을 위한 육림작업이다.
③ 큰 생가지를 잘라도 위험성이 적은 수종은 물푸레나무, 단풍나무, 벚나무, 느릅나무 등이다.
④ 나무가 생리적으로 활동하고 있을 때 가지치기를 하면 껍질이 잘 벗겨지고 상처가 크게 된다.

해설 ···

가지치기

- 마디가 없는 무절 완만재를 생산할 수 있다.
- 산 가지치기는 가급적 생장휴지기인 11~3월(늦가을 ~초봄)에 수목의 수액이 유동하기 직전에 실시한다.
- 가지치기의 정도는 역지(으뜸가지) 이하의 가지로 한다.
- 활엽수 중 특히 단풍나무, 물푸레나무, 벚나무, 느릅나무 등은 절단부위가 썩기 쉬워 생가지치기를 하지 않는다(부후의 위험성).

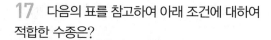

17 다음의 표를 참고하여 아래 조건에 대하여 적합한 수종은?

[조건]
• 첫해에는 파종상에서 경과한다.
• 다음 해에는 그대로 둔다.
• 3년째 봄에 판갈이한다.
• 4년째 봄에 산에 심는다.

수종	1	2	3	4	5
소나무	○	−	△		
잣나무	○	−	×	△(−)	(△)
삼나무	○	×	△(×)	(−)	(△)
신갈나무	○	×	△		

○ : 파종, × : 판갈이, △ : 산출,
− : 거치(남겨둠), ( ) : 대체안

① 소나무
② 잣나무
③ 삼나무
④ 신갈나무

해설 ...

판갈이 작업
• 파종상에서 키운 묘목을 다른 상(床)으로 옮겨 심는 작업으로 상체(床替) 또는 이식(移植)이라고도 한다.
• 위의 수종별 판갈이 작업표에서 잣나무는 첫해에 파종상에서 경과하고, 다음 해에 그대로 거치한 뒤, 3년 째에 판갈이하고, 4년 째에 조림지로 산출한다.

18 잔존시키는 임목의 성장 및 형질 향상을 위하여 임목 간의 경쟁을 완화시키는 작업은?

① 개벌작업
② 간벌작업
③ 택벌작업
④ 산벌작업

해설 ...

솎아베기(간벌, 間伐)
• 수목이 생장함에 따라 광선, 수분 및 양분 등의 경쟁이 심해지므로 이를 완화하기 위해 일부 수목을 베어 밀도를 낮추고 남은 수목의 생장을 촉진시키는 작업이다.

• 최종 생산될 잔존목의 생장 촉진과 형질 향상을 위하여 실시한다.

19 3년생 잣나무를 관리하기 위해 풀베기 작업 계획 수립 시 가장 적절하지 않은 것은?

① 모두베기를 한다.
② 5~8년간은 계속한다.
③ 5~7월 중에 실행한다.
④ 잡초가 무성한 곳은 한 해에 2번 실행한다.

해설 ...

① 모두베기는 소나무, 낙엽송, 삼나무, 편백 등 주로 양수에 적용한다. 어린잣나무는 음수의 성질을 가지고 있다.

풀베기의 시기와 정도
• 일반적으로 잡풀들이 자라나 피해를 입히기 시작하는 5~7월에 실시한다.
• 잣나무와 소나무류는 5~8회를 기준으로 한다.
• 잡초목이 무성할 경우 연 2회 실시한다.

20 나무를 굽게 하고 생장을 저하시키며 심한 경우 나무줄기를 부러뜨리는 기후 인자는?

① 수분
② 바람
③ 광선
④ 온도

해설 ...

바람에 의한 피해
통상적 바람인 주풍과 폭풍, 강풍 등이 불 때 수목이 과도한 증산작용으로 고사하거나, 형태 변화 및 뿌리가 뽑히고 가지가 부러지는 등의 기계적 상해를 입게 되는 피해이다.

21 모수작업법을 이용한 산림 갱신에서 모수의 조건으로 적합하지 않은 것은?

① 유전적 형질이 좋아야 한다.

② 우세목 중에서 고르도록 한다.

③ 종자는 많이 생산할 수 있어야 한다.

④ 바람에 대한 저항력은 고려 대상이 아니다.

해설 ···

모수의 선택 조건

- 유전적 형질 : 형질이 우수하여 활력이 좋으며 평균 이상으로 생장이 양호한 수종
- 풍도에 대한 저항력 : 균형 잡힌 수형과 심근성 뿌리로 바람에 대한 저항력이 강한 수종
- 적정 결실 연령 : 너무 어리거나 노쇠하지 않은 결실 연령에 달한 수종
- 종자 결실 능력 : 종자의 결실량이 많고, 종자가 가볍거나 날개가 달려 비산능력이 좋은 수종
- 기타 : 강렬한 햇빛으로부터 보호하기 위해 수피가 두꺼운 수종, 갑작스러운 환경 변화에 잘 적응할 수 있는 수종 등

22 종자 검사에 관한 설명으로 옳지 않은 것은?

① 실중이란 1리터에 대한 무게를 나타낸 것이다.

② 효율이란 발아율과 순량률의 곱으로 계산할 수 있다.

③ 발아율이란 일정한 수의 종자 중에서 발아력이 있는 것을 백분율로 표시한 것이다.

④ 순량율이란 일정한 양의 종자 중 협잡물을 제외한 종자량을 백분율로 표시한 것이다.

해설 ···

종자 품질검사 기준

- 실중(實重) : 종자 1,000립의 무게, g 단위
- 용적중(容積重) : 종자 1리터의 무게, g 단위
- 순량률(純量率) : 전체 시료 종자량(g)에 대한 순정종자량(g)의 백분율

- 발아율(發芽率) : 전체 시료 종자수에 대한 발아종자수의 백분율
- 발아세(發芽勢) : 전체 시료 종자수에 대한 가장 많이 발아한 날까지 발아한 종자수의 백분율
- 효율(效率) : 종자의 실제 사용가치로 순량률과 발아율을 곱한 백분율

23 2ha의 면적에 2m 간격으로 정방형으로 묘목을 식재하고자 할 때 소요 묘목본수는?

① 2,000본 ② 2,500본

③ 4,000본 ④ 5,000본

해설 ···

정방형 식재

2ha＝20,000m²이므로, 본수는

$$N = \frac{A}{a^2} = \frac{20,000}{2^2} = 5,000본$$

여기서, N : 소요 묘목 본수

A : 조림지 면적(m²)

a : 묘간거리(m)

24 산벌작업의 순서로 옳은 것은?

① 예비벌 → 후벌 → 하종벌

② 하종벌 → 예비벌 → 후벌

③ 예비벌 → 하종벌 → 후벌

④ 하종벌 → 후벌 → 예비벌

해설 ···

산벌작업의 단계

- 예비벌(豫備伐) : 갱신 준비 단계의 벌채로 모수로서 부적합한 병충해목, 피압목, 폭목, 불량목 등을 선정하여 제거한다.
- 하종벌(下種伐) : 종자가 결실이 되어 충분히 성숙되었을 때 벌채하여 종자의 낙하를 돕는 단계이다.
- 후벌(後伐) : 남겨 두었던 모수를 점차적으로 벌채하여 신생임분의 발생을 돕는 단계이다.

25 밤나무 종자의 정선 방법으로 가장 좋은 것은?

① 입선법　　　　② 수선법
③ 풍선법　　　　④ 사선법

해설 ・・・

종자의 정선(精選)

쭉정이, 종자날개, 나무껍질, 나뭇잎, 흙 등의 이물질을 제거하여 좋은 종자를 가려내는 작업

구분		내용
풍선법(風選法)		• 바람을 일으키는 기기를 사용하여 불순물을 분리 • 소나무류, 가문비나무류, 낙엽송류에 적용 • 전나무, 삼나무에는 효과 낮음
사선법(篩選法)		종자보다 크거나 작은 체로 쳐서 불순물 제거 후 종자 선별
액체선법 (液體選法)	수선법 (水選法)	• 깨끗한 물에 일정 시간 종자를 침수시켜 선별 • 가라앉은 종자가 충실한 종자 • 잣나무, 향나무, 상수리나무, 주목, 측백 등의 중대립종자에 적용
	식염수선법 (食鹽水選法)	• 물에 소금을 탄 비중액(1.18)을 이용하여 선별 • 옻나무처럼 비중이 큰 종자의 선별에 이용
입선법(粒選法)		• 종자 낱알을 눈으로 보며 직접 손으로 하나하나 선별 • 밤나무, 호두나무, 가래나무, 상수리나무, 칠엽수, 목련 등의 대립종자

26 솔잎혹파리에 대한 설명으로 옳지 않은 것은?

① 완전변태를 한다.
② 솔잎의 기부에서 즙액을 빨아 먹는다.
③ 1년에 2회 발생하며 알로 월동한다.
④ 기생성 천적으로 솔잎혹파리먹좀벌 등이 있다.

해설 ・・・

솔잎혹파리

• 유충이 솔잎 기부에 들어가 벌레혹을 만들고 그 속에서 수목을 가해하며 피해를 준다.
• 연 1회 발생하며, 땅속에서 유충으로 월동한다.
• 솔잎혹파리먹좀벌, 혹파리살이먹좀벌, 혹파리등뿔먹좀벌 등의 천적 기생벌을 이용하여 방제한다.

27 다음 살충제 중에서 불임제의 작용 특성을 가진 것은?

① 비산석회　　　② 알킬화제
③ 크레오소트　　④ 메틸브로마이드

해설 ・・・

불임제(不姙濟)

화학적 방법으로 해충의 불임을 조장하는 약제. 예 알킬화제

28 잣이나 솔방울 등 침엽수의 구과를 가해하는 해충은?

① 솔나방　　　　② 솔박각시
③ 소나무좀　　　④ 솔알락명나방

해설 ・・・

솔알락명나방

소나무류나 잣나무의 구과(종실)를 가해하여 잣송이의 수확량을 크게 감소시키는 피해를 준다.

29 어스렝이나방에 대한 설명으로 옳지 않은 것은?

① 알로 월동한다.
② 1년에 1회 발생한다.
③ 유충이 열매를 가해한다.
④ 플라타너스, 호두나무 등을 가해한다.

해설 ∙ ∙ ∙

어스렝이나방(밤나무산누에나방)
• 연 1회 발생하며, 수피 사이에서 알로 월동한다.
• 유충이 밤나무, 호두나무 등의 잎을 갉아먹는 식엽성 해충이다.

30 세균에 의한 병이 아닌 것은?

① 잎떨림병 ② 불마름병
③ 뿌리혹병 ④ 세균성 구멍병

해설 ∙ ∙ ∙

① 잎떨림병은 자낭균에 의한 수목병이다.

세균에 의한 수목병
뿌리혹병, 밤나무눈마름병, 불마름병 등

31 벚나무빗자루병의 방제법으로 옳지 않은 것은?

① 디페노코나졸 입상수화제를 살포한다.
② 옥시테트라사이클린 항생제를 수간주사한다.
③ 동절기에 병든 가지 밑부분을 잘라 소각한다.
④ 이미녹타딘트리스알베실레이트 수화제를 살포한다.

해설 ∙ ∙ ∙

② 옥시테트라사이클린 항생제는 파이토플라스마 수병을 치료하는 약제이다.

벚나무빗자루병 방제법
벚나무빗자루병은 자낭균에 의한 수병으로 병든 가지를 꾸준히 제거 및 소각하여 방제한다.

32 다음 살충제 중 가장 친환경적인 농약은?

① 비티수화제 ② 디프수화제
③ 메프수화제 ④ 베스트수화제

해설 ∙ ∙ ∙

BT제(비티수화제)
• 다른 생물에는 무해하지만 해충에는 살충효과를 나타내는 미생물 제제, 생물농약
• 미생물에서 유래한 친환경 천연 살충제로 유기농업에 많이 활용
• 솔나방, 집시나방, 복숭아명나방 등의 주로 나비목 유충 방제에 이용

33 피해목을 벌채한 후 약제 훈증처리의 방제가 필요한 수병은?

① 뽕나무오갈병
② 잣나무털녹병
③ 소나무잎녹병
④ 참나무시들음병

해설 ∙ ∙ ∙

참나무시들음병
• 병원균이 도관에 증식하여 양수분의 이동을 막아 잎이 빨갛게 시들고 급속히 말라죽는 피해를 입는 수병이다.
• 피해목을 벌채하여 타포린으로 덮은 후 훈증제를 처리하여 방제한다.

34 저온에 의한 피해의 종류가 아닌 것은?

① 상한(frost harm)
② 상렬(frost crack)
③ 상해(frost injury)
④ 상주(frost heaving)

해설 ∙ ∙ ∙

저온에 의한 피해 일반
• 저온으로 인한 수목의 피해에는 냉해(冷害), 한상(寒傷), 한해(寒害), 동해(凍害) 등이 있다.
• 결빙현상으로 인한 동해에는 상해(霜害), 상렬(霜裂), 상주(霜柱)가 있다.

정답 30 ① 31 ② 32 ① 33 ④ 34 ①

35 대기오염물질 중 아황산가스에 잘 견디는 수종으로 옳은 것은?

① 전나무, 느릅나무 ② 소나무, 사시나무
③ 단풍나무, 향나무 ④ 오리나무, 느티나무

해설 ･ ･ ･

아황산가스(SO_2) 피해 수종
• 저항성이 약한 수종 : 느티나무, 황철나무, 소나무, 층 층나무, 들메나무, 전나무, 벚나무 등
• 저항성이 강한 수종 : 은행나무, 향나무, 단풍나무, 사 철나무, 가시나무, 무궁화, 개나리, 철쭉 등

36 미국흰불나방이나 텐트나방의 유충은 함께 모여 살면서 잎을 가해하는 습성이 있는데, 이를 이용하여 유충을 태워 죽이는 해충 방제 방법은?

① 경운법 ② 차단법
③ 소살법 ④ 유살법

해설 ･ ･ ･

해충의 기계적 방제법
• 포살법(捕殺法) : 기구나 손을 이용하여 직접 잡아 죽 이는 방법
• 소살법(燒殺法) : 불을 붙인 솜방망이로 군서 중인 유 충 등을 태워 죽이는 방법
• 유살법(誘殺法) : 해충을 유인하여 죽이는 방법
• 경운법(耕耘法) : 토양을 갈아엎어 땅속해충을 지면에 노출시켜 직접 잡거나 새들의 포식으로 없애는 방법
• 차단법 : 이동성 곤충의 이동을 차단하여 잡는 방법
• 기타 : 찔러 죽임, 진동을 주어(나무를 털어) 떨어뜨려 잡아 죽임 등

37 바이러스에 의한 수목병으로 옳은 것은?

① 전나무잎녹병
② 밤나무줄기마름병
③ 대추나무빗자루병
④ 아까시나무모자이크병

해설 ･ ･ ･

바이러스에 의한 수목병
포플러모자이크병, 아까시나무모자이크병 등의 모자이 크병

38 내화력이 강한 수종으로 옳은 것은?

① 사철나무, 피나무
② 분비나무, 녹나무
③ 가문비나무, 삼나무
④ 사시나무, 아까시나무

해설 ･ ･ ･

수목의 내화력

구분	강한 수종	약한 수종
침엽수	은행나무, 잎갈나무, 분비나무, 낙엽송, 가문비나무, 개비자나무, 대왕송	소나무, 해송(곰솔), 삼나무, 편백
상록 활엽수	동백나무, 사철나무, 회양목, 아왜나무, 황벽나무, 가시나무	녹나무, 구실잣밤나무
낙엽 활엽수	참나무류, 고로쇠나무, 음나무, 피나무, 마가목, 사시나무	아까시나무, 벚나무

39 우리나라에서 발생하는 주요 소나무류 잎 녹병균의 중간기주가 아닌 것은?

① 잔대 ② 현호색
③ 황벽나무 ④ 등골나물

해설 ･ ･ ･

이종기생녹병균의 중간기주

수목병	중간기주
잣나무털녹병	송이풀, 까치밥나무
소나무잎녹병	황벽나무, 참취, 잔대
소나무혹병	졸참나무 등의 참나무류
배나무붉은별무늬병	향나무
포플러잎녹병	낙엽송(일본잎갈나무), 현호색

정답 35 ③ 36 ③ 37 ④ 38 ① 39 ②

40 선충에 대한 설명으로 옳지 않은 것은?

① 기생성 선충과 비기생성 선충이 있다.

② 대부분이 잎에 기생하며 잎의 즙액을 먹는다.

③ 선충에 의한 수목병은 뿌리썩이선충병과 소나무재선충병 등이 있다.

④ 기생 부위에 따라 내부기생, 외부기생, 반내부기생선충으로 나눌 수 있다.

해설
식물선충은 생활사의 일부 또는 전부가 토양을 경유하는 토양선충이 대부분으로, 주로 뿌리에 기생하며 흡즙하여 피해를 준다.

41 2행정 내연기관에서 외부의 공기가 크랭크실로 유입되는 원리로 옳은 것은?

① 피스톤의 흡입력

② 기화기의 공기펌프

③ 크랭크축 운동의 원심력

④ 크랭크실과 외부와의 기압차

해설
2행정 내연기관의 작동 원리
• 피스톤의 상승, 하강의 2행정으로 크랭크축이 1회전하여 1사이클이 완성된다.
• 피스톤 상승 시 크랭크실로 공기가 흡입되며, 피스톤 하강 시 압축 혼합가스가 실린더로 유입되고 연소된 혼합가스는 배출된다.
• 공기 유입은 크랭크실과 외부와의 기압차로 발생한다.

42 기계톱에 사용하는 윤활유에 대한 설명으로 옳은 것은?

① 윤활유 SAE20W 중 W는 중량을 의미한다.

② 윤활유 SAE30 중 SAE는 국제자동차협회의 약자이다.

③ 윤활유의 점액도 표시는 사용 외기온도로 구분된다.

④ 윤활유 등급을 표시하는 번호가 높을수록 점도가 낮다.

해설
엔진오일(윤활유)의 점도(점액도, 점성도)
• SAE(Society of Automotive Engineers, 미국자동차기술자협회)에서는 점도(粘度)에 의해 엔진오일의 규격을 SAE 5W, SAE 10W, SAE 20, SAE 30 등으로 분류한다.
• 'SAE 숫자'로 표시하는데, 숫자가 클수록 점도가 크며, 숫자 뒤에 'W'는 겨울철용임을 의미한다.
• 엔진오일의 점액도(점도) 표시는 사용 외기온도에 따라 구분한다.

43 내연기관에서 연접봉(커넥팅로드)이란?

① 크랭크 양쪽으로 연결된 부분을 말한다.

② 엔진의 파손된 부분을 용접하는 봉이다.

③ 크랭크와 피스톤을 연결하는 역할을 한다.

④ 엑셀 레버와 기화기를 연결하는 부분이다.

해설
커넥팅로드(연접봉)
크랭크축과 피스톤을 연결하는 역할을 하는 봉이다.

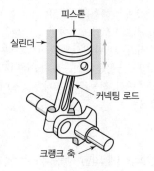

44 기계톱의 에어필터를 청소하고자 할 때 가장 적합한 것은?

① 물
② 오일
③ 휘발유
④ 휘발유와 오일 혼합액

해설 ...

톱밥, 이물질 등으로 오염된 에어필터는 휘발유, 석유 등으로 깨끗하게 청소한다.

45 기계톱 작업 중 소음이 발생하는데 이에 대한 방음 대책으로 옳지 않은 것은?

① 작업시간 단축
② 방음용 귀마개 사용
③ 머플러(배기구) 개량
④ 안전복 및 안전화 착용

해설 ...

기계톱 소음에 대비한 방음 대책
방음용 귀마개 착용, 작업시간 단축, 머플러(배기구) 개량 등

46 디젤기관의 특징이 아닌 것은?

① 압축열에 의한 자연발화 방식이다.
② 연료는 윤활유와 함께 혼합하여 넣는다.
③ 진동 및 소음이 가솔린기관에 비해 크다.
④ 배기가스 온도가 가솔린기관에 비해 낮다.

해설 ...

② 휘발유와 윤활유를 25 : 1로 혼합하여 사용하는 것은 2행정 가솔린엔진의 특징이다.

디젤엔진의 특징
• 압축열에 의한 자연발화 방식이다. (점화장치 ×)
• 연료소비율이 낮아 연료비가 저렴하다.

• 배기가스 온도가 낮다.
• 소음 및 진동이 크며, 매연이 발생한다.

47 기계톱에서 깊이제한부의 주요 역할은?

① 톱날 보호
② 절삭 두께 조절
③ 톱날 연결 고정
④ 톱날 속도 조절

해설 ...

깊이제한부
톱날이 나무를 깎는 깊이를 조절할 수 있는 부분으로 절삭두께 조절 기능을 한다.

48 예불기 구성요소인 기어케이스 내 그리스(윤활유)의 교환은 얼마 사용 후 실시하는 것이 가장 효과적인가?

① 10시간
② 20시간
③ 50시간
④ 200시간

해설 ...

예불기의 오일
• 기어는 마찰력이 크기 때문에 원활한 작동을 위해서는 기어케이스 등에 그리스(윤활유)를 적정량 주입한다.
• 기어케이스 내부의 그리스 교환 시기는 20시간이다.

49 무육작업용 장비로 활용하기 가장 부적합한 것은?

① 손도끼
② 전정가위
③ 재래식 낫
④ 가지치기 톱

해설 ...

산림 작업 도구

구분	도구종류
조림(식재) 작업	재래식 삽, 재래식 괭이, 각식재용 양날 괭이, 사식재용 괭이, 손도끼 등

구분	도구종류
무육 작업	재래식 낫, 스위스 보육낫(무육낫), 소형 전정가위, 무육용 이리톱, 소형 손톱, 고지 절단용 가지치기톱, 마세티 등
벌목 작업	톱, 도끼, 쐐기, 지렛대(목재돌림대), 밀게(밀대, 넘김대), 박피기, 사피 등
집재 작업	사피, 피비, 캔트훅, 피커룬, 파이크폴, 펄프훅 등

50 산림용 기계톱에 사용하는 연료의 배합기준(휘발유 : 엔진오일)으로 가장 적합한 것은?

① 25 : 1 　　② 4 : 1
③ 1 : 25 　　④ 1 : 4

해설　　· · ·

체인톱의 연료
휘발유(가솔린)와 윤활유(엔진오일)를 25 : 1로 혼합하여 사용한다.

51 삼각톱니의 젖히기에 대한 설명으로 옳지 않은 것은?

① 침엽수는 활엽수보다 많이 젖혀준다.
② 나무와의 마찰을 줄이기 위한 것이다.
③ 젖힘의 크기는 0.2～0.5mm가 적당하다.
④ 톱니 뿌리선으로부터 1/3지점을 중심으로 젖혀준다.

해설　　· · ·

톱니 젖힘
• 톱니 젖힘은 나무와의 마찰을 줄이기 위하여 실시한다.
• 침엽수는 활엽수보다 목섬유가 연하고 마찰이 크기 때문에 많이 젖혀준다.
• 톱니 젖힘은 톱니뿌리선으로부터 2/3지점을 중심으로 하여 젖혀준다.
• 젖힘의 크기는 0.2～0.5mm가 적당하다.

52 임업용 기계톱의 엔진을 냉각하는 방식으로 주로 사용되는 것은?

① 공랭식 　　② 수랭식
③ 호퍼식 　　④ 라디에이터식

해설　　· · ·

체인톱(엔진톱, 기계톱)
• 우리나라에서는 주로 1기통 2행정 공랭식 가솔린 엔진을 사용하여 작업한다.
• 공랭식 : 엔진열의 제거를 위해 실린더 주변을 공기로 냉각하는 장치

53 분해된 기계톱의 체인 및 안내판을 다시 결합할 때 제일 먼저 해야될 사항은?

① 스프라켓에 체인이 잘 걸려있는지 확인한다.
② 체인장력 조정나사를 시계 방향으로 돌려 체인장력을 조절한다.
③ 체인을 스프라켓에 걸고 안내판의 아래쪽 큰 구멍을 안내판 조정핀에 끼운다.
④ 체인장력 조정나사를 시계 반대 방향으로 돌려 장력조절핀을 안쪽으로 유도시킨다.

해설　　· · ·

체인의 결합
• 먼저 체인장력조정나사를 시계 반대방향으로 돌려 풀어준다.
• 체인을 스프라켓에 걸고, 체인장력조정나사를 시계 방향으로 돌려 장력을 조절한다.
• 안내판에 체인이 가볍게 붙을 때가 장력이 적당한 상태이다.

정답　50 ① 51 ④ 52 ① 53 ④

54 벌목작업 도구 중에서 쐐기는?

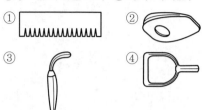

> **해설** · · ·

①은 이식판, ②는 절단용 쐐기, ③은 식혈봉, ④는 박피기이다.

쐐기
주로 벌도 방향 결정과 안전작업을 위해 사용되며, 톱질시 톱이 끼지 않도록 괴는 데도 쓰인다.

55 벌도와 벌도목을 모아쌓는 기능이 주목적으로 가지 제거나 절단 기능은 없는 임업기계는?

① 스키더　　　　② 펠러번쳐
③ 하베스터　　　④ 프로세서

> **해설** · · ·

임목수확기계의 종류

종류	작업내용
트리펠러 (tree feller)	벌도만 실행
펠러번처 (feller buncher)	벌도와 집적(모아서 쌓기)의 2가지 공정 실행 ✎ 가지치기, 절단 ×
프로세서 (processor)	• 집재된 전목재의 가지치기, 절단, 초두부 제거, 집적 등의 조재작업을 전문적으로 실행 ✎ 벌도 × • 산지집재장에서 작업하는 조재기계
하베스터 (harvester)	• 벌도, 가지치기, 조재목 마름질, 토막내기 작업을 모두 수행 • 대표적 다공정 처리기계로 임내에서 벌도 및 각종 조재작업 수행

56 산림작업의 벌출공정 구성요소로 옳지 않은 것은?

① 조사　　　　② 벌목
③ 조재　　　　④ 집재

> **해설** · · ·

임목 수확작업의 종류와 순서
벌도(벌목) – 조재 – 집재 – 운재

57 산림작업 도구에 대한 설명으로 옳지 않은 것은?

① 도구의 손잡이는 사용자의 손에 잘 맞아야 한다.
② 작업자의 힘이 최대한 도구의 날 부분에 전달될 수 있어야 한다.
③ 도구의 자루에 사용되는 재료는 열전도율이 높고 탄력이 좋아야 한다.
④ 도구의 날과 자루는 작업 시 발생하는 충격을 작업자에게 최소한으로 줄일 수 있어야 한다.

> **해설** · · ·

작업도구 원목 자루(손잡이)의 요건
• 원목으로 제작 시 탄력(탄성)이 크며, 목질이 질긴 것이 좋다.
• 옹이가 없고, 열전도율이 낮은 나무가 좋다.

58 산림용 기계톱 구성요소인 쏘체인(saw−chain)의 톱날 모양으로 옳지 않은 것은?

① 리벳형(rivet)　　② 안전형(safety)
③ 치젤형(chisel)　　④ 치퍼형(chipper)

> **해설** · · ·

톱체인(쏘체인)의 종류
대패형(치퍼형, chipper), 끌형(치젤형, chisel), 반끌형(세미치젤형, semi−chisel), 개량끌형(슈퍼치젤형, super−chisel), 톱 파일링형(top−filing), 안전형(safety) 등

59 산림작업 시 준수할 사항으로 옳지 않은 것은?

① 안전장비를 착용한다.
② 규칙적으로 휴식한다.
③ 가급적 혼자서 작업한다.
④ 서서히 작업속도를 높인다.

해설 ···

안전사고의 예방 수칙(작업 시 준수사항)
• 혼자 작업하지 않으며, 2인 이상 가시 · 가청권 내에서 작업한다.
• 올바른 장비와 기술을 사용하여 작업한다.
• 작업실행에 심사숙고하며, 서두르지 말고 침착하게 작업한다.
• 긴장하지 말고, 부드럽고 율동적인 작업을 한다.
• 규칙적으로 휴식하고, 휴식 후 서서히 작업 속도를 올린다.

60 전문 벌목용 기계톱에서 본체의 일반적인 수명은?

① 약 150시간 ② 약 450시간
③ 약 600시간 ④ 약 1,500시간

해설 ···

체인톱의 사용시간(수명)
• 체인톱 본체 : 약 1,500시간
• 안내판 : 약 450시간
• 톱체인(쏘체인) : 약 150시간

01 묘목의 굴취시기로 가장 좋지 않은 때는?

① 흐린 날

② 비오는 날

③ 바람이 없는 날

④ 잎의 이슬이 마른 시간

> **해설** · · ·
>
> 묘목 굴취의 적기
> - 실시 : 습도가 높고, 흐리며, 바람이 없고, 서늘한 날, 아침 이슬이 마른 시간 등
> - 금지 : 비가 오거나 바람이 심하게 부는 날, 아침 이슬이 마르지 않은 새벽 등

02 동령림과 비교한 이령림의 장점으로 옳지 않은 것은?

① 산림경영상 산림조사 및 수확이 간편하다.

② 병충해 등 유해인자에 대한 저항력이 높다.

③ 시장의 목재 경기에 따라 벌기 조절에 융통성이 있다.

④ 숲의 공간구조가 복잡하여 생태적 측면에서는 바람직한 형태이다.

> **해설** · · ·
>
> ①은 동령림의 장점이다.
>
> 이령림의 장점
> - 지속적인 수입이 가능하여 소규모 임업경영에 적용할 수 있다.
> - 주기적 벌채 시마다 가치가 없는 개체목을 제거할 수 있다.
> - 시장 여건에 맞는 유연한 벌채를 할 수 있다.
> - 천연갱신에 유리하다.

- 병충해 등 각종 유해인자에 대한 저항력이 높다.
- 숲의 공간구조가 복잡하여 생태적 측면에서는 바람직한 형태이다.

03 제벌작업에 대한 설명으로 옳지 않은 것은?

① 가급적 여름철에 실행한다.

② 낫, 톱, 도끼 등의 작업도구가 필요하다.

③ 침입수종과 불량목 등 잡목 솎아베기 작업을 실시한다.

④ 간벌작업 실시 후 실시하는 작업단계로서 보육작업에서 가장 중요한 단계이다.

> **해설** · · ·
>
> 제벌(어린나무 가꾸기, 잡목 솎아내기)
> - 조림목과 경쟁하는 목적 이외의 수종과 조림목 중에서도 형질이 나쁘거나 다른 수목에 피해를 주는 수목 등을 제거하는 작업이다.
> - 식재 후에 조림목이 임관을 형성한 후부터 간벌하기 이전에 실행한다.
> - 일 년 중에서는 나무의 고사상태를 알고 맹아력을 감소시키기에 가장 적합한 6~9월(여름)에 실시하는 것이 좋다.

04 묘목을 단근할 때 나타나는 현상으로 옳은 것은?

① 주근 발달 촉진

② 활착율이 낮아짐

③ T/R율이 낮은 묘목 생산

④ 품질이 안 좋은 묘목 생산

단근(斷根, 뿌리 끊기)

굵은 직근을 잘라 양수분의 흡수를 담당하는 가는 측근과 세근을 발달시키는 작업으로 조림지에 이식하였을 때 활착률이 좋아지며 T/R률이 낮은 건실한 묘목을 생산할 수 있다.

05 접목의 활착률이 가장 높은 것은?

① 대목과 접수 모두 휴면 중일 때
② 대목과 접수 모두 생리적 활동을 시작하였을 때
③ 대목은 생리적 활동을 시작하고 접수는 휴면 중일 때
④ 대목은 휴면 중이고 접수는 생리적 활동을 시작하였을 때

접목(椄木, 접붙이기)

- 접목은 잘라낸 식물의 일부분을 서로 접합시켜 하나의 완성된 개체를 만드는 무성번식방법이다.
- 지하부가 되는 식물을 대목(臺木), 지상부가 되는 식물을 접수(椄穗)라고 한다.
- 접수는 휴면상태이고 대목은 생리적 활동을 시작한 상태가 접합에 가장 좋다.

06 산림 부식질의 기능으로서 옳지 않은 것은?

① 토양 가비중을 높인다.
② 토양 입자를 단단히 결합한다.
③ 토양수분의 이동, 저장에 영향을 미친다.
④ 질소, 인산 같은 양분의 공급원으로 제공된다.

① 부식질은 토양의 가비중을 낮춘다. 가비중이란 채취한 토양의 부피에 대한 건조한 토양의 무게비를 말하는 것으로 부식함량이 높은 토양은 가벼워 가비중은 낮다.

산림토양에서 유기물 및 부식(humus)의 기능

- 양분공급으로 유용미생물의 생육 자극
- 토양입자를 결합하여 안정한 입단구조 형성
- 토양구조 개량으로 통기성 및 보수력 증대
- 산성토양의 간접적 개량

07 발아에 가장 오랜 시일이 필요한 수종은?

① 화백
② 옻나무
③ 솔송나무
④ 자작나무

수종별 발아시험기간

- 14일(2주) : 사시나무, 느릅나무 등
- 21일(3주) : 가문비나무, 아까시나무, 편백, 화백 등
- 28일(4주) : 소나무, 해송, 낙엽송, 삼나무, 자작나무, 오리나무 등
- 42일(6주) : 전나무, 목련, 느티나무, 옻나무 등

08 종자의 과실이 시과(翅果)로 분류되는 수종은?

① 참나무
② 소나무
③ 단풍나무
④ 호두나무

시과(翅果)

- 과피에 날개가 달린 과실
- 단풍나무류, 물푸레나무류, 느릅나무류, 가죽나무, 들메나무, 느티나무 등

09 참나무속에 속하며 우리나라 남쪽 도서지방 등 따뜻한 곳에서 나는 상록성 수종은?

① 굴참나무
② 신갈나무
③ 가시나무
④ 너도밤나무

해설 · · ·

가시나무

- 참나무과 참나무속(*Quercus*) 가시나무류에 속하는 수종이다.
- 주로 우리나라의 제주도와 남해안 등의 따뜻한 곳에 분포하는 난대림의 대표 상록활엽수이다.

10 종자의 저장과 발아촉진을 겸하는 방법은?

① 냉습적법
② 노천매장법
③ 침수처리법
④ 황산처리법

해설 · · ·

노천매장법(露天埋藏法)

- 노천에 일정 크기(깊이 50~100cm)의 구덩이를 파고 종자를 모래와 섞어서 묻어 저장하는 방법이다.
- 건조에 의하여 생활력을 잃기 쉬운 수종의 종자에 적용하며, 저장과 함께 종자 후숙에 따른 발아촉진의 효과도 겸한다.

11 수목의 측아생장을 억제하여 정아생장을 촉진시키는 호르몬은?

① 옥신
② 에틸렌
③ 사이토키닌
④ 아브시스산

해설 · · ·

옥신(auxin)

수목의 정아에서 생성되어 측아생장을 억제하고 정아생장을 촉진시키는 호르몬으로 길이생장에 관여한다.

12 가식 작업에 대한 설명으로 옳지 않은 것은?

① 가급적 물이 잘 고이는 곳에 묻는다.
② 일시적으로 뿌리를 묻어 건조를 방지한다.
③ 낙엽수는 묘목 전체를 땅 속에 묻어도 된다.
④ 조림지의 환경에 순응시키기 위해 실시한다.

해설 · · ·

① 물이 고이거나 과습하지 않은 곳에 묻어야 한다.

가식(假植)

- 묘목을 심기 전 일시적으로 도랑을 파서 그 안에 뿌리를 묻어 건조를 방지하고 생기를 회복시키는 작업이다.
- 조림지에 심기 전 임시로 근처 가까운 곳에 심어 조림지의 환경에 적응하도록 돕는 것이다.

13 묘목의 연령을 표시할 때 1/2묘란?

① 6개월 된 삽목묘이다.
② 뿌리가 1년, 줄기가 2년 된 묘목이다.
③ 1/1묘의 지상부를 자른지 1년이 지난 묘이다.
④ 이식상에서 1년, 파종상에서 2년을 보낸 만 3년생의 묘목이다.

해설 · · ·

삽목묘의 연령

분수로 나타내며, 뿌리의 나이를 분모, 줄기의 나이를 분자로 표기한다.

- 0/0 묘 : 뿌리도 줄기도 없는 삽수 자체로서 실생묘의 씨앗에 해당
- 1/1 묘 : 삽목한 지 1년이 경과되어 뿌리 1년, 줄기 1년 된 삽목묘
- 0/1 묘 : 삽목 1년 후 지상부를 잘라 1년 된 뿌리만 있는 삽목묘
- 1/2 묘 : 0/1 묘가 1년 경과하여 뿌리 2년, 줄기 1년 된 삽목묘

14 부숙마찰법으로 종자 탈종이 가능한 수종은?

① 벗나무
② 밤나무
③ 전나무
④ 향나무

해설

부숙마찰법(腐熟摩擦法)
- 부숙시킨 후 마찰하거나 비벼서 과피를 분리하는 방법이다.
- 은행나무, 벚나무, 향나무, 주목, 비자나무, 호두나무, 가래나무 등에 적용한다.

15 결실을 촉진하기 위한 작업이 아닌 것은?

① 환상박피   ② 솎아베기
③ 단근처리   ④ 콜히친 처리

해설

개화 · 결실의 촉진방법
- 간벌(솎아베기) : 수광량 증가
- 시비 : 비료 3요소를 알맞게 또는 질소보다는 인산, 칼륨을 많이 시비
- 환상박피, 접목, 식물 생장촉진호르몬(지베렐린, 옥신) 처리, 단근, 전지 등

16 용재생산과 연료생산을 동시에 생산할 수 있으며, 하목은 짧은 윤벌기로 모두 베어지고 상목은 택벌식으로 벌채되는 작업종은?

① 택벌작업   ② 산벌작업
③ 중림작업   ④ 왜림작업

해설

중림작업(中林作業)
- 동일 임지에 상층은 용재(대경재) 생산의 교림작업, 하층은 연료재(신탄재)와 소경재 생산의 왜림작업을 함께 시행하는 작업종이다.
- 하층목은 보통 20년의 짧은 윤벌기로 개벌하고 맹아갱신을 반복하며, 일정 기간 반복하는 동안 성숙한 상층목은 택벌식으로 벌채하는 형식이다.

17 천연갱신의 장점으로 옳지 않은 것은?

① 임지를 보호한다.
② 생산된 목재가 대체로 균일하다.
③ 인공갱신에 비해 경비가 적게 든다.
④ 환경에 잘 적응된 수종으로 구성되어 있다.

해설

② 천연갱신으로 생산된 목재는 균일하지 못하다.

천연갱신의 장점
- 오랜 세월 그곳의 환경에 적응한 수종으로 구성되어 성림(成林) 실패의 위험이 적다.
- 해당 임지에 적합한 수종이 생육하므로 각종 위해에 대한 저항성이 강하다.
- 일정한 임상을 유지하여 임지가 보호되므로 임지의 지력 유지에 좋다.
- 노동력이 절감되며, 조림 · 보육비 등의 갱신비용이 적게 든다.

18 우량 묘목의 기준으로 옳지 않은 것은?

① 뿌리에 상처가 없는 것
② 뿌리의 발달이 충실한 것
③ 겨울눈이 충실하고 가지가 도장하지 않는 것
④ 뿌리에 비해 지상부의 발육이 월등히 좋은 것

해설

④ 뿌리 생장량에 대한 지상부 생장량의 비율인 T/R률 값은 3 정도 또는 값이 작은 것이 좋다.

우량 묘목의 조건
- 측아보다 정아의 발달이 우세한 것
- T/R률 값이 3 정도 또는 값이 작은 것
- 가지가 사방으로 고루 뻗어 발달한 것
- 줄기가 굵고 곧으며, 도장되지 않은 것
- 주지의 세력이 강하고 곧게 자란 것
- 뿌리의 발달이 충실하며, 주근보다 측근과 세근이 발달한 것

• 발육이 왕성하고 조직이 충실한 것
• 양호한 발달 상태와 왕성한 수세를 지닌 것
• 우량한 유전성을 지닌 것

19 특정 임분의 야생동물군집 보전을 위한 임분구성 관리 방법으로 적절하지 못한 것은?

① 택벌사업
② 대면적 개벌사업
③ 혼효림 또는 복층림화
④ 침엽수 인공림 내외에 활엽수의 도입

[해설] ∙ ∙ ∙

야생동물군집 보전을 위한 임분구성 관리 방법
갱신작업종 중에는 택벌작업이 가장 적당하며, 침엽수 인공림에는 활엽수를 도입하여 혼효림 또는 복층림으로 유도하면 동물군집 보전에 더욱 좋다.

20 모수작업법에 대한 설명으로 옳은 것은?

① 벌채가 집중되므로 경비가 많이 든다.
② 토양의 침식과 유실 우려가 거의 없다.
③ 종자의 비산능력을 갖추지 않은 수종도 가능하다.
④ 천연갱신보다 신생임분의 구성을 잘 조절할 수 있다.

[해설] ∙ ∙ ∙

모수작업의 장단점
• 벌채가 집중되므로 경비가 절약된다(개벌 다음으로).
• 작업방법이 용이하며 경제적이다(개벌 다음으로).
• 천연갱신보다 신생임분의 수종구성을 잘 조절할 수 있다.
• 토양침식과 유실이 발생할 가능성이 많다(개벌 다음으로).
• 주위 수목의 부재로 모수가 노출되어 풍해를 비롯한 각종 피해를 받기 쉽다.

21 도태간벌에 대한 설명으로 옳은 것은?

① 복층구조 유도가 힘들다.
② 간벌재 이용에 유리하다.
③ 간벌양식으로 볼 때 하층간벌에 속한다.
④ 장벌기 고급 대경재 생산에는 부적합하다.

[해설] ∙ ∙ ∙

도태간벌의 특징
• 무육목표를 미래목에 집중시켜 장벌기 고급 대경재 생산에 적합하다.
• 간벌로 인한 간벌재 이용에 유리하다.
• 간벌양식으로 볼 때 상층간벌도 하층간벌도 아닌 새로운 간벌법이다.
• 하층식생에 일시적으로 큰 수광량을 주어 미래목의 수간 맹아 형성 억제와 임분의 복층구조 유도가 용이하다.

22 수피에 코르크가 발달되고 잎의 뒷면에 백색성모가 많이 있는 수종은?

① 굴참나무   ② 갈참나무
③ 신갈나무   ④ 상수리나무

[해설] ∙ ∙ ∙

굴참나무(*Quercus variabilis*)
전국의 해발고도가 낮은 산지에 분포한다. 특징이나 모양새가 상수리나무와 유사하지만, 잎 뒷면이 회백색(백색털)이고 수피에 코르크층이 발달했다.

23 데라사키(寺崎)의 상층간벌에 속하는 것은?

① A종 간벌   ② B종 간벌
③ C종 간벌   ④ D종 간벌

[해설] ∙ ∙ ∙

데라사끼(寺崎)의 간벌법
• 하층간벌 : A종, B종, C종
• 상층간벌 : D종, E종

24 파종량을 구하는 공식에서 득묘율이란?

① 일정 면적에서 묘목을 얻은 비율

② 솎아낸 묘목수에 대한 잔존 묘목수의 비율

③ 발아한 묘목수에 대한 잔존 묘목수의 비율

④ 파종된 종자입수에 대한 잔존 묘목수의 비율

해설 ・・・

파종량 결정

$$파종량(g/m^2) = \frac{가을에\ m^2당\ 남길\ 묘목\ 수}{1g당\ 종자입수 \times 순량률 \times 발아율 \times 득묘율}$$

여기서, 득묘율(得苗率)이란 묘목 잔존율이라고도 하며, 파종된 종자입수에 대한 잔존 묘목수의 비율로 보통 0.3 ~0.5 정도의 범위에서 결정되나 간단하게 계산할 때는 적용하지 않기도 한다.

25 나무아래심기(수하식재)에 대한 설명으로 옳지 않은 것은?

① 수하식재는 임내의 미세환경을 개량하는 효과가 있다.

② 수하식재는 주임목의 불필요한 가지 발생을 억제하는 효과도 있다.

③ 수하식재는 표토 건조 방지, 지력 증진, 황폐와 유실방지 등을 목적으로 한다.

④ 수하식재용 수종으로는 양수 수종으로 척박한 토양에 견디는 힘이 강한 것이 좋다.

해설 ・・・

④ 수하식재용 수종으로는 내음성이 큰 음수 수종이 좋다.

수하식재

임지 표토의 건조와 유실을 막고 보호하기 위해 주임목 아래에 비료효과와 내음성이 있는 수목을 식재하는 것으로 나무아래심기 또는 하목식재라고도 한다.

수하식재의 효과(목적)

• 표토의 건조 방지, 임지의 황폐와 유실 방지

• 토양 개량, 지력 증진

• 주임목의 불필요한 가지 발생 억제

• 산림이 우거져 임내의 미세환경 개량

26 잡초나 관목이 무성한 경우의 피해로서 적당하지 않은 것은?

① 지표를 건조하게 한다.

② 병충해의 중간기주 역할을 한다.

③ 양수 수종의 어린나무 생장을 저해한다.

④ 임지를 갱신하려 할 때 방해요인이 된다.

해설 ・・・

잡초나 관목이 무성한 경우의 피해

• 어린나무가 양수분 부족의 피해를 받기 쉽다.

• 그늘을 만들어 양수 수종의 어린나무 생장을 저해한다.

• 병충해의 중간기주 역할을 하여 피해를 확산시킨다.

• 임지를 갱신하려 할 때 방해요인이 된다.

27 매미나방에 대한 설명으로 옳은 것은?

① 2,4-D 액제를 사용하여 방제한다.

② 연간 2회 발생하며 유충으로 월동한다.

③ 침엽수, 활엽수를 가리지 않는 잡식성이다.

④ 암컷이 활발하게 날아다니며 수컷을 찾아다닌다.

해설 ・・・

매미나방(집시나방)

• 독나방과로 식엽성이며, 연 1회 발생하고, 알로 월동한다.

• 참나무, 밤나무, 낙엽송 등의 활엽수와 침엽수 모두를 가해하는 잡식성 해충이다.

• 성충의 암컷은 몸이 비대하여 잘 날지 못하나 수컷은 밤낮으로 활발하게 활동하여 집시나방이라고도 불린다.

• 어린 유충시기에 살충제를 살포하여 방제한다.

정답 24 ④ 25 ④ 26 ① 27 ③

28 산림해충 방제법 중 임업적 방제법에 속하는 것은?

① 천적 방사
② 기생벌 이식
③ 내충성 수종 이용
④ 병원 미생물 이용

해설 · · ·

①, ②, ④는 생물적 방제이다.

해충의 방제법
- 기계적 방제 : 포살법, 소살법, 유살법, 경운법, 차단법, 찔러 죽임, 진동(텀)
- 물리적 방제 : 부적절한 온도와 습도처리, 방사선, 고주파
- 화학적 방제 : 화학약제(농약) 이용, 신속 · 정확한 효과
- 생물적 방제 : 포식성 천적, 기생성 천적, 병원미생물 등 활용
- 임업적 방제 : 혼효림과 복층림 조성, 임분밀도 조절(위생간벌, 가지치기), 내충성 수종 식재, 임지환경 개선(경운, 토성개량), 시비
- 법적 방제 : 식물검역
- 페로몬 이용 방제 : 성페로몬, 집합페로몬 이용

29 포플러잎녹병의 중간기주는?

① 오동나무
② 오리나무
③ 졸참나무
④ 일본잎갈나무

해설 · · ·

이종기생녹병균의 중간기주

수목병	중간기주
잣나무털녹병	송이풀, 까치밥나무
소나무잎녹병	황벽나무, 참취, 잔대
소나무혹병	졸참나무 등의 참나무류
배나무붉은별무늬병	향나무
포플러잎녹병	낙엽송(일본잎갈나무), 현호색

30 완전변태를 하는 해충에 속하는 것은?

① 솔거품벌레
② 도토리거위벌레
③ 솔껍질깍지벌레
④ 버즘나무방패벌레

해설 · · ·

곤충의 변태

완전변태	도토리거위벌레, 오리나무잎벌레, 소나무좀, 솔잎혹파리 등
불완전변태	버즘나무방패벌레, 솔껍질깍지벌레(암컷), 솔거품벌레 등

31 작은 나뭇가지에 다음 그림과 같은 모양으로 알을 낳는 해충은?

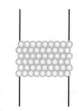

① 매미나방
② 천막벌레나방
③ 미국흰불나방
④ 복숭아심식나방

해설 · · ·

텐트나방(천막벌레나방)
- 솔나방과로 식엽성이며, 연 1회 발생하고, 알로 월동한다.
- 알은 반지모양의 알덩어리 형태로 월동한다.

32 아황산가스에 의한 피해가 아닌 것은?

① 증산작용이 쇠퇴한다.
② 잎의 주변부와 엽맥 사이 조직이 괴사한다.
③ 소나무류에서는 침엽이 적갈색으로 변한다.
④ 어린잎의 엽맥과 주변부에 백화현상이나 황화현상을 일으킨다.

해설　· · ·

④ 어린잎에 백화현상이 나타나는 것은 대기오염물질 중 불화수소에 의한 피해이다.

아황산가스(SO₂) 피해 증상

급성증상	• 잎 주변부와 잎맥 사이의 조직이 괴사한다. • 연기에 의한 크고 작은 반점이 생기는 연반현상(煙斑現像)이 나타난다.
만성증상	장시간 저농도 가스의 접촉으로 황화현상이 천천히 나타난다.
일반증상	• 수목의 증산작용, 호흡작용 등의 곤란을 가져와 그 기능이 쇠퇴한다. • 소나무류에서는 침엽이 적갈색으로 변한다.

33 오동나무빗자루병의 병원체를 전파시키는 주요 매개 곤충은?

① 응애　　　　　② 진딧물
③ 나무이　　　　④ 담배장님노린재

해설　· · ·

수병과 매개충

병원	수병	매개충
선충	소나무재선충병	솔수염하늘소, 북방수염하늘소
파이토 플라스마	대추나무빗자루병	마름무늬매미충 (모무늬매미충)
	뽕나무오갈병	
	붉나무빗자루병	
	오동나무빗자루병	담배장님노린재
불완전균	참나무시들음병	광릉긴나무좀
바이러스	～모자이크병	진딧물

34 파이토플라스마에 의한 수목병은?

① 뽕나무오갈병
② 벚나무빗자루병
③ 소나무 잎떨림병
④ 아까시나무모자이크병

해설　· · ·

파이토플라스마(phytoplasma) 수병
• 종류 : 대추나무빗자루병, 오동나무빗자루병, 뽕나무오갈병
• 옥시테트라사이클린(oxytetracycline)계 항생물질의 수간주사로 치료가 가능하다.

35 땅 속에서 월동하는 해충이 아닌 것은?

① 솔잎혹파리
② 어스렝이나방
③ 잣나무넓적잎벌
④ 오리나무잎벌레

해설　· · ·

땅속에서 월동하는 해충
오리나무잎벌레, 잣나무넓적잎벌, 솔잎혹파리, 밤바구미, 솔알락명나방, 도토리거위벌레 등

36 페니트로티온 50% 유제(비중 1.0)를 0.1%로 희석하여 ha당 1,000L를 살포하려고 할 때 이때 필요한 소요 약량은?

① 약 500mL　　　② 약 1,000mL
③ 약 2,000mL　　④ 약 2,500mL

해설　· · ·

희석 시 소요되는 물의 양
$$= 원액의 용량 \times \left(\frac{원액의\ 농도}{희석할\ 농도} - 1 \right) \times 원액의\ 비중$$

$$1,000 = x \times \left(\frac{50}{0.1} - 1 \right) \times 1$$

따라서, $x = 2,004 \dots L = 2,004 \dots mL$
∴ 약 2,000mL

37 지상부의 접목부위, 삽목의 하단부 등으로 병원균이 침입하고, 고온다습할 때 알칼리성 토양에서 주로 발생하는 것은?

① 탄저병
② 뿌리혹병
③ 불마름병
④ 리지나뿌리썩음병

해설 ···

뿌리혹병
• 뿌리나 지제부 부근에 혹(암종)을 형성하여 피해를 주는 토양서식 세균에 의한 수목병이다.
• 고온 다습한 알칼리성 토양에서 많이 발생한다.
• 침입경로 : 지상 접목부위, 삽목 하단부위, 뿌리 절단면 등의 상처

38 포플러잎녹병의 증상으로 옳지 않은 것은?

① 병든 나무는 급속히 말라 죽는다.
② 초여름에는 잎 뒷면에 노란색 작은 돌기가 발생한다.
③ 초가을이 되면 잎 양면에 짙은 갈색 겨울포자퇴가 형성된다.
④ 중간기주의 잎에 형성된 녹포자가 포플러로 날아와 여름포자퇴를 만든다.

해설 ···

포플러잎녹병의 생활사
• 초여름, 포플러의 잎 뒷면에 가루처럼 보이는 노란색의 여름포자퇴가 형성된다.
• 초가을이 되면 잎 양면에 짙은 갈색의 겨울포자퇴가 형성되고, 정상적인 나무보다 먼저 낙엽이 진다.
• 병원균은 병든 낙엽에서 겨울포자형으로 월동하고, 다음해 봄에 발아하여 담자포자(소생자)를 형성한다.

39 솔나방이 주로 산란하는 곳은?

① 솔잎 사이
② 솔방울 속
③ 소나무 수피 틈
④ 소나무 뿌리 부근 땅 속

해설 ···

솔나방
• 주로 소나무, 해송, 리기다소나무, 잣나무 등의 잎을 가해하는 재래해충이다.
• 7~8월에 성충이 우화하여 주로 밤에 활동하며, 솔잎 사이에 500개 정도의 알을 산란한다.

40 대추나무빗자루병 방제에 효과적인 약제는?

① 베노밀 수화제
② 아바멕틴 유제
③ 아세타미프리드 액제
④ 옥시테트라사이클린 수화제

해설 ···

파이토플라스마(phytoplasma) 수병
• 종류 : 대추나무빗자루병, 오동나무빗자루병, 뽕나무오갈병
• 옥시테트라사이클린(oxytetracycline)계 항생물질의 수간주사로 치료가 가능하다.

41 낙엽송잎벌에 대한 설명으로 옳지 않은 것은?

① 1년에 3회 발생한다.
② 어린 유충이 군서하여 잎을 가해한다.
③ 3령 유충부터는 분산하여 잎을 가해한다.
④ 기존의 가지보다는 새로운 가지에서 나오는 짧은 잎을 식해한다.

해설 ● ● ●

낙엽송잎벌
- 연 3회 발생하며, 번데기로 월동한다.
- 낙엽송만 가해하는 단식성 해충으로 2년 이상 잎만 식해한다.
- 어린 유충이 군서하며 잎을 가해하고, 3령충부터는 분산하여 가해한다.

42 세균에 의한 수목 병해는?

① 소나무잎녹병　　② 낙엽송잎떨림병
③ 호두나무뿌리혹병　④ 밤나무줄기마름병

해설 ● ● ●

세균에 의한 수목병
뿌리혹병, 밤나무눈마름병, 불마름병 등

43 밤나무줄기마름병의 병원체가 침입하는 경로는?

① 뿌리를 통한 침입
② 수피를 통한 침입
③ 잎의 기공을 통한 침입
④ 줄기의 상처를 통한 침입

해설 ● ● ●

밤나무줄기마름병
- 밤나무의 줄기가 마르면서 패이거나 두껍게 부풀어 궤양을 만드는 수병이다.
- 병원균의 포자는 빗물이나 바람, 곤충 등에 의해 전파되고, 줄기의 상처를 통해 침입하여 병을 발생시킨다.

44 곤충의 몸 밖으로 방출되어 같은 종끼리 통신을 하는데 이용되는 물질은?

① 퀴논(quinone)　　② 호르몬(hormone)
③ 테르펜(terpenes)　④ 페로몬(pheromone)

해설 ● ● ●

페로몬(pheromone)
- 곤충이 같은 종의 다른 개체에게 의사를 전달하고자 할 때 냄새로 알리는 종내 외분비 신호물질이다.
- 같은 종의 곤충에 대하여 행동 및 생리에 영향을 미친다.

45 유해 가스에 예민한 수목은 피해를 받으면 비교적 선명한 증상을 나타내는 현상을 이용하여 대기오염의 해를 감정하는 방법은?

① 지표식물법　　② 혈청진단법
③ 표징진단법　　④ 코흐의 법칙

해설 ● ● ●

지표식물법
유해가스에 예민하게 반응해 비교적 선명한 증상을 나타내는 식물을 이용하여 대기오염의 해를 감정하는 방법이다.

46 산림작업용 도구의 자루를 원목으로 제작하려 할 때 가장 부적합한 것은?

① 옹이가 있으면 더욱 단단해서 좋다.
② 목질섬유가 길고 탄성이 크며 질긴 나무가 좋다.
③ 일반적으로 가래나무 또는 물푸레나무 등이 적합하다.
④ 다듬어진 각목의 섬유방향은 긴 방향으로 배열되어야 한다.

해설 ● ● ●

작업도구 원목 자루(손잡이)의 요건
- 원목으로 제작 시 탄력(탄성)이 크며, 목질이 질긴 것이 좋다.
- 옹이가 없고, 열전도율이 낮은 나무가 좋다.
- 다듬어진 목질 섬유 방향은 긴 방향으로 배열되어야 한다.
- 재료로는 탄력이 좋으면서 목질섬유(섬유장)가 길고 질긴 활엽수가 적당하다.

- 도끼자루 제작에 가장 적합한 수종으로는 가래나무, 물푸레나무, 호두나무 등이 있다.

47 4기통 디젤엔진의 실린더 내경이 10cm, 행정이 4cm일 때 이 엔진의 총배기량은?

① 785cc
② 1,256cc
③ 4,000cc
④ 3,140cc

해설 • • •

엔진의 총배기량

- 실린더 배기량(부피) = 실린더 단면적 × 행정 길이

$$= \frac{\pi}{4} d^2 \times 행정 \ 길이$$

$$= \frac{\pi}{4} \times 10^2 \times 4 = 314.159\ldots$$

$$\fallingdotseq 314cc$$

여기서, d : 실린더 직경

행정 길이 : 피스톤 내부 상하의 작동거리

- 총배기량 = 실린더 배기량(부피) × 실린더 수

$$= 314 \times 4$$

$$= 1,256cc$$

48 기계톱에 연료를 혼합하여 사용하고 있다. 이에 대한 설명으로 옳지 않은 것은?

① 윤활유가 과다하면 출력저하나 시동불량의 현상이 나타난다.
② 윤활유로 인해 휘발유가 희석되기 때문에 기계톱에는 옥탄가가 높은 휘발유를 사용한다.
③ 휘발유에 대한 윤활유의 혼합비가 부족하면 피스톤, 실린더 및 엔진 각 부분에 눌러붙을 수 있다.
④ 휘발유와 윤활유를 20 : 1~25 : 1의 비율로 혼합하나 체인톱 전용 윤활유를 사용하는 경우 40 : 1로 혼합하기도 한다.

해설 • • •

② 옥탄가는 휘발유의 내폭성을 나타내는 기준으로 연료의 혼합 사용과 관계가 없다.

체인톱의 연료

- 체인톱의 연료는 휘발유(가솔린)와 윤활유(엔진오일)를 25 : 1로 혼합하여 사용한다.
- 휘발유는 기화되어 연료로 쓰이고 윤활유 입자는 엔진 내부의 실린더벽, 피스톤 등에 부착하여 윤활 작용을 한다.

49 가솔린엔진과 비교할 때 디젤엔진의 특징으로 옳지 않은 것은?

① 열효율이 높다.
② 토크변화가 작다.
③ 배기가스 온도가 높다.
④ 엔진 회전속도에 따른 연료공급이 자유롭다.

해설 • • •

디젤엔진의 장단점

장점	• 연료소비율이 낮아 연료비가 저렴하다. • 열효율이 높고, 운전경비가 적게 든다. • 이상 연소가 없고, 고장이 적다. • 토크 변동이 적고, 운전이 용이하다. • 인화점이 높아 화재 위험성이 적다. • 배기가스 온도가 낮다.
단점	• 소음 및 진동이 크다. • 연료분사장치가 필요하다. • 마력당 중량이 크고, 제작비가 비싸다. • 매연이 발생한다.

50 기계톱의 연속조작 시간으로 가장 적당한 것은?

① 10분 이내
② 30분 이내
③ 45분 이내
④ 1시간 이내

체인톱 작업 시 유의 사항
체인톱의 사용시간은 1일 2시간 이내로 하고, 10분 이상
연속운전은 피하도록 한다.

51 전목 집재 후 집재장에서 가지치기 및 조재
작업을 수행하기에 가장 적합한 장비는?

① 스키더　　　　② 포워더
③ 프로세서　　　④ 펠러번처

해설 · · ·

임목수확기계의 종류

종류	작업내용
트리펠러 (tree feller)	벌도만 실행
펠러번처 (feller buncher)	벌도와 집적(모아서 쌓기)의 2가지 공정 실행 🖉 가지치기, 절단 ×
프로세서 (processor)	• 집재된 전목재의 가지치기, 절단, 초두부 제거, 집적 등의 조재작업을 전문적으로 실행 🖉 벌도 × • 산지집재장에서 작업하는 조재기계
하베스터 (harvester)	• 벌도, 가지치기, 조재목 마름질, 토막내 기 작업을 모두 수행 • 대표적 다공정 처리기계로 임내에서 벌 도 및 각종 조재작업 수행

52 가선 집재용 장비가 아닌 것은?

① 타워야더
② 아크야윈치
③ 파르미 트랙터
④ 나무운반미끄럼틀

해설 · · ·

④ 나무운반미끄럼틀은 활로에 의한 집재 방식이다.

가선을 이용한 집재장비
야더집재기, 타워야더, 파미(파르미)윈치, 아크야윈치 등

53 대표적인 다공정 처리기계로서 벌도, 가지
치기, 조재목 마름질, 토막내기 작업을 모두 수행
할 수 있는 기계는?

① 포워더　　　　② 펠러번처
③ 하베스터　　　④ 프로세서

해설 · · ·

51번 해설 참고

54 다음 그림과 같이 나무가 걸쳐 있을 때에 압
력부는 어느 위치인가?

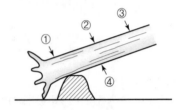

① 1번　　　　② 2번
③ 3번　　　　④ 4번

해설 · · ·

④번이 압력 부위, ②번은 장력 부위이다.

벌목 시 장력을 받고 있는 나무는 반대편의 압력을 받는
부위를 먼저 절단한다.

55 집재용 도구로 적합하지 않는 것은?

① 로그잭　　　　② 피커룬
③ 캔트훅　　　　④ 파이크폴

해설 · · ·

집재 작업 도구
사피, 피비, 캔트훅, 피커룬, 파이크폴, 펄프훅 등

56 기계톱 체인의 수명 연장 및 파손 방지 예방 방법으로 가장 적합한 것은?

① 석유에 넣어 둔다.
② 윤활유에 넣어 둔다.
③ 가솔린에 넣어 둔다.
④ 구리스에 넣어 둔다.

해설 ···

체인톱의 주간정비
기계톱의 수명연장과 파손방지를 위하여 체인을 윤활유에 넣어 보관한다.

57 임업용 기계톱의 쏘체인 톱니의 피치의 정의로 옳은 것은?

① 서로 접한 3개의 리벳간격을 2로 나눈 값
② 서로 접한 2개의 리벳간격을 3으로 나눈 값
③ 서로 접한 4개의 리벳간격을 3으로 나눈 값
④ 서로 접한 3개의 리벳간격을 4로 나눈 값

해설 ···

피치
서로 접한 3개의 리벳 간격을 반(2)으로 나눈 길이를 말한다.

58 예불기 캬브레이터의 일반적인 청소 주기는?

① 10시간
② 20시간
③ 50시간
④ 100시간

해설 ···

예불기의 정비
• 사용 전 연료 혼합비 25 : 1을 지켜서 주유한다.
• 예불기의 힘이 떨어지는 경우 공기여과장치(에어필터)를 청소하거나 교체한다.
• 캬브레이터(기화기)의 청소주기는 100시간이므로, 일정시기에 청소한다.

59 집재거리가 길어 스카이라인이 지면에 닿아 반송기의 주행이 곤란할 때 설치하는 장치는?

① 턴버클
② 도르래
③ 힐블럭
④ 중간지지대

해설 ···

중간지지대
집재거리가 길어 스카이라인이 지면에 닿아 반송기의 주행이 곤란할 때 처짐을 방지하기 위해 설치하는 장치이다.

60 예불기를 휴대 형식으로 구분한 것으로 가장 거리가 먼 것은?

① 등짐식
② 손잡이식
③ 허리걸이식
④ 어깨걸이식

해설 ···

예불기의 휴대형식에 의한 구분
• 어깨걸이식(견착식) : 예불기에 붙어있는 어깨걸이용 띠를 작업자의 어깨에 걸고 작업하는 방식이다.
• 등짐식(배부식) : 예불기의 원동기 부분을 등에 메고 작업하는 방식이다.
• 손잡이식 : 작업자는 긴 손잡이를 잡고 작업한다.

정답 56 ② 57 ① 58 ④ 59 ④ 60 ③

01 종자 정선 방법으로 풍선법을 적용하기 어려운 수종은?

① 밤나무   ② 소나무

③ 가문비나무   ④ 일본잎갈나무

해설 · · ·

풍선법(風選法)

• 바람을 일으키는 기기를 사용하여 불순물을 분리하는 방법이다.
• 가볍거나 날개가 달린 종자인 소나무류, 가문비나무류, 낙엽송류 등에 적용한다.

02 덩굴식물을 제거하는 방법으로 옳지 않은 것은?

① 디캄바액제는 콩과식물에 적용한다.
② 인력으로 덩굴의 줄기를 제거하거나 뿌리를 굴취한다.
③ 글라신액제는 2~3월 또는 10~11월에 사용하는 것이 효과적이다.
④ 약제 처리 후 24시간 이내에 강우가 예상될 경우 약제처리를 중지한다.

해설 · · ·

덩굴 제거

• 덩굴은 사람의 힘으로 뿌리를 뽑거나 줄기, 잎 등을 제거하는 물리적 제거 방법과 화학약제를 사용하는 화학적 제거 방법이 있다.
• 디캄바액제는 칡, 아까시나무 등의 콩과식물과 광엽잡초를 선택적으로 제거하는 약제이다.

• 제거 시기는 덩굴류 생장기인 5~9월 중에 작업하는 것이 효과적이며, 가장 적기는 덩굴식물이 뿌리 속의 저장양분을 소모한 7월경이다.
• 약제처리 후 24시간 이내에 강우가 예상될 경우 작업을 중지한다.

03 어린나무 가꾸기의 1차 작업시기로 가장 알맞은 것은?

① 풀베기가 끝난 3~5년 후
② 가지치기가 끝난 5~6년 후
③ 덩굴제거가 끝난 1~2년 후
④ 솎아베기가 끝난 6~9년 후

해설 · · ·

어린나무 가꾸기의 시기

• 풀베기 작업이 끝나고 3~5년 후부터 간벌이 시작될 때까지 2~3회 실시한다.
• 일 년 중에서는 나무의 고사상태를 알고 맹아력을 감소시키기에 가장 적합한 6~9월(여름)에 실시하는 것이 좋다.

04 임목 간 식재밀도를 조절하기 위한 벌채 방법에 속하는 것은?

① 간벌작업   ② 개벌작업
③ 산벌작업   ④ 중림작업

해설 · · ·

간벌의 목적

생육공간의 조절(밀도 조절), 임분의 형질 향상, 임분의 수직구조 개선, 임분구성 조절 등

05 대목의 수피에 T자형으로 칼자국을 내고 그 안에 접아를 넣어 접목하는 방법은?

① 절접　　　　　② 눈접
③ 설접　　　　　④ 할접

해설　　　　　· · ·

아접(芽椄, 눈접)

- 대목의 수피에 칼집을 내고 눈(접아)을 끼워 넣는 접목 방법이다.
- 칼집은 T자나 거꾸로 된 L자형으로 내며, 접목용 비닐 테이프 등으로 묶어 준다.

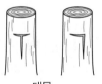

　　　　대목　　　　　　눈

06 일정한 면적에 직사각형 식재를 할 때 소요 묘목수 계산식은?

① 조림지면적 / 묘간거리
② 조림지면적 / 묘간거리^2
③ 조림지면적 / (묘간거리$^2 \times 0.866$)
④ 조림지면적 / (묘간거리 $\times$ 줄 사이의 거리)

해설　　　　　· · ·

장방형 식재(직사각형 식재)

$$N = \frac{A}{a \times b}$$

여기서, N : 소요 묘목 본수, A : 조림지 면적(m^2)
　　　　a : 묘간거리(m), b : 줄사이거리(m)

07 용재 생산목적 수종으로 가장 거리가 먼 것은?

① 소나무　　　　② 느티나무
③ 자작나무　　　④ 상수리나무

해설　　　　　· · ·

② 느티나무는 수간이 수직으로 길게 뻗어 자라지 않고, 옆으로 퍼지는 성질이 있어 용재로는 많이 사용하지 않는다.

용재(用材)

연료 이외에 건축, 가구 등의 일정 용도로 쓰이는 직경이 큰 목재이다.

08 지력이 좋고 수분이 많아 잡초가 무성하고 기후가 온난하며, 주로 소나무 조림지에 적합한 풀베기 방법은?

① 줄베기　　　　② 점베기
③ 모두베기　　　④ 둘레베기

해설　　　　　· · ·

모두베기(전면깎기, 전예)

- 조림목 주변의 모든 잡초목을 제거하는 방법
- 소나무, 낙엽송, 삼나무, 편백 등 주로 양수에 적용
- 임지가 비옥하여 잡초가 무성하게 나거나 식재목이 광선을 많이 요구할 때 실시
- 가장 많은 인력 소요, 조림목이 피압될 염려가 없음

09 종자의 발아력 조사에 쓰이는 약제는?

① 에틸렌　　　　② 지베렐린
③ 테트라졸륨　　④ 사이토키닌

해설　　　　　· · ·

환원법(효소검출법, 테트라졸륨 검사법)

- 테트라졸륨 수용액을 이용하여 종자(배)의 활력을 검정하는 화학반응 검사법이다.
- 종자 내 산화효소가 살아 있는지 시약의 발색반응으로 확인한다.
- 적색이나 분홍색일 때 건전종자이며, 산화효소가 살아 있지 않은 죽은 조직에는 아무런 변화가 없다.

10 늦은 가을철 묘목 가식을 할 때 묘목의 끝 방향으로 가장 적합한 것은?

① 동쪽　　　　　② 서쪽
③ 남쪽　　　　　④ 북쪽

해설 ・・・

묘목의 가식방법

• 가을에는 묘목의 끝이 남쪽으로 향하게 하여 45° 정도 경사지게 뉘어서 가식한다.
• 봄에는 묘목의 끝이 북쪽으로 향하게 하여 비스듬히 눕혀 묻는다.

11 묘포 상에서 해가림이 필요 없는 수종은?

① 전나무　　　　　② 삼나무
③ 사시나무　　　　④ 가문비나무

해설 ・・・

해가림

• 해가림이 필요한 수종 : 가문비나무, 전나무, 잣나무, 삼나무, 낙엽송 등의 침엽수
• 해가림이 필요 없는 수종 : 소나무, 리기다소나무, 곰솔(해송), 사시나무, 아까시나무 등의 양수

12 파종상에서 2년, 그 뒤 판갈이 상에서 1년을 지낸 3년생 묘목의 표시 방법은?

① 1－2 묘　　　　② 2－1 묘
③ 0－3 묘　　　　④ 1－1－1 묘

해설 ・・・

실생묘의 연령(묘령)

앞에는 파종상에서 지낸 연수, 뒤에는 상체상(판갈이, 이식)에서 지낸 연수를 숫자로 표기한다.
• 1－1 묘 : 파종상에서 1년, 판갈이하여 1년을 지낸 2년생의 실생묘
• 2－1 묘 : 파종상에서 2년, 판갈이하여 1년을 지낸 3년생의 실생묘

13 어미나무를 비교적 많이 남겨서 천연갱신을 통해 후계림을 조성하되 어미나무는 대경재 생산을 위해 그대로 두는 작업종은?

① 개벌작업　　　　② 산벌작업
③ 택벌작업　　　　④ 보잔목작업

해설 ・・・

보잔목작업(保殘木, 보잔모수법)

모수작업의 모수본수보다 다소 많은 모수를 남겨서 천연 갱신을 통해 후계림을 조성하되 모수(보잔목)는 대경재 생산을 위해 다음 벌기까지 그대로 두는 작업법이다.

14 그루터기에서 발생하는 맹아를 이용하여 후계림을 만드는 작업을 무엇이라 하는가?

① 왜림작업　　　　② 개벌작업
③ 산벌작업　　　　④ 택벌작업

해설 ・・・

왜림작업

주로 연료생산을 위해 짧은 벌기로 벌채・이용하고 그루터기에서 발생한 맹아를 이용하여 갱신이 이루어지는 작업이다.

15 데라사끼식 간벌에 있어서 간벌량이 가장 적은 방식은?

① A종 간벌　　　　② B종 간벌
③ C종 간벌　　　　④ D종 간벌

해설 ・・・

데라사끼(寺崎)의 간벌법

• 하층간벌
－A종 : 4급목과 5급목 전부, 2급목의 소수 벌채, 임내 정리 차원, 간벌량이 가장 적은 방식
－B종 : 4급목과 5급목 전부, 3급목의 일부, 2급목의 상당수 벌채, 가장 일반적인 간벌법

－C종 : 2급목, 4급목, 5급목 전부, 3급목 대부분 벌채,
지장주는 1급목도 일부 벌채, 간벌량이 가장 많은
방식
• 상층간벌
－D종 : 상층임관을 강하게 벌채하고, 3급목을 전부
남김
－E종 : 상층임관을 강하게 벌채하고, 3급목과 4급목
을 전부 남김

16 일본잎갈나무 1－1묘 산출 시 근원경의 표준규격은?

① 3mm 이상
② 4mm 이상
③ 5mm 이상
④ 6mm 이상

해설 · · ·

낙엽송(일본잎갈나무) 묘목의 규격
• 1－1 노지묘의 근원경 : 6mm 이상
• 근원경 : 지표면에 드러난 줄기 밑동의 최소 직경(mm)

17 지력을 향상시키기 위한 비료목으로 적당하지 않은 것은?

① 오리나무
② 갈참나무
③ 자귀나무
④ 소귀나무

해설 · · ·

비료목의 구분

구분	내용	
질소고정 ○	콩과(*Rhizobium* 속 세균)	아까시나무, 싸리나무류, 자귀나무, 칡
	비콩과(*Frankia* 속 방사상균)	오리나무류, 소귀나무, 보리수나무류
질소고정 ×	• 질소 함량이 높은 잎의 낙엽으로 지력 향상 • 붉나무, 플라타너스, 포플러류, 백합나무 등	

18 묘목 가식에 대한 설명으로 옳지 않은 것은?

① 동해에 약한 유묘는 움가식을 한다.
② 비가 올 때에는 가식하는 것을 피한다.
③ 선묘 결속된 묘목은 즉시 가식하여야 한다.
④ 지제부는 낮게 묻어 이식이 편리하게 한다.

해설 · · ·

묘목의 가식방법
• 지제부가 10cm 이상 깊게 묻히도록 한다.
• 뿌리부분을 부채살 모양으로 열가식한다.
• 가식지 주변에 배수로를 설치한다.
• 비가 오거나 비 온 후에는 가급적 바로 가식하지 않는다.
• 동해에 약한 유묘는 움가식을 한다.

19 산벌작업 과정에서 모수로 부적합한 것을 선정하여 벌채하는 작업은?

① 종벌
② 후벌
③ 하종벌
④ 예비벌

해설 · · ·

예비벌(豫備伐)
• 갱신 준비 단계의 벌채로 모수로서 부적합한 병충해목, 피압목, 폭목, 불량목 등을 선정하여 제거한다.
• 임상을 정리하여 어린나무의 발생에 적합한 환경을 조성하며, 벌채목의 반출이 용이하도록 돕는다.

20 겉씨식물에 속하는 수종은?

① 밤나무
② 은행나무
③ 가시나무
④ 신갈나무

해설 · · ·

침엽수(겉씨식물)
소나무, 잣나무, 전나무, 분비나무, 가문비나무, 잎갈나무, 향나무, 비자나무, 은행나무 등

정답 16 ④ 17 ② 18 ④ 19 ④ 20 ②

21 종자 정선 후 바로 노천매장을 하는 수종은?

① 벚나무　　　　② 피나무
③ 전나무　　　　④ 삼나무

해설

종자의 노천매장 시기

구분	종류
정선 후 곧 매장 (종자채취 직후)	백합나무, 목련, 백송, 들메나무, 벚나무, 단풍나무, 느티나무, 잣나무, 호두나무, 은행나무
늦어도 11월 말까지 매장	벽오동나무, 팽나무, 물푸레나무, 신나무, 피나무, 층층나무, 옻나무
파종 약 1개월(한 달) 전에 매장	소나무, 해송, 리기다소나무, 낙엽송, 가문비나무, 전나무, 측백, 편백, 삼나무 등 거의 모든 침엽수

22 갱신 대상 조림지를 띠모양으로 나누어 순차적으로 개벌해 가면서 갱신하는 것으로 3차례 이상에 걸쳐서 개벌하는 것은?

① 군상개벌법　　　② 대면적개벌법
③ 교호대상개벌법　④ 연속대상개벌법

해설

연속대상개벌작업
• 갱신대상 조림지를 띠모양으로 나누어 3차례 이상에 걸쳐 순차적으로 개벌하는 방식이다.
• 1조에 3대 이상의 띠로 구성하고 각 조마다 한쪽에서부터 동시에 순서대로 개벌을 진행한다.

23 개벌작업의 장점으로 옳지 않은 것은?

① 양수 수종 갱신에 유리하다.
② 방법이 간단하여 경영이 용이하다.
③ 임지의 모두 수목이 제거되어 지력 유지에 용이하다.
④ 동령림이 형성되어 모든 숲 가꾸기 작업이 편하고 경제적이다.

해설

③ 임지의 모든 수목이 제거되어 지력유지에 나쁜 단점이 있다.

개벌작업의 장점
• 양수 수종 갱신에 유리하다.
• 성숙 임분에 가장 간단하게 적용할 수 있는 방법이다.
• 기존 임분을 다른 수종으로 갱신하고자 할 때 가장 빠르고 쉬운 방법이다.
• 동령림 형성으로 숲 가꾸기 작업이 편리하고 경제적이다.

24 매년 결실하는 수종은?

① 소나무　　　　② 오리나무
③ 자작나무　　　④ 아까시나무

해설

주요 수종의 결실 주기

결실 주기	수종
매년(해마다)	오리나무류, 포플러류, 버드나무류
격년결실	오동나무, 소나무류, 자작나무류, 아까시나무
2~3년	낙우송, 참나무류(상수리, 굴참), 들메나무, 느티나무, 삼나무, 편백
3~4년	가문비나무, 전나무, 녹나무
5년 이상	낙엽송(일본잎갈나무), 너도밤나무

25 모수작업법에 대한 설명으로 옳지 않은 것은?

① 양수 수종의 갱신에 유리하다.
② 작업방법이 용이하고 경제적이다.
③ 작업 후 낙엽층이 손상되지 않도록 주의한다.
④ 소나무의 갱신 치수가 발생하면 풀베기를 해줘야 한다.

정답 21 ① 22 ④ 23 ③ 24 ② 25 ③

해설 ・・・

모수작업의 특징
- 소나무, 곰솔(해송), 자작나무 등 양수의 천연갱신에 유리하다.
- 벌채가 집중되므로 경비가 절약된다(개벌 다음으로).
- 작업방법이 용이하며 경제적이다(개벌 다음으로).
- 갱신 치수가 발생하면 풀베기를 해줘야 한다.

26 파이토플라스마에 의해 발병하지 않는 것은?

① 뽕나무 오갈병
② 벚나무빗자루병
③ 오동나무빗자루병
④ 대추나무빗자루병

해설 ・・・

② 벚나무빗자루병은 진균(자낭균)에 의한 수병이다.

파이토플라스마(phytoplasma) 수병
대추나무빗자루병, 오동나무빗자루병, 뽕나무오갈병 등

27 소나무좀에 대한 설명으로 옳은 것은?

① 주로 건전한 나무를 가해한다.
② 월동 성충이 수피를 뚫고 들어가 알을 낳는다.
③ 1년 2회 발생하며 주로 봄과 가을에 활동한다.
④ 부화한 유충은 성충의 갱도와 평행하게 내수피를 섭식한다.

해설 ・・・

소나무좀
- 연 1회 발생하며, 성충으로 월동한다.
- 유충과 성충이 봄·가을(여름)로 두 번 가해한다.
- 월동성충이 쇠약목이나 벌채목의 수피를 뚫고 들어가 세로로 10cm 정도의 갱도를 만들고 산란한다.
- 부화유충은 세로인 갱도와 직각으로 구멍을 뚫고 번데기가 된다.

28 잠복기간이 가장 짧은 수목병은?

① 소나무 혹병
② 잣나무털녹병
③ 포플러잎녹병
④ 낙엽송잎떨림병

해설 ・・・

잠복기
- 병원체가 침입하여 병징이 나타날 때까지의 기간
- 잣나무털녹병균은 2~4년으로 잠복기가 길며, 포플러잎녹병균은 4~6일로 짧음

29 밤나무(순)혹벌의 번식형태로 옳은 것은?

① 단위생식
② 유성생식
③ 다배생식
④ 유성번식

해설 ・・・

밤나무(순)혹벌
암컷만이 알려져 있으며, 암수의 수정 없이 단독으로 번식하여 개체를 형성하는 단위생식을 한다. 즉, 번식은 암컷의 단위생식에 의해 이루어진다.

30 주제를 용제에 녹여 계면활성제를 유화제로 첨가하여 제재한 약제 종류는?

① 유제
② 입제
③ 분제
④ 수화제

해설 ・・・

유제(EC)
- 물에 녹지 않는 주제를 용제(유기용매)에 녹여 유화제(계면활성제)를 첨가한 약제
- 물에 희석하여 살포하는 액체상태의 농약제제

31 주풍(계속적이고 규칙적으로 부는 바람)에 의한 피해로 가장 거리가 먼 것은?

① 수형을 불량하게 한다.
② 임목의 생장량이 감소된다.
③ 침엽수는 상방편심 생장을 하게 된다.
④ 기공이 폐쇄되어 광합성 능력이 저하된다.

해설 · · ·

④ 바람이 불면 기공이 열리게 되어 증산작용은 증가한다.

주풍에 의한 피해
• 수간이 구부러져 수형을 불량하게 한다.
• 임목의 생장량이 감소한다.
• 일반적으로 증산작용을 증가시킨다.
• 침엽수는 상방편심, 활엽수는 하방편심을 한다.
• 동화작용을 방해한다.

32 손이나 그물 등을 사용하여 해충을 직접 잡아 방제하는 것은?

① 포살법
② 소살법
③ 직살법
④ 수살법

해설 · · ·

해충의 기계적 방제법
• 포살법(捕殺法) : 기구나 손을 이용하여 직접 잡아 죽이는 방법
• 소살법(燒殺法) : 불을 붙인 솜방망이로 군서 중인 유충 등을 태워 죽이는 방법
• 유살법(誘殺法) : 해충을 유인하여 죽이는 방법
• 경운법(耕耘法) : 토양을 갈아엎어 땅속해충을 지면에 노출시켜 직접 잡거나 새들의 포식으로 없애는 방법
• 차단법 : 이동성 곤충의 이동을 차단하여 잡는 방법
• 기타 : 찔러 죽임, 진동을 주어(나무를 털어) 떨어뜨려 잡아 죽임 등

33 주로 묘목에 큰 피해를 주며 종자를 소독하여 방제하는 것은?

① 잣나무털녹병
② 두릅나무녹병
③ 밤나무줄기마름병
④ 오리나무갈색무늬병

해설 · · ·

오리나무갈색무늬병균은 종자에서 월동하며 전반하므로 종자를 소독하여 방제한다.

34 아황산가스에 대한 저항성이 가장 약한 수종은?

① 향나무
② 은행나무
③ 느티나무
④ 동백나무

해설 · · ·

아황산가스(SO_2) 피해 수종
• 저항성이 약한 수종 : 느티나무, 황철나무, 소나무, 층층나무, 들메나무, 전나무, 벚나무 등
• 저항성이 강한 수종 : 은행나무, 향나무, 단풍나무, 사철나무, 가시나무, 무궁화, 개나리, 철쭉 등

35 알로 월동하는 해충은?

① 독나방
② 매미나방
③ 미국흰불나방
④ 참나무재주나방

해설 · · ·

알로 월동하는 해충
매미나방(집시나방), 텐트나방(천막벌레나방), 어스렝이나방(밤나무산누에나방), 솔노랑잎벌, 대벌레, 박쥐나방, 미류재주나방 등

36 우리나라에서 발생하는 상주(서릿발)에 대한 설명으로 옳은 것은?

① 가장 추운 1월 중순에 많이 발생한다.
② 중부지방보다 남부지방에 잘 발생한다.

정답 31 ④ 32 ① 33 ④ 34 ③ 35 ② 36 ②

③ 토양함수량이 90% 이상으로 많을 때 발생한다.

④ 비료를 주어 상주 생성을 막을 수 있지만 질소 비료는 가장 효과가 낮다.

해설   • • •

상주(霜柱, 서릿발)

• 상주는 토양 중의 수분이 모세관현상으로 지표면으로 올라왔다가 저온을 만나 얼게 되고 반복되면서 생성되는 서릿기둥이다.

• 수분이 많은 점질 토양에서 잘 형성되며, 우리나라에서는 중부지방보다 남부지방에서 잘 발생한다.

37 가뭄이나 해충의 피해를 받아 약해진 나무에 잘 발생하는 병으로 주로 신초의 침엽기부를 고사시키는 것은?

① 소나무혹병   ② 소나무줄기녹병

③ 소나무재선충병   ④ 소나무가지끝마름병

해설   • • •

소나무가지끝마름병(디플로디아순마름병)

주로 새로 난 신초의 침엽기부와 가지를 고사시키는 수병으로 가뭄이나 해충의 피해를 받아 약해진 나무에 병이 잘 발생한다.

38 송이풀이나 까치밥나무와 기주교대를 하는 것은?

① 소나무혹병   ② 소나무잎녹병

③ 잣나무털녹병   ④ 배나무붉은별무늬병

해설   • • •

이종기생녹병균의 중간기주

수목병	중간기주
잣나무털녹병	송이풀, 까치밥나무
소나무잎녹병	황벽나무, 참취, 잔대
소나무혹병	졸참나무 등의 참나무류
배나무붉은별무늬병	향나무
포플러잎녹병	낙엽송(일본잎갈나무), 현호색

39 솔잎혹파리에 대한 설명으로 옳지 않은 것은?

① 주로 1년에 1회 발생한다.

② 충영 속에서 번데기로 월동한다.

③ 1920년대 초반 일본에서 우리나라로 침입한 것으로 추정한다.

④ 생물학적 방제법으로 솔잎혹파리먹좀벌 등 기생성 천적을 이용하여 방제하기도 한다.

해설   • • •

솔잎혹파리

• 연 1회 발생하며, 땅속에서 유충으로 월동한다.

• 1920년대 초반 일본으로부터 침입한 외래해충(도입해충)이다.

• 솔잎혹파리먹좀벌, 혹파리살이먹좀벌, 혹파리등뽈먹좀벌 등의 천적 기생벌을 이용하여 방제한다.

40 모잘록병의 방제법으로 옳지 않은 것은?

① 병이 심한 묘포지는 돌려짓기를 한다.

② 인산질 비료를 많이 주어 묘목을 관리한다.

③ 묘상이 과습할 정도로 수분을 충분히 보충한다.

④ 파종량을 적게 하고 복토가 너무 두껍지 않게 한다.

해설   • • •

모잘록병 방제법

• 모잘록병은 토양전염성 병이므로 토양소독 및 종자소독을 실시한다.

• 배수와 통풍이 잘 되어 묘상이 과습하지 않도록 주의한다.

• 질소질 비료의 과용을 피하며, 인산질, 칼륨질 비료를 충분히 주어 묘목이 강건히 자라도록 돕는다.

• 파종량을 적게 하여 과밀하지 않도록 하며, 복토는 두껍지 않게 한다.

• 병든 묘목은 발견 즉시 뽑아서 소각한다.

• 병이 심한 묘포지는 연작을 피하고 돌려짓기(윤작)를 한다.

41 대추나무빗자루병 방제를 위한 약제로 가장 적합한 것은?

① 피리다벤 수화제
② 디플루벤주론 수화제
③ 비티쿠르스타키 수화제
④ 옥시테트라사이클린 수화제

해설

파이토플라스마(phytoplasma) 수병
• 종류 : 대추나무빗자루병, 오동나무빗자루병, 뽕나무 오갈병
• 옥시테트라사이클린(oxytetracycline)계 항생물질의 수간주사로 치료가 가능하다.

42 해충 방제이론 중 경제적 피해수준에 대한 설명으로 옳은 것은?

① 해충에 의한 피해액과 방제비가 같은 수준인 해충의 밀도를 말한다.
② 해충에 의한 피해액이 방제비보다 높을 때의 해충의 밀도를 말한다.
③ 해충에 의한 피해액이 방제비보다 낮을 때의 해충의 밀도를 말한다.
④ 해충에 의한 피해액과 무관하게 방제를 해야 하는 해충의 밀도를 말한다.

해설

해충 밀도에 따른 피해 수준

구분	내용
경제적 피해 수준	• 해충의 밀도가 점차 높아져 경제적으로 피해를 주기 시작하는 최소의 밀도 • 해충에 의한 피해액과 방제비가 같은 수준인 해충의 밀도
경제적 피해 허용 수준	• 경제적 피해 수준에 도달하는 것을 막기 위하여 직접적 방제를 시작해야 하는 밀도 • 경제적 피해 수준보다는 낮은 밀도
일반 평형 밀도	일반적 환경조건에서의 평균적인 해충의 밀도

43 해충이 나무에서 내려올 때 줄기에 짚이나 가마니를 감아 해충이 파고들도록 하여 이것을 태워서 해충을 방제하는 방법은?

① 등화 유살법
② 경운 유살법
③ 잠복장소 유살법
④ 번식장소 유살법

해설

유살법의 종류

구분		내용
번식장소 유살법	통나무 유살법	벌목한 통나무를 이용하여 번식장소로 유인하고 우화 전 박피하여 소각
	입목 유살법	서 있는 수목에 약제처리 후 약제가 퍼지면 벌목하여 이용
잠복장소 유살법		줄기에 짚이나 가마니를 감아 월동처로 유인하고 이른 봄에 소각
등화 유살법		• 해충의 주광성을 이용한 유아등으로 유인하고 포살 • 자외선등, 전등, 수은등을 이용
식이 유살법		해충이 좋아하는 먹이로 유인

44 외국에서 들어온 해충이 아닌 것은?

① 솔나방
② 밤나무(순)혹벌
③ 미국흰불나방
④ 버즘나무방패벌레

해설

① 솔나방은 우리나라 재래해충이다.

외래해충
미국흰불나방, 솔껍질깍지벌레, 버즘나무방패벌레, 솔잎혹파리, 밤나무(순)혹벌, 소나무재선충, 꽃매미, 미국선녀벌레 등

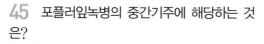

45 포플러잎녹병의 중간기주에 해당하는 것은?

① 잔대, 모싯대
② 쑥부쟁이, 참취
③ 소나무, 등골나무
④ 일본잎갈나무, 현호색

> **해설** ...

38번 해설 참고

46 산림 작업용 도끼 날 형태 중에서 나무 속에 끼어 쉽게 무뎌지는 것은?

① 아치형　　　　② 삼각형
③ 오각형　　　　④ 무딘 둔각형

> **해설** ...

도끼날의 연마 형태
• 아치형이 되도록 연마한다.
• 날카로운 삼각형이 되면 날이 나무 속에 잘 끼며, 쉽게 무뎌진다.
• 무딘 둔각형이 되면 나무가 잘 갈라지지 않고 자르기 어렵다.

47 체인톱 작업 중 위험에 대비한 안전장치가 아닌 것은?

① 스프라켓
② 핸드가드
③ 체인잡이
④ 체인브레이크

> **해설** ...

① 스프라켓은 체인톱날을 회전시키는 동력전달 부분이다.

체인톱의 안전장치
전후방 손잡이, 전후방 손보호판(핸드가드), 체인브레이크, 체인잡이, 지레발톱(완충스파이크, 범퍼스파이크), 스로틀레버차단판(액셀레버차단판, 안전스로틀), 체인덮개(체인보호집), 소음기, 스위치, 안전체인(안전이음새), 방진고무(진동방지고무) 등

48 와이어로프로 고리를 만들 때 와이어로프 직경의 몇 배 이상으로 하는가?

① 10배　　　　　② 15배
③ 20배　　　　　④ 25배

> **해설** ...

와이어로프로 고리를 만들 때에는 와이어로프 직경의 20배 이상으로 한다.

49 2행정 내연기관에 일정 비율의 오일을 섞어야 하는 이유로 가장 적당한 것은?

① 엔진 윤활을 위하여
② 조기점화를 막기 위하여
③ 연소를 빨리 시키기 위하여
④ 연료의 흡입을 빨리하기 위하여

> **해설** ...

2행정 가솔린 기관
피스톤의 상승과 하강 2번의 행정으로 크랭크축이 1회전하여 1사이클을 완성하는 기관

종류	체인톱, 예불기, 아크야윈치 등
연료 배합비	휘발유(가솔린) : 윤활유(엔진오일) =25 : 1
휘발유에 오일을 혼합하는 이유	엔진 내부의 윤활

50 스카이라인을 집재기로 직접 견인하기 어려움에 따라 견인력을 높이기 위한 가선장비는?

① 샤클　　　　　② 힐블럭
③ 반송기　　　　④ 윈치드럼

해설　　　　　　　　　　　　· · ·

찜드르래(heel block, 힐블럭)
• 본줄의 적정한 조절을 위한 도르래
• 스카이라인을 따라 견인이 어려운 경우 견인력을 높이기 위한 장치

51 기계톱으로 가지치기를 할 때 지켜야 할 유의사항이 아닌 것은?

① 후진하면서 작업한다.
② 안내판이 짧은 기계톱을 사용한다.
③ 작업자는 벌목한 나무에 가까이에 서서 작업한다.
④ 벌목한 나무를 몸과 체인톱 사이에 놓고 작업한다.

해설　　　　　　　　　　　　· · ·

체인톱(기계톱) 벌도목 가지치기 시 유의사항
• 길이가 30~40cm 정도로 안내판이 짧은 기계톱(경체인톱)을 사용한다.
• 작업자는 벌목한 나무에 가까이에 서서 작업한다.
• 벌목한 나무를 몸과 체인톱 사이에 놓고 작업한다.
• 안전한 자세로 서서 작업한다.
• 전진하면서 작업하며, 체인톱을 자연스럽게 움직인다.

52 내연기관(4행정)에 부착되어 있는 캠축의 역할로 가장 적당한 것은?

① 오일의 순환 추진
② 피스톤의 상 · 하 운동
③ 연료의 유입량을 조절
④ 흡기공과 배기공을 열고 닫음

해설　　　　　　　　　　　　· · ·

캠과 캠축
흡입밸브와 배기밸브에 연결되어 흡기공와 배기공을 열고 닫는 역할

53 손톱의 톱니 부분별 기능에 대한 설명으로 옳지 않은 것은?

① 톱니가슴 : 나무를 절단한다.
② 톱니홈 : 톱밥이 임시 머문 후 빠져나가는 곳이다.
③ 톱니등 : 쐐기역할을 하며 크기가 클수록 톱니가 약하다.
④ 톱니꼭지선 : 일정하지 않으면 톱질할 때 힘이 많이 든다.

해설　　　　　　　　　　　　· · ·

손톱의 부분별 기능
• 톱니가슴 : 나무을 절단하는 부분으로 절삭작용에 관계
• 톱니꼭지각 : 톱니의 강도 및 변형에 관계
• 톱니등 : 나무와의 마찰력을 감소시켜, 마찰작용에 관계
• 톱니홈(톱밥집) : 톱밥이 일시적으로 머물렀다가 빠져나가는 홈
• 톱니뿌리선 : 톱니 시작부의 가장 아래를 연결한 선으로 일정해야 톱니가 강하고, 능률이 좋음
• 톱니꼭지선 : 톱니 끝의 꼭지를 연결한 선으로 일정해야 톱질이 힘들지 않음. 일정하지 않을 경우 잡아당기고 미는데 힘이 듦

54 벌목용 작업 도구로 이용되는 것은?

① 쐐기　　　　　② 이식판
③ 식혈봉　　　　④ 양날괭이

해설　　　　　　　　　　　　· · ·

② 이식판, ③ 식혈봉은 양묘용 소도구이다.

정답　　50 ②　51 ①　52 ④　53 ③　54 ①

산림 작업 도구

구분	도구종류
조림(식재) 작업	재래식 삽, 재래식 괭이, 각식재용 양날 괭이, 사식재용 괭이, 손도끼 등
무육 작업	재래식 낫, 스위스 보육낫(무육낫), 소형 전정가위, 무육용 이리톱, 소형 손톱, 고지 절단용 가지치기톱, 마세티 등
벌목 작업	톱, 도끼, 쐐기, 지렛대(목재돌림대), 밀게 (밀대, 넘김대), 박피기, 사피 등
집재 작업	사피, 피비, 캔트훅, 피커룬, 파이크폴, 펄 프훅 등

55 기계톱의 연료통(또는 연료통 덮개)에 있는 공기구멍이 막혀 있으면 어떤 현상이 나타나는가?

① 연료가 새지 않아 운반 시 편리하다.
② 연료의 소모량을 많게 하여 연료비가 높게 된다.
③ 연료를 기화기로 공급하지 못해 엔진가동이 안 된다.
④ 가솔린과 오일이 분리되어 가솔린만 기화기로 들어간다.

해설 · · ·

기계톱의 연료통에 있는 공기구멍이 막히면 연료를 기화기로 공급하지 못해 엔진이 가동하지 않는다.

56 농업용 트랙터를 임업용으로 활용 시 앞차축과 뒷차축의 하중비로 가장 적절한 것은?

① 50 : 50　　　　② 40 : 60
③ 60 : 40　　　　④ 30 : 70

해설 · · ·

농업용 트랙터를 임업용으로 활용 시에는 앞차축과 뒷차축의 하중비가 60 : 40이어야 안전작업이 가능하다.

57 벌도목 운반이 주목적인 임업기계는?

① 지타기　　　　② 포워더
③ 펠러번쳐　　　④ 프로세서

해설 · · ·

포워더(forwarder)
• 원목을 적재하여 임도변까지 운반하는 집재기로 목재를 얹어 싣고 운반하는 단일 공정만 수행한다.
• 보통 임내에서 하베스터로 작업한 원목을 포워더로 임도변의 집재장까지 반출한다.

58 체인톱의 점화플러그 정비 주기로 옳은 것은?

① 일일정비　　　　② 주간정비
③ 월간정비　　　　④ 계절정비

해설 · · ·

체인톱의 주간정비
• 기계톱의 수명연장과 파손방지를 위하여 체인을 윤활유에 넣어 보관한다.
• 점화플러그(스파크플러그)를 점검하고, 전극 간격(간극)을 조정한다.
• 체인톱 본체를 전반적으로 청소하고 정비한다.

59 벌목작업 시 안전사고예방을 위하여 지켜야 하는 사항으로 옳지 않은 것은?

① 벌목방향은 작업자의 안전 및 집재를 고려하여 결정한다.
② 도피로는 사전에 결정하고 방해물도 제거한다.
③ 벌목구역 안에는 반드시 작업자만 있어야 한다.
④ 조재작업 시 벌도목의 경사면 아래에서 작업을 한다.

해설 · · ·

벌목 시에는 나무의 산정방향에 서서 작업하며, 작업면보다 아래 경사면 출입을 통제한다.

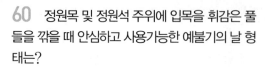

60 정원목 및 정원석 주위에 입목을 휘감은 풀들을 깎을 때 안심하고 사용가능한 예불기의 날 형태는?

① 회전날식
② 왕복요동식
③ 직선왕복날식
④ 나일론코드식

해설

나일론코드식 예불기
• 칼날 대신 나일론줄날이 회전하며 풀이나 관목류를 제거한다.
• 정원목 및 정원석 주위에 입목을 휘감은 풀들을 깎을 때 안심하고 사용 가능하다.

정답 60 ④

01 인공조림과 비교한 천연갱신의 특징이 아닌 것은?

① 생산된 목재가 균일하다.
② 조림실패의 위험이 적다.
③ 숲 조성에 시간이 걸린다.
④ 생태계 구성원 보호에 유리하다.

해설

① 천연갱신으로 생산된 목재는 균일하지 못하다.

천연갱신의 특징
• 수종 선정의 잘못으로 인한 조림 실패의 염려가 적다.
• 해당 임지에 적합한 수종이 생육하므로 각종 위해에 대한 저항성이 강하다.
• 생태적으로 보다 안정된 임분을 조성할 수 있으며, 생태계 보호에 유리하다.
• 새로운 숲이 조성되기까지 오랜 기간이 소요된다.

02 예비벌을 실시하는 주요 목적으로 거리가 먼 것은?

① 부식질의 분해 촉진
② 잔존목의 결실 촉진
③ 벌채목의 반출 용이
④ 어린나무 발생의 적합한 환경 조성

해설

예비벌(豫備伐)
• 갱신 준비 단계의 벌채로 모수로서 부적합한 병충해목, 피압목, 폭목, 불량목 등을 선정하여 제거한다.
• 임상을 정리하여 어린나무의 발생에 적합한 환경을 조성하며, 벌채목의 반출이 용이하도록 돕는다.
• 임관을 소개시켜 천연갱신에 적합한 임지상태를 만드는 작업이다.

03 소나무의 용기묘 생산에 대한 설명으로 옳지 않은 것은?

① 시비는 관수와 함께 실시한다.
② 겨울에는 생장을 하지 않으므로 관수하지 않는다.
③ 육묘용 비료는 하이포넥스(Hyponex)나 BS그린을 사용한다.
④ 피트모스, 펄라이트, 질석을 1 : 1 : 1의 비율로 상토를 제조한다.

해설

② 겨울에도 시비와 관수 등은 신경써야 한다.

용기묘
• 용기묘는 묘목을 처음부터 용기 안에서 키워 옮겨 심는 묘목 양성법으로 포트(pot)묘라고도 한다.
• 용기묘 생산에는 온실뿐만 아니라 묘목관리를 위한 시비 및 관수, 냉 · 난방 등의 여러 시설이 필요하다.

04 묘포지 선정 요건으로 거리가 먼 것은?

① 교통이 편리한 곳
② 양토나 사질양토로 관배수가 용이한 곳
③ 1~5° 정도의 경사지로 국부적 기상피해가 없는 곳
④ 토지의 물리적 성질보다 화학적 성질이 중요하므로 매우 비옥한 곳

해설

묘포지의 선정 조건(묘포의 적지 선정 시 고려사항)
• 사양토나 식양토로 너무 비옥하지 않은 곳
• 토심이 깊은 곳
• pH 6.5 이하의 약산성 토양인 곳

- 평탄지보다 관배수가 좋은 5° 이하의 완경사지인 곳
- 교통과 노동력의 공급이 편리한 곳
- 서북향에 방풍림이 있어 북서풍을 차단할 수 있는 곳
- 가능한 한 조림지의 환경과 비슷한 곳 등

05 구과가 성숙한 후에 10년 이상이나 모수에 부착되어 있어 종자의 발아력이 상실되지 않고 산불이 나면 인편이 열리는 수종은?

① 편백
② 소나무
③ 잣나무
④ 방크스소나무

해설　　　· · ·

방크스소나무(*Pinus banksiana*)
구과는 아주 단단하여 성숙하여도 실편이 벌어지지 않고 수년 동안 가지에 매달려 있으며, 산불과 같은 고온에서만 실편이 열려 종자가 나출된다.

06 개화한 다음 해에 결실하는 수종으로만 짝지어진 것은?

① 소나무, 상수리나무
② 전나무, 아까시나무
③ 오리나무, 버드나무
④ 삼나무, 가문비나무

해설　　　· · ·

주요 수종의 3가지 종자 발달 형태
- 개화한 해의 봄에 종자 성숙(꽃 핀 직후 열매 성숙) : 사시나무, 미루나무, 버드나무, 은백양, 양버들, 황철나무, 느릅나무 등
- 개화한 해의 가을에 종자 성숙(꽃 핀 그해 가을 열매 성숙) : 삼나무, 편백, 낙엽송, 전나무, 가문비나무, 자작나무류, 오동나무, 오리나무류, 떡갈나무, 졸참나무, 신갈나무, 갈참나무 등
- 개화 후 다음 해 가을에 종자 성숙(꽃 핀 이듬해 가을 열매 성숙) : 소나무류, 상수리나무, 굴참나무, 잣나무 등

07 침엽수 가지치기 방법으로서 적당한 것은?

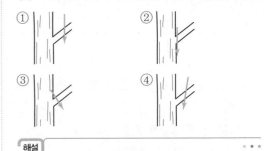

해설　　　· · ·

비교적 지융부가 발달하지 않은 침엽수는 절단면이 줄기와 평행하게 되도록 가지를 제거한다.

08 수종별 무기양료의 요구도가 적은 것에서 큰 순서로 나열된 것은?

① 백합나무 < 자작나무 < 소나무
② 자작나무 < 백합나무 < 소나무
③ 소나무 < 자작나무 < 백합나무
④ 소나무 < 백합나무 < 자작나무

해설　　　· · ·

무기양분 요구도의 크기 비교
- 소나무 < 잣나무 < 낙우송
- 소나무 < 자작나무 < 백합나무

09 파종상에서 2년, 판갈이 상에서 1년된 만 3년생의 묘목의 표기 방법은?

① 1-2
② 2-1
③ 1-1-1
④ 1-0-2

해설　　　· · ·

실생모의 연령(묘령)
앞에는 파종상에서 지낸 연수, 뒤에는 상체상(판갈이, 이식)에서 지낸 연수를 숫자로 표기한다.
- 1-1 묘 : 파종상에서 1년, 판갈이하여 1년을 지낸 2년생의 실생묘

• 2-1 묘 : 파종상에서 2년, 판갈이하여 1년을 지낸 3년 생의 실생묘

10 미래목의 구비 요건으로 틀린 것은?

① 피압을 받지 않은 상층의 우세목
② 나무줄기가 곧고 갈라지지 않은 것
③ 병충해 등 물리적인 피해가 없을 것
④ 주위 임목보다 월등히 수고가 높은 것

해설 · · ·

④ 주위 임목보다 월등히 수고가 높은 폭목은 제외한다.

미래목의 구비조건
• 피압 받지 않은 상층의 우세목일 것
• 나무줄기가 곧고 갈라지지 않을 것
• 병해충 등 물리적 피해가 없을 것
• 적정한 간격을 유지할 것
• 상층임관을 구성하고 건전할 것

11 종자 발아시험 기간이 가장 긴 수종들로 짝 지어진 것은?

① 소나무, 삼나무
② 곰솔, 사시나무
③ 버드나무, 느릅나무
④ 일본잎갈나무, 가문비나무

해설 · · ·

수종별 발아시험기간
• 14일(2주) : 사시나무, 느릅나무 등
• 21일(3주) : 가문비나무, 아까시나무, 편백, 화백 등
• 28일(4주) : 소나무, 해송, 낙엽송, 삼나무, 자작나무, 오리나무 등
• 42일(6주) : 전나무, 목련, 느티나무, 옻나무 등

12 T/R률에 대한 설명으로 틀린 것은?

① T/R률의 값이 클수록 좋은 묘목이다.
② 묘목의 지상부와 지하부의 중량비이다.
③ 질소질 비료를 과용하면 T/R률의 값이 커진다.
④ 좋은 묘목은 지하부와 지상부가 균형 있게 발달해 있다.

해설 · · ·

T/R률
• 지상부의 무게를 지하부의 무게로 나눈 값으로 묘목의 지상부와 지하부의 중량비
• 일반적으로 값이 작아야 묘목이 충실
• 수종과 연령에 따라 다르며, 보통 우량한 묘목의 T/R률은 3.0 정도
• 뿌리의 생육이 나빠져 T/R률이 커지는 경우 : 토양 내 과수분, 일조 부족, 석회 부족, 질소 다량 시비(질소>인산·칼륨) 등

13 모수작업의 모수본수보다 많은 모수를 수광생장을 촉진시켜 다음 벌기에 대경재를 생산하면서 갱신을 동시에 실시하는 방법은?

① 택벌작업   ② 중림작업
③ 개벌작업   ④ 보잔목작업

해설 · · ·

보잔목작업(保殘木, 보잔모수법)
• 형질이 좋은 모수를 많이 남겨 천연갱신을 진행하는 동시에 다음 벌기에 그 모수를 우량대경재로 생산하여 이용하는 방법이다.
• 모수작업의 모수본수보다 다소 많은 모수를 남겨서 천연갱신을 통해 후계림을 조성하되 모수(보잔목)는 대경재 생산을 위해 다음 벌기까지 그대로 두는 것이다.

14 주로 뿌리를 이용하여 삽목하는 수종은?

① 삼나무　　　　② 동백나무
③ 오동나무　　　　④ 사철나무

해설 ・・・

근삽(根揷)

• 뿌리의 일부를 삽수로 이용하여 삽목하는 방법이다.
• 사시나무류, 오동나무 등에 흔히 적용한다.

15 숲아베기가 잘된 임지, 유령림 단계에서 집약적으로 관리된 임분에서 생략이 가능한 산벌작업과정은?

① 후벌　　　　　② 종벌
③ 하종벌　　　　④ 예비벌

해설 ・・・

2번 해설 참고

16 소나무 종자의 무게가 45g이고 협잡물을 제거한 후의 무게가 43.2g일 때 순량률은?

① 43%　　　　　② 45%
③ 86%　　　　　④ 96%

해설 ・・・

순량률(純量率, purity percent)

• 어떤 종자의 시료 중에 각종 협잡물 등을 제외한 순정 종자의 양(무게, g)을 백분율로 나타낸 것이다.

• 순량률(%) $= \dfrac{\text{순정종자량(g)}}{\text{전체 시료 종자량(g)}} \times 100$

$= \dfrac{43.2}{45} \times 100 = 96\%$

17 왜림의 특징이 아닌 것은?

① 벌기가 길다.
② 수고가 낮다.

③ 맹아로 갱신된다.
④ 땔감 생산용으로 알맞다.

해설 ・・・

왜림작업

• 주로 연료생산을 위해 짧은 벌기로 벌채・이용하고 그루터기에서 발생한 맹아를 이용하여 갱신이 이루어지는 작업이다.
• 왜림은 맹아로 갱신되어 수고가 낮고 벌기가 짧아 연료재(땔감)와 소경재의 생산에 알맞다.

18 봄에 가식할 장소로서 옳지 않은 것은?

① 바람이 적은 곳
② 남향으로 양지 바른 곳
③ 토양의 습도가 적절한 곳
④ 배수가 양호하고 그늘진 곳

해설 ・・・

가식의 장소

• 배수와 통기가 좋은 사질양토인 곳
• 토양습도가 적당한 곳
• 배수가 양호하며, 그늘지고 서늘한 곳
• 물이 고이거나 과습하지 않은 곳
• 건조한 바람과 직사광선을 막을 수 있는 곳
• 주변의 대기 습도가 적당히 높은 곳
• 조림지의 최근거리에 위치한 곳

19 간벌에 대한 설명으로 옳지 않은 것은?

① 지름생장을 촉진하고 숲을 건전하게 만든다.
② 빽빽한 밀도로 경쟁을 촉진시켜 나무의 형질을 좋게 한다.
③ 벌채되기 전에 나무를 솎아베어 중간 수입을 얻을 수 있다.
④ 나무를 솎아 벤 곳에 잡초가 무성하게 되어 표토의 유실을 막고 빗물을 오래 머무르게 하여 숲땅이 비옥해진다.

해설 · · ·

솎아베기(간벌)

수목이 생장함에 따라 광선, 수분 및 양분 등의 경쟁이 심해지므로 이를 완화하기 위해 일부 수목을 베어 밀도를 낮추고 남은 수목의 생장을 촉진시키는 작업이다.

20 채종림의 조성 목적으로 가장 적합한 것은?

① 방풍림 조성
② 산사태 방지
③ 우량종자 생산
④ 휴양 공간 조성

해설 · · ·

채종림(採種林)

• 우량한 조림용 종자를 채집할 목적으로 지정된 형질이 우수한 임분
• 우량목이 전 수목의 50% 이상, 불량목이 20% 이하인 임분에서 채종림 선발

21 우리나라가 원산인 수종은?

① 백송
② 삼나무
③ 잣나무
④ 연필향나무

해설 · · ·

① 백송은 중국, ② 삼나무는 일본, ④ 연필향나무는 미국이 원산이다.

재래수종(자생종, 향토종)

소나무, 해송, 금강송(강송), 잎갈나무, 잣나무, 전나무(젓나무), 구상나무, 노간주나무, 굴참나무, 느티나무, 너도밤나무, 버드나무 등

22 택벌작업의 특징으로 옳지 않은 것은?

① 보속적인 생산
② 산림 경관 조성
③ 양수 수종 갱신
④ 임지의 생산력 보전

해설 · · ·

택벌작업

• 동일 임분에서 대경목을 지속적으로 생산할 수 있어 보속수확에 가장 적절하며, 산림 경관 조성에 있어서도 가장 생태적인 방법이다.
• 어린나무부터 벌기에 달한 성숙목까지 함께 섞여 자라므로 갱신면이 좁고 광선이 충분하지 못해 내음성이 약한 양수 갱신에는 적용하기 힘들다.

23 묘목을 1.8m×1.8m 정방향으로 식재할 때 1ha 당 묘목의 본수로 가장 적당한 것은?

① 약 308본
② 약 555본
③ 약 3,086본
④ 약 5,555본

해설 · · ·

정방형 식재

• 묘목의 묘간거리와 줄사이거리가 같은 정사각형 형태로 식재하는 방법이다.
• ha당 1.8m×1.8m의 정방형으로 3,086본을 식재하는 것이 널리 이용되고 있다.

24 파종상의 해가림 시설을 제거하는 시기로 가장 적절한 것은?

① 5월 중순~6월 중순
② 7월 하순~8월 중순
③ 9월 중순~10월 상순
④ 10월 중순~11월 중순

해설

해가림

- 어린 묘목은 강한 빛에 쉽게 건조해지며 한해(旱害)를 받을 수가 있으므로 발이나 망 등을 이용하여 해가림을 해 준다. 특히나 음수 수종은 해가림에 신경을 써주어야 한다.
- 그러나 해가림도 8월 중순경 전에는 서서히 제거해 주어야 건실한 묘목으로 자랄 수 있다.

25 순량률 80%, 발아율 90%인 종자의 효율은?

① 10% ② 72%

③ 89% ④ 90%

해설

효율(效率)

- 종자 품질의 실제 최종 평가기준이 되는 종자의 사용가치로 순량률과 발아율을 곱해 백분율로 나타낸 것이다.
- 효율(%) = $\dfrac{\text{순량률}(\%) \times \text{발아율}(\%)}{100}$

$$= \dfrac{80 \times 90}{100} = 72\%$$

26 바이러스에 의하여 발병하는 것은?

① 청변병 ② 불마름병

③ 뿌리혹병 ④ 모자이크병

해설

① 청변병은 진균, ② 불마름병과 ③ 뿌리혹병은 세균에 의한 수목병이다.

바이러스수목병

포플러모자이크병, 아까시나무모자이크병 등의 모자이크병

27 향나무를 중간기주로 하여 기주교대를 하는 병은?

① 잣나무털녹병 ② 밤나무줄기마름병

③ 대추나무빗자루병 ④ 배나무붉은별무늬병

해설

이종기생녹병균의 중간기주

수목병	중간기주
잣나무털녹병	송이풀, 까치밥나무
소나무잎녹병	황벽나무, 참취, 잔대
소나무혹병	졸참나무 등의 참나무류
배나무붉은별무늬병	향나무
포플러잎녹병	낙엽송(일본잎갈나무), 현호색

28 성충 및 유충 모두가 나무를 가해하는 것은?

① 솔나방 ② 솔잎혹파리

③ 미국흰불나방 ④ 오리나무잎벌레

해설

오리나무잎벌레

- 연 1회 발생하며, 성충으로 땅속에서 월동한다.
- 유충과 성충이 모두 오리나무류 잎을 가해하며 피해를 준다.

29 묘포에서 지표면 부분의 뿌리 부분을 주로 가해하는 곤충류는?

① 솜벌레과 ② 풍뎅이과

③ 혹파리과 ④ 유리나방과

해설

풍뎅이

- 성충은 밤나무 등의 활엽수 잎을 식해하고, 유충은 뿌리를 가해한다.
- 풍뎅이과는 묘포에서 지표면 부분의 뿌리 부분을 주로 가해하는 곤충류이다.

정답 25 ② 26 ④ 27 ④ 28 ④ 29 ②

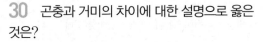

30 곤충과 거미의 차이에 대한 설명으로 옳은 것은?

① 다리의 경우 곤충과 거미 모두 3쌍이다.
② 더듬이의 경우 곤충은 1쌍이고, 거미는 2쌍이다.
③ 날개의 경우 곤충은 보통 2쌍이고, 거미는 1쌍이거나 없다.
④ 곤충은 머리, 가슴, 배의 3부분이고, 거미는 머리가슴, 배의 2부분으로 구분된다.

해설 ···

거미의 특징
• 몸은 머리가슴과 배의 2부분이다.
• 날개, 더듬이, 겹눈이 없다.
• 다리는 4쌍으로 각 7마디이다.
• 변태(탈바꿈)를 하지 않는다.

31 연 1회 발생하며 9월 하순 유충이 월동하기 위해 나무에서 땅으로 떨어지는 해충은?

① 소나무좀
② 솔잎혹파리
③ 미국흰불나방
④ 오리나무잎벌레

해설 ···

솔잎혹파리
• 연 1회 발생하며, 땅속에서 유충으로 월동한다.
• 유충이 솔잎 기부에 들어가 벌레혹을 만들고 그 속에서 수목을 가해하며 피해를 준다.
• 9~12월경 성숙한 유충은 월동을 위하여 비가 올 때 땅으로 떨어져 소나무를 탈출한다.

32 벚나무빗자루병의 병원체는?

① 세균
② 자낭균
③ 바이러스
④ 파이토플라스마

해설 ···

빗자루병 중 대추나무빗자루병과 오동나무빗자루병은 파이토플라스마에 의한 수목병이며, 벚나무빗자루병은 자낭균에 의한 수목병이다.

33 다음 중 솔나방의 주요 가해 부위는?

① 소나무 잎
② 소나무 뿌리
③ 소나무 줄기
④ 소나무 종자

해설 ···

솔나방
주로 소나무, 해송, 리기다소나무, 잣나무 등의 잎을 가해하는 재래해충이다.

34 산불에 의한 피해 및 위험도에 대한 설명으로 옳지 않은 것은?

① 침엽수는 활엽수에 비해 피해가 심하다.
② 음수는 양수에 비해 산불위험도가 낮다.
③ 단순림과 동령림이 혼효림 또는 이령림보다 산불의 위험도가 낮다.
④ 낙엽활엽수 중에서 코르크층이 두꺼운 수피를 가진 수종은 산불에 강하다.

해설 ···

산불에 의한 피해 및 위험도

크다(심하다)	작다(강하다)
침엽수	활엽수
낙엽활엽수	상록활엽수
양수	음수
수피가 얇은 것	수피가 두꺼운 것(코르크층)
어린 임분	성숙 임분
봄(3~5월)	봄 외 다른 계절
단순림과 동령림	혼효림과 이령림

35 아바멕틴 유제 1,000배액을 만들려면 물 18L에 몇 mL를 타야 하는가?

① 0.018
② 1.8
③ 18
④ 180

해설

$$희석\ 시\ 소요되는\ 약의\ 양 = \frac{단위면적당\ 사용량}{희석배수}$$

$$= \frac{18}{1,000} = 0.018L$$

$$= 18mL$$

36 진딧물의 화학적 방제법 중 천적보호에 유리한 방제약제로 가장 좋은 것은?

① 훈증제
② 기피제
③ 접촉살충제
④ 침투성 살충제

해설

침투성 살충제
• 약제를 식물의 뿌리, 줄기, 잎 등에 흡수시켜 식물 전체에 퍼지면 그 식물을 가해하는 해충이 죽게 되는 약제
• 천적에 대한 피해가 가장 적어 천적 보호에 유리
• 깍지벌레류, 진딧물류 등의 흡즙성 해충에 효과적

37 곤충이 생활하는 도중에 환경이 좋지 않으면 발육을 멈추고 좋은 환경이 될 때까지 임시적으로 정지하는 현상으로 정상으로 돌아오는데 다소 시간이 걸리는 것은?

① 휴면
② 이주
③ 탈피
④ 휴지

해설

곤충의 휴면
• 곤충이 불리하고 부적합한 환경을 극복하기 위해 일정 기간 발육을 정지하는 것을 말한다.
• 불리한 환경이 끝나고 환경조건이 좋아져도 곧바로 발육을 재개하는 것은 아니고, 일정한 시간이 지나야 발육을 개시한다.
• 정상으로 돌아오는데 다소 시간이 걸린다.

38 균류 병원균이 과습한 토양에서 묘목 뿌리로 침입하여 발생하는 것은?

① 반점병
② 탄저병
③ 모잘록병
④ 불마름병

해설

모잘록병
• 어린 묘목의 뿌리 또는 지제부가 주로 감염되어 변색, 도복, 고사, 부패하게 되는 수병이다.
• 주로 과습한 토양에서 묘목 뿌리로 침입하여 발생한다.

39 주로 나무의 상처부위로 병원균이 침입하여 발병하는 것으로 상처부위에 올바른 외과 수술을 해야 하며, 저항성 품종을 심어 방제하는 병은?

① 향나무녹병
② 소나무잎떨림병
③ 밤나무줄기마름병
④ 삼나무붉은마름병

해설

밤나무줄기마름병
• 밤나무의 줄기가 마르면서 패이거나 두껍게 부풀어 궤양을 만드는 수병이다.
• 병원균의 포자는 빗물이나 바람, 곤충 등에 의해 전파되고, 줄기의 상처를 통해 침입하여 병을 발생시킨다.
• 상처 부위에 외과수술을 시행하고 도포제를 발라 병원균의 침입을 막는다.

40 이른 봄에 수목의 발육이 시작된 후에 갑자기 내린 서리에 의해 어린잎이 받는 피해는?

① 조상
② 만상
③ 동상
④ 춘상

정답　35 ③　36 ④　37 ①　38 ③　39 ③　40 ②

상해(霜害, 서리해)의 종류

| 조상
(早霜) | 늦가을에 수목이 휴면에 들어가기 전 내린 서리로 인한 피해(=이른 서리의 해) |
| 만상
(晩霜) | 봄에 수목이 생장을 개시한 후에 갑자기 내린 서리로 인한 피해(=늦서리의 해) |

41 농약의 물리적 형태에 따른 분류가 아닌 것은?

① 유제   ② 분제
③ 전착제   ④ 수화제

③ 전착제는 보조제로 농약의 사용목적에 따른 분류에 속한다.

제형(물리적 형태)에 따른 분류
• 희석살포제(액체시용제) : 유제, 액제, 수화제, 수용제, 액상수화제
• 직접살포제(고형시용제) : 분제, 입제, 미립제

42 포플러류 잎의 뒷면에 초여름 오렌지색의 작은 가루덩이가 생기고, 정상적인 나무보다 먼저 낙엽이 지는 현상이 나타나는 병은?

① 잎녹병   ② 갈반병
③ 잎마름병   ④ 점무늬잎떨림병

포플러잎녹병
• 초여름, 포플러의 잎 뒷면에 가루처럼 보이는 노란색의 여름포자퇴(가루덩이)가 형성된다.
• 초가을이 되면 잎 양면에 짙은 갈색의 겨울포자퇴가 형성되고, 정상적인 나무보다 먼저 낙엽이 진다.

43 솔나방의 발생 예찰을 하기 위한 방법 중 가장 좋은 것은?

① 산란수를 조사한다.
② 번데기의 수를 조사한다.
③ 산란기 기상 상태를 조사한다.
④ 월동하기 전 유충의 밀도를 조사한다.

솔나방
• 보통은 연 1회 발생하며, 유충(5령충)으로 월동한다.
• 솔나방은 유충으로 월동하므로 월동 전(10월 중) 유충의 밀도를 조사하면 다음 해의 발생예찰이 가능하다.

44 농약의 독성에 대한 설명으로 옳지 않은 것은?

① 경구와 경피에 투여하여 시험한다.
② 농약의 독성은 중위치사량으로 표시한다.
③ LD_{50}은 시험동물의 50%가 죽는 농약의 양을 뜻한다.
④ 농약의 독성은 [농약의 양(mg)/시험동물의 체적(m^3)]으로 표시한다.

농약의 독성
• 농약의 독성 정도는 동물의 경구와 경피에 투여하여 사망수로 시험한다.
• 독성의 표시는 반수치사량(LD_{50}, 중위치사량)으로 한다.
• 반수치사량이란 시험동물의 50%가 죽는 농약의 양으로 mg(농약의 양)/kg(시험동물의 체중)으로 나타낸다.

45 잣나무털녹병균의 침입 부위는?

① 잎   ② 줄기
③ 종자   ④ 뿌리

해설

잣나무털녹병

- 잣나무의 줄기가 갈라 터지면서 양수분의 이동이 차단되어 고사하게 되는 수병이다.
- 주로 5~20년생 잣나무에 많이 발생하며, 20년생 이상된 큰 나무에도 피해를 준다.
- 병원균은 9~10월에 잣나무 잎의 기공을 통하여 침입하고 주된 피해는 줄기에 나타나는 것이 특징이다.

46 체인톱에 의한 벌목작업의 기본원칙으로 옳지 않은 것은?

① 벌목작업 시 도피로를 정해둔다.
② 걸린 나무는 지렛대 등을 이용하여 넘긴다.
③ 벌목방향은 집재하기가 용이한 방향으로 한다.
④ 벌목영역은 벌도목을 중심으로 수고의 1.2배에 해당한다.

해설

벌목작업 세부 안전수칙

- 작업 시 보호장비를 갖추고, 작업조는 2인 1조로 편성한다.
- 벌채목이 넘어가는 구역인 벌목영역은 벌채목 수고의 2배에 해당하는 영역으로 이 구역 내에서는 작업에 참가하는 사람만 있어야 한다.
- 벌목방향은 나무가 안전하게 넘어가고, 집재하기 용이한 방향으로 설정한다.
- 벌목 시 걸린 나무는 지렛대 등을 이용하여 제거하고, 받치고 있는 나무는 베지 않는다.

47 벌목 방법의 순서로 옳은 것은?

① 벌목방향 설정 – 수구자르기 – 추구자르기 – 벌목
② 벌목방향 설정 – 추구자르기 – 수구자르기 – 벌목
③ 수구자르기 – 추구자르기 – 벌목 방향 설정 – 벌목
④ 추구자르기 – 수구자르기 – 벌목 방향 설정 – 벌목

해설

벌목의 순서

작업도구 정돈 → 벌목방향 결정 → 주위 장애물 제거 · 정리 → 수구자르기 → 추구자르기

48 체인톱의 평균 수명과 안내판의 평균 수명으로 옳은 것은?

① 1,000시간, 300시간
② 1,500시간, 450시간
③ 2,000시간, 600시간
④ 2,500시간, 700시간

해설

체인톱의 사용시간(수명)

- 체인톱 본체 : 약 1,500시간
- 안내판 : 약 450시간
- 톱체인(쏘체인) : 약 150시간

49 2사이클 가솔린엔진의 휘발유와 윤활유의 적정 혼합비는?

① 5 : 1 ② 1 : 5
③ 25 : 1 ④ 1 : 25

해설

체인톱(2행정 가솔린 엔진)의 연료는 휘발유(가솔린)와 윤활유(엔진오일)를 25 : 1로 혼합하여 사용한다.

50 예불기의 톱이 회전하는 방향은?

① 시계 방향 ② 좌우 방향
③ 상하 방향 ④ 반시계 방향

해설 · · ·

예불기의 톱날은 좌측방향(반시계방향)으로 회전하므로 우측에서 좌측으로 작업해야 효율적이다.

51 체인톱의 체인오일을 급유하는 과정에서 묽은 윤활유를 사용하게 되었을 때 나타나는 가장 주된 현상은?

① 가이드바의 마모가 빨리된다.
② 엔진의 내부가 쉽게 마모된다.
③ 엔진이 과열되어 화재 위험이 높다.
④ 체인톱날이 수축되어 회전속도가 감소한다.

해설 · · ·

톱체인의 윤활유
• 안내판의 홈 부분과 톱체인의 마찰을 줄이기 위하여 사용되는 체인오일이다.
• 묽은 윤활유 사용 시 현상 : 가이드바의 마모가 빠르다.

52 엔진의 성능을 나타내는 것으로 1초 동안에 75kg의 중량을 1m 들어 올리는데 필요한 동력단위를 의미하는 것은?

① 강도
② 토크
③ 마력
④ RPM

해설 · · ·

토크는 엔진의 힘, 마력은 엔진의 성능을 나타낸다.

토크와 마력
• 토크 : 크랭크축의 회전능력인 엔진의 회전력. kgf · m
• 마력
 − 엔진의 출력을 표시하는 단위
 − 1초 동안 75kg의 중량을 1m 들어올리는데 필요한 동력 단위

53 예불날의 종류에 따른 예불기의 분류가 아닌 것은?

① 회전날식 예불기
② 로터리식 예불기
③ 왕복요동식 예불기
④ 나일론코드식 예불기

해설 · · ·

예불날의 종류에 의한 구분

회전날식, 직선왕복식, 왕복요동식, 나일론코드식

54 무육 작업을 위한 도구로 가장 거리가 먼 것은?

① 쐐기
② 보육낫
③ 이리톱
④ 가지치기 톱

해설 · · ·

산림 작업 도구

구분	도구종류
조림(식재)작업	재래식 삽, 재래식 괭이, 각식재용 양날 괭이, 사식재용 괭이, 손도끼 등
무육 작업	재래식 낫, 스위스 보육낫(무육낫), 소형 전정가위, 무육용 이리톱, 소형 손톱, 고지절단용 가지치기톱, 마세티 등
벌목 작업	톱, 도끼, 쐐기, 지렛대(목재돌림대), 밀게(밀대, 넘김대), 박피기, 사피 등
집재 작업	사피, 피비, 캔트훅, 피커룬, 파이크폴, 펄프훅 등

55 산림작업용 도끼의 날을 관리하는 방법으로 옳지 않은 것은?

① 아치형으로 연마하여야 한다.
② 날카로운 삼각형으로 연마하여야 한다.
③ 벌목용 도끼의 날의 각도는 9~12도가 적당하다.

④ 가지치기용 도끼의 날의 각도는 8~10도가 적당하다.

해설 ...

도끼날의 연마 형태
- 아치형이 되도록 연마한다.
- 날카로운 삼각형이 되면 날이 나무 속에 잘 끼며, 쉽게 무뎌진다.
- 무딘 둔각형이 되면 나무가 잘 갈라지지 않고 자르기 어렵다.

56 체인톱에 사용되는 연료인 혼합유를 제조하기 위해 휘발유와 함께 혼합하는 것은?

① 그리스　　　　② 방청유
③ 엔진오일　　　④ 기어오일

해설 ...

체인톱의 연료
휘발유(가솔린)와 윤활유(엔진오일)를 25 : 1로 혼합하여 사용한다.

57 활엽수 벌목작업 시 손톱의 삼각형 톱니날 젖힘 크기로 가장 적당한 것은?

① 0.1~0.2mm　　② 0.2~0.3mm
③ 0.3~0.5mm　　④ 0.5~0.6mm

해설 ...

톱니 젖힘
- 삼각톱니는 침엽수는 0.3~0.5mm, 활엽수는 0.2~0.3mm가 되도록 한다.
- 이리톱니는 침엽수는 0.4mm, 활엽수나 얼어있는 나무는 0.3mm가 되도록 한다.

58 4행정기관과 비교한 2행정기관의 특징으로 옳지 않은 것은?

① 연료 소모량이 크다.
② 저속운전이 곤란하다.
③ 동일배기량에 비해 출력이 작다.
④ 혼합연료 이외에 별도의 엔진오일을 주입하지 않아도 된다.

해설 ...

2행정기관의 특징
- 동일배기량에 비해 출력이 크다.
- 고속 및 저속 운전이 어렵다.
- 엔진의 구조가 간단하고, 무게가 가볍다.
- 배기가 불안전하여 배기음이 크다.
- 휘발유와 엔진오일을 혼합하여 사용한다.
- 연료(휘발유와 엔진오일) 소모량이 크다.
- 별도의 엔진오일이 필요 없다.
- 시동이 쉽고, 제작비가 저렴하며, 폭발음이 적다.

59 체인톱의 장기보관 시 처리하여야 할 사항으로 옳지 않은 것은?

① 연료와 오일을 비운다.
② 특수오일로 엔진을 보호한다.
③ 매월 10분 정도 가동시켜 건조한 방에 보관한다.
④ 장력 조정나사를 조정하여 체인을 항상 팽팽하게 유지한다.

해설 ...

체인톱의 장기보관
- 연료와 오일을 비워서 보관한다.
- 먼지가 없는 건조한 곳에 보관한다.
- 특수오일로 엔진 내부를 보호한다.
- 장기간 미사용 시 매월 10분씩 가동하여 엔진을 작동시킨다.
- 연간 1회 정도 전문 기관에서 검사를 받는다.

정답　56 ③　57 ②　58 ③　59 ④

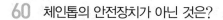

60 체인톱의 안전장치가 아닌 것은?

① 체인잡이
② 핸드가드
③ 방진고무
④ 체인장력 조절장치

해설

체인톱의 안전장치

전후방 손잡이, 전후방 손보호판(핸드가드), 체인브레이크, 체인잡이, 지레발톱(완충스파이크, 범퍼스파이크), 스로틀레버차단판(액셀레버차단판, 안전스로틀), 체인덮개(체인보호집), 소음기, 스위치, 안전체인(안전이음새), 방진고무(진동방지고무) 등

01 다음 중 가지치기의 단점으로 틀린 것은?

① 나무의 생장이 줄어들 수 있다.
② 줄기에 부정아가 발생한다.
③ 작업상 인력과 비용이 발생한다.
④ 무절재를 생산한다.

해설 • • •

④ 무절완만재를 생산하는 것은 가지치기의 장점이다.

가지치기의 단점
- 줄기에 부정아가 발생한다.
- 인력과 비용이 소요된다.
- 지나친 가지치기로 나무의 생장이 줄어들 수 있다.
- 지엽(枝葉)이 토양에 환원되지 못해 토양 비옥도에 문제를 가져올 수 있다.

02 풀베기(下刈)의 가장 중요한 목적은?

① 조림목의 생장에 안정된 환경을 만들어준다.
② 겨울철에 동해를 방지한다.
③ 음수 수종의 생장을 촉진한다.
④ 수목의 나이테 너비를 조절한다.

해설 • • •

풀베기
식재된 묘목과 광선, 수분, 양분 등에 대한 경쟁관계에 있는 관목이나 초본류를 제거하는 작업으로 밑깎기 또는 하예(下刈)라고도 한다.

03 연료재나 작은 나무의 생산에 적당한 작업종은?

① 교림작업   ② 왜림작업
③ 중림작업   ④ 모수작업

해설 • • •

왜림작업
- 주로 연료생산을 위해 짧은 벌기로 벌채·이용하고 그 루터기에서 발생한 맹아를 이용하여 갱신이 이루어지는 작업이다.
- 신탄재나 연료재, 소경재 생산에 적합하다.

04 산벌작업의 순서로 옳은 것은?

① 후벌 → 예비벌 → 하종벌
② 하종벌 → 후벌 → 예비벌
③ 하종벌 → 예비벌 → 후벌
④ 예비벌 → 하종벌 → 후벌

해설 • • •

산벌작업
- 윤벌기가 완료되기 전에 짧은 갱신기간 동안 몇 차례 벌채를 실시하여 벌채지의 전 임목을 완전히 제거함과 동시에 천연하종으로 갱신을 유도하는 작업법이다.
- 예비벌, 하종벌, 후벌의 3차례에 걸친 점진적 벌채 양식이다.

05 노천매장법 중 파종하기 한 달쯤 전에 매장하는 것이 발아촉진에 도움을 주는 수종은?

① 백합나무   ② 측백나무
③ 옻나무   ④ 가래나무

해설 • • •

종자의 노천매장 시기

구분	종류
정선 후 곧 매장 (종자채취 직후)	백합나무, 목련, 백송, 들메나무, 벚나무, 단풍나무, 느티나무, 잣나무, 호두나무, 은행나무

구분	종류
늦어도 11월 말까지 매장	벽오동나무, 팽나무, 물푸레나무, 신나무, 피나무, 층층나무, 옻나무
파종 약 1개월(한 달) 전에 매장	소나무, 해송, 리기다소나무, 낙엽송, 가문비나무, 전나무, 측백, 편백, 삼나무 등 거의 모든 침엽수

06 데라사끼 간벌 형식 중 상층임관을 강하게 벌채하고 3급목을 남겨서 수간과 임상이 직사광선을 받지 않도록 하는 것은?

① A종   ② C종
③ D종   ④ E종

해설   · · ·

데라사끼(寺崎)의 간벌법

하층 간벌	A종	4급목과 5급목 전부, 2급목의 소수 벌채, 임내 정리 차원, 간벌량이 가장 적은 방식
	B종	4급목과 5급목 전부, 3급목의 일부, 2급목의 상당수 벌채, 가장 일반적인 간벌법
	C종	2급목, 4급목, 5급목 전부, 3급목 대부분 벌채, 지장주는 1급목도 일부 벌채, 간벌량이 가장 많은 방식
상층 간벌	D종	상층임관을 강하게 벌채하고, 3급목을 전부 남김, 수간과 임상이 직사광선을 받지 않도록 하는 방식
	E종	상층임관을 강하게 벌채하고, 3급목과 4급목을 전부 남김

07 다음의 특징을 갖는 작업종은?

- 임지가 노출되지 않고 항상 보호되며 표토의 유실이 없다.
- 음수갱신에 좋고 임지의 생산력이 높다.
- 미관상 가장 아름답다.
- 작업에 많은 기술을 요하고 매우 복잡하다.

① 산벌작업   ② 택벌작업
③ 모수작업   ④ 중림작업

해설   · · ·

택벌작업의 장단점
- 음수수종 갱신에 적합하다.
- 임지가 노출되지 않고 보호되어 표토 유실이 없으며, 지력 유지에 유리하다.
- 병충해 및 기상피해에 대한 저항력이 높다.
- 미관상 가장 아름다운 숲이 된다.
- 작업내용이 복잡하여 고도의 기술을 필요로 한다.

08 솎아베기(간벌)에 대한 설명으로 옳은 것은?

① 간벌은 하층식생의 발달을 저해한다.
② 간벌은 연중 가능하나, 생가지치기와 함께 실행한다면 수액이동 정지 시기에 실시하는 것이 좋다.
③ 간벌로 인해 산불 위험성은 증가할 수 있다.
④ 간벌은 임분의 수직구조를 단일화하여 숲을 안정시킨다.

해설   · · ·

솎아베기(간벌)
- 간벌은 하층 식생의 발달을 촉진하고 하층림을 유도하여 임분의 수직구조가 다양화·안정화된다.
- 연소물의 제거로 산불 위험성이 감소한다.
- 수액 이동 정지기인 겨울과 봄에 실시하는 것이 좋다.

09 선천적 유전 형질에 의해서 삽수의 발근이 대단히 어려운 수종은?

① 향나무   ② 밤나무
③ 사철나무   ④ 동백나무

산림기능사 필기

해설

발근 정도에 따른 수종 구분

삽목 발근이 쉬운 수종	버드나무류, 은행나무, 사철나무, 플라타너스, 개나리, 삼나무, 주목, 쥐똥나무, 포플러류, 진달래, 측백, 화백, 회양목, 향나무, 동백나무, 무궁화, 배롱나무, 비자나무, 꽝꽝나무 등
삽목 발근이 어려운 수종	소나무, 해송, 잣나무, 전나무, 참나무류, 오리나무, 느티나무, 감나무, 밤나무, 호두나무, 벚나무, 사과나무, 대나무류, 목련류 등

10 임지와 임목의 건전한 생산성 향상을 위한 생물적 임지 무육작업으로 적합한 것은?

① 계단 조림　　② 비료목 식재
③ 임지경토　　④ 임지피복

해설

임지무육
- 물리적 무육 : 임지피복, 수평구 설치 등
- 생물적 무육 : 비료목 식재, 수하식재, 균근 증식·공급 등

11 산불에 대한 설명으로 틀린 것은?

① 지중화는 낙엽층 밑에서 발생하는 불로 연기도 적고 불꽃도 없다.
② 지표화는 지상의 지피물, 관목 등에서 발생하는 불로 산불의 시초가 된다.
③ 수간화는 나무 줄기에서 발생하는 불로 흔히 발생하지는 않는다.
④ 수관화는 수관에서 발생하는 불로 피해는 적은 편이다.

해설

수관화(樹冠火)
- 수목 상부의 잎과 가지가 무성한 수관(樹冠)에서 발생하는 산불

- 잎과 가지를 타고 연속해서 불이 번져(비화) 산불 중 가장 큰 피해를 가져옴
- 한 번 발생하면 진화하기가 어려워 큰 면적에 걸쳐 피해

12 파종조림의 성패에 관계되는 요인으로 가장 거리가 먼 것은?

① 수분　　② 서리의 해
③ 동물의 해　　④ 식물의 해

해설

파종조림의 성패에 영향을 주는 요인
수분, 동물의 피해, 건조의 피해, 서리(서릿발)의 피해, 흙옷(토의) 등

13 소나무 천연림 보육의 궁극적인 목표는?

① 우량 용재 생산　　② 땔감, 표고 용재
③ 송이 생산　　④ 휴양 풍치림

해설

천연림 보육목적은 우량대경재의 생산이다.

14 조림을 위한 우량묘목의 구비조건이 아닌 것은?

① 발육이 왕성하고 조직이 충실한 것
② 가지가 사방으로 고루 뻗어 발달한 것
③ 묘목이 약간 웃자란 것
④ 측근과 세근이 발달한 것

해설

우량 묘목의 조건
- 측아보다 정아의 발달이 우세한 것
- T/R률 값이 3 정도 또는 값이 작은 것
- 하아지가 발달하지 않은 것
  * 하아지(夏芽枝) : 여름·가을에 생긴 눈에서 자라난 가지

정답　10 ②　11 ④　12 ④　13 ①　14 ③

- 가지가 사방으로 고루 뻗어 발달한 것
- 줄기가 굵고 곧으며, 도장되지 않은 것
- 주지의 세력이 강하고 곧게 자란 것
- 근계의 발달이 충실하며, 주근보다 측근과 세근이 발달한 것
- 발육이 왕성하고 조직이 충실한 것
- 양호한 발달 상태와 왕성한 수세를 지닌 것
- 우량한 유전성을 지닌 것
- 온도 저하에 따른 고유의 변색과 광택을 가질 것

15 묘목을 심을 때 뿌리를 잘라주는 주된 목적은?

① 식재가 용이하다.
② 양분의 소모를 막는다.
③ 수분의 소모를 막는다.
④ 측근과 세근의 발달을 도모한다.

해설 ⋯

단근(斷根, 뿌리 끊기)
- 굵은 직근(直根)을 잘라 양수분의 흡수를 담당하는 가는 측근(側根)과 세근(細根)을 발달시키는 작업이다.
- 조림지에 이식하였을 때 활착률이 좋아지며, T/R률이 낮은 건실한 묘목을 생산할 수 있다.

16 임목종자의 품질검사에 대한 설명으로 틀린 것은?

① 순량률은 순정종자 무게를 전체 시료종자 무게로 나누어 백분율로 표기한다.
② 용적중은 10L의 종자무게를 kg 단위로 표시한다.
③ 발아율은 발아된 종자의 수를 전체 시료종자의 수로 나누어 백분율로 표기한다.
④ 효율은 실제 득묘 효과를 예측할 수 있는 종자의 사용가치를 말한다.

해설 ⋯

종자 품질검사 기준
- 실중(實重) : 종자 1,000립의 무게, g 단위
- 용적중(容積重) : 종자 1리터의 무게, g 단위
- 순량률(純量率) : 전체 시료 종자량(g)에 대한 순정종자량(g)의 백분율
- 발아율(發芽率) : 전체 시료 종자수에 대한 발아종자수의 백분율
- 발아세(發芽勢) : 전체 시료 종자수에 대한 가장 많이 발아한 날까지 발아한 종자수의 백분율
- 효율(效率) : 종자의 실제 사용가치로 순량률과 발아율을 곱한 백분율

17 대목이 비교적 굵고 접수가 가늘 때 적용되는 접목법은?

① 박접   ② 절접
③ 복접   ④ 할접

해설 ⋯

접목의 종류

절접 (切接)	• 일반적으로 가장 많이 적용되는 방법이다. • 눈 2~3개가 붙은 접수를 알맞게 조제하고, 대목에 접수 꽂을 자리를 가로로 쪼갠 후 대목과 접수의 형성층을 맞추어 삽입하고 묶어서 고정한다.
할접 (割接)	• 대목이 굵고, 접수가 가늘 때 적용되는 방법으로 소나무류의 접목에 흔히 이용된다. • 대목의 중심부를 수직방향으로 쪼개어 접수의 형성층을 맞추고 삽입하여 고정한다.
복접 (腹接)	대목에 칼로 비스듬하게 삭면을 만들고 조제한 접수를 끼워 넣는 방법으로 수목의 복부에 칼집을 넣어 접목한다 하여 복접이라 한다.
박접 (剝接)	대목에 1줄 또는 2줄로 칼집을 넣어 수피를 젖힌 후 접수를 삽입하여 접붙이는 방법이다.

18 조림목의 식재열을 따라 잡초목을 제거하는 풀베기 작업은?

① 모두베기　　② 줄베기
③ 둘레베기　　④ 잡초베기

해설　· · ·

줄베기(줄깎기, 조예)
• 조림목의 식재줄을 따라 잡초목을 제거하는 방법
• 가장 일반적으로 쓰이며, 모두베기에 비하여 경비와 인력이 절감

19 질소의 함유량이 20%인 비료가 있다. 이 비료를 80g 주었을 때 질소성분량으로는 몇 g을 준 셈이 되는가?

① 8g　　② 16g
③ 20g　　④ 80g

해설　· · ·

$$80g \times \frac{20}{100} = 16g$$

20 발아 기간 단축을 위하여 씨를 뿌리기 전에 발아 촉진을 시키는 방법으로 틀린 것은?

① X선 분석법　　② 종피 파상법
③ 침수 처리법　　④ 노천 매장법

해설　· · ·

① X선 분석법은 종자의 활력을 검사하는 발아검사법이다.

종자의 발아촉진법(휴면타파)
• 기계적 처리법 : 종피에 기계적으로 상처내어 발아 촉진
• 침수처리법 : 종자를 물에 담가 발아 촉진. 냉수침지법, 온탕침지법
• 황산처리법 : 황산을 종피에 처리하여 부식 및 밀랍 제거

• 노천매장법 : 종자를 노천에 모래와 섞어 묻어 저장 및 발아 촉진
• 고저온처리법 : 변온처리로 발아 촉진
• 화학약품처리법 : 지베렐린, 시토키닌(사이토키닌), 에틸렌, 질산칼륨 등 화학자극제 이용
• 광처리법 : 광선을 조사하여 발아 촉진
• 파종시기 변경 : 종자를 채취한 가을에 바로 파종하여 발아 촉진

21 전체 나무 중 우량목과 불량목의 비율이 어느 정도 되어야 좋은 채종림이라 할 수 있는가?

① 우량목 30% 이상, 불량목 15% 이하
② 우량목 40% 이상, 불량목 15% 이하
③ 우량목 50% 이상, 불량목 20% 이하
④ 우량목 70% 이상, 불량목 20% 이하

해설　· · ·

채종림(採種林)
• 우량한 조림용 종자를 채집할 목적으로 지정된 형질이 우수한 임분
• 우량목이 전 수목의 50% 이상, 불량목이 20% 이하인 임분에서 채종림 선발

22 우량대경재를 생산하기 위한 숲을 대상으로 미래목을 선발하여 우수한 나무의 생장을 촉진하는 간벌 방법은?

① 상층간벌　　② 도태간벌
③ 기계적간벌　　④ 택벌식간벌

해설　· · ·

도태간벌
• 현재의 가장 우수한 나무인 미래목을 집중적으로 선발·관리하고, 경쟁목은 제거하여 인위적 도태를 통한 미래목의 생장 촉진을 도모하는 간벌법이다.
• 무육목표를 미래목에 집중시켜 장벌기 고급 대경재 생산에 적합하다.

23 묘목의 특수식재 중 천근성이며 직근이 빈약하고 측근이 잘 발달된 가문비나무 등과 같은 수종의 어린 노지묘를 식재할 때 사용되는 방법은?

① 봉우리 식재   ② 치식

③ 용기묘 식재   ④ 대묘식재

해설   ・・・

봉우리 식재
- 식재지 구덩이 바닥 중앙에 흙을 모아 봉우리를 만들어 식재하는 방법이다.
- 천근성이며 직근이 빈약하고 측근이 잘 발달된 가문비나무 등과 같은 수종의 어린 노지묘를 식재할 때 사용되는 방법이다.

24 2ha의 임야에 밤나무를 4m 간격의 정방형 식재를 하려면 얼마의 밤나무 묘목이 필요한가?

① 250본   ② 750본

③ 1,250본   ④ 2,250본

해설   ・・・

정방형(정사각형) 식재

2ha $=20,000m^2$ 이므로,

$$N= \frac{A}{a^2} = \frac{20,000}{4^2} = 1,250본$$

여기서, N : 소요 묘목 본수

     A : 조림지 면적(m^2)

     a : 묘간거리(m)

25 내음력이 뛰어난 음수끼리만 짝지어진 것은?

① 주목, 회양목

② 회양목, 낙엽송

③ 소나무, 잣나무

④ 주목, 소나무

해설   ・・・

수목별 내음성

구분	내용
극음수	주목, 사철나무, 개비자나무, 회양목, 금송, 나한백
음수	가문비나무, 전나무, 너도밤나무, 솔송나무, 비자나무, 녹나무, 단풍나무, 서어나무, 칠엽수
중용수	잣나무, 편백나무, 목련, 느릅나무, 참나무
양수	소나무, 해송, 은행나무, 오리나무, 오동나무, 향나무, 낙우송, 측백나무, 밤나무, 옻나무, 노간주나무, 삼나무
극양수	낙엽송(일본잎갈나무), 버드나무, 자작나무, 포플러, 잎갈나무

26 미국흰불나방의 월동 형태는?

① 성충   ② 알

③ 유충   ④ 번데기

해설   ・・・

미국흰불나방
- 연 2회 발생하며, 번데기로 월동한다.
- 기주범위가 넓어 버즘나무, 포플러, 벚나무, 단풍나무 등 활엽수 160여 종의 잎을 식해하는 잡식성이다.

27 다음 중 잠복기간이 가장 긴 수병은?

① 소나무재선충병

② 잣나무털녹병

③ 포플러잎녹병

④ 낙엽송잎떨림병

해설   ・・・

잠복기(간)
- 병원체가 침입하여 병징이 나타날 때까지의 기간
- 잣나무털녹병균은 2~4년으로 잠복기가 길며, 포플러잎녹병균은 4~6일로 짧음

정답   23 ①   24 ③   25 ①   26 ④   27 ②

28 겨울철 저온에 의한 피해 중 상해(霜害, 서리해)에 대한 설명으로 틀린 것은?

① 분지 등 오목한 곳에 습한 한기가 가라앉아 머물게 되면서 발생한다.

② 북쪽사면이 남쪽사면보다 피해가 심하다.

③ 늦가을에 내린 서리 피해를 조상(早霜)이라 한다.

④ 겨울에 내린 서리 피해를 만상(晚霜)이라 한다.

해설   • • •

상해(霜害, 서리해)

- 상해는 기온이 급하강할 때 발생하는 서리에 의한 피해로 분지 등 저습지에 한기가 밑으로 가라앉아 머물게 되면서 피해가 나타난다.
- 조상(早霜) : 늦가을에 수목이 휴면에 들어가기 전 내린 서리로 인한 피해(=이른 서리의 해)
- 만상(晚霜) : 봄에 수목이 생장을 개시한 후에 갑자기 내린 서리로 인한 피해(=늦서리의 해)

29 다음 중 담자균류에 의한 수병은?

① 소나무혹병   ② 밤나무줄기마름병
③ 그을음병   ④ 오동나무탄저병

해설   • • •

병의 원인에 따른 수병 분류

	세균	뿌리혹병, 밤나무눈마름병, 불마름병
	난균	모잘록병
균류	진균 자낭균	리지나뿌리썩음병, 그을음병, 흰가루병, 벚나무빗자루병, 소나무잎떨림병, 잣나무잎떨림병, 낙엽송잎떨림병, 밤나무줄기마름병, 낙엽송가지끝마름병, 호두나무탄저병
	진균 담자균	아밀라리아뿌리썩음병, 소나무잎녹병, 잣나무털녹병, 향나무녹병, 소나무혹병, 포플러잎녹병

	불완전균	모잘록병, 삼나무붉은마름병, 오리나무갈색무늬병, 오동나무탄저병, 참나무시들음병, 소나무가지끝마름병
	바이러스	포플러모자이크병, 아까시나무모자이크병, 벚나무번개무늬병
	파이토플라스마	대추나무빗자루병, 오동나무빗자루병, 뽕나무오갈병
	선충	소나무재선충병, 뿌리썩이선충병, 뿌리혹선충병

30 다음 중 내화력이 강한 수종만으로 나열한 것은?

① 은행나무, 아왜나무, 녹나무

② 분비나무, 소나무, 가시나무

③ 아까시나무, 고로쇠나무, 사철나무

④ 가문비나무, 잎갈나무, 참나무

해설   • • •

수목의 내화력(耐火力)

구분	강한 수종	약한 수종
침엽수	은행나무, 잎갈나무, 분비나무, 낙엽송, 가문비나무, 개비자나무, 대왕송	소나무, 해송(곰솔), 삼나무, 편백
상록활엽수	동백나무, 사철나무, 회양목, 아왜나무, 황벽나무, 가시나무	녹나무, 구실잣밤나무
낙엽활엽수	참나무류, 고로쇠나무, 음나무, 피나무, 마가목, 사시나무	아까시나무, 벚나무

31 농약의 효력 증진을 위해 사용하는 물질 중 농약에 섞어서 고착성, 확전성, 현수성을 높이는 데 사용되는 것은?

① 훈증제   ② 불임제
③ 유인제   ④ 전착제

해설

전착제(展着劑)
- 약액이 식물이나 해충의 표면에 잘 안착하여 붙어 있도록 하는 약제
- 고착성, 확전성, 현수성 향상

32 솔나방의 방제방법으로 틀린 것은?

① 봄과 가을에 유충이 솔잎을 가해할 때 약제를 살포한다.
② 7월쯤 고치 속의 번데기를 집게로 잡아 소각한다.
③ 솔나방의 기생성 천적이 발생할 수 있도록 가급적 단순림을 조성한다.
④ 성충 활동기에 피해 임지에 수은등을 설치한다.

해설

솔나방 방제법
- 유충 가해시기인 봄과 가을에 디프제(디플루벤주론 수화제)와 같은 살충제를 살포한다.
- 7~8월에 알덩어리가 붙어 있는 가지를 잘라 소각한다.
- 유충이나 고치는 솜방망이로 석유를 묻혀 죽이거나, 집게 또는 나무젓가락으로 직접 잡아 죽인다.
- 주광성이 강한 성충은 7~8월 활동기에 유아등(수은등, 기타 등불)을 설치하여 유살한다.
- 10월 중에 가마니, 거적 또는 볏짚을 수간에 싸매어 월동장소(잠복소)를 만들고 유충을 유인한다.
- 송충알좀벌(알), 고치벌·맵시벌(유충, 번데기) 등의 천적을 이용한다.

33 주로 잎을 가해하는 식엽성 해충으로 짝지어진 것은?

① 솔나방, 천막벌레나방
② 흰불나방, 소나무좀
③ 오리나무잎벌레, 밤나무(순)혹벌
④ 잎말이나방, 도토리거위벌레

해설

해충의 가해양식에 따른 분류

구분		내용
식엽성(食葉性)		미국흰불나방, 솔나방, 매미나방(집시나방), 오리나무잎벌레, 텐트나방(천막벌레나방), 어스렝이나방(밤나무산누에나방), 독나방, 잣나무넓적잎벌, 솔노랑잎벌, 낙엽송잎벌, 대벌레, 호두나무잎벌레, 참나무재주나방
흡즙성(吸汁性)	잎	버즘나무방패벌레, 진달래방패벌레
	줄기	솔껍질깍지벌레
천공성(穿孔性)		소나무좀, 박쥐나방, 향나무하늘소(측백하늘소), 솔수염하늘소, 북방수염하늘소, 광릉긴나무좀
충영성(蟲廮性)	잎	솔잎혹파리, 외줄면충
	눈	밤나무(순)혹벌
종실(種實) 가해		밤바구미, 복숭아명나방, 솔알락명나방, 도토리거위벌레

34 바이러스 감염에 의한 목본식물의 대표적인 병징은?

① 혹
② 모자이크
③ 탈락
④ 총생

해설

바이러스의 병징
모자이크 무늬가 대표적, 위축, 왜소, 잎말림, 얼룩무늬 등

35 병징과 표징에 대한 설명으로 잘못된 것은?

① 병원체가 바이러스, 파이토플라스마일 때는 표징만 있다.
② 병징은 외형적으로 보이는 이상 증상이다.
③ 세균의 병징에는 유조직병, 물관병 등이 있다.
④ 병원체가 진균일 때는 병징과 표징이 모두 잘 나타난다.

해설

병원체가 바이러스, 파이토플라스마, 비전염성병인 경우에는 병징만 나타나고 표징은 없으며, 세균 또한 표징을 나타내는 경우가 드물다.

36 산불경보의 수준별 판단기준으로 틀린 것은?

① 관심 – 산불발생 시기 등을 고려하여 산불예방에 관한 관심이 필요한 경우
② 주의 – 산불위험지수 51 이상 지역이 70% 이상인 경우
③ 경계 – 산불위험지수 61 이상 지역이 80% 이상인 경우
④ 심각 – 산불위험지수 86 이상 지역이 70% 이상인 경우

해설

산불경보 수준별 판단기준

- 관심(blue) : 산불발생 시기 등을 고려하여 산불예방에 관한 관심이 필요한 경우로서 산불경보 '주의' 발령 기준에 미달되는 경우
- 주의(yellow) : 산불위험지수가 51 이상인 지역이 70% 이상이거나 산불발생 위험이 높아질 것으로 예상되어 특별한 주의가 필요하다고 인정되는 경우
- 경계(orange) : 산불위험지수가 66 이상인 지역이 70% 이상이거나 발생한 산불이 대형산불로 확산될 우려가 있어 특별한 경계가 필요하다고 인정되는 경우
- 심각(red) : 산불위험지수가 86 이상인 지역이 70% 이상이거나 산불이 동시다발적으로 발생하고 대형산불로 확산될 개연성이 높다고 인정되는 경우

37 마름무늬매미충이 매개하지 않는 병은?

① 대추나무빗자루병   ② 뽕나무오갈병
③ 오동나무빗자루병   ④ 붉나무빗자루병

해설

수병과 매개충

병원	수병	매개충
선충	소나무재선충병	솔수염하늘소, 북방수염하늘소
파이토플라스마	대추나무빗자루병	마름무늬매미충 (모무늬매미충)
	뽕나무오갈병	
	붉나무빗자루병	
	오동나무빗자루병	담배장님노린재
불완전균	참나무시들음병	광릉긴나무좀
바이러스	~모자이크병	진딧물

38 살충제 중 독성분이 해충의 입을 통하여 소화관 내로 들어가 중독작용을 일으켜 죽게되는 약제는?

① 접촉살충제   ② 훈연제
③ 소화중독제   ④ 침투성살충제

해설

소화중독제(消化中毒劑)

- 약제를 식물체의 줄기, 잎 등에 살포·부착시켜 식엽성 해충이 먹이와 함께 약제를 직접 섭취하면 소화관 내에서 중독증상을 일으켜 죽게 되는 약제
- 씹는 입틀을 가진 해충에 주로 사용

39 포플러잎녹병의 중간기주는?

① 향나무   ② 송이풀
③ 일본잎갈나무   ④ 까치밥나무

해설

이종기생녹병균의 중간기주

수목병	중간기주
잣나무털녹병	송이풀, 까치밥나무
소나무잎녹병	황벽나무, 참취, 잔대
소나무혹병	졸참나무 등의 참나무류
배나무붉은별무늬병	향나무
포플러잎녹병	낙엽송(일본잎갈나무), 현호색

정답 36 ③ 37 ③ 38 ③ 39 ③

40 수목의 가지에 기생하여 생육을 저해하고, 종자는 새에 의해 전파되는 것은?

① 바이러스   ② 세균
③ 재선충   ④ 겨우살이

> **해설**   · · ·

겨우살이의 특징
- 기생성 상록관목으로 수목의 가지에 뿌리를 박아 기생하며 양분과 수분을 약탈한다.
- 주로 참나무류에 피해가 심하고 그 밖의 활엽수에도 기생한다.
- 주로 종자를 먹은 새의 배설물에 의해 전파된다.

41 벌목한 나무를 체인톱으로 가지치기 시 유의사항으로 틀린 것은?

① 안내판이 짧은 경체인톱을 사용한다.
② 작업자는 벌목한 나무와 최대한 멀리 떨어져 작업한다.
③ 안전한 자세로 서서 작업한다.
④ 체인톱은 자연스럽게 움직여야 한다.

> **해설**   · · ·

체인톱(기계톱) 벌도목 가지치기 시 유의사항
- 길이가 30~40cm 정도로 안내판이 짧은 기계톱(경체인톱)을 사용한다.
- 작업자는 벌목한 나무에 가까이에 서서 작업한다.
- 벌목한 나무를 몸과 체인톱 사이에 놓고 작업한다.
- 안전한 자세로 서서 작업한다.
- 전진하면서 작업하며, 체인톱을 자연스럽게 움직인다.

42 기계톱 일일정비의 대상이 아닌 것은?

① 에어필터(공기청정기) 청소
② 안내판 손질
③ 휘발유와 오일의 혼합
④ 스파크플러그 전극 간격 조정

> **해설**   · · ·

④ 스파크플러그 전극 간격 조정은 주간정비 사항이다.

체인톱의 일일(일상)정비
휘발유와 오일의 혼합상태, 체인톱 외부와 기화기의 오물제거, 체인의 장력조절 및 이물질 제거, 에어필터(에어클리너)의 청소, 안내판의 손질, 체인브레이크 등 안전장치의 이상 유무 확인 등

43 가선집재 장비 중 Koller K-300의 상향 최대집재거리로 옳은 것은?

① 300m   ② 400m
③ 500m   ④ 600m

> **해설**   · · ·

콜러(koller) 집재기
- 트랙터나 트럭 등에 타워(철기둥)와 반송기를 포함한 가선집재장치를 탑재한 이동식 차량형 집재기계이다.
- 300m까지 집재가 가능한 K-300과 800m까지 집재가 가능한 K-800이 있다.

44 트랙터의 주행 장치에 의한 분류 중 크롤러 바퀴의 장점이 아닌 것은?

① 견인력이 크고 접지면적이 커서 연약지반, 험한 지형에서도 주행성이 양호하다.
② 무게가 가볍고 고속주행이 가능하여 기동성이 있다.
③ 회전반지름이 작다.
④ 중심이 낮아 경사지에서의 작업성과 등판력이 우수하다.

> **해설**   · · ·

② 가볍고 기동력이 좋은 것은 타이어바퀴식이다.

크롤러바퀴식(무한궤도)
- 크롤러바퀴식은 접지압은 작고 접지면적은 커서 연약지반에서도 안전하게 작업할 수 있다.

• 차체의 중심이 낮아 경사지에서의 작업성과 등판력도 우수하다.

45 어깨걸이식 예불기를 착용하였을 때 예불기 날과 지면과의 높이는 어느 정도가 적합한가?

① 5~10cm

② 10~20cm

③ 20~30cm

④ 30~40cm

해설 ・・・

예불기 작업 시 유의사항

어깨걸이식 예불기를 메고 바른 자세로 서서 손을 뗐을 때, 지상으로부터 톱날까지의 높이는 10~20cm가 적당하고, 톱날의 각도는 5~10° 정도가 되도록 한다.

46 4행정 기관에서 1싸이클을 완료하기 위하여 크랭크축은 몇 회전하는가?

① 4　　　　　　② 3

③ 2　　　　　　④ 1

해설 ・・・

4행정 기관

• 피스톤의 4행정 2왕복 운동으로 1사이클이 완료되는 기관

• 흡입, 압축, 폭발, 배기의 1사이클을 4행정(크랭크축 2회전)으로 완결

47 벌목이 가능한 기계가 아닌 것은?

① 체인톱

② 하베스터

③ 프로세서

④ 트리펠러

해설 ・・・

임목수확기계의 종류

종류	작업내용
트리펠러 (tree feller)	벌도만 실행
펠러번처 (feller buncher)	벌도와 집적(모아서 쌓기)의 2가지 공정 실행 ✎ 가지치기, 절단 ✕
프로세서 (processor)	• 집재된 전목재의 가지치기, 절단, 초두부 제거, 집적 등의 조재작업을 전문적으로 실행 ✎ 벌도 ✕ • 산지집재장에서 작업하는 조재기계
하베스터 (harvester)	• 벌도, 가지치기, 조재목 마름질, 토막내기 작업을 모두 수행 • 대표적 다공정 처리기계로 임내에서 벌도 및 각종 조재작업 수행

48 활로에 의한 집재 시 활로 구조에 따른 수라의 종류로 틀린 것은?

① 흙수라　　　　② 석수라

③ 나무수라　　　④ 플라스틱수라

해설 ・・・

수라의 종류

• 토수라(흙수라) : 경사면의 흙을 도랑모양으로 파 활주로로 이용하는 것

• 도수라 : 토수라를 개량한 것으로 활로를 설치하고, 침목모양의 횡목을 일정 간격으로 깔아 만든 것

• 목수라(나무수라) : 목재를 이용하여 활로를 만든 것

• 플라스틱 수라 : 반원형의 플라스틱을 여러 개 연결하여 활주로를 만든 것

49 도끼날의 연마 형태로 가장 알맞은 것은?

① 무딘 둔각형

② 날카로운 삼각형

③ 둔한 삼각형

④ 아치형

정답 45 ② 46 ③ 47 ③ 48 ② 49 ④

도끼날의 연마 형태
• 아치형이 되도록 연마한다.
• 날카로운 삼각형이 되면 날이 나무 속에 잘 끼며, 쉽게 무뎌진다.
• 무딘 둔각형이 되면 나무가 잘 갈라지지 않고 자르기 어렵다.

50 윤활유의 구비 조건으로 옳지 않은 것은?

① 유성이 좋아야 한다.
② 점도가 적당해야 한다.
③ 유동점이 높아야 한다.
④ 부식성이 없어야 한다.

해설 · · ·

윤활유의 구비 조건
• 유성이 좋아야 한다.
• 점도가 적당해야 한다.
• 부식성이 없어야 한다.
• 유동점이 낮아야 한다.
• 탄화성이 낮아야 한다.

51 안전사고 예방기본대책에서 예방 효과가 큰 순서로 올바르게 나열된 것은?

① 위험으로부터 멀리 떨어짐 > 개인안전보호 > 위험제거 > 위험고정
② 위험고정 > 개인안전보호 > 위험제거 > 위험으로부터 멀리 떨어짐
③ 개인안전보호 > 위험고정 > 위험제거 > 위험으로부터 멀리 떨어짐
④ 위험제거 > 위험으로부터 멀리 떨어짐 > 위험고정 > 개인안전보호

해설 · · ·

위험요인을 먼저 제거하는 것이 가장 예방 효과가 크다.

52 우리나라의 임업기계화 작업을 위한 제약 인자가 아닌 것은?

① 험준한 지형조건
② 풍부한 전문기능인
③ 기계화 시업의 경험부족
④ 영세한 경영규모

해설 · · ·

우리나라 임업기계화의 제약인자
복잡하고 험준한 지형 조건, 소규모의 영세한 경영 규모, 기계화 기술 및 경험 부족, 임도시설 부족 등

53 체인톱의 연료에 대한 설명으로 잘못된 것은?

① 옥탄가가 높은 고급 휘발유를 사용한다.
② 휘발유와 오일을 25 : 1로 혼합하여 사용한다.
③ 불법제조 휘발유를 사용하면 기화기막, 오일막 또는 연료호스가 녹고 연료통 내막을 부식시킨다.
④ 연료통을 잘 흔들어 기계톱에 급유한다.

해설 · · ·

가솔린기관은 일반적으로 옥탄가가 높은 휘발유가 좋으나, 체인톱은 옥탄가가 낮은 보통 휘발유를 사용한다.

54 내연기관 중 실린더의 압축비를 바르게 나타낸 것은?

① 압축비 = (행정용적 + 간극용적) / 간극용적
② 압축비 = (행정용적 + 간극용적) / 행정용적
③ 압축비 = (행정용적 − 간극용적) / 간극용적
④ 압축비 = (행정용적 − 간극용적) / 행정용적

해설　· · ·

압축비
- 엔진의 실린더 내 피스톤이 상승하면 혼합가스가 압축되는데, 이때의 압축 정도
- 압축비 = $\dfrac{\text{연소실 용적} + \text{행정 용적}}{\text{연소실 용적}}$

　여기서, 연소실용적 = 간극용적

55　산림작업을 위한 안전사고 예방 수칙으로 올바른 것은?

① 긴장하고 경직되게 할 것
② 비정규적으로 휴식할 것
③ 휴식 직후는 최고로 작업속도를 높일 것
④ 몸 전체를 고르게 움직여 부드럽게 작업할 것

해설　· · ·

안전사고의 예방 수칙(작업 시 준수사항)
- 혼자 작업하지 않으며, 2인 이상 가시 · 가청권 내에서 작업한다.
- 작업실행에 심사숙고하며, 서두르지 말고 침착하게 작업한다.
- 긴장하지 말고, 부드럽고 율동적인 작업을 한다.
- 몸 전체를 고르게 움직이며 작업한다.
- 규칙적으로 휴식하고, 휴식 후 서서히 작업 속도를 올린다.

56　체인톱날 연마 시 깊이제한부를 너무 낮게 연마했을 때 나타나는 현상으로 틀린 것은?

① 톱밥이 정상으로 나오며, 절단이 잘된다.
② 톱밥이 두꺼우며, 톱날에 심한 부하가 걸린다.
③ 안내판과 톱날의 마모가 심해 수명이 단축된다.
④ 체인이 절단되면서 사고가 날 수 있다.

해설　· · ·

깊이제한부 너무 낮게 연마 시 특징
- 절삭 깊이가 깊어 톱밥이 두껍다.

- 톱날에 심한 부하가 걸린다.
- 안내판과 톱날의 마모로 수명이 단축된다.
- 체인 절단 등으로 위험한 사고가 발생할 수 있다.

57　산림작업 시 안전사고 비율에 대한 설명으로 잘못된 것은?

① 신체부위 별로는 손이 가장 비율이 높다.
② 계절별로는 여름이 가장 비율이 높다.
③ 작업별로는 무육작업이 가장 비율이 높다.
④ 요일별로는 월요일이 가장 비율이 높다.

해설　· · ·

작업별로는 수확작업이 가장 사고 비율이 높다.

58　경사지에서의 벌목 작업 시 안전수칙 내용으로 옳은 것은?

① 벌목할 나무의 산정방향에 서서 작업한다.
② 벌목영역은 벌채목 수고의 1.5배에 해당하는 영역이다.
③ 장력을 받고 있는 나무는 장력 부위를 먼저 절단한다.
④ 작업은 능률을 고려하여 혼자한다.

해설　· · ·

벌목작업 세부 안전수칙
- 작업 시 보호장비를 갖추고, 작업조는 2인 1조로 편성한다.
- 벌채목이 넘어가는 구역인 벌목영역은 벌채목 수고의 2배에 해당하는 영역으로 이 구역 내에서는 작업에 참가하는 사람만 있어야 한다.
- 벌목 시에는 나무의 산정방향에 서서 작업하며, 작업면보다 아래 경사면 출입을 통제한다.
- 벌목 시 장력을 받고 있는 나무는 반대편의 압력을 받는 부위를 먼저 절단한다.

정답　55 ④　56 ①　57 ③　58 ①

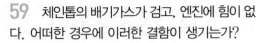

59 체인톱의 배기가스가 검고, 엔진에 힘이 없다. 어떠한 경우에 이러한 결함이 생기는가?

① 기화기 조절이 잘못되었다.
② 연료 내 오일 혼합량이 적다.
③ 플러그에서 조기점화되기 때문이다.
④ 안내판으로 통하는 오일 구멍이 막혔다.

해설 · · ·

기화기 조절이 잘 못되면 엔진이 잘 가동되지 않고 힘이 없다.

60 다음은 벌채 및 반출 사업 경비 중 기계작업 시 단위 재적당 연료비를 산출하는 공식이다. ( )안에 들어갈 알맞은 것은?

단위 재적당 연료비(원/m³)

$$= \frac{(\quad)\times연료단가(원/l)}{기계작업\ 1일\ 작업량(m^3/일)}$$

① 기계작업 1일당 연료소비량
② 기계작업 1본당 연료소비량
③ 기계작업 1시간당 연료소비량
④ 기계작업 1분당 연료소비량

해설 · · ·

단위재적당 연료비(원/m³)

$$= \frac{기계작업\ 1일당\ 연료소비량\times연료단가(원/l)}{기계작업\ 1일\ 작업량(m^3/일)}$$

01 다음 중 정선종자의 수율이 가장 높은 수종은?

① 가문비나무   ② 소나무
③ 편백   ④ 전나무

해설

① 가문비나무 2.1, ② 소나무 2.7, ③ 편백 11.4, ④ 전나무 19.3

정선종자의 수득률(收得率, 수율)
- 채집한 열매를 정선하여 실제로 얻은 종자의 비율
- 대립종자일수록 수율이 큰 편이며, 소립종자일수록 수율이 작은 편이나 모든 종자에 해당되지는 않음
- 소나무(2.7), 해송(2.4) 등은 수율이 작은 편

02 다음 중 조림수종의 선택조건에 맞지 않는 것은?

① 가지가 굵고 긴 나무
② 입지 적응력이 큰 나무
③ 위해에 대하여 저항력이 큰 나무
④ 성장 속도가 빠른 나무

해설

조림 수종의 선택 요건
- 성장 속도가 빠르고, 재적 성장량이 높은 것
- 질이 우수하여 수요가 많은 것
- 가지가 가늘고 짧으며, 줄기가 곧은 것
- 각종 위해에 대하여 저항력이 강한 것
- 입지에 대하여 적응력이 큰 것
- 산물의 이용 가치가 높고 수요량이 많은 것
- 종자채집과 양묘가 쉽고, 식재하여 활착이 잘 되는 것
- 임분 조성이 용이하고 조림의 실패율이 적은 것

03 산벌작업의 특성에 대한 설명으로 가장 옳은 것은?

① 음수와 양수 수종 갱신에 모두 적합하며, 갱신기간이 비교적 오래 걸린다.
② 음수 수종 갱신에 적합하며, 갱신기간이 비교적 오래 걸린다.
③ 양수 수종 갱신에 적합하며, 갱신기간이 비교적 짧다.
④ 음수 수종 갱신에 적합하며, 갱신기간이 비교적 짧다.

해설

산벌작업
- 음수 수종 갱신에 적당하며, 양수 수종 갱신은 불가능하지는 않으나 유리하거나 적합하지는 않다.
- 예비벌, 하종벌, 후벌의 3차례에 걸친 점진적 벌채 양식이다.
- 성숙목을 벌채함과 동시에 치수가 발생하므로 갱신기간이 10~20년으로 짧다.

04 무육작업이라고 할 수 없는 것은?

① 풀베기   ② 솎아베기(간벌)
③ 가지치기   ④ 갱신

해설

산림무육의 구분

구분	작업내용
임목무육	풀베기, 덩굴제거, 어린나무가꾸기(잡목 솎아내기, 제벌), 가지치기, 솎아베기(간벌)
임지무육	임지피복, 수평구 설치, 비료목 식재, 수하식재, 균근 증식·공급 등

05 모수작업법에 대한 설명으로 옳은 것은?

① 임지는 일시에 노출되므로 양수의 갱신에 유리하다.

② 벌채가 집중되므로 경비가 많이 든다.

③ 종자의 비산능력을 갖추지 않은 수종도 가능하다.

④ 토양의 침식과 유실 우려가 거의 없다.

해설 ・ ・ ・

모수작업

• 모수를 제외한 나머지 임지는 일시에 노출되므로 주로 소나무, 곰솔(해송), 자작나무 등 양수의 천연갱신에 유리하며, 음수는 적합하지 않다.

• 벌채가 집중되므로 경비가 절약된다(개벌 다음으로).

• 개벌작업 다음으로 토양침식과 유실이 발생할 가능성이 많다.

• 비산종자가 비교적 가벼워 잘 비산하며 쉽게 발아하는 수종에 적합한 갱신법이다.

06 숲 가꾸기와 관련된 설명으로 옳은 것은?

① 풀베기는 대개 9월 이후에도 실시한다.

② 풀베기는 조림목의 수고가 50cm 이상이 되도록 한다.

③ 제벌은 겨울철에 실시하는 것이 좋다.

④ 덩굴치기에 있어서 칡의 제거는 줄기 절단보다 약제 처리가 효과적이다.

해설 ・ ・ ・

숲 가꾸기

• 풀베기는 겨울의 추위로부터 조림목을 보호하기 위하여 9월 이후에는 실시하지 않는 것이 좋다.

• 풀베기는 조림목이 잡초목보다 수고가 약 1.5배 또는 60~80cm 정도 더 클 때까지 실시한다.

• 칡은 번식력이 강하여 줄기를 베어도 잘 제거되지 않기 때문에 디캄바액제, 글라신액제 등의 화학적 제초제를 사용하여 제거하는 것이 좋다.

• 제벌은 나무의 고사상태를 알고 맹아력을 감소시키기에 가장 적합한 6~9월(여름)에 실시하는 것이 좋다.

07 왜림작업 시 이용되는 맹아에 대한 설명으로 잘못된 것은?

① 맹아는 양성이며 양분요구량이 많다.

② 맹아 발생을 위한 벌채 시기는 3~4월 봄이다.

③ 참나무류, 밤나무, 아까시나무 등이 맹아력이 좋다.

④ 맹아 발생을 위하여 남향으로 경사지게 벌채한다.

해설 ・ ・ ・

왜림작업 시기

맹아 발생을 위한 수목 벌채 시기는 11월 이후부터 이듬해 2월 이전까지로 근부에 많은 영양이 저장된 늦가을에서 초봄 사이에 실시한다.

08 B종 간벌에 대한 설명으로 가장 옳은 것은?

① 4, 5급목을 전부 벌채하고 2급목의 소수를 벌채하는 것

② 4, 5급목 전부와 3급목의 일부, 그리고 2급목의 상당수를 벌채하는 것

③ 4, 5급목의 전부와 3급목의 대부분을 벌채하고, 때에 따라서는 1급목의 일부를 벌채하는 것

④ 4, 5급목의 전부와 특히 1급목의 일부도 벌채하는 것

해설 ・ ・ ・

데라사끼(寺崎)의 간벌법

하층 간벌	A종	4급목과 5급목 전부, 2급목의 소수 벌채, 임내 정리 차원, 간벌량이 가장 적은 방식
	B종	4급목과 5급목 전부, 3급목의 일부, 2급목의 상당수 벌채, 가장 일반적인 간벌법
	C종	2급목, 4급목, 5급목 전부, 3급목 대부분 벌채, 지장주는 1급목도 일부 벌채, 간벌량이 가장 많은 방식
상층 간벌	D종	상층임관을 강하게 벌채하고, 3급목을 전부 남김, 수간과 임상이 직사광선을 받지 않도록 하는 방식
	E종	상층임관을 강하게 벌채하고, 3급목과 4급목을 전부 남김

09 임지의 시비 방법이 아닌 것은?

① 전방시비   ② 전면시비
③ 환상시비   ④ 식혈시비

해설

임지시비 방법

- 전면시비(全面施肥) : 수목이 식재된 토양 전면에 골고루 시비하는 방법
- 식혈시비(植穴施肥) : 구덩이를 파서 시비하는 방법
- 환상시비(環狀施肥) : 수목의 둘레에 환상으로 홈을 파서 시비하는 방법
- 측방시비(側傍施肥) : 수목의 사방으로 네 곳에 구덩이를 파고 시비하는 방법

10 채집된 수목 종자를 건조시킬 때, 음지 건조를 시켜야하는 종자를 바르게 나열한 것은?

① 소나무류, 해송   ② 낙엽송, 전나무
③ 참나무류, 편백   ④ 회양목, 소나무류

해설

종자건조법

구분	내용
양광건조법 (陽光乾燥法, 햇볕건조)	• 햇볕이 잘 드는 곳에 펴 널고, 2~3회 뒤집어 건조, 양건법 • 소나무류, 낙엽송, 전나무
반음건조법 (半陰乾燥法, 음지건조)	• 햇볕에 약한 종자를 통풍이 잘 되는 옥내에서 건조 • 오리나무류, 포플러류, 편백, 참나무류, 밤나무
인공건조법 (人工乾燥法)	구과건조기를 이용하여 건조

11 천연갱신이 가장 적합하지 않은 수종으로 옳은 것은?

① 참나무류   ② 전나무
③ 리기다소나무   ④ 아까시나무

해설

천연갱신 수종

- 활엽수 중 참나무류, 아까시나무, 오리나무, 물푸레나무 등은 모두 종자의 발아력 및 맹아력이 좋아 갱신에 적합하다.
- 침엽수 중 소나무, 리기다소나무, 해송(곰솔) 등도 종자 발아력이 좋아 천연갱신에 적합하다.

12 교림작업과 왜림작업을 혼합한 갱신작업으로 동일 임지에서 용재와 연료재를 동시에 생산하는 것을 목적으로 하는 작업종은?

① 산벌작업   ② 택벌작업
③ 모수작업   ④ 중림작업

해설

중림작업

동일 임지에 상층은 용재(대경재) 생산의 교림작업, 하층은 연료재(신탄재)와 소경재 생산의 왜림작업을 함께 시행하는 작업종이다.

13 완만재를 생산할 수 있을 뿐만 아니라 수간의 직경 생장을 증대시키기 위한 육림작업은?

① 풀베기
② 어린나무 가꾸기
③ 덩굴제거
④ 가지치기

해설

가지치기의 장점

- 옹이(마디)가 없는 무절 완만재를 생산할 수 있다.
- 나무끼리의 생존경쟁을 완화시킨다.
- 수간의 완만도가 향상된다.

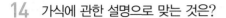
14 가식에 관한 설명으로 맞는 것은?

① 가을철 가식 때에는 묘목의 끝이 남쪽으로 향하도록 한다.
② 단기간 가식할 때에는 다발을 풀어 가식한다.
③ 한풍해가 우려될 때에는 묘목 끝이 바람과 같은 방향으로 누인다.
④ 가식하는 장소는 햇빛이 많이 들어야 한다.

해설 ···

묘목의 가식방법
• 가을에는 묘목의 끝이 남쪽으로 향하게 하여 45° 정도 경사지게 뉘여서 가식한다.
• 단기간 가식하고자 할 때에는 묘목을 다발째로 비스듬히 뉘여서 뿌리를 묻는다.
• 장기간 가식하고자 할 때에는 묘목을 다발에서 풀어 낱개로 펴고 도랑에 세워 묻는다.
• 추위나 바람의 피해가 우려되는 곳은 묘목의 정단부분이 바람과 반대방향이 되도록 뉘여서 묻는다.

15 갱신하고자 하는 임지 위에 있는 임목을 일시에 벌채하고 새로운 임분을 조성시키는 방법은?

① 개벌작업　　　② 모수작업
③ 택벌작업　　　④ 산벌작업

해설 ···

갱신작업종(주벌수확, 수확을 위한 벌채)
• 개벌작업 : 임목 전부를 일시에 벌채. 모두베기
• 모수작업 : 모수만 남기고, 그 외의 임목을 모두 벌채
• 산벌작업 : 3단계의 점진적 벌채, 예비벌－하종벌－후벌
• 택벌작업 : 성숙한 임목만을 선택적으로 골라 벌채. 골라베기
• 왜림작업 : 연료재 생산을 위한 짧은 벌기의 개벌과 맹아갱신
• 중림작업 : 용재의 교림과 연료재의 왜림을 동일 임지에 실시

16 우리나라에서 권장하고 있는 조림용 경제 수종은 장기수, 속성수, 유실수 등으로 구분하는데, 그 중 오랜 기간 자라서 큰 목재를 생산하는 장기수로 적합한 것은?

① 잣나무
② 현사시나무
③ 오동나무
④ 밤나무

해설 ···

우리나라 경제수종의 종류

구분		수종
장기수 (15종)	침엽수 (10종)	강송(금강송), 잣나무, 전나무, 낙엽송, 삼나무, 편백, 해송, 리기테다소나무, 스트로브잣나무, 버지니아소나무
	활엽수 (5종)	참나무류, 자작나무류, 물푸레나무, 느티나무, 루브라참나무
속성수(5종)		이태리포플러, 현사시나무, 양황철나무, 수원포플러, 오동나무
유실수(2종)		밤나무, 호두나무

17 다음 중 무배유종자는?

① 밤나무
② 물푸레나무
③ 소나무
④ 잎갈나무

해설 ···

무배유종자
• 배유는 배에 양분을 공급하여 배가 성장하게 되는데, 이러한 배유가 없이 대신 떡잎(자엽)에 양분을 지니고 있는 종자를 말한다.
• 대표적으로 밤나무, 호두나무, 참나무류 등이 있다.

18 도태간벌의 특성에 대한 설명으로 맞는 것은?

① 간벌양식으로 볼 때 하층간벌에 속한다.
② 간벌재 이용에 유리하다.
③ 복층구조 유도가 힘들다.
④ 장벌기 고급 대경재 생산에는 부적합하다.

해설 ● ● ●

도태간벌의 특징
- 현재의 가장 우수한 나무인 미래목을 집중적으로 선발·관리하고, 경쟁목은 제거하여 인위적 도태를 통한 미래목의 생장 촉진을 도모하는 간벌법이다.
- 무육목표를 미래목에 집중시켜 장벌기 고급 대경재 생산에 적합하다.
- 간벌로 인한 간벌재 이용에 유리하다.
- 간벌양식으로 볼 때 상층간벌도 하층간벌도 아닌 새로운 간벌법이다.
- 임분의 복층구조 유도가 용이하다.

19 씨앗을 건조할 때 음지에 건조해야 하는 종은?

① 소나무   ② 밤나무
③ 전나무   ④ 낙엽송

해설 ● ● ●

10번 해설 참고

20 제벌 작업을 실행할 때 잘못된 것은?

① 덩굴류와 침입수종을 제거한다.
② 제거목은 가급적 지표 가깝게 자른다.
③ 유용한 하층식생이라도 제거한다.
④ 어린 나무의 가지치기는 전정가위를 이용한다.

해설 ● ● ●

목적 수종의 생장에 피해를 주지 않는 유용한 하층식생은 제거하지 않는다.

21 택벌작업에서 벌채목을 정할 때 생태적 측면에서 가장 중점을 두어야 할 사항은?

① 우량목의 생산
② 간벌과 가지치기
③ 대경목을 중심으로 벌채
④ 숲의 보호와 무육

해설 ● ● ●

택벌작업
- 한 임분을 구성하고 있는 임목 중 성숙한 임목만을 선택적으로 골라 벌채하는 작업법이다.
- 숲의 보호와 무육이 이루어져 가장 건전한 생태계를 유지할 수 있다.

22 우량묘목의 구비조건으로 적합하지 않은 것은?

① 조직이나 눈 또는 잎이 충실할 것
② 가지가 사방으로 고루 뻗을 것
③ 직근이 측근 또는 세근의 발달보다 양호할 것
④ 웃자라지 않을 것

해설 ● ● ●

우량 묘목의 조건
- 측아보다 정아의 발달이 우세한 것
- T/R률 값이 3 정도 또는 값이 작은 것
- 하아지가 발달하지 않은 것
  * 하아지(夏芽枝) : 여름·가을에 생긴 눈에서 자라난 가지
- 가지가 사방으로 고루 뻗어 발달한 것
- 줄기가 굵고 곧으며, 도장되지 않은 것
- 주지의 세력이 강하고 곧게 자란 것
- 근계의 발달이 충실하며, 주근보다 측근과 세근이 발달한 것
- 발육이 왕성하고 조직이 충실한 것
- 양호한 발달 상태와 왕성한 수세를 지닌 것
- 우량한 유전성을 지닌 것
- 온도 저하에 따른 고유의 변색과 광택을 가질 것

정답 18 ② 19 ② 20 ③ 21 ④ 22 ③

23 다음 설명에 해당하는 벌채 방법은?

숲을 띠모양으로 나누고 순차적으로 개벌해 나가면서 갱신을 끝내는 방법으로 이때, 띠모양의 구역을 교대로 벌채하여 두 번 만에 모두 개벌하는 것

① 연속대상개벌작업
② 군상개벌작업
③ 대상택벌작업
④ 교호대상개벌작업

해설 · · ·

교호대상개벌(交互帶狀皆伐)작업
• 갱신면을 4대의 띠로 구분한 뒤 한 번에 2대의 벌채면을 개벌하고, 몇 년 후 다음 나머지 2대를 교차로 개벌하는 방식이다.
• 두 번에 나누어 갱신대상 조림지의 모든 수목을 벌채하고 갱신한다.

24 어린나무 가꾸기 작업의 가장 큰 목적은?

① 목재를 생산하여 수익을 얻을 수 있다.
② 숲의 경관을 아름답게 유지할 수 있다.
③ 산불 피해를 줄일 수 있다.
④ 불량목을 제거하여 치수가 건전하게 생장할 수 있다.

해설 · · ·

어린나무 가꾸기(제벌)
• 조림목과 경쟁하는 목적 이외의 수종과 조림목 중에서도 형질이 나쁘거나 다른 수목에 피해를 주는 수목 등을 제거하는 작업이다.
• 하목의 수광량이 증가하여 남아 있는 조림목의 건전한 생장을 도울 수 있다.

25 종자의 성숙시기가 5월인 수종은?

① 피나무
② 소나무
③ 가래나무
④ 버드나무

해설 · · ·

주요 수종의 종자 성숙기(채취시기)

월(月)	수종
5월	사시나무류, 미루나무, 버드나무류, 황철나무, 양버들
6월	느릅나무, 벚나무, 시무나무, 비술나무
7월	회양목, 벚나무
8월	스트로브잣나무, 향나무, 섬잣나무, 귀룽나무, 노간주나무
9~10월	대부분의 수종
11월	동백나무, 회화나무

26 다음 중 자낭균에 의해 발생되지 않는 수병은?

① 그을음병
② 탄저병
③ 흰가루병
④ 모잘록병

해설 · · ·

④ 모잘록병은 난균과 불완전균에 의한 수목병이다.

자낭균에 의한 수목병
리지나뿌리썩음병, 그을음병, 흰가루병, 벚나무빗자루병, 소나무잎떨림병, 잣나무잎떨림병, 낙엽송잎떨림병, 밤나무줄기마름병, 낙엽송가지끝마름병, 호두나무탄저병 등

27 한해(旱害)의 피해를 예방하는 방법으로 옳은 것은?

① 낙엽과 기타 지피물을 제거한다.
② 묘목을 얕게 심는다.
③ 평년보다 파종 등 육묘작업을 늦게 한다.
④ 관수가 불가능할 때에는 해가림, 흙깔기 등을 한다.

해설 ...

한해(旱害, 가뭄해)의 예방

묘포지 에서의 예방	• 묘목의 뿌리가 일찍 발달하도록 파종이나 식 재를 앞당겨 시작한다. • 땅속 깊이 수분이 스며들도록 충분히 관수 한다. • 해가림을 해주며, 볏짚이나 흙을 깔아 고온을 방지함으로써 수분의 증발을 막는다. • 천근성 수종은 한해에 약하므로, 심근성 수종 보다 빨리 파종한다.
조림지 에서의 예방	• 묘목을 깊게 식재하여 지표면의 건조에 영향 을 덜 받도록 한다. • 토양 피복처리로 지표의 건조를 완화시킨다.

28 다음 중 잎을 가해하지 않는 해충은?

① 솔나방
② 미국흰불나방
③ 복숭아명나방
④ 오리나무잎벌레

해설 ...

해충의 가해양식에 따른 분류

구분		내용
식엽성(食葉性)		미국흰불나방, 솔나방, 매미나방(집시나방), 오리나무잎벌레, 텐트나방(천막벌레나방), 어스렝이나방(밤나무산누에나방), 독나방, 잣나무넓적잎벌, 솔노랑잎벌, 낙엽송잎벌, 대벌레, 호두나무잎벌레, 참나무재주나방
흡즙성 (吸汁性)	잎	버즘나무방패벌레, 진달래방패벌레
	줄기	솔껍질깍지벌레
천공성(穿孔性)		소나무좀, 박쥐나방, 향나무하늘소(측백하늘소), 솔수염하늘소, 북방수염하늘소, 광릉긴나무좀
충영성 (蟲廮性)	잎	솔잎혹파리, 외줄면충
	눈	밤나무(순)혹벌
종실(種實) 가해		밤바구미, 복숭아명나방, 솔알락명나방, 도토리거위벌레

29 녹병균에 의한 수병은 중간기주를 거쳐야 병이 전염된다. 다음 수종 중 소나무잎녹병의 중간기주는?

① 오리나무
② 포플러
③ 황벽나무
④ 사과나무

해설 ...

이종기생녹병균의 중간기주

수목병	중간기주
잣나무털녹병	송이풀, 까치밥나무
소나무잎녹병	황벽나무, 참취, 잔대
소나무혹병	졸참나무 등의 참나무류
배나무붉은별무늬병	향나무
포플러잎녹병	낙엽송(일본잎갈나무), 현호색

30 산불 발생의 3요소가 아닌 것은?

① 연료
② 산소
③ 불꽃
④ 열

해설 ...

산불 발생(연소)의 3요소
• 연료, 공기, 열이다.
• 불을 발생시킬 수 있는 열이 있어야 하며, 열로 인해 연소할 가연물(연료)이 있어야 하고, 공기(산소)가 있어야 한다.

31 아까시나무모자이크병의 매개충은?

① 복숭아혹진딧물
② 오동나무매미충
③ 마름무늬매미충
④ 담배장님노린재

해설

수병과 매개충

병원	수병	매개충
선충	소나무재선충병	솔수염하늘소, 북방수염하늘소
파이토 플라스마	대추나무빗자루병	마름무늬매미충 (모무늬매미충)
	뽕나무오갈병	
	붉나무빗자루병	
	오동나무빗자루병	담배장님노린재
불완전균	참나무시들음병	광릉긴나무좀
바이러스	~모자이크병	진딧물

32 살충제 중 훈증제로 쓰이는 약제는?

① 메틸브로마이드　　② BT제
③ 알킬화제　　　　　④ DDVP

해설

훈증제(燻蒸劑)
- 약제의 유효성분이 가스상태가 되어 해충의 호흡기(기문)로 흡입되고 독작용을 나타내어 죽게 되는 약제
- 메틸브로마이드, 메탐소듐, 클로로피크린, 인화알루미늄, 이황화탄소(CS_2) 등

33 오리나무잎벌레에 대한 설명으로 틀린 것은?

① 지피물 밑이나 땅속에서 월동한다.
② 성충으로 월동한다.
③ 유충은 엽육을 먹으며 성장한다.
④ 1년에 2회 이상 발생한다.

해설

오리나무잎벌레
- 유충과 성충이 모두 오리나무류 잎을 가해하며 피해를 준다.
- 연 1회 발생하며, 성충으로 땅속에서 월동한다.

- 부화 유충은 잎 뒷면에서 엽육만을 식해하고, 성충은 잎을 갉아 식해한다.

34 솔잎혹파리의 방제를 위하여 수간주사를 할 때 사용하는 약제는?

① 포스팜　　　　　② 디플루벤주론
③ 디클로르보스　　④ 베노밀

해설

솔잎혹파리의 방제법
산란 및 우화 최성기에 포스팜 액제 등의 살충제를 수간주사한다.

35 수병과 중간기주와의 연결이 옳게 된 것은?

① 소나무혹병 – 참나무
② 잣나무털녹병 – 낙엽송
③ 포플러잎녹병 – 송이풀
④ 소나무류잎녹병 – 등골나물

해설

29번 해설 참고

36 산림화재에 대한 설명으로 틀린 것은?

① 지표화는 지표에 쌓여 있는 낙엽과 지피물, 지상관목층, 갱신치수 등이 불에 타는 화재이다.
② 수관화는 나무의 수관에 불이 붙어서 수관에서 수관으로 번져가는 불이다.
③ 지중화는 낙엽층의 분해가 더딘 고산지대에서 많이 발생하며, 국토의 약 67%가 산지인 우리나라에서 특히 흔하게 나타나며, 피해도 크다.
④ 수간화는 나무의 줄기가 타는 불이며, 지표화로부터 불이 옮겨 붙는 경우가 많다.

해설 ...

지중화(地中火)
- 낙엽층 밑에 있는 층에서 발생하는 산불
- 산소의 공급이 막혀 연기도 적고, 불꽃도 없지만, 높은 열로 서서히 오랫동안 연소하며 피해
- 이탄층(泥炭層)이 두꺼운 지대나 낙엽층의 분해가 더 두껍게 쌓여 있는 고산지대 등에서 발생
- 우리나라에서는 극히 드문 산불

37 파이토플라스마(phytoplasma)에 의한 수목병이 아닌 것은?

① 벚나무빗자루병
② 뽕나무오갈병
③ 오동나무빗자루병
④ 대추나무빗자루병

해설 ...

① 벚나무빗자루병은 자낭균에 의한 수병이다.

파이토플라스마(phytoplasma) 수병
대추나무빗자루병, 오동나무빗자루병, 뽕나무오갈병

38 살충제와 작용기작의 연결이 잘못된 것은?

① 접촉제 : 해충의 표면에 직접 닿아서 죽게 되는 약제
② 훈증제 : 유효성분이 가스상태가 되어 죽게 되는 약제
③ 침투성살충제 : 약제가 해충에 직접적으로 침투하여 죽게되는 약제
④ 소화중독제 : 해충의 입을 통해 체내로 들어가 죽게 되는 약제

해설 ...

③ 약제가 해충에 직접적으로 침투하는 것이 아닌 약제를 처리한 식물을 해충이 흡즙하면서 죽게 된다.

침투성 살충제(浸透性 殺蟲劑)
- 약제를 식물의 뿌리, 줄기, 잎 등에 흡수시켜 식물 전체에 퍼지면 그 식물을 가해하는 해충이 죽게 되는 약제
- 깍지벌레류, 진딧물류 등의 흡즙성 해충에 효과적

39 수간에 약액을 주입하여 병해충을 방제하는 수간주사 방법이 아닌 것은?

① 중력식
② 압력식
③ 삽입식
④ 관주식

해설 ...

나무주사(수간주사)법
- 중력식(링거식) : 링거와 같은 수액이 중력에 의해 위에서 아래로 떨어지며 주사하는 가장 일반적인 방식
- 압력식 : 피스톤과 같은 주사제를 이용하여 약액을 압력으로 밀어 넣는 방식
- 삽입식 : 수간에 구멍을 내고 캡슐 형태의 약액을 삽입하는 방식

40 해충의 방제법 연결이 잘못된 것은?

① 기계적 방제 : 포살, 소살, 유살
② 임업적 방제 : 간벌, 식물검역
③ 생물적 방제 : 천적 이용
④ 물리적 방제 : 부적절한 온 · 습도 처리

해설 ...

해충의 방제법
- 기계적 방제 : 포살법, 소살법, 유살법, 경운법, 차단법, 찔러 죽임, 진동(털)
- 물리적 방제 : 부적절한 온도와 습도처리, 방사선, 고주파
- 화학적 방제 : 화학약제(농약) 이용, 신속 · 정확한 효과
- 생물적 방제 : 포식성 천적, 기생성 천적, 병원미생물 등 활용
- 임업적 방제 : 혼효림과 복층림 조성, 임분밀도 조절(위생간벌, 가지치기), 내충성 수종 식재, 임지환경개선(경운, 토성개량), 시비

- 법적 방제 : 식물검역
- 페로몬 이용 방제 : 성페로몬, 집합페로몬 이용

41 벌도, 가지치기, 작동, 집적의 기능이 모든 가능한 대표적 다공정 임목수확기계는?

① 펠러번처　　　　② 프로세서
③ 포워더　　　　　④ 하베스터

해설 ・・・

하베스터(harvester)

- 벌도, 가지치기, 조재목 마름질, 토막내기 작업을 모두 수행
- 대표적 다공정 처리기계로 임내에서 벌도 및 각종 조재 작업 수행

42 전문 벌목용 체인톱의 일반적인 본체 수명으로 옳은 것은?

① 500시간 정도
② 1,000시간 정도
③ 1,500시간 정도
④ 2,000시간 정도

해설 ・・・

체인톱의 사용시간(수명)

- 체인톱 본체(엔진가동시간) : 약 1,500시간
- 안내판 : 약 450시간
- 톱체인(쏘체인) : 약 150시간

43 4행정 기관과 비교한 2행정 기관의 설명으로 틀린 것은?

① 구조가 간단하다.
② 무게가 가볍다.
③ 오일 소비가 적다.
④ 폭발음이 적다.

해설 ・・・

2행정 기관의 특징

- 동일배기량에 비해 출력이 크다.
- 고속 및 저속 운전이 어렵다.
- 엔진의 구조가 간단하고, 무게가 가볍다.
- 배기가 불안전하여 배기음이 크다.
- 휘발유와 엔진오일을 혼합하여 사용한다.
- 연료(휘발유와 엔진오일) 소모량이 크다.
- 별도의 엔진오일이 필요 없다.
- 시동이 쉽고, 제작비가 저렴하며, 폭발음이 적다.

44 체인톱의 부품에 해당 되지 않는 것은?

① 스프라켓　　　　② 안내판
③ 피치　　　　　　④ 스로틀레버차단판

해설 ・・・

체인톱의 구조

- 원동기 부분 : 실린더, 피스톤, 크랭크축, 불꽃점화장치, 기화기, 시동장치, 연료탱크, 에어필터 등
- 동력전달 부분 : 원심클러치, 감속장치, 스프라켓 등
- 톱날 부분 : 톱체인(쏘체인), 안내판, 체인장력조절장치, 체인덮개 등
- 안전장치 : 전후방 손잡이, 전후방 손보호판, 체인브레이크, 체인잡이, 지레발톱, 스로틀레버차단판, 체인덮개 등

45 나무를 벌목할 때 사용하는 도구만을 나열한 것은?

① 보육낫, 쐐기, 목재돌림대, 지렛대
② 쐐기, 목재돌림대, 지렛대, 도끼, 사피
③ 목재돌림대, 지렛대, 도끼, 가지치기톱
④ 지렛대, 도끼, 재래식괭이, 손톱

해설

산림 작업 도구

구분	도구종류
조림(식재) 작업	재래식 삽, 재래식 괭이, 각식재용 양날 괭이, 사식재용 괭이, 손도끼 등
무육 작업	재래식 낫, 스위스 보육낫(무육낫), 소형 전정가위, 무육용 이리톱, 소형 손톱, 고지 절단용 가지치기톱, 마세터 등
벌목 작업	톱, 도끼, 쐐기, 지렛대(목재돌림대), 밀게 (밀대, 넘김대), 박피기, 사피 등
집재 작업	사피, 피비, 캔트훅, 피커룬, 파이크폴, 펄 프훅 등

46 2행정 내연기관에서 연료에 오일을 첨가하는 가장 큰 이유는?

① 정화를 쉽게 하기 위하여
② 엔진 내부에 윤활 작용을 시키기 위하여
③ 엔진 회전을 저속으로 하기 위하여
④ 체인의 마모를 줄이기 위하여

해설

2행정 가솔린 기관

종류	체인톱, 예불기, 아크야윈치 등
연료 배합비	휘발유(가솔린) : 윤활유(엔진오일) =25 : 1
휘발유에 오일을 혼합하는 이유	엔진 내부의 윤활

47 산림 작업도구의 능률에 대해 틀린 것은?

① 도구날의 끝 각도가 작을수록 나무가 잘 부셔진다.
② 자루의 길이는 적당히 길수록 힘이 세어진다.
③ 도구는 적당한 무게를 가져야 힘이 세어진다.
④ 자루가 너무 길면 정확한 작업이 어렵다.

해설

작업도구의 능률
• 자루의 길이는 적당히 길수록 힘이 강해진다.
• 자루가 너무 길면 정확한 작업이 어렵다.
• 도구는 적당한 무게를 가져야 내려칠 때 힘이 강해진다.
• 도구의 날은 날카로운 것이 땅을 잘 파거나 잘 자를 수 있다.
• 도구의 날 끝 각도가 클수록 나무가 잘 부셔진다.

48 체인톱날 종류에 따른 각 부분의 연마각도로 옳은 것은?

① 반끌형 : 가슴날 80°
② 끌형 : 가슴각 80°
③ 반끌형 : 창날각 30°
④ 끌형 : 창날각 35°

해설

톱날의 연마 각도

구분	대패형 톱날	반끌형 톱날	끌형 톱날
창날각	35°	35°	30°
가슴각	90°	85°	80°
지붕각	60°	60°	60°

49 예불기 작업 시 유의사항으로 틀린 것은?

① 작업 전에 기계의 가동점검을 실시한다.
② 발끝에 톱날이 접촉되지 않도록 한다.
③ 주변에 사람이 있는지 확인하고 엔진을 시동한다.
④ 작업원 간 상호 3m 이상 떨어져 작업한다.

해설

예불기 작업 시 유의사항
• 주변에 사람이 있는지 확인하고 엔진을 시동하며, 작업 전에 기계의 가동점검을 실시한다.
• 다른 작업자와는 최소 10m 이상의 안전거리를 유지하여 작업한다.

정답 ▶ 46 ② 47 ① 48 ② 49 ④

50 가선집재에 필요한 기계나 기구가 아닌 것은?

① 야더집재기　　② 반송기
③ 작업본줄　　　④ 소형원치

해설　· · ·

가선집재의 기계 · 기구
야더집재기, 반송기, 가공본줄, 작업본줄, 되돌림줄 등

51 내연기관에 속하지 않는 것은?

① 증기기관　　　② 가솔린기관
③ 로켓기관　　　④ 디젤기관

해설　· · ·

① 증기기관은 외연기관이다.

내연기관(內燃機關)
• 기관 내부에서 연료를 연소시켜 동력을 얻는 기관
• 가솔린기관, 디젤기관, 가스기관, 석유기관, 선박기관, 로켓기관 등

52 기계톱날의 구성요소 중 목재의 절삭두께에 영향을 주는 것은?

① 창날각　　　　② 지붕각
③ 전동쇠　　　　④ 깊이제한부

해설　· · ·

톱날의 깊이제한부
톱날이 나무를 깎는 깊이를 조절할 수 있는 부분으로 절삭두께 조절 기능을 한다.

53 기계톱의 연료배합 시 휘발유 20L에 필요한 엔진오일의 양은?

① 0.2L　　　　② 0.4L
③ 0.6L　　　　④ 0.8L

해설　· · ·

체인톱의 연료
• 휘발유(가솔린)와 윤활유(엔진오일)를 25 : 1로 혼합하여 사용한다.
• 25 : 1 = 20 : x이므로 x = 0.8L이다.

54 소경재 벌목방법에서 벌목방향으로 20° 정도 경사를 두어 벌목하는 방법은?

① 비스듬히 절단하는 방법
② 간이 수구 절단하는 방법
③ 수구 및 추구에 의한 절단 방법
④ 지렛대를 이용한 방법

해설　· · ·

소경재 벌목 방법
• 수구 및 추구에 의한 절단 방법 : 대경재일 경우와 동일한 작업법으로 절단하는 방법
• 간이 수구에 의한 절단 방법 : 수구의 상하면 각도를 만들지 않고, 간단하게 수구를 만들어 절단하는 방법
• 비스듬히 절단하는 방법 : 수구를 만들지 않고 벌목 방향으로 20° 정도 경사를 두어 바로 절단하는 방법

55 산림 작업 시 개인 안전장비에 대한 설명으로 잘못된 것은?

① 안전헬멧은 귀마개와 얼굴보호망이 부착된 것을 착용한다.
② 소음이 90dB 이상이면 소음성 난청이 유발할 수 있으므로 귀마개를 착용한다.
③ 안전화는 땀을 배출할 수 있는 통풍이 잘되는 재질을 선택한다.
④ 안전복은 경계색이 들어가면 좋다.

해설　· · ·

③ 안전화는 물이 스며들지 않는 단단한 재질이 좋다.

정답　50 ④　51 ①　52 ④　53 ④　54 ①　55 ③

산림작업용 안전화의 조건
- 철판으로 보호된 안전화 코
- 미끄러짐을 막을 수 있는 바닥판
- 발이 찔리지 않도록 되어있는 특수보호재료
- 물이 스며들지 않는 재질

56 임도가 적고 지형이 급경사지인 지역의 집재작업에 가장 적합한 집재기는?

① 포워더　　　　② 타워야더
③ 트랙터　　　　④ 펠러번처

해설

타워야더(tower yarder)
- 트랙터나 트럭 등에 타워(철기둥)와 반송기를 포함한 가선집재장치를 탑재한 이동식 차량형 집재기계이다.
- 임도가 적고 지형이 급경사지인 지역의 집재작업에 적합하다.

57 임업용 톱의 톱니 관리 방법 중 톱니 젖힘은 톱니뿌리선으로부터 어느 지점을 중심으로 젖혀야 하는가?

① 1/3 지점　　　② 1/4 지점
③ 1/5 지점　　　④ 2/3 지점

해설

톱니 젖힘
- 톱니 젖힘은 톱니뿌리선으로부터 2/3지점을 중심으로 하여 젖혀준다.
- 젖힘의 크기는 0.2~0.5mm가 적당하다.

58 체인톱의 톱니가 잘 세워지지 않은 것을 사용할 때 발생할 수 있는 문제점으로 가장 거리가 먼 것은?

① 절단효율 저하
② 진동발생
③ 톱 체인 마모 또는 파손
④ 엔진파손

해설

톱니가 잘 세워지지 않은 것을 사용하였을 때의 문제점
절단효율 저하, 진동 발생, 작업자의 피로 증가, 톱체인의 마모와 파손, 절단면 불규칙, 스프라켓 손상 등

59 측척의 용도로 옳은 것은?

① 벌도목의 방향전환에 사용되는 도구이다.
② 침엽수의 박피를 위한 도구이다.
③ 벌채목을 규격재로 자를 때 표시하는 도구이다.
④ 산악지대 벌목지에서 사용되는 도구로서 방향전환 및 끌어내기를 동시에 할 수 있는 도구이다.

해설

①은 지렛대, ②는 박피기, ④는 지렛대에 대한 설명이다.

측척
벌채목을 규격대로 측정하여 표시할 때 사용하는 도구이다.

60 기계톱을 이용한 벌도목 가지치기 시 유의사항으로 옳지 않은 것은?

① 톱은 몸체와 가급적 가까이 밀착시키고 무릎을 약간 구부린다.
② 오른발은 후방손잡이 뒤에 오도록 하고 왼발은 뒤로 빼내어 안내판으로부터 멀리 떨어져 있도록 한다.
③ 가지는 가급적 안내판의 끝쪽인 안내판코를 이용하여 절단한다.
④ 장력을 받고있는 가지는 조금씩 절단하여 장력을 제거한 후 작업한다.

정답　56 ②　57 ④　58 ④　59 ③　60 ③

해설

③ 안내판의 끝부분(안내판코)으로 작업하지 않는다.

체인톱(기계톱) 벌도목 가지치기 시 유의사항

- 톱은 몸체와 가급적 가까이 밀착하고 무릎을 약간 구부린다.
- 오른발은 후방손잡이 뒤에 오도록 하고, 왼발은 뒤로 빼내어 안내판으로부터 멀리 떨어져 있도록 한다.
- 장력을 받고있는 가지는 조금씩 절단하여 장력을 제거한 후 작업한다.

정답

01 다음 중 종자의 품질검사 기준 내용으로 틀린 것은?

① 실중은 종자 1,000알의 무게이다.

② 용적중은 종자 1L의 무게이다.

③ 순량률은 전체 시료에 대한 순정종자 양(g)의 백분율이다.

④ 발아율은 전체 시료에 대한 발아종자 양(g)의 백분율이다.

해설 • • •

종자 품질검사 기준

• 실중(實重) : 종자 1,000립의 무게, g 단위
• 용적중(容積重) : 종자 1리터의 무게, g 단위
• 순량률(純量率) : 전체 시료 종자량(g)에 대한 순정종자량(g)의 백분율
• 발아율(發芽率) : 전체 시료 종자수에 대한 발아종자수의 백분율
• 발아세(發芽勢) : 전체 시료 종자수에 대한 가장 많이 발아한 날까지 발아한 종자수의 백분율
• 효율(效率) : 종자의 실제 사용가치로 순량률과 발아율을 곱한 백분율

02 침엽수에 대한 설명으로 부적합한 것은?

① 밑씨가 씨방에 싸여 있지 않고 밖으로 드러나 있다.

② 한 꽃 안에 암술과 수술이 모두 있는 양성화가 많다.

③ 소나무, 리기다소나무, 향나무 등이 해당한다.

④ 잎맥은 평행맥을 하고 있다.

해설 • • •

침엽수(針葉樹) : 겉씨식물(나자식물, 裸子植物)

• 잎이 좁고 평행한 잎맥(평행맥)을 보이며, 밑씨가 씨방에 싸여 있지 않고 밖으로 드러나있는 수종
• 한 꽃 안에 암술과 수술 중 하나만 있는 단성화(單性花)이며, 단일수정을 함
• 소나무, 잣나무, 전나무, 분비나무, 가문비나무, 잎갈나무, 향나무, 비자나무, 은행나무 등

03 비교적 짧은 기간 동안에 몇 차례로 나누어 베어내고 마지막에 모든 나무를 벌채하여 숲을 조성하는 방식으로, 갱신된 숲은 동령림으로 취급되는 작업 방식은?

① 산벌작업　　　　② 모수작업

③ 택벌작업　　　　④ 왜림작업

해설 • • •

산벌작업

• 윤벌기가 완료되기 전에 짧은 갱신기간 동안 몇 차례 벌채를 실시하여 벌채지의 전 임목을 완전히 제거함과 동시에 천연하종으로 갱신을 유도하는 작업법이다.
• 예비벌, 하종벌, 후벌의 3차례에 걸친 점진적 벌채 양식이다.
• 개벌이나 모수작업처럼 후에 동령림이 형성되며, 동령림 갱신에 가장 알맞고 안전한 작업법이다.

04 왜림작업에 대한 설명으로 틀린 것은?

① 과거 연료재나 신탄재가 필요했던 시절에 주로 사용되었다.

② 벌기가 짧아 적은 자본으로 경영할 수 있다.

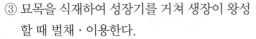

③ 묘목을 식재하여 성장기를 거쳐 생장이 왕성할 때 벌채·이용한다.

④ 벌채는 생장휴지기인 11월 이후부터 이듬해 2월 이전까지 실시한다.

해설 ...

왜림작업

- 주로 연료생산을 위해 짧은 벌기로 벌채·이용하고 그 루터기에서 발생한 맹아를 이용하여 갱신이 이루어지는 작업이다.
- 왜림은 맹아로 갱신되어 수고가 낮고 벌기가 짧아 연료재(땔감)와 소경재의 생산에 알맞다.
- 맹아 발생을 위한 수목 벌채 시기는 11월 이후부터 이듬해 2월 이전까지로 근부에서 많은 영양이 저장된 늦가을에서 초봄 사이에 실시한다.

05 종자의 노천매장법에 대한 설명으로 옳지 않은 것은?

① 종자를 모래와 섞어서 노천에 묻어 저장하는 방법이다.

② 저장과 함께 발아 촉진의 효과도 기대할 수 있다.

③ 빗물이나 눈 녹은 물이 스며들지 않도록 저장한다.

④ 소나무, 해송, 리기다소나무는 파종 약 한달 전에 매장한다.

해설 ...

노천매장법(露天埋藏法)

- 노천에 일정 크기(깊이 50~100cm)의 구덩이를 파고 종자를 모래와 섞어서 묻어 저장하는 방법
- 저장과 함께 종자 후숙에 따른 발아 촉진의 효과
- 양지 바르고 배수가 좋으며 지하수가 고이지 않는 장소에 매장
- 겨울에 눈이나 빗물이 그대로 스며들 수 있도록 저장

06 파종상에서 1년, 이식하여 1년을 키운 후 다시 이식하여 1년을 더 키운 3년생 실생묘의 연령 표기로 옳은 것은?

① 1−2 묘   ② 1−1−1 묘

③ 1/2 묘   ④ 1−2−1 묘

해설 ...

실생묘의 연령(묘령)

앞에는 파종상에서 지낸 연수, 뒤에는 상체상(판갈이, 이식)에서 지낸 연수를 숫자로 표기한다.

- 1−2 묘 : 파종상에서 1년, 이식하여 2년을 지낸 3년생의 실생묘
- 1−1−1 묘 : 파종상에서 1년, 그 뒤 두 번 이식하여 각각 1년씩 지낸 3년생 실생묘
- 1−2−1 묘 : 파종상에서 1년, 이식하여 2년, 다시 이식하여 1년을 지낸 4년생 실생묘

07 하울리(Hawley)의 4가지 간벌법에 속하지 않는 것은?

① 하층간벌   ② 상층간벌

③ 택벌식간벌   ④ 수형급간벌

해설 ...

하울리(Hawley)의 간벌법

하층간벌, 수관간벌(상층간벌), 택벌식 간벌, 기계적 간벌

08 풀베기에서 모두베기(전면깎기)에 대한 설명으로 틀린 것은?

① 조림목만 남겨 놓고 모든 잡초를 제거한다.

② 광선을 많이 요구하는 양수에 적용한다.

③ 우리나라 북부지방에서 주로 실시하는 방법이다.

④ 낙엽송, 소나무, 삼나무 등에 주로 적용된다.

해설 · · ·

③ 북부지방에서는 추위로부터 수목의 보호가 필요하므로 둘레베기를 한다.

모두베기(전면깎기, 전예)
- 조림목 주변의 모든 잡초목을 제거하는 방법
- 소나무, 낙엽송, 삼나무, 편백 등 주로 양수에 적용
- 임지가 비옥하여 잡초가 무성하게 나거나 식재목이 광선을 많이 요구할 때 실시
- 가장 많은 인력 소요, 조림목이 피압될 염려가 없음

09 산림용 고형복합비료의 함량비율(질소 : 인산 : 칼륨)로 가장 적합한 것은?

① 1 : 3 : 4
② 3 : 4 : 1
③ 2 : 2 : 2
④ 3 : 1 : 4

해설 · · ·

산림용 고형복합비료
- 여러 성분의 화학비료를 섞어 낱알로 성형하여 만든 고형비료
- 한 알의 무게는 15g
- 질소, 인산, 칼륨의 함유 비율=3 : 4 : 1

10 도태간벌에 있어서 미래목 선정기준으로 잘못된 것은?

① 미래목은 상층의 우세목으로 선정하되 폭목도 포함한다.
② 미래목 간의 거리는 최소 5m 이상으로 임지에 고르게 분포하도록 한다.
③ 나무 줄기가 곧고 갈라지지 않은 것으로 한다.
④ 가지치기는 반드시 톱을 사용하여 실행한다.

해설 · · ·

도태간벌 시 미래목의 선정 및 관리 기준
- 피압을 받지 않은 상층의 우세목으로 선정하되 폭목은 제외한다.

- 나무줄기가 곧고 갈라지지 않으며, 산림병충해 등 물리적인 피해가 없는 것으로 한다.
- 미래목 간의 거리는 최소 5m 이상으로 임지 내에 고르게 분포하도록 한다.
- 가지치기는 반드시 톱을 사용하여 실행한다.

11 모수작업에 관한 설명으로 맞는 것은?

① 종자 비산력이 작은 수종은 작업이 불가능하다.
② 음수의 갱신에 적합하다.
③ 모수를 군상으로 남기는 것은 불가능하다.
④ 모수로 남겨야 할 임목은 전 임목에 대하여 본수로는 2~3%이다.

해설 · · ·

모수작업
- 벌채지에 종자를 공급할 수 있는 모수(母樹)를 단독 또는 군상으로 남기고, 그 외 나머지 수목들을 모두 벌채하는 방법의 작업이다.
- 주로 소나무, 곰솔(해송), 자작나무 등 양수의 천연갱신에 유리하며, 음수는 적합하지 않다.
- 모수는 전체 임목 본수의 2~3% 또는 재적의 약 10% 내외를 선정하여 남긴다.

12 종자의 품질 검사에서 발아율이 60%이고, 순량율이 80%인 종자의 효율은?

① 13%
② 20%
③ 48%
④ 75%

해설 · · ·

효율(效率)
- 종자 품질의 실제 최종 평가기준이 되는 종자의 사용가치로 순량률과 발아율을 곱해 백분율로 나타낸 것이다.
- 효율(%) = $\dfrac{\text{순량률}(\%) \times \text{발아율}(\%)}{100}$

  $= \dfrac{80 \times 60}{100} = 48\%$

13 채종림의 조성 목적으로 가장 적합한 것은?

① 방풍림 조성

② 우량종자 생산

③ 사방 사업

④ 자연보호

해설 ··· •

채종림(採種林)

• 우량한 조림용 종자를 채집할 목적으로 지정된 형질이 우수한 임분

• 우량목이 전 수목의 50% 이상, 불량목이 20% 이하인 임분에서 채종림 선발

14 인공갱신에 대한 천연갱신의 장점이 아닌 것은?

① 생산되는 목재가 균일하며 작업이 단순하다.

② 자연환경의 보존 및 생태계 유지 측면에서 유리하다.

③ 성숙한 나무로부터 종자가 떨어져서 숲이 조성된다.

④ 보안림, 국립공원 또는 풍치를 위한 숲은 주로 천연갱신에 의한다.

해설 ··· •

① 천연갱신으로 생산된 목재는 균일하지 못하다.

천연갱신의 특징

• 벌채 후 자연적으로 떨어진 종자(천연하종), 벌채된 수목의 맹아(맹아갱신) 등에 의한 천연적 발생으로 새로운 숲이 형성되는 것을 천연갱신이라 한다.

• 자연환경의 보존 및 생태계 유지 측면에서 유리한 갱신법으로 주로 보안림, 풍치림, 국립공원 등에 적용한다.

• 생태계 보호 측면에서는 이로운 갱신법이나 생산된 목재가 균일하지 못하고, 숲을 이루기까지의 과정이 기술적으로 어려운 단점 등이 다수 존재한다.

15 산림 묘포 적지 선정에 대한 설명으로 틀린 것은?

① 사양토이며, 토심이 깊은 곳이 좋다.

② 적정 산도는 pH 5.5~6.5가 적당한다.

③ 평탄지보다 5도 이하의 경사가 있으면 관수와 배수에 좋다.

④ 남동향에 방풍림이 있는 곳이 좋다.

해설 ··· •

묘포지의 선정 조건(묘포의 적지 선정 시 고려사항)

• 사양토나 식양토로 너무 비옥하지 않은 곳

• 토심이 깊은 곳

• pH 6.5 이하의 약산성 토양인 곳

• 평탄지보다 관배수가 좋은 5° 이하의 완경사지인 곳

• 교통과 노동력의 공급이 편리한 곳

• 서북향에 방풍림이 있어 북서풍을 차단할 수 있는 곳

• 가능한 한 조림지의 환경과 비슷한 곳 등

16 바다에서 불어오는 바람은 염분이 있어 식물에 피해를 준다. 이러한 해풍을 막기 위해 조성하는 숲은?

① 방풍림　　　　② 풍치림

③ 사구림　　　　④ 보안림

해설 ··· •

방풍림(防風林)

• 바람에 의한 피해를 막고자 내풍성 수목으로 조성하는 일정 길이와 넓이를 가진 산림대

• 해안 방풍림으로는 염풍(鹽風)에 강하며 심근성인 해송(곰솔)이 적당

17 꽃의 구조 중 암꽃과 수꽃이 한 나무에 달리는 자웅동주에 해당하는 수종이 아닌 것은?

① 자작나무　　　② 밤나무

③ 버드나무　　　④ 호두나무

해설 • • •

단성화(불완전화)의 분류

구분	내용
자웅동주 (암수한그루)	• 암꽃과 수꽃이 같은 나무에서 달리는 것 • 소나무류, 삼나무, 오리나무류, 호두나무, 참나무류, 밤나무, 가래나무 등
자웅이주 (암수딴그루)	• 암꽃과 수꽃이 각각 다른 나무에서 달리는 것 • 은행나무, 소철, 포플러류, 버드나무, 주목, 호랑가시나무, 꽝꽝나무, 가죽나무 등

18 숲 가꾸기에서 가지치기를 하는 가장 큰 목적은?

① 중간수입을 얻는다.
② 연료(땔감)를 수확한다.
③ 마디가 없는 우량목재를 생산한다.
④ 생장을 촉진한다.

해설 • • •

가지치기의 주요목적
경제성 높은 마디 없는 우량 목재 생산

19 묘포설계 구획 시에 묘목을 양성하는 포지는 전체면적의 몇 %가 적합한가?

① 20～30
② 40～50
③ 60～70
④ 80～90

해설 • • •

묘포의 구성
• 육묘지(포지) : 묘목이 자라고 있는 재배지. 휴한지, 보도(통로) 포함. 육묘상의 면적은 전체 묘포면적의 60～70%
• 부속지 : 묘목재배를 위한 부대시설 부지. 창고, 관리실, 작업실 등
• 제지 : 포지와 부속지를 제외한 나머지 부분. 계단 경사면 등

20 우량묘목 생산기준에서 T/R률은 무엇인가?

① 묘목의 무게이다.
② 묘목의 지상부 무게를 뿌리부 무게로 나눈 값이다.
③ 묘목의 뿌리부 무게를 지상부 무게로 나눈 값이다.
④ 묘목의 지상부 무게에서 뿌리부 무게를 뺀 값이다.

해설 • • •

T/R률
• 식물의 뿌리(root) 생장량에 대한 지상부(top) 생장량의 비율
• 지상부의 무게를 지하부의 무게로 나눈 값으로 묘목의 지상부와 지하부의 중량비

21 동령림과 비교한 이령림의 장점으로 틀린 것은?

① 천연갱신에 유리하다.
② 더 많은 목재를 생산할 수 있다.
③ 병해충 등 각종 재해에 강하다.
④ 생태적 측면에서 바람직하다.

해설 • • •

② 더 많은 목재를 생산할 수 있는 것은 동령림이다.

이령림의 장점
• 지속적인 수입이 가능하여 소규모 임업경영에 적용할 수 있다.
• 천연갱신에 유리하다.
• 병충해 등 각종 유해인자에 대한 저항력이 높다.
• 숲의 공간구조가 복잡하여 생태적 측면에서는 바람직한 형태이다.

정답 18 ③ 19 ③ 20 ② 21 ②

22 침엽수의 가지를 제거하는 가장 좋은 방법은?

① 지융부가 상하지 않도록 자른다.
② 가지가 뻗은 방향에 직각이 되게 자른다.
③ 수간에 오목한 자국이 생기게 자른다.
④ 수간에 바짝 붙여 수간축에 평행하도록 자른다.

해설 · · ·

침엽수의 가지치기
비교적 지융부가 발달하지 않은 침엽수는 절단면이 줄기와 평행하게 되도록 가지를 제거한다.

23 풀베기의 시기와 정도로 옳은 것은?

① 연 2회 작업할 때는 5월과 6월에 실시한다.
② 잡풀들이 무성히 자라는 5~7월에 실시한다.
③ 조림목이 잡초목보다 30cm 더 클 때까지 실시한다.
④ 추위로부터 조림목을 보호하기 위해 11월 이후에는 실시하지 않는다.

해설 · · ·

풀베기의 시기와 정도
• 일반적으로 잡풀들이 자라나 피해를 입히기 시작하는 5~7월에 실시한다.
• 잡풀들의 세력이 왕성하여 연 2회 작업할 경우 6월(5~7월)과 8월(7~9월)에 실시한다.
• 겨울의 추위로부터 조림목을 보호하기 위하여 9월 이후에는 실시하지 않는 것이 좋다.
• 조림목이 잡초목보다 수고가 약 1.5배 또는 60~80cm 정도 더 클 때까지 실시한다.

24 임지의 지력 향상 및 비배에 효과적인 비료목이 아닌 것은?

① 아까시나무 ② 오리나무
③ 자귀나무 ④ 자작나무

해설 · · ·

비료목의 구분

구분		내용
질소고정 ○	콩과(*Rhizobium* 속 세균)	아까시나무, 싸리나무류, 자귀나무, 칡
	비콩과(*Frankia* 속 방사상균)	오리나무류, 소귀나무, 보리수나무류
질소고정 ×	• 질소 함량이 높은 잎의 낙엽으로 지력 향상 • 붉나무, 플라타너스, 포플러류, 백합나무 등	

25 갱신작업종(수확을 위한 벌채)이 아닌 것은?

① 간벌작업 ② 왜림작업
③ 택벌작업 ④ 모수작업

해설 · · ·

① 간벌(솎아베기)은 산림 무육(숲 가꾸기를 위한 벌채)이다.

갱신작업종(주벌수확, 수확을 위한 벌채)
• 개벌작업 : 임목 전부를 일시에 벌채. 모두베기
• 모수작업 : 모수만 남기고, 그 외의 임목을 모두 벌채
• 산벌작업 : 3단계의 점진적 벌채, 예비벌-하종벌-후벌
• 택벌작업 : 성숙한 임목만을 선택적으로 골라 벌채. 골라베기
• 왜림작업 : 연료재 생산을 위한 짧은 벌기의 개벌과 맹아갱신
• 중림작업 : 용재의 교림과 연료재의 왜림을 동일 임지에 실시

26 수목의 종실을 가해하는 해충은?

① 대벌레
② 솔알락명나방
③ 솔수염하늘소
④ 느티나무벼룩바구미

해설 · · ·

해충의 가해양식에 따른 분류

구분		내용
식엽성(食葉性)		미국흰불나방, 솔나방, 매미나방(집시나방), 오리나무잎벌레, 텐트나방(천막벌레나방), 어스렝이나방(밤나무산누에나방), 독나방, 잣나무넓적잎벌, 솔노랑잎벌, 낙엽송잎벌, 대벌레, 호두나무잎벌레, 참나무재주나방
흡즙성(吸汁性)	잎	버즘나무방패벌레, 진달래방패벌레
	줄기	솔껍질깍지벌레
천공성(穿孔性)		소나무좀, 박쥐나방, 향나무하늘소(측백하늘소), 솔수염하늘소, 북방수염하늘소, 광릉긴나무좀
충영성(蟲癭性)	잎	솔잎혹파리, 외줄면충
	눈	밤나무(순)혹벌
종실(種實) 가해		밤바구미, 복숭아명나방, 솔알락명나방, 도토리거위벌레

27 소나무혹병의 중간기주는?

① 송이풀
② 참취
③ 황벽나무
④ 졸참나무

해설 · · ·

이종기생녹병균의 중간기주

수목병	중간기주
잣나무털녹병	송이풀, 까치밥나무
소나무잎녹병	황벽나무, 참취, 잔대
소나무혹병	졸참나무 등의 참나무류
배나무붉은별무늬병	향나무
포플러잎녹병	낙엽송(일본잎갈나무), 현호색

28 1988년 부산에서 처음 발견된 소나무재선충에 대한 설명으로 틀린 것은?

① 매개충은 솔수염하늘소이다.
② 피해고사목은 벌채 후 매개충의 번식처를 없애기 위하여 임지 외로 반출한다.

③ 소나무재선충은 매개충의 후식 상처를 통하여 수목에 침입한다.
④ 매개충의 유충은 성장하여 번데기집을 만들고 그 안에서 번데기가 된다.

해설 · · ·

② 피해고사목은 임지 외로 반출금지이다.

소나무재선충병(소나무시들음병)
• 재선충은 스스로 이동할 수 없으며 솔수염하늘소, 북방수염하늘소 등의 매개충에 의해 전염이 확산된다.
• 매개충의 성충이 소나무 신초(새 가지)를 갉아먹을 때 재선충이 매개충의 몸속에서 나와 상처를 통하여 수목에 침입한다.
• 성장한 유충은 수피 근처에 번데기집을 짓고 번데기가 된다(완전변태).

29 수관화가 발생하기 쉬운 상대습도(공중습도)는?

① 25% 이하
② 30～40%
③ 50～60%
④ 70%

해설 · · ·

대기의 습도가 50% 이하일 때 산불이 발생하기 쉬우며, 수관화의 대부분은 공중습도 25% 이하에서 발생한다.

30 한상(寒傷)에 대한 설명으로 옳은 것은?

① 식물체 조직 내에 결빙현상은 발생하지 않지만, 저온으로 인해 생리적으로 장애를 받는 현상이다.
② 온대지방 식물이 가장 피해를 받기 쉽다.
③ 저온으로 인해 식물체 조직 내에 결빙현상이 발생하여 식물체를 죽게 한다.
④ 한겨울 밤 수액이 저온으로 인해 얼면서 부피가 증가할 때 수간이 갈라지는 현상이다.

해설

④ 저온으로 수액이 얼면서 부피가 증가하여 수간이 세로로 갈라 터지는 현상은 상렬(霜裂)이다.

한상(寒傷)
- 0℃ 이상이지만 낮은 기온에서 발생하는 임목 피해로 주로 열대지방 수목에서 문제가 된다.
- 0℃ 이상이므로 결빙현상은 발생하지 않지만, 저온으로 생리적 장애를 받는다.

31 다음 그림과 같이 작은 나뭇가지에 반지모양으로 둘러서 알을 낳는 해충은?

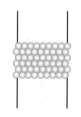

① 집시나방 ② 어스렝이나방
③ 미국흰불나방 ④ 천막벌레나방

해설

텐트나방(천막벌레나방)
성충은 작은 나뭇가지에 반지모양으로 나란히 둘러서 산란하는 것이 특징적이다.

32 살충제의 보조제에 대한 설명으로 틀린 것은?

① 협력제는 주제(主劑)의 살충력을 증진시키는 약제이다.
② 증량제는 약제의 농도를 높이기 위하여 사용되는 약제이다.
③ 유화제는 약액 속에서 약제들이 잘 섞이도록 사용하는 제제이다.
④ 전착제는 해충의 표면에 살포액이 잘 부착되도록 사용하는 약제이다.

해설

보조제(補助劑)

구분	내용
전착제(展着劑)	• 약액이 식물이나 해충의 표면에 잘 안착하여 붙어 있도록 하는 약제 • 고착성, 확전성, 현수성 향상
용제(溶劑)	농약의 주요 성분을 녹이는 제제
유화제(乳和劑)	• 약액 속에서 약제들이 잘 혼합되어 고루 섞일 수 있도록 하는 제제 • 주로 계면활성제가 사용
증량제(增量劑)	약제 주성분의 농도를 낮추기 위하여 첨가하는 제제
협력제(協力劑)	혼합 사용하면 주제(농약원제)의 약효를 증진시키는 약제

33 주풍(主風)에 의한 피해로서 가장 거리가 먼 것은?

① 임목의 생장량이 감소된다.
② 수형을 불량하게 한다.
③ 침엽수는 상방편심 생장을 하게 된다.
④ 기공이 폐쇄되어 광합성 능력이 저하된다.

해설

④ 바람이 불면 기공이 열려 증산작용이 활발해진다.

주풍에 의한 피해
- 수간이 구부러져 수형을 불량하게 한다.
- 임목의 생장량이 감소한다.
- 일반적으로 증산작용을 증가시킨다.
- 침엽수는 상방편심, 활엽수는 하방편심을 한다.
- 동화작용을 방해한다.

34 해충의 임업적 방제법으로 옳은 것은?

① 혼효림 조성
② 페로몬 이용
③ 식물검역 제도
④ 천적방사

해설 • • •

해충의 방제법
- 기계적 방제 : 포살법, 소살법, 유살법, 경운법, 차단법, 찔러 죽임, 진동(팀)
- 물리적 방제 : 부적절한 온도와 습도처리, 방사선, 고주파
- 화학적 방제 : 화학약제(농약) 이용, 신속 · 정확한 효과
- 생물적 방제 : 포식성 천적, 기생성 천적, 병원미생물 등 활용
- 임업적 방제 : 혼효림과 복층림 조성, 임분밀도 조절 (위생간벌, 가지치기), 내충성 수종 식재, 임지환경 개선(경운, 토성개량), 시비
- 법적 방제 : 식물검역
- 페로몬 이용 방제 : 성페로몬, 집합페로몬 이용

35 모잘록병의 방제법이 아닌 것은?

① 묘상이 과습하지 않도록 주의하고, 햇볕이 잘 쬐도록 한다.
② 파종량을 적게 하고, 복토가 너무 두껍지 않도록 한다.
③ 인산질 비료를 적게 주어 묘목을 튼튼히 한다.
④ 병이 심한 묘포지는 돌려짓기를 한다.

해설 • • •

모잘록병의 방제법
- 모잘록병은 토양전염성 병이므로 토양소독 및 종자소독을 실시한다.
- 배수와 통풍이 잘 되어 묘상이 과습하지 않도록 주의한다.
- 질소질 비료의 과용을 피하며, 인산질, 칼륨질 비료를 충분히 주어 묘목이 강건히 자라도록 돕는다.
- 파종량을 적게 하여 과밀하지 않도록 하며, 복토는 두껍지 않게 한다.
- 병든 묘목은 발견 즉시 뽑아서 소각한다.
- 병이 심한 묘포지는 연작을 피하고 돌려짓기(윤작)를 한다.

36 다음이 설명하는 해충으로 옳은 것은?

암컷 성충의 몸길이는 2~2.5mm이고 몸 색깔은 황색에서 황갈색이며 유충이 솔잎의 기부에서 즙액을 빨아먹어 피해가 3~4년 계속되면 나무가 말라죽는다. 솔나방과 반대로 울창하고 습기가 많은 삼림에 크게 발생한다. 1년에 1회 발생하며 유충으로 지피물밑이나 흙속에서 월동한다.

① 소나무좀
② 솔잎깍지벌레
③ 솔잎혹파리
④ 소나무가루깍지벌레

해설 • • •

솔잎혹파리
- 연 1회 발생하며, 땅속에서 유충으로 월동한다.
- 유충이 솔잎 기부에 들어가 벌레혹을 만들고 그 속에서 수목을 가해하며 피해를 준다.

37 알에서 부화한 곤충이 유충과 번데기를 거쳐 성충으로 발달하는 과정에서 겪는 형태적 변화를 뜻하는 용어는?

① 우화 ② 변태
③ 휴면 ④ 생식

해설 • • •

곤충의 변태
알에서 부화한 유충이 여러 차례 탈피를 거듭하여 성충으로 변하는 현상, 즉 곤충의 성장변이 과정을 변태(變態)라고 한다.

38 살충 기작에 의한 살충제의 분류 방법 중 나프탈렌, 크레오소트 등이 속하는 것은?

① 유인제 ② 기피제
③ 용제 ④ 증량제

기피제(忌避劑)
- 해충이 기피하여 모여 들지 않게 되는 약제
- 나프탈렌, 크레오소트

39 유충과 성충이 모두 나뭇잎을 식해하고, 땅속에서 성충으로 월동하는 해충은?

① 참나무재주나방
② 오리나무잎벌레
③ 어스렝이나방
④ 잣나무넓적잎벌

오리나무잎벌레
- 유충과 성충이 모두 오리나무류 잎을 가해하며 피해를 준다.
- 연 1회 발생하며, 성충으로 땅속에서 월동한다.

40 다음 중 수목에 가장 많은 병을 발생시키고 있는 병원체는?

① 균류   ② 세균
③ 파이토플라스마   ④ 바이러스

식물병을 일으키는 생물성 병원 중에는 진균(균류)에 의한 것이 가장 많다.

41 체인톱의 일상 점검 내용이 아닌 것은?

① 체인의 이물질 제거
② 에어필터 청소
③ 점화플러그 전극의 간격 조정
④ 체인의 장력조절

③ 점화플러그 전극의 간격 조정은 주간정비 사항이다.

체인톱의 일일(일상)정비
휘발유와 오일의 혼합상태, 체인톱 외부와 기화기의 오물제거, 체인의 장력조절 및 이물질 제거, 에어필터(에어클리너)의 청소, 안내판의 손질, 체인브레이크 등 안전장치의 이상 유무 확인 등

42 원목을 적재하여 임도변까지 운반하는 집재기로 목재를 얹어 싣고 운반하는 단일 공정만 수행하는 장비는?

① 아크야(ackja)윈치
② 포워더(forwarder)
③ 콜러(koller)집재기
④ 야더집재기(yarder)

포워더(forwarder)
원목을 적재하여 임도변까지 운반하는 집재기로 목재를 얹어 싣고 운반하는 단일 공정만 수행한다.

43 체인톱니의 깊이 제한부가 높게 연마되면 어떠한 현상이 발생하는가?

① 작업시간이 짧아진다.
② 기계의 수명에는 전혀 관계가 없다.
③ 인체에는 아무런 영향을 주지 않는다.
④ 절삭량이 적어진다.

깊이제한부 너무 높게 연마 시 특징
- 절삭 깊이가 얕아 톱밥이 얇다.
- 절삭량이 적어 효율성이 저하된다.

44 체인톱 2행정 기관의 연료 혼합비로 맞는 것은?

① 휘발유 25 : 등유 1
② 휘발유 25 : 오일 1
③ 휘발유 10 : 등유 1
④ 휘발유 10 : 오일 1

해설 ...

체인톱의 연료
휘발유(가솔린)와 윤활유(엔진오일)를 25 : 1로 혼합하여 사용한다.

45 다음 중 조림용 도구에 대한 설명으로 틀린 것은?

① 각식재용 양날괭이 – 형태에 따라 타원형과 네모형으로 구분되며, 한쪽 날은 괭이로서 땅을 벌리는데 사용하고, 다른 한쪽 날은 도끼로서 땅을 가르는데 사용된다.
② 사식재용 괭이 – 경사지, 평지 등에 사용하고, 대묘보다 소묘의 빗심기에 적합하다.
③ 손도끼 – 조림용 묘목의 긴 뿌리의 단근작업에 이용되며, 짧은 시간에 많은 뿌리를 자를 수 있다.
④ 재래식 괭이 – 규격품으로 오래전부터 사용되어 오던 작업도구로 산림작업에서 풀베기, 단근 등에 이용된다.

해설 ...

재래식 괭이
식재지의 뿌리를 끊고 흙을 부드럽게 하는 용도의 괭이로 대부분 수공업제품이다.

46 다음 그림은 체인톱의 구조이다. 각 부분의 명칭과 설명이 올바른 것은?

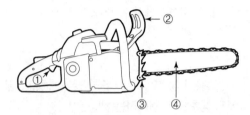

① 스로틀레버 차단판 : 액셀이 단독으로 작동하지 않도록 차단하는 장치이다.
② 체인잡이 : 기계톱을 조종하는 앞손잡이다.
③ 지레발톱(스파이크) : 정확한 작업을 할 수 있도록 지지 및 완충과 받침대 역할을 한다.
④ 체인톱날 : 톱날 레일의 가이드 역할을 한다.

해설 ...

① 스로틀레버 : 엔진의 회전속도를 조절하는 버튼
② 체인브레이크 : 회전 중인 체인을 급정지할 때 사용하는 브레이크
④ 안내판(가이드바) : 체인톱날이 이탈하지 않도록 지탱하며 레일의 가이드 역할을 하는 판

47 벌목 중 나무에 걸린 나무의 방향전환이나 벌도목을 돌릴 때 사용되는 작업 도구는?

① 쐐기   ② 식혈봉
③ 박피삽   ④ 지렛대

해설 ...

지렛대(목재돌림대)
벌목 시에 다른 나무에 걸려 있는 벌도목을 밀어 넘기거나 끌어내릴 때 또는 벌도목의 방향을 반대로 전환시키고자 할 때 사용하는 방향전도용 지렛대이다.

정답   44 ②   45 ④   46 ③   47 ④

48 다음은 예불기의 장치 중 어느 것에 대한 설명인가?

주입되는 공기의 먼지와 실린더 내부의 마모를 줄일 뿐 아니라 연료의 소비를 도와주는데 이것이 막히면 엔진의 힘이 줄고 연료 소모량이 많아지며 시동이 어려워진다.

① 엑셀레버
② 연료탱크
③ 공기필터 덮개
④ 공기여과장치

해설

공기여과장치(에어필터, 공기필터)
- 흡입되는 공기 중의 이물질과 먼지를 걸러주는 장치이다.
- 실린더 내부의 마모를 줄이고, 연료의 원활한 공급을 도와 과소비를 막는다.
- 공기여과장치가 막히면 엔진의 힘이 줄고, 연료 소모량이 많아지며, 시동이 어려워진다.

49 플라스틱 수라에 대한 설명으로 틀린 것은?

① 플라스틱 수라에 최소 종단경사는 15~20%가 되어야 한다.
② 집재지 가까이에서의 경사는 30% 이내가 안전하다.
③ 수라를 설치하기 위한 첫 단계로 집재선을 표시한다.
④ 수라 설치 시 집재선 양쪽 옆의 나무나, 잘린나무 그루터기에 로프를 이용하여 팽팽하게 잡아 당겨 잘 묶어 놓는다.

해설

플라스틱 수라 설치방법
- 먼저, 수라를 설치할 집재선을 표시·설정하고, 집재선 내 지면을 정리한다.
- 집재선을 따라 수라와 수라를 핀으로 연결하고 견고히 고정한다.

- 연결된 수라를 집재선 양쪽 옆의 나무나 그루터기에 로프를 이용하여 팽팽하게 당겨 묶는다.
- 수라설치 지역의 최소 종단경사는 15~20%가 되어야 하고, 최대경사가 50~60% 이상일 경우에는 별도의 제동 장치를 설치하여야 한다.
- 집재지 가까이 출구쪽에서는 15% 이내의 완경사나 수평으로 유지되도록 하여 원목의 손상을 방지한다.

50 2행정 내연기관에서 연료에 오일을 첨가시키는 가장 큰 이유는?

① 정화를 쉽게 하기 위하여
② 엔진 내부에 윤활 작용을 시키기 위하여
③ 엔진 회전을 저속으로 하기 위하여
④ 체인의 마모를 줄이기 위하여

해설

2행정 가솔린 기관

종류	체인톱, 예불기, 아크야윈치 등
연료 배합비	휘발유(가솔린) : 윤활유(엔진오일) =25 : 1
휘발유에 오일을 혼합하는 이유	엔진 내부의 윤활

51 우리나라의 임업기계화 작업을 위한 제약인자가 아닌 것은?

① 험준한 지형 조건
② 풍부한 전문기능인
③ 기계화 시업의 경험 부족
④ 영세한 경영규모

해설

우리나라 임업기계화의 제약인자
복잡하고 험준한 지형 조건, 소규모의 영세한 경영 규모, 기계화 기술 및 경험 부족, 임도시설 부족 등

52 이리톱의 톱날갈기를 할 때 가장 적당한 가슴각은 얼마인가?

① 침엽수는 60도, 활엽수는 60도이다.
② 침엽수는 60도, 활엽수는 70도이다.
③ 침엽수는 70도, 활엽수는 70도이다.
④ 침엽수는 70도, 활엽수는 60도이다.

해설 • • •

이리톱니 가는 방법
- 톱니꼭지각이 56~60°가 되도록 유지하면서 톱니등각이 35°가 되도록 톱날등을 갈아준다.
- 톱니가슴각은 수종에 따라 침엽수 60°, 활엽수 70° 또는 75°가 되게 갈아준다.

53 일반적으로 도끼자루 제작에 가장 적합한 수종으로 묶어진 것은?

① 소나무, 호두나무, 느티나무
② 호두나무, 가래나무, 물푸레나무
③ 가래나무, 물푸레나무, 전나무
④ 물푸레나무, 소나무, 전나무

해설 • • •

도끼자루 제작에 가장 적합한 수종으로는 가래나무, 물푸레나무, 호두나무 등이 있다.

54 다음 중 임목수확작업의 순서를 바르게 나타낸 것은?

① 벌목 → 조재 → 운재 → 집재
② 벌목 → 운재 → 조재 → 집재
③ 벌목 → 조재 → 집재 → 운재
④ 벌목 → 운재 → 집재 → 조재

해설 • • •

임목수확작업의 종류와 순서
벌도(벌목) → 조재 → 집재 → 운재

55 일반적으로 예불기는 연료를 시간당 몇 리터(L)를 소모되는 것으로 보고 준비하는 것이 좋은가?

① 0.5L ② 2L
③ 5L   ④ 10L

해설 • • •

예불기의 연료
- 체인톱과 같이 예불기의 연료도 휘발유(가솔린)와 윤활유(엔진오일)를 25 : 1로 혼합하여 사용한다.
- 예불기의 연료는 시간당 약 0.5L 정도 소모되므로, 사용 시간에 알맞은 양을 주입한다.

56 구입비가 30,000,000원인 트랙터의 수명이 10년일 때, 연간 감가상각비를 정액법을 이용하여 구하면 얼마인가?(단, 잔존가격은 취득원가의 10%이다.)

① 3,300,000원 ② 2,500,000원
③ 3,100,000원 ④ 2,700,000원

해설 • • •

정액법(직선법)

$$연간\ 감가상각비 = \frac{취득원가 - 잔존가치}{내용연수}$$
$$= \frac{30,000,000 - 3,000,000}{10}$$
$$= 2,700,000원$$

여기서, 취득원가 = 기계구입가격,
　　　　잔존가치 = 기계폐기가격 = 잔존가격,
　　　　내용연수 = 기계의 수명 = 사용가능연수

57 체인 톱날 연마용 줄의 선택으로 적합한 것은?

① 줄의 지름이 1/10 정도가 상부날 아래로 내려오는 것
② 줄의 지름이 1/10 정도가 상부날 위로 올라오는 것
③ 줄의 지름이 상부날과 수평인 것
④ 줄의 지름이 5/10 정도가 상부날 아래로 내려오는 것

> **해설** · · ·
> 체인톱날 연마용 줄
> 줄 직경의 1/10 정도가 상부날 위로 올라오는 것을 선택한다.

58 소경재 벌목을 위해 수구를 만들지 않고 비스듬히 절단할 때는 벌목 방향으로 몇 도 정도 경사를 두어 바로 벌채하는가?

① 20° ② 30°
③ 40° ④ 50°

> **해설** · · ·
> 비스듬히 절단하는 방법
> 수구를 만들지 않고 벌목 방향으로 20° 정도 경사를 두어 바로 절단하는 방법이다.

59 엔진에서 피스톤이 상부에 있을 때를 상사점(TDC)이라 하고, 최하부로 내려갔을 때를 하사점(BDC)이라 한다. TDC와 BDC 사이는 무엇이라 하는가?

① 연소실 ② 행정
③ 실린더 ④ 피스톤

> **해설** · · ·
> 행정
> • 상사점과 하사점 사이의 피스톤의 작동 거리
> • 상사점(TDC) : 실린더 내에서 피스톤이 상승하는 상한점
> • 하사점(BDC) : 실린더 내에서 피스톤이 하강하는 하한점

60 다음 ( ) 안에 적당한 값을 순서대로 나열한 것은?

> 기계톱의 체인 규격은 피치(pitch)로 표시하는데, 이는 서로 접하여 있는 ( )개의 리벳간격을 ( )로 나눈 값을 나타낸다.

① 1, 2 ② 2, 4
③ 3, 2 ④ 4, 2

> **해설** · · ·
> 톱체인의 규격
> • 쏘체인(saw chain)의 규격은 피치(pitch)로 표시하며, 단위는 인치(″)로 나타낸다.
> • 피치란 서로 접한 3개의 리벳 간격을 반(2)으로 나눈 길이를 말한다.
> • 리벳 3개의 간격을 l 인치라 한다면, $\frac{l}{2}$ 인치 = 1피치

01 덩굴식물에 속하지 않는 것은?

① 칡   ② 머루
③ 다래   ④ 싸리

해설 · · ·

덩굴식물
칡, 다래, 머루, 담쟁이덩굴, 으름덩굴 등

02 다음 우량 묘목의 조건으로 틀린 것은?

① 발육이 왕성하고 신초의 발달이 양호한 것
② 우량한 유전성을 지닌 것
③ 측근과 세근이 잘 발달한 것
④ 침엽수종의 묘에 있어서는 줄기가 곧고 측아가 정아보다 우세한 것

해설 · · ·

우량 묘목의 조건
• 측아보다 정아의 발달이 우세한 것
• T/R률 값이 3 정도 또는 값이 작은 것
• 하아지가 발달하지 않은 것
  * 하아지(夏芽枝) : 여름 · 가을에 생긴 눈에서 자라난 가지
• 가지가 사방으로 고루 뻗어 발달한 것
• 줄기가 굵고 곧으며, 도장되지 않은 것
• 주지의 세력이 강하고 곧게 자란 것
• 근계의 발달이 충실하며, 주근보다 측근과 세근이 발달한 것
• 발육이 왕성하고 조직이 충실한 것
• 양호한 발달 상태와 왕성한 수세를 지닌 것
• 우량한 유전성을 지닌 것
• 온도 저하에 따른 고유의 변색과 광택을 가질 것

03 바닷가에 주로 심는 나무로서 적합한 것은?

① 곰솔   ② 소나무
③ 잣나무   ④ 낙엽송

해설 · · ·

곰솔(*Pinus thunbergii*)
• 해안선의 좁은 지대나 남쪽 도서 지방에 분포하며, 해송(海松)이라고도 부른다.
• 바닷바람에 강하여 해안 방풍림 조성에 많이 쓰이는 수종이다.

04 예비벌 → 하종벌 → 후벌의 순서로 시행되는 작업종은?

① 왜림작업   ② 중림작업
③ 산벌작업   ④ 모수작업

해설 · · ·

산벌작업
• 윤벌기가 완료되기 전에 짧은 갱신기간 동안 몇 차례 벌채를 실시하여 벌채지의 전 임목을 완전히 제거함과 동시에 천연하종으로 갱신을 유도하는 작업법이다.
• 예비벌, 하종벌, 후벌의 3차례에 걸친 점진적 벌채작업이다.

05 수목과 광선에 대한 설명으로 틀린 것은?

① 수종에 따라 광선 요구량에 차이는 없다.
② 광선은 임목의 생장에 절대적으로 필요하다.
③ 소나무와 같은 수종을 양수라 한다.
④ 전나무와 같은 수종을 음수라 한다.

정답   01 ④   02 ④   03 ①   04 ③   05 ①

해설 ...

① 수종에 따라 광선요구량은 다르다.

수목별 내음성

구분	내용
극음수	주목, 사철나무, 개비자나무, 회양목, 금송, 나한백
음수	가문비나무, 전나무, 너도밤나무, 솔송나무, 비자나무, 녹나무, 단풍나무, 서어나무, 칠엽수
중용수	잣나무, 편백나무, 목련, 느릅나무, 참나무
양수	소나무, 해송, 은행나무, 오리나무, 오동나무, 향나무, 낙우송, 측백나무, 밤나무, 옻나무, 노간주나무, 삼나무
극양수	낙엽송(일본잎갈나무), 버드나무, 자작나무, 포플러, 잎갈나무

06 택벌작업에 대한 특성을 올바르게 설명하고 있는 것은?

① 택벌이 실시된 임분은 크고 작은 나무들이 뒤섞여 함께 자라므로 다층구조의 숲이 되도록 하는 작업이다.

② 인공조림으로 이루어진 일제동령림에서 실행하는 작업이다.

③ 혼효림으로 교림과 저림을 동일 임지에 조성하는 작업이다.

④ 벌채지에 모수를 남겨 치수 보호 및 잔존 모수의 생장 촉진을 위한 작업이다.

해설 ...

택벌작업

• 한 임분을 구성하고 있는 임목 중 성숙한 임목만을 선택적으로 골라 벌채하는 작업법이다.

• 남아 있는 수목의 직경분포 및 임목축적에 급격한 변화를 주지 않으며, 대소노유(大小老幼)의 다양한 수목들이 늘 일정한 임상을 유지한다.

07 파종상을 만든 후 모판에 롤러로 흙의 입자와 입자가 밀착되도록 다짐 작업을 함으로써 얻을 수 있는 장점은?

① 해충의 발생을 억제한다.

② 새의 피해를 줄인다.

③ 땅속의 수분을 효과적으로 이용한다.

④ 병해의 발생을 줄인다.

해설 ...

진압(鎭壓, 다지기)

• 쇄토 후 느슨해진 토양을 긴밀히 하기 위해 표토를 다지는 작업으로 진압판이나 롤러 등을 이용하여 다진다.

• 진압은 끊어진 모세관을 이어주어 모세관수의 공급을 용이하게 하며 보수력을 높여 종자의 발아가 동시에 일어나도록 돕는다.

08 다음 중 조림지의 풀베기를 실시하는 시기로 가장 적합한 것은?

① 3~5월   ② 6~8월

③ 9~11월   ④ 12~2월

해설 ...

풀베기의 시기

• 일반적으로 잡풀들이 자라나 피해를 입히기 시작하는 5~7월에 실시한다.

• 잡풀들의 세력이 왕성하여 연 2회 작업할 경우 6월(5~7월)과 8월(7~9월)에 실시한다.

09 용기묘에 대한 설명으로 틀린 것은?

① 제초작업이 생략될 수 있다.

② 묘포의 적지조건, 식재 시기 등이 큰 문제가 되지 않는다.

③ 묘목의 생산비용이 많이 들고, 관수 시설이 필요하다.

④ 운반이 용이하여 운반비용이 매우 적게 든다.

④ 용기에 담긴 채로 운반되므로 운반비가 많이 든다.

용기묘의 특징
- 묘목을 처음부터 용기 안에서 키워 옮겨 심는 묘목 양성법으로 포트(pot)묘라고도 한다.
- 식재시기에 제한이 없으며, 연중 조림이 가능하고, 제초작업이 생략될 수 있다는 장점이 있다.
- 운반비, 식재비 등 양묘비용이 많이 들고, 양묘에 기술과 시설을 요하는 단점이 있다.

10 우리나라 토성구분에 대한 설명으로 잘못된 것은?

① 사질토 : 모래가 50% 이상 함유
② 사양토 : 점토가 12.5~25% 정도 함유
③ 양토 : 점토가 25~37.5% 정도 함유
④ 점토 : 점토가 50% 이상 함유

해설

점토함량에 따른 일반적 토성 분류

토성	점토함량(%)	특징
사토	12.5 이하	모래가 대부분인 토양
사양토	12.5~25.0	-
양토	25.0~37.5	-
식양토	37.5~50.0	-
식토	50.0 이상	점토가 대부분인 토양

11 리기다소나무 1년생 묘목의 곤포 당 본수는?

① 1,000본　　　　② 2,000본
③ 3,000본　　　　④ 4,000본

해설

수종별 속당 · 곤포당 묘목 본수

수종	묘령	속당본수	곤포당	
			속수	본수
리기다소나무	1년생	20	100	2,000

수종	묘령	속당본수	곤포당	
			속수	본수
잣나무	2년생	20	100	2,000
자작나무	1년생	20	75	1,500
삼나무	2년생	20	50	1,000
호두나무	1년생	20	25	500

「종묘사업실시요령」 中

12 토양의 수직적 단면을 보았을 때 위쪽에서 아래쪽으로의 순서가 맞게 배열된 것은?

① 표토층 → 모재층 → 심토층 → 유기물층
② 표토층 → 유기물층 → 심토층 → 모재층
③ 유기물층 → 표토층 → 심토층 → 모재층
④ 유기물층 → 표토층 → 모재층 → 심토층

해설

토양 단면의 층위 순서
유기물층(O층) → 표토층(A층, 용탈층) → 심토층(B층, 집적층) → 모재층(C층) → 모암층(R층)

13 접목을 할 때 접수와 대목의 가장 좋은 조건은?

① 접수와 대목이 모두 휴면상태일 때
② 접수와 대목이 모두 왕성하게 생리적 활동을 할 때
③ 접수는 휴면상태이고, 대목은 생리적 활동을 시작한 때
④ 접수는 생리적 활동을 시작하고, 대목은 휴면상태일 때

해설

접목 시 대목과 접수의 생리적인 상태
- 접수는 휴면상태이고, 대목은 생리적 활동을 시작한 상태가 접합에 가장 좋다.
- 접수는 직경 0.5~1cm 정도의 발육이 왕성한 1년생 가지를 휴면상태일 때 채취하여 저장하였다가 이용한다.

정답　10 ①　11 ②　12 ③　13 ③

14 제벌을 설명한 것 중 틀린 것은?

① 조림지의 경우 쓸모가 없는 침입수종을 제거한다.
② 임분 전체의 형질을 향상시키는데 목적이 있다.
③ 수관 사이의 경쟁이 시작되는 시점에 실시한다.
④ 임상을 정비하여 불량목을 다 제거하므로 간벌작업이 필요 없게 된다.

해설 · · ·

어린나무 가꾸기(제벌, 잡목 솎아내기)
• 조림목과 경쟁하는 목적 이외의 수종과 조림목 중에서도 형질이 나쁘거나 다른 수목에 피해를 주는 수목 등을 제거하는 작업이다.
• 조림목 하나하나의 성장보다는 임상을 정비하여 임분 전체의 형질을 향상시키는데 목적을 둔다.
• 수관 사이의 경쟁이 시작되는 시점에 실시하여 목적하는 수종의 완전한 생장과 건전한 자람을 도모한다.

15 다음 중 천연림에 대한 설명으로 맞지 않는 것은?

① 수종이 다양하다.
② 나무의 크기가 일정하다.
③ 층위가 다양하다.
④ 원시림도 천연림이다.

해설 · · ·

천연림(天然林)
• 사람의 힘 없이 자생하여 이루어진 산림을 말한다.
• 원시림, 천연림, 불완전 천연림과 같은 자연적 구조를 갖고 있는 산림을 모두 천연림이라 한다.
• 크고 작은 다양한 수종이 숲을 구성하여 식생의 층상구조가 잘 나타나며, 생물종다양성이 풍부하여 안전한 생태계를 유지할 수 있다.

16 다음 중 우수한 종자를 공급할 목적으로 인위적으로 조성된 수목집단은?

① 채종림　　　　② 잠정 채종림
③ 채종원　　　　④ 채수원

해설 · · ·

채종원(採種園)
• 우량한 조림용 종자의 지속적 생산·공급을 목적으로 조성된 인위적인 수목의 집단
• 보다 우수한 종자를 대량생산함과 동시에 보다 쉽게 종자를 채취할 수 있도록 운영·관리하는 종자생산 공급원

17 다음 중 묘령의 표시에 대한 설명이 맞지 않는 것은?

① 2-0묘 : 상체된 일이 없는 2년생 묘
② 1-1묘 : 파종상에서 1년이 경과된 후 한 번 상체되어 1년에 지난 묘
③ 1/2묘 : 삽목 후 반년(6개월)이 경과한 묘
④ 1/1묘 : 뿌리의 나이가 1년 줄기의 나이가 1년인 묘

해설 · · ·

묘목의 연령(묘령)

실생묘의 연령	앞에는 파종상에서 지낸 연수, 뒤에는 상체상(판갈이, 이식)에서 지낸 연수를 숫자로 표기한다. • 2-0 묘 : 상체된 적이 없는 2년생의 실생묘 • 1-1 묘 : 파종상에서 1년, 상체되어 1년을 지낸 2년생의 실생묘
삽목묘의 연령	분수로 나타내며, 뿌리의 나이를 분모, 줄기의 나이를 분자로 표기한다. • 1/1 묘 : 삽목한지 1년이 경과되어 뿌리 1년, 줄기 1년된 삽목묘 • 0/1 묘 : 삽목 1년 후 지상부를 잘라 1년된 뿌리만 있는 삽목묘 • 1/2 묘 : 0/1 묘가 1년 경과하여 뿌리 2년, 줄기 1년된 삽목묘

18 득묘율 70%, 순량률 80%, 고사율 50%, 발아율 90%일 때 그 종자의 효율은?

① 40% 　　　　② 56%

③ 63% 　　　　④ 72%

> **해설** ・・・

효율(效率)

• 종자 품질의 실제 최종 평가기준이 되는 종자의 사용가치로 순량률과 발아율을 곱해 백분율로 나타낸 것이다.

• 효율(%) $= \dfrac{순량률(\%) \times 발아율(\%)}{100}$

$= \dfrac{80 \times 90}{100} = 72\%$

19 임목을 생산·벌채하여 이용하고, 그곳에 새로운 숲을 조성하는 작업체계를 기술적으로 무엇이라 하는가?

① 무육작업 　　② 산림작업종

③ 제벌작업 　　④ 임목개량

> **해설** ・・・

산림갱신(更新)이란 기존의 임분을 벌채·이용하고 새로운 후계림을 조성하는 것으로 이때 벌채와 갱신에 필요한 모든 작업체계를 산림작업종(作業種)이라 한다.

20 다음 가지치기의 목적에 대한 설명으로 틀린 것은?

① 옹이가 없는 경제성 높은 목재를 생산한다.
② 하층목을 보호하고 생장을 촉진시킨다.
③ 나무끼리의 생존경쟁을 완화시킨다.
④ 산불의 위험성을 증가시킨다.

> **해설** ・・・

가지치기의 장점

• 옹이(마디)가 없는 무절 완만재를 생산할 수 있다.

• 나무끼리의 생존경쟁을 완화시킨다.
• 수간의 완만도가 향상된다.
• 수고생장을 촉진한다.
• 하층목을 보호하고 생장을 촉진시킨다.
• 산불과 같은 산림의 위해를 감소시킨다.

21 모수작업에 관한 설명으로 옳지 않은 것은?

① 갱신에 필요한 종자공급보다 갱신된 어린나무의 보호를 위한 작업이다.
② 종자가 비교적 가벼워 잘 비산하며 쉽게 발아하는 수종에 적합하다.
③ 모수는 결실이 양호한 성숙목으로 선정한다.
④ 양수의 갱신에 적합하다.

> **해설** ・・・

① 모수를 남기는 주요 목적은 갱신에 필요한 종자공급이다.

모수작업

벌채지에 종자를 공급할 수 있는 모수(母樹)를 단독 또는 군상으로 남기고, 그 외 나머지 수목들을 모두 벌채하는 방법의 작업이다.

22 발근촉진제로 쓰이는 식물성 호르몬제는?

① 지베렐린
② AMO − 1618
③ 나프탈렌아세트산(NAA)
④ 수산화나트륨

> **해설** ・・・

발근촉진제(發根促進劑)

인돌부틸산(인돌젖산, IBA), 인돌아세트산(인돌초산, IAA), 나프탈렌아세트산(나프탈렌초산, NAA) 등

23 숲 가꾸기 단계와 작업 시기의 연결이 잘못된 것은?

① 풀베기 : 5~7월

② 제벌 : 봄

③ 가지치기 : 생장휴지기

④ 덩굴제거 : 7월

해설 · · ·

숲가꾸기(보육) 단계 및 적기

• 풀베기 : 5~7월(9월 이후 ×)

• 덩굴 제거 : 7월(뿌리 속 영양 소모 최대)

• 제벌(어린나무 가꾸기) : 6~9월(여름~초가을)

• 가지치기 : 11~3월(생가지의 생장휴지기, 늦가을~초봄)

• 간벌(솎아베기) : 11~5월(연중 실행 가능)

24 풀베기 방법에 대한 설명으로 옳지 않은 것은?

① 모두베기는 주로 양수에 적용한다.

② 줄베기는 조림목 사이줄을 따라 잡풀을 제거하는 방법이다.

③ 줄베기가 가장 일반적으로 많이 쓰인다.

④ 둘레베기는 조림목의 보호가 필요한 수종에 적용한다.

해설 · · ·

줄베기(줄깎기, 조예)

• 조림목의 식재줄을 따라 잡초목을 제거하는 방법

• 가장 일반적으로 쓰이며, 모두베기에 비하여 경비와 인력이 절감

25 종자의 성숙기가 6~7월인 수종은?

① 소나무　　　　② 층층나무

③ 자작나무　　　④ 벚나무

해설 · · ·

주요 수종의 종자 성숙기(채취시기)

월(月)	수종
5월	사시나무류, 미루나무, 버드나무류, 황철나무, 양버들
6월	느릅나무, 벚나무, 시무나무, 비술나무
7월	회양목, 벚나무
8월	스트로브잣나무, 향나무, 섬잣나무, 귀룽나무, 노간주나무
9~10월	대부분의 수종
11월	동백나무, 회화나무

26 진딧물이나 깍지벌레 등이 수목에 기생한 후 그 분비물 위에 번식하여 나무의 잎, 가지, 줄기가 검게 보이는 병은?

① 흰가루병　　　② 그을음병

③ 줄기마름병　　④ 잎떨림병

해설 · · ·

그을음병

• 잎, 줄기, 과실에 마치 그을음이 묻은 것과 같은 감염증상이 나타나는 수병이다.

• 병원균은 진딧물이나 깍지벌레가 수목에 기생한 후 그 분비물에서 양분을 섭취하고 번식한다.

27 임내 습도가 높은 곳에서 왕성한 활동을 보이는 해충은?

① 솔나방　　　　② 명나방

③ 응애　　　　　④ 솔잎혹파리

해설 · · ·

솔잎혹파리

• 유충이 솔잎 기부에 들어가 벌레혹을 만들고 그 속에서 수목을 가해하며 피해를 준다.

• 습도가 높을 때 왕성한 활동을 하여 울창하고 임내 습도가 높은 곳에서 잘 발생한다.

28 다음 중 내화수림대 조성용으로 가장 적합한 수종은?

① 소나무　　　　　② 삼나무
③ 갈참나무　　　　④ 녹나무

해설 ・・・

① 소나무, ② 삼나무, ④ 녹나무는 내화력이 약한 수종이다.

내화수림대(耐火樹林帶, 방화수림대)
• 불에 강한 내화력 수종을 산불의 위험이 있는 곳에 식재한 지대이다.
• 50m 정도의 폭으로 참나무류, 잎갈나무, 낙엽송, 아왜나무 등의 방화수(防火樹)를 식재한다.

29 하늘소의 피해를 방제하기 위하여 철사로 찔러 죽이는 것은 어떤 방제법에 속하는가?

① 생물적 방제법　　② 화학적 방제법
③ 임업적 방제법　　④ 기계적 방제법

해설 ・・・

해충의 방제법
• 기계적 방제 : 포살법, 소살법, 유살법, 경운법, 차단법, 찔러 죽임, 진동(팀)
• 물리적 방제 : 부적절한 온도와 습도처리, 방사선, 고주파
• 화학적 방제 : 화학약제(농약) 이용, 신속 · 정확한 효과
• 생물적 방제 : 포식성 천적, 기생성 천적, 병원미생물 등 활용
• 임업적 방제 : 혼효림과 복층림 조성, 임분밀도 조절(위생간벌, 가지치기), 내충성 수종 식재, 임지환경 개선(경운, 토성개량), 시비
• 법적 방제 : 식물검역
• 페로몬 이용 방제 : 성페로몬, 집합페로몬 이용

30 다음 중 보르도액의 조제 절차가 틀린 것은?

① 원료로 사용되는 황산구리는 순도 98.5% 이상, 생석회는 순도 90% 이상을 사용하여야 좋은 보르도액을 만들 수 있다.
② 보르도액의 조제 시 황산구리는 양철통을 사용한다.
③ 필요한 물의 80~90%의 물에 황산구리를 녹여 묽은 황산구리액을 만든다.
④ 생석회는 소량의 물로 소화(消和, slaking)시킨 다음 필요한 물의 10~20%의 물에 넣어 석회유를 만든다.

해설 ・・・

보르도액의 조제법
• 조제 원료 : 황산구리(황산동), 생석회
• 황산구리와 생석회는 순도가 높은 것을 사용한다.
• 금속용기는 다른 화학반응이 일어나므로 사용하지 않는다.
• 황산구리액과 석회유를 따로 다른 나무통에 만든 후, 석회유에 황산구리액을 부어 혼합한다.

31 다음 해충 중 수피 틈이나 지피물 밑에서 제5령 유충으로 월동하는 것은?

① 솔나방　　　　　② 매미나방
③ 어스렝이나방　　④ 버들재주나방

해설 ・・・

솔나방
• 주로 소나무, 해송, 리기다소나무, 잣나무 등의 잎을 가해하는 재래해충이다.
• 5령충이 된 유충이 수피 틈이나 지피물(낙엽) 밑에서 월동한다.

32 산불 발생이 가장 많은 시기는?

① 3~5월　　　　　② 6~8월
③ 9~11월　　　　④ 12~2월

정답 28 ③　29 ④　30 ②　31 ①　32 ①

해설

산불 발생시기
계절 중에는 3~5월의 봄이 대기가 건조하고 강수량이 적으며 바람까지 강하게 불어 산불 발생 및 위험이 가장 높은 시기이다.

33 다음 중 볕데기의 피해를 가장 많이 받는 수종은?

① 소나무
② 오동나무
③ 낙엽송
④ 상수리나무

해설

볕데기(皮燒, 피소)
오동나무, 호두나무, 가문비나무 등과 같이 수피가 평활하고 매끄러우며 코르크층이 발달하지 않은 수종에서 잘 발생한다.

34 유아등으로 등화유살할 수 있는 해충은?

① 오리나무잎벌레
② 솔잎혹파리
③ 밤나무(순)혹벌
④ 어스렝이나방

해설

등화유살법
• 해충의 주광성을 이용한 유아등으로 유인하고 포살
• 유아등(誘蛾燈) : 나방류 등의 해충을 유인하기 위한 등불

35 희석액 중의 약제농도가 0.05%일 때, 희석액 10L에 대한 약량은 몇 mL인가?

① 5mL
② 10mL
③ 50mL
④ 100mL

해설

$$10L \times \frac{0.05}{100} = 0.005L = 5mL$$

36 연 1회 발생하는 곤충이 아닌 것은?

① 매미나방
② 어스렝이나방
③ 미국흰불나방
④ 소나무좀

해설

미국흰불나방
• 기주범위가 넓어 버즘나무, 포플러, 벚나무, 단풍나무 등 활엽수 160여 종의 잎을 식해하는 잡식성이다.
• 연 2회 발생하며, 번데기로 월동한다.

37 다음 (   )에 적당한 약제는?

(   )는 병원균의 포자가 기주인 식물에 부착하여 발아하는 것을 저지하거나 식물이 병원균에 대하여 저항성을 가지게 하는 약제를 말한다.

① 직접살균제
② 보호살균제
③ 토양살균제
④ 침투성살균제

해설

보호살균제
• 병균 침입 전에 사용하여 미연에 병의 발생을 예방하기 위한 약제. (석회)보르도액, 석회황합제
• 병균의 포자가 기주식물에 부착하여 발아하는 것을 저지하거나 식물이 병균에 대항하여 저항성을 갖도록 하는 약제

38 밤나무흰가루병을 방제하는 방법으로 옳지 않은 것은?

① 가을에 병든 낙엽과 가지를 제거하여 불태운다.
② 묘포의 환경이 너무 습하지 않도록 주의한다.
③ 봄 새눈이 나오기 전에 석회유황합제 등의 약제를 뿌린다.
④ 한 여름 고온 시 석회유황합제를 살포한다.

정답   33 ②   34 ④   35 ①   36 ③   37 ②   38 ④

해설

흰가루병의 방제법
- 병든 낙엽은 다음 해 전염원이 되므로 소각한다.
- 여름에는 약해를 입으므로 싹이 나기 전인 봄에 석회 (유)황합제를 살포하여 살균한다.
- 통기불량, 일조부족, 질소과다 등은 발병원인이 되므로 사전에 조치한다.

39 수병에 대한 설명으로 잘못된 것은?

① 리지나뿌리썩음병은 산불이 있었던 지역에서 많이 발생한다.
② 모잘록병은 토양소독, 종자소독을 통해 방제할 수 있다.
③ 그을음병은 매개충에 의해 전반된다.
④ 뿌리혹병은 세균에 의한 수목병이다.

해설

③ 그을음병은 매개충에 의해 전반되지 않는다.

그을음병
- 잎, 줄기, 과실에 마치 그을음이 묻은 것과 같은 감염증상이 나타나는 수병이다.
- 병원균은 진딧물이나 깍지벌레가 수목에 기생한 후 그 분비물에서 양분을 섭취하고 번식한다.

40 산림화재의 위험도를 좌우하는 직접적인 요인이 아닌 것은?

① 가연성 지피물의 종류와 양
② 가연성 지피물의 건조도
③ 산림화재의 교육과 계몽
④ 수지의 유무

해설

산불 위험도를 좌우하는 요인
가연성 지피물의 종류와 양 및 건조도, 수지의 유무 등

41 체인톱 가지치기 시 고려할 사항이 아닌 것은?

① 벌목한 나무를 몸과 체인톱 사이에 놓고 작업한다.
② 장력을 받고 있는 나무는 장력을 제거한 후 작업한다.
③ 길이가 50cm 정도의 안내판을 사용한다.
④ 안전한 자세로 서서 작업한다.

해설

체인톱(기계톱) 벌도목 가지치기 시 유의사항
- 길이가 30~40cm 정도로 안내판이 짧은 기계톱(경체인톱)을 사용한다.
- 벌목한 나무를 몸과 체인톱 사이에 놓고 작업한다.
- 안전한 자세로 서서 작업한다.
- 장력을 받고있는 가지는 조금씩 절단하여 장력을 제거한 후 작업한다.

42 다음 중 안전사고의 발생 원인으로 틀린 것은?

① 작업의 중용을 지킬 때
② 과로하거나 과중한 작업을 수행할 때
③ 실없는 자부심과 자만심이 발동할 때
④ 안일한 생각으로 태만히 작업을 수행할 때

해설

안전사고의 발생 원인
주요한 직접적 원인은 사람이나 기계장비 등의 불안전한 행동과 상태에서 기인한다.

43 2행정 기관은 크랭크축이 1회전할 때마다 몇 회 폭발하는가?

① 1회   ② 2회
③ 3회   ④ 4회

해설 · · ·

2행정 내연기관의 작동 원리

- 피스톤의 상승, 하강의 2행정으로 크랭크축이 1회전하여 1사이클이 완성된다.
- 2행정기관은 1회전으로 1회 연소한다.

44 예불기 작업 시 작업자 상호 간의 최소 안전거리는 몇 m 이상이 적합한가?

① 4m
② 6m
③ 8m
④ 10m

해설 · · ·

다른 작업자와는 최소 10m 이상의 안전거리를 유지하여 작업한다.

45 산림작업도구인 각식재용 양날괭이에 대한 설명으로 틀린 것은?

① 형태에 따라 타원형과 네모형이 있다.
② 도끼날 부분은 나무를 자르는 것으로만 사용한다.
③ 타원형은 자갈이 섞이고 지중에 뿌리가 있는 곳에서 사용한다.
④ 네모형은 땅이 무르고 자갈이 없으며 잡초가 많은 곳에 사용한다.

해설 · · ·

각식재용 양날괭이

- 자루의 끝에 양쪽으로 도끼와 괭이가 붙어 있는 도구로 괭이에는 타원형과 네모형이 있다.
- 도끼는 땅을 가르는 데 사용하며, 괭이는 땅을 벌리는 데 사용한다.
- 타원형 : 자갈과 뿌리가 섞여있는 땅에 적합
- 네모형 : 자갈이 없고 무르며 잡초가 많은 땅에 적합

46 다음 중 벌도뿐만 아니라 초두부 제거, 가지 제거 작업을 거쳐 일정 길이의 원목생산에 이르는 조재작업을 동시에 수행할 수 있는 기계는?

① 트리펠러(tree feller)
② 펠러번처(feller buncher)
③ 스키더(skidder)
④ 하베스터(harvester)

해설 · · ·

임목수확기계의 종류

종류	작업내용
트리펠러 (tree feller)	벌도만 실행
펠러번처 (feller buncher)	벌도와 집적(모아서 쌓기)의 2가지 공정 실행 ✎ 가지치기, 절단 ✕
프로세서 (processor)	• 집재된 전목재의 가지치기, 절단, 초두부 제거, 집적 등의 조재작업을 전문적으로 실행 ✎ 벌도 ✕ • 산지집재장에서 작업하는 조재기계
하베스터 (harvester)	• 벌도, 가지치기, 조재목 마름질, 토막내기 작업을 모두 수행 • 대표적 다공정 처리기계로 임내에서 벌도 및 각종 조재작업 수행

47 실린더 속에서 가스가 압축되는 정도를 나타내는 압축비의 공식으로 적합한 것은?

① 압축비 = (흡입행정 + 압축용적) / 연소실용적
② 압축비 = (크랭크실 + 피스톤직경) / 크랭크실용적
③ 압축비 = (연소실용적 + 행정용적) / 연소실용적
④ 압축비 = (연소실용적 + 실린더내경) / 행정용적

해설 · · ·

압축비

- 엔진의 실린더 내 피스톤이 상승하면 혼합가스가 압축되는데, 이때의 압축 정도이다.

• 압축비 = $\dfrac{연소실\ 용적 + 행정\ 용적}{연소실\ 용적}$

여기서, 연소실용적＝간극용적

구분	도구종류
집재 작업	사피, 피비, 캔트훅, 피커룬, 파이크폴, 펄프훅 등

48 벌목작업 시 안전작업 방법으로 설명이 올바른 것은?

① 작업도구들은 벌목방향으로 치우고 도피 시 방해가 되지 않도록 한다.
② 벌목영역은 벌채목을 중심으로 수고의 3배이다.
③ 벌목영역은 벌채목이 넘어가는 구역이다.
④ 벌목영역에는 사람이 아무도 없어야 한다.

해설 · · ·

벌목작업 세부 안전수칙
• 벌채목이 넘어가는 구역인 벌목영역은 벌채목 수고의 2배에 해당하는 영역으로 이 구역 내에서는 작업에 참가하는 사람만 있어야 한다.
• 미리 대피장소를 정하고, 작업도구들은 벌목 반대방향으로 치우며, 대피할 때 지장을 초래하는 나무뿌리, 넝쿨 등의 장해물을 미리 제거하여 정비한다.

49 산림 무육도구와 거리가 먼 것은?

① 재래식낫   ② 전정가위
③ 이리톱   ④ 쐐기

해설 · · ·

산림 작업 도구

구분	도구종류
조림(식재) 작업	재래식 삽, 재래식 괭이, 각식재용 양날 괭이, 사식재용 괭이, 손도끼 등
무육 작업	재래식 낫, 스위스 보육낫(무육낫), 소형 전정가위, 무육용 이리톱, 소형 손톱, 고지 절단용 가지치기톱, 마세티 등
벌목 작업	톱, 도끼, 쐐기, 지렛대(목재돌림대), 밀게(밀대, 넘김대), 박피기, 사피 등

50 다음 그림에서 톱니의 명칭이 잘못된 것은?

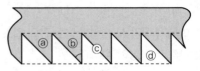

① ⓐ 톱니가슴   ② ⓑ 톱니꼭지각
③ ⓒ 톱니등   ④ ⓓ 톱니꼭지선

해설 · · ·

④ ⓓ는 톱니홈이다.

톱니꼭지선
톱니 끝의 꼭지를 연결한 선으로 일정해야 톱질이 힘들지 않다.

51 엔진오일의 점도에 대한 설명으로 잘못된 것은?

① 숫자가 클수록 겨울에 적합한 점도이다.
② 점도 표시는 'SAE 숫자'로 표시한다.
③ 숫자가 클수록 점도가 크다.
④ 우리나라 여름철 윤활유의 점도는 SAE30이 적당하다.

해설 · · ·

엔진오일의 점도(점액도, 점성도)
• 'SAE 숫자'로 표시하는데, 숫자가 클수록 점도가 크며, 숫자 뒤에 'W'는 겨울철용임을 의미한다.
• 숫자가 작을수록 겨울에, 클수록 여름에 적합한 점도이다.
• 우리나라의 여름철 기계톱의 윤활유 점도는 SAE 30이 적당하다.

정답 48 ③ 49 ④ 50 ④ 51 ①

52 체인톱 엔진의 특징으로 적합하지 않은 것은?

① 기화기가 있다.
② 연료분사 밸브가 있다.
③ 불꽃 점화 장치가 있다.
④ 혼합유를 사용한다.

해설 ・・・

② 연료분사밸브는 디젤기관의 부속이며, 체인톱은 가솔린기관으로 불꽃점화장치, 기화기 등으로 구성되어 있다.

체인톱 원동기 부분
엔진의 본체로 실린더, 피스톤, 크랭크축, 불꽃점화장치, 기화기, 시동장치, 연료탱크, 에어필터 등으로 구성된다.

53 예불기 사용 시 올바른 자세와 작업방법이 아닌 것은?

① 돌발적인 사고예방을 위하여 안전모, 얼굴보호망, 귀마개 등을 사용하여야 한다.
② 예불기를 멘 상태의 바른 자세는 예불기 톱날의 위치가 지상으로부터 10~20cm에 위치하는 것이 좋다.
③ 1년생 잡초제거 작업 시 작업의 폭은 1.5m가 적당하다.
④ 항상 오른쪽 발을 앞으로 하고, 전진할 때는 왼쪽 발을 먼저 앞으로 이동시킨다.

해설 ・・・

④ 예불날은 좌측방향으로 회전하므로, 전진할 때는 오른발을 먼저 이동하는 것이 안전하다.

예불기 작업 시 유의사항
• 작업 시에는 사고 예방을 위해 안전모, 얼굴보호망, 귀마개 등을 착용한다.
• 어깨걸이식 예불기를 메고 바른 자세로 서서 손을 뗐을 때, 지상으로부터 톱날까지의 높이는 10~20cm가 적당하고, 톱날의 각도는 5~10° 정도가 되도록 한다.

• 1년생 잡초 등 어린 잡관목의 작업폭은 1.5m가 적당하다.

54 산림작업 시 사용되는 안전장비로 적합하지 않은 것은?

① 안전헬멧, 얼굴보호망
② 귀마개, 안전화
③ 안전작업복, 안전장갑
④ 휴대용 라디오, 쌍안경

해설 ・・・

개인 안전장비의 종류
안전헬멧, 귀마개, 얼굴보호망, 안전복, 안전장갑, 안전화 등

55 기계톱의 연료를 혼합할 때, 휘발유 15L이면 오일의 양은 약 몇 L가 필요한가?(단, 오일의 혼합비율은 25 : 1이다.)

① 0.1 　　　　② 0.3
③ 0.6 　　　　④ 1.2

해설 ・・・

체인톱의 연료
• 체인톱의 연료는 휘발유(가솔린)와 윤활유(엔진오일)를 25 : 1로 혼합하여 사용한다.
• 25 : 1 = 15L : x이므로 오일은 0.6L이다.

56 다음 중 도끼자루로 가장 적합한 나무는?

① 잣나무 　　　　② 소나무
③ 물푸레나무 　　　④ 백합나무

해설 ・・・

도끼자루 제작에 가장 적합한 수종으로는 가래나무, 물푸레나무, 호두나무 등이 있다.

57 산림무육작업 시 준수하여야 할 유의사항으로 틀린 것은?

① 혼자 작업하지 않으며, 동료와 가시권, 가청권 내에서 작업한다.

② 기계작업 시는 수동작업과 기계작업을 교대로 한다.

③ 안전장비를 착용한다.

④ 작업로를 설치하지 않고 분산하여 작업한다.

해설 · · ·

④ 작업로를 설치하여 안전하고 효율적으로 작업한다.

안전사고의 예방 수칙(작업 시 준수사항)
• 혼자 작업하지 않으며, 2인 이상 가시 · 가청권 내에서 작업한다.
• 올바른 장비와 기술을 사용하여 작업한다.
• 규칙적으로 휴식하고, 휴식 후 서서히 작업 속도를 올린다.

58 벌목 중 다른 나무에 걸린 나무의 방향전환이나 벌도목을 돌릴 때 사용되는 작업도구는?

① 쐐기　　　　　② 식혈봉

③ 박피삽　　　　④ 지렛대

해설 · · ·

지렛대(목재돌림대)
벌목 시에 다른 나무에 걸려있는 벌도목을 밀어 넘기거나 끌어내릴 때 또는 땅 위 벌도목의 방향을 반대로 전환시키고자 할 때 사용하는 방향전도용 지렛대이다.

59 점화플러그의 중심전극과 접지전극 사이의 간격은 어느 정도가 적당한가?

① 0.4~0.5mm　　② 0.5~0.6mm

③ 1.0mm　　　　④ 1.2mm

해설 · · ·

중심전극과 접지전극 사이의 간격이 0.4~0.5mm일 때 스파크가 잘 발생한다.

60 내연기관에서 연접봉(커넥팅로드)의 역할은?

① 크랭크와 피스톤을 연결하는 역할을 한다.

② 엔진의 파손된 부분을 용접하는 봉이다.

③ 크랭크 양쪽으로 연결된 부분을 말한다.

④ 엑셀 레버와 기화기를 연결하는 부분이다.

해설 · · ·

커넥팅로드(연접봉)
크랭크축과 피스톤을 연결하는 역할을 하는 봉이다.

01 다음 중 콩과식물의 비료목이 아닌 것은?

① 다릅나무, 싸리류
② 칡, 아까시나무
③ 붉나무, 누리장나무
④ 자귀나무, 아까시나무

해설 • • •

비료목의 구분

구분		내용
질소고정 ○	콩과(*Rhizobium* 속 세균)	아까시나무, 싸리나무류, 자귀나무, 칡
	비콩과(*Frankia* 속 방사상균)	오리나무류, 소귀나무, 보리수나무류
질소고정 ×	• 질소 함량이 높은 잎의 낙엽으로 지력 향상 • 붉나무, 플라타너스, 포플러류, 백합나무 등	

02 다음 중 개벌작업의 장점에 해당되는 것은?

① 재해에 대한 저항성이 증대된다.
② 지력유지 및 치수보호상 유리하다.
③ 경관유지 및 수원함양기능이 증대된다.
④ 생산재의 품질이 균일하고 벌목작업이 단순하다.

해설 • • •

개벌작업의 장점
• 양수 수종 갱신에 유리하다.
• 성숙 임분에 가장 간단하게 적용할 수 있는 방법이다.
• 동일한 규격의 목재를 다량 생산하여 경제적으로 유리하다.
• 벌채 작업이 한지역에 집중되므로 벌목, 조재, 집재가 편리하고, 비용이 적게 든다.

03 다음 중 식재 밀도에 대한 설명으로 옳지 않은 것은?

① 밀식조림하면 줄기가 곧고 완만해진다.
② 소나무는 밀식하면 수고와 지하고가 높아진다.
③ 일반적으로 양수는 밀식하고, 음수는 소식한다.
④ 소경재 생산에는 밀식조림이 좋다.

해설 • • •

묘목의 식재밀도
• 밀식은 수목의 지름은 가늘지만 곧은 완만재를 생산한다.
• 밀식은 가지의 생장을 막아 마디가 적으며 지하고가 높은 수목을 생산한다.
• 연료재나 펄프재 등의 소경재 생산에는 밀식조림하여 대량생산하는 것이 좋다.
• 광선요구량이 많은 양수는 소식, 음수는 밀식하는 것이 유리하다.

04 다음 중 산벌작업의 주된 목적은?

① 천연갱신
② 임지 건조방지
③ 보속적 수확
④ 임목무육

해설 • • •

산벌작업
윤벌기가 완료되기 전에 짧은 갱신기간 동안 몇 차례 벌채를 실시하여 벌채지의 전 임목을 완전히 제거함과 동시에 천연하종으로 갱신을 유도하는 작업법이다.

05 임지의 생산력을 유지 및 증진하기 위한 임지 보육방법이 아닌 것은?

① 건조한 남향 임지에 등고선을 따라 수평구를 설치한다.
② 비료목을 심는다.
③ 개벌작업을 자주 실시한다.
④ 나뭇가지나 관목 등으로 임지를 피복한다.

해설 · · ·

산림무육의 구분

구분	작업내용
임목무육	풀베기, 덩굴제거, 어린나무가꾸기(잡목 솎아내기, 제벌), 가지치기, 솎아베기(간벌)
임지무육	임지피복, 수평구 설치, 비료목 식재, 수하식재, 균근 증식·공급 등

06 산벌작업에서 임지의 종자가 충분히 결실한 해에 종자가 완전히 성숙된 후 벌채하여, 지면에 종자를 다량 낙하시켜 발아시키기 위한 벌채 작업은?

① 예비벌
② 하종벌
③ 후벌
④ 종벌

해설 · · ·

산벌작업의 단계

• 예비벌(豫備伐) : 갱신 준비 단계의 벌채로 모수로서 부적합한 병충해목, 피압목, 폭목, 불량목 등을 선정하여 제거한다.
• 하종벌(下種伐) : 종자가 결실이 되어 충분히 성숙되었을 때 벌채하여 종자의 낙하를 돕는 단계이다.
• 후벌(後伐) : 남겨 두었던 모수를 점차적으로 벌채하여 신생임분의 발생을 돕는 단계이다.

07 다음 중 택벌림에 대한 설명으로 틀린 것은?

① 병해와 충해에 저항력이 높다.
② 음수의 갱신에는 부적당하다.

③ 임관이 항상 울폐한 상태에 있으므로 임지와 어린나무가 보호를 받는다.
④ 숲이 심미적 가치가 높다.

해설 · · ·

택벌작업의 장점

• 음수수종 갱신에 적합하다.
• 숲땅이 항상 나무로 덮여 있어 임지와 치수가 보호받을 수 있다.
• 임지가 노출되지 않고 보호되어 표토 유실이 없으며, 지력 유지에 유리하다.
• 병충해 및 기상피해에 대한 저항력이 높다.
• 미관상 가장 아름다운 숲이 된다.
• 가장 건전한 생태계를 유지할 수 있다.

08 종자를 채취하여 즉시 파종하여야 하는 것은?

① 소나무
② 일본잎갈나무
③ 칠엽수
④ 포플러류

해설 · · ·

추파법(秋播法, 채파법)

• 일반적 파종시기는 봄이지만, 수종에 따라서는 가을에 파종해야 하는 종자도 있는데, 이는 종자의 수명이 짧아 채종한 즉시 파종해야 활력을 잃지 않기 때문이다.
• 가을에 채취하고 가을에 파종한다 하여 추파(秋播)라고 하며, 채종한 즉시 파종한다 하여 채파(採播)라고도 한다.
• 버드나무, 사시나무(포플러), 미루나무, 회양목 등은 봄, 여름에 종자가 성숙하므로 채종 즉시 파종하여야 발아와 생장에 좋다.

09 다음 중 가지치기 방법으로 옳은 것은?

① 가지치기는 수종 및 경영목적에 따라 결정되어야 한다.
② 가지치기 시기는 수목의 생장이 왕성한 여름에 실시한다.

③ 활엽수는 지융부를 제거한다.

④ 절단부가 융합이 늦어도 관계없으므로 굵은 가지는 제거해도 된다.

해설 · · ·

① 수종과 경영 목적 등에 따라 가지치기의 실시여부, 정도 등이 달라진다.

가지치기

- 산 가지치기는 가급적 생장휴지기인 11~3월(늦가을 ~초봄)에 수목의 수액이 유동하기 직전에 실시한다.
- 원칙적으로 직경 5cm 이상의 가지는 자르지 않으며, 죽은 가지는 잘라준다.
- 지융부가 발달하는 활엽수는 지피융기선이 상하지 않도록 주의하여 최대한 가깝게 제거한다.

10 다음 중 조림목의 보육을 위한 풀베기 방법으로 볼 수 없는 것은?

① 모두베기　　② 둘레베기

③ 골라베기　　④ 줄베기

해설 · · ·

풀베기의 방법

- 모두베기(전면깎기, 전예) : 조림목 주변의 모든 잡초목을 제거하는 방법
- 줄베기(줄깎기, 조예) : 조림목의 식재줄을 따라 잡초목을 제거하는 방법
- 둘레베기(둘레깎기) : 조림목 주변의 반경 50cm~1m 내외의 정방형 또는 원형으로 제거하는 방법

11 질소고정균인 근류균과 공생하는 수종으로만 짝지어진 것은?

① 아까시나무, 싸리나무

② 오리나무, 신갈나무

③ 리기테다소나무, 은행나무

④ 단풍나무, 낙엽송

해설 · · ·

근류균(뿌리혹균)의 종류

구분	내용
Rhizobium 속	아까시나무, 싸리나무류, 자귀나무, 칡 등의 콩과식물의 뿌리에 공생
Frankia 속	오리나무류, 소귀나무, 보리수나무류 등의 비콩과식물의 뿌리에 공생

12 맹아 발생을 위한 줄기베기의 그림이다. 가장 적합한 것은?

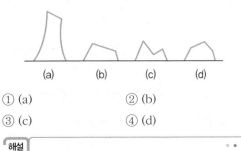

① (a)　　② (b)

③ (c)　　④ (d)

해설 · · ·

왜림작업 방법

- 그루터기의 높이는 가능한 한 낮게 벌채하여 움싹이 지하부 또는 지표 근처에서 발생하도록 유도한다.
- 절단면은 남쪽으로 약간 경사지고 평활하게 제거하여 물이 고이지 않도록 한다.
- 맹아는 양성으로 광선 부족 시 생장이 어려우므로 따뜻한 남향으로 약간 기울게 하여 벌채한다.

13 덩굴제거의 가장 적절한 시기는 언제인가?

① 3~4월　　② 4~5월

③ 7월경　　④ 9월경

해설 · · ·

덩굴 제거의 시기

덩굴류 생장기인 5~9월 중에 작업하는 것이 효과적이며, 가장 적기는 덩굴식물이 뿌리속의 저장양분을 소모한 7월경이다.

정답 　10 ③ 　11 ① 　12 ② 　13 ③

14 밤나무에 가장 알맞은 종자 파종법은?

① 흩어뿌림 　　② 줄뿌림
③ 점뿌림 　　④ 모아뿌림

해설 ・・・

파종방법
• 점파(點播, 점뿌림) : 상수리나무, 밤나무, 호두나무, 칠엽수, 은행나무 등과 같은 대립종자
• 조파(條播, 줄뿌림) : 아까시나무, 느티나무, 옻나무, 싸리나무 등과 같은 중립종자
• 산파(散播, 흩어뿌림) : 소나무류, 삼나무, 낙엽송, 오리나무, 자작나무 등과 같은 세립종자
• 상파(床播, 모아뿌림) : 30cm 정도의 원형 파종상을 만들어 파종

15 종자의 성숙기가 7월경인 수종은?

① 황철나무 　　② 회양목
③ 잣나무 　　④ 은행나무

해설 ・・・

주요 수종의 종자 성숙기(채취시기)

월(月)	수종
5월	사시나무류, 미루나무, 버드나무류, 황철나무, 양버들
6월	느릅나무, 벚나무, 시무나무, 비술나무
7월	회양목, 벚나무
8월	스트로브잣나무, 향나무, 섬잣나무, 귀룽나무, 노간주나무
9~10월	대부분의 수종
11월	동백나무, 회화나무

16 무성번식의 장점과 관계가 없는 것은?

① 개화 및 결실이 빨라진다.
② 초기 생장이 빠르다
③ 종자 생산이 어려운 나무를 번식한다.
④ 실생묘에 비해 대량생산이 쉽다.

해설 ・・・

무성번식의 특징
• 모수의 유전형질을 그대로 이어받는다.
• 초기 생장이 빠르다.
• 개화 및 결실이 빠르다.
• 생장이 빨라 묘목 양성기간이 단축된다.
• 결실이 불량한 수목의 번식에 적합하다.
• 종자번식이 어려운 수종의 묘목을 얻을 수 있다.
• 종자번식에 비해 수명이 짧다.
• 실생묘에 비해 대량생산이 어렵다.
• 실생번식보다 기술이 필요하다.

17 묘포장에서 해가림이 필요하지 않은 수종은?

① 잣나무 　　② 전나무
③ 낙엽송 　　④ 소나무

해설 ・・・

해가림 수종
• 해가림이 필요한 수종 : 가문비나무, 전나무, 잣나무, 삼나무, 낙엽송 등의 침엽수
• 해가림이 필요 없는 수종 : 소나무, 리기다소나무, 곰솔(해송), 사시나무, 아까시나무 등의 양수

18 종자 저장 시 정선 후 곧바로 노천매장을 해야 하는 수종으로만 짝지어진 것은?

① 층층나무, 전나무
② 삼나무, 편백
③ 소나무, 해송
④ 느티나무, 잣나무

해설 ・・・

종자의 노천매장 시기

구분	종류
정선 후 곧 매장 (종자채취 직후)	백합나무, 목련, 백송, 들메나무, 벚나무, 단풍나무, 느티나무, 잣나무, 호두나무, 은행나무

구분	종류
늦어도 11월 말까지 매장	벽오동나무, 팽나무, 물푸레나무, 신나무, 피나무, 층층나무, 옻나무
파종 약 1개월(한 달) 전에 매장	소나무, 해송, 리기다소나무, 낙엽송, 가문비나무, 전나무, 측백, 편백, 삼나무 등 거의 모든 침엽수

19 다음 중 하예(풀베기)작업 시 적용하는 장비는?

① 기계톱 ② 예불기
③ 트랙터 ④ 견인용 집재기

해설 · · ·

예불기
둥근 톱날, 특수날 등을 구동하여 풀과 잡관목을 깎아 제거하는 소형 원동기이다.

20 묘포의 입지 조건으로 틀린 것은?

① 토양의 물리적 성질이 좋은 사양토
② 개간된 토양으로 토심이 깊은 곳
③ 관·배수가 좋은 곳
④ 방위가 서향을 보고 있는 곳

해설 · · ·

④ 위도가 높고 한랭한 지역은 동남향이 유리하며, 따뜻한 남쪽 지방에서는 북향이 유리하다.

묘포지의 선정 조건(묘포의 적지 선정 시 고려사항)
• 사양토나 식양토로 너무 비옥하지 않은 곳
• 토심이 깊은 곳
• pH 6.5 이하의 약산성 토양인 곳
• 평탄지보다 관배수가 좋은 5° 이하의 완경사지인 곳
• 교통과 노동력의 공급이 편리한 곳
• 서북향에 방풍림이 있어 북서풍을 차단할 수 있는 곳
• 가능한 한 조림지의 환경과 비슷한 곳 등

21 다음 중 삽목 시 발근이 잘되는 수종으로만 짝지어진 것은?

① 이팝나무, 소나무
② 포플러류, 사철나무
③ 두릅나무, 백합나무
④ 물푸레나무, 오리나무

해설 · · ·

발근 정도에 따른 수종 구분

삽목 발근이 쉬운 수종	버드나무류, 은행나무, 사철나무, 플라타너스, 개나리, 삼나무, 주목, 쥐똥나무, 포플러류(사시나무, 미루나무), 진달래, 측백, 화백, 회양목, 향나무, 동백나무, 무궁화, 배롱나무, 비자나무, 꽝꽝나무 등
삽목 발근이 어려운 수종	소나무, 해송, 잣나무, 전나무, 참나무류, 오리나무, 느티나무, 감나무, 밤나무, 호두나무, 벚나무, 아까시나무, 사과나무, 대나무류, 목련류 등

22 한대 침엽수림을 구성하는 대표적인 우점 수종에 속하지 않는 것은?

① 삼나무 ② 분비나무
③ 가문비나무 ④ 전나무

해설 · · ·

우리나라의 수평적 산림대와 그 특징수종

산림대	대표 특징수종
난대림 (상록활엽수림)	• 활엽수 : 가시나무, 붉가시나무, 호랑가시나무, 동백나무, 사철나무, 후박나무, 구실잣밤나무, 생달나무, 녹나무, 감탕나무, 돈나무, 먼나무, 아왜나무, 식나무, 꽝꽝나무, 멀구슬나무 등 • 침엽수 : 삼나무, 편백나무 등
온대림 (낙엽활엽수림)	• 활엽수 : 참나무류, 서어나무류, 단풍나무류, 느티나무, 느릅나무, 벚나무, 물푸레나무, 밤나무, 박달나무 등 • 침엽수 : 소나무, 잣나무, 전나무 등
한대림 (상록침엽수림)	침엽수 : 가문비나무, 분비나무, 주목, 잎갈나무, 종비나무, 잣나무, 전나무, 눈주목, 구상나무 등

정답 19 ② 20 ④ 21 ② 22 ①

23 임목종자의 품질검사 항목에 해당되지 않는 것은?

① 종자의 건조법

② 순량률

③ 발아율

④ 종자 1,000립의 중량

해설 · · ·

종자 품질검사 기준

- 실중(實重) : 종자 1,000립의 무게, g 단위
- 용적중(容積重) : 종자 1리터의 무게, g 단위
- 순량률(純量率) : 전체 시료 종자량(g)에 대한 순정종자량(g)의 백분율
- 발아율(發芽率) : 전체 시료 종자수에 대한 발아종자수의 백분율
- 발아세(發芽勢) : 전체 시료 종자수에 대한 가장 많이 발아한 날까지 발아한 종자수의 백분율
- 효율(效率) : 종자의 실제 사용가치로 순량률과 발아율을 곱한 백분율

24 숲의 작업종 중 모수작업에 의하여 조성되는 후계림은 어떤 형태인가?

① 이령림

② 노령림

③ 동령림

④ 다층림

해설 · · ·

③ 모수작업은 모수를 남기는 것 외에는 개벌에 준하는 작업방식으로 후에 동령림을 형성한다.

모수작업

모수에서 떨어진 종자에 의해 갱신이 이루어지므로 모수를 제외하고는 후에 동령림을 형성한다.

25 묘포설계 구획 시에 시설부지, 주도로, 부도로 등을 제외한 묘목을 양성하는 포지는 전체면적의 몇 %가 적합한가?

① 30~40%

② 40~50%

③ 50~60%

④ 60~70%

해설 · · ·

묘포의 구성

- 육묘지(포지) : 묘목이 자라고 있는 재배지. 휴한지, 보도(통로) 포함. 육묘상의 면적은 전체 묘포면적의 60~70%
- 부속지 : 묘목재배를 위한 부대시설 부지. 창고, 관리실, 작업실 등
- 제지 : 포지와 부속지를 제외한 나머지 부분. 계단 경사면 등

26 다음 중 비생물적 병원(柄原)인 것은?

① 선충

② 진균

③ 공장폐수

④ 파이토플라스마

해설 · · ·

수목병의 구분

- 생물적 병원에 의한 기생성 · 전염성병 : 세균, 진균(곰팡이), 바이러스, 파이토플라스마, 선충, 기생식물 등
- 비생물적 병원에 의한 비기생성 · 비전염성병 : 양수분의 결핍 및 불균형, 온도나 광선 등의 부적절한 기상조건, 토양조건, 농사작업으로 인한 피해, 대기오염, 유해물질, 공장폐수 등

27 유충이 잎살만 먹고 엽맥을 남겨 잎이 그물모양이 되며 성충은 주맥만 남기고 잎을 갉아 먹는 해충은?

① 텐트나방

② 오리나무잎벌레

③ 미국흰불나방

④ 박쥐나방

해설 ・・・

오리나무잎벌레

- 유충과 성충이 모두 오리나무류 잎을 가해하며 피해를 준다.
- 유충은 잎 뒷면에서 엽육만을 식해하여 잎이 그물모양이 되며, 성충은 주맥만 남기고 잎을 갉아 식해한다.

28 다음 중 밤나무(순)혹벌을 방제하는 방법 중 가장 효과적인 것은?

① 내병성 품종을 식재한다.
② 천적을 보호한다.
③ 살충제를 수시 살포한다.
④ 실생묘를 식재한다.

해설 ・・・

밤나무(순)혹벌 방제법

- 중국긴꼬리좀벌, 남색긴꼬리좀벌, 상수리좀벌 등의 천적을 이용(방사)한다.
- 성충 탈출 전인 봄에 충영을 채취하여 소각한다.
- 성충 발생 최성기인 6~7월에 전용약제를 살포한다.
- 알이 부화 후 잘 자라지 못하는 내충성(저항성) 품종을 선택하여 식재한다.

29 칡과 같은 덩굴류를 제거하는 방법으로 잘못된 것은?

① 글라신액제 처리 시기는 칡의 경우 농번기를 피하며 겨울 또는 봄에 실시한다.
② 글라신액제 원액을 흡수시킨 면봉은 칡머리 부분에 송곳으로 구멍을 뚫고 삽입한다.
③ 글라신액제와 물을 1 : 1로 혼합한 액을 주입기로 주입한다.
④ 덩굴류는 되도록 어릴 때 제거하는 것이 효과적이다.

해설 ・・・

덩굴 제거의 시기

덩굴류 생장기인 5~9월 중에 작업하는 것이 효과적이며, 가장 적기는 덩굴식물이 뿌리속의 저장양분을 소모한 7월경이다.

30 물에 녹지 않는 유효성분을 용제에 녹여서 유화제를 첨가한 약제는?

① 액제(SL)   ② 유제(EC)
③ 수화제(WP)   ④ 입제(GR)

해설 ・・・

유제(乳劑, EC)

- 물에 녹지 않는 주제를 용제(유기용매)에 녹여 유화제(계면활성제)를 첨가한 약제
- 물에 희석하여 살포하는 액체상태의 농약제제

31 다음은 선충에 대한 설명이다. 틀린 것은?

① 대체로 실같이 가늘고 긴 모양을 하고 있다.
② 식물기생선충은 몸길이가 평균 1mm 내외이다.
③ 주로 식물의 뿌리를 물어 뜯어먹어 가해한다.
④ 선충에 의한 수병으로는 침엽수 묘목의 뿌리썩이선충병이 있다.

해설 ・・・

③ 식물기생성선충은 식물조직속에 구침을 찔러넣어 흡즙하여 가해한다.

선충(線蟲)

- 몸길이 1mm 내외의 실처럼 가늘고 긴 형태를 하고 있는 선형동물문의 하등동물이다.
- 식물기생성선충의 대표적인 형태적 특징은 식물조직을 뚫어 흡즙할 수 있는 구침(口針)이 있다는 것이다.
- 수병 : 뿌리썩이선충병, 소나무재선충병(소나무시들음병) 등

정답 28 ② 29 ① 30 ② 31 ③

32 밤나무혹벌은 어떤 번식을 하는가?

① 다배생식   ② 단위생식

③ 유생생식   ④ 유성생식

해설

밤나무(순)혹벌

- 밤나무의 잎눈에 충영(벌레혹)을 만들고 그 속에서 기생하여 밤의 결실을 방해하는 해충이다.
- 암컷만이 알려져 있으며, 암수의 수정 없이 단독으로 번식하여 개체를 형성하는 단위생식을 한다.

33 곤충의 일반적 특징에 대한 설명으로 틀린 것은?

① 머리, 가슴, 배의 3부분이다.

② 가슴은 앞가슴, 가운데가슴, 뒷가슴의 3부분 이다.

③ 다리는 보통 5마디이다.

④ 날개는 앞가슴, 가운데가슴에 1쌍씩 2쌍이다.

해설

④ 날개는 가운데가슴, 뒷가슴에 1쌍씩 총 2쌍이다.

곤충의 외부 구조적 특징

- 머리, 가슴, 배의 3부분으로 구성
- 머리 : 더듬이(촉각), 입틀(구기), 겹눈, 홑눈
- 가슴 : 앞가슴, 가운데가슴, 뒷가슴의 3부분
- 배 : 10개 내외의 마디

34 불완전균류에 의한 수병이 아닌 것은?

① 삼나무붉은마름병

② 오동나무탄저병

③ 오리나무갈색무늬병

④ 대추나무빗자루병

해설

병의 원인에 따른 수병 분류

세균			뿌리혹병, 밤나무눈마름병, 불마름병
균류	난균		모잘록병
	진균	자낭균	리지나뿌리썩음병, 그을음병, 흰가루병, 벚나무빗자루병, 소나무잎떨림병, 잣나무잎떨림병, 낙엽송잎떨림병, 밤나무줄기마름병, 낙엽송가지끝마름병, 호두나무탄저병
		담자균	아밀라리아뿌리썩음병, 소나무잎녹병, 잣나무털녹병, 향나무녹병, 소나무혹병, 포플러잎녹병
		불완전균	모잘록병, 삼나무붉은마름병, 오리나무갈색무늬병, 오동나무탄저병, 참나무시들음병, 소나무가지끝마름병
바이러스			포플러모자이크병, 아까시나무모자이크병, 벚나무번개무늬병
파이토플라스마			대추나무빗자루병, 오동나무빗자루병, 뽕나무오갈병
선충			소나무재선충병, 뿌리썩이선충병, 뿌리혹선충병

35 향나무녹병균은 배나무를 중간기주로 하는데 배나무에 기생하는 시기는?

① 1~2월   ② 4~5월

③ 6~7월   ④ 8~9월

해설

③ 향나무에는 4~5월경, 배나무에는 6~7월경 기생한다.

향나무녹병

구분	수종	포자 형태
본기주	향나무	겨울포자, 담자포자
중간기주	배나무, 사과나무	녹병포자, 녹포자

정답 32 ②   33 ④   34 ④   35 ③

36 항생물질 살균제가 아닌 것은?

① 석회황합제
② 스트렙토마이신
③ 옥시테트라사이클린
④ 폴리옥신비

해설 ...

① 석회황합제는 항생물질이 아니며, 보호살균제이다.

항생물질 살균제
옥시테트라사이클린, 스트렙토마이신, 가스가마이신, 블라스티시딘에스, 폴리옥신비 · 디 등

37 다음 수목 피해 증상 중 대기오염 피해(아황산가스) 증상을 바르게 설명한 것은?

① 잎에 둥근 무늬가 생기고 갈색으로 변한다.
② 잎의 뒷면이 흰가루를 뿌린 것 같이 보이고 색깔은 변하지 않는다.
③ 잎의 가장자리와 엽맥 사이에 암녹색의 괴사 반점이 나타난다.
④ 잎에 그을음이 붙어있는 것 같이 검게 변한다.

해설 ...

아황산가스(SO_2) 피해 증상
• 급성증상 : 잎 주변부와 잎맥 사이의 조직이 괴사하고, 연기에 의한 크고 작은 반점이 생기는 연반현상(煙斑現像)이 나타난다.
• 만성증상 : 장시간 저농도 가스의 접촉으로 황화현상이 천천히 나타난다.

38 응애만을 죽일 수 있는 약제를 무엇이라 부르는가?

① 살충제　　　　② 살균제
③ 살비제　　　　④ 살서제

해설 ...

살비제(殺蜱濟)
• 일반 곤충에는 효과가 없으며 응애류만을 선택적으로 죽게 만드는 약제
• 종류 : 켈센(디코폴 수화제), 켈탄, 테디온 등

39 묘목이 어느 정도 자라서 목화된 후에 뿌리가 침해되어 암갈색으로 변하며 썩는 모잘록병 유형은?

① 도복형(倒伏型)
② 지중부패형(地中腐敗型)
③ 수부형(首腐型)
④ 근부형(根腐型)

해설 ...

모잘록병의 5가지 병징(피해 형태)

병징	피해 형태
지중부패형 (地中腐敗型)	땅속에 묻힌 종자가 지표면에 나타나기도 전에 감염되어 썩는 것. 땅속부패형
도복형(倒伏型)	발아 직후 지표면에 나타난 유묘의 지제부가 잘록하게 되어 쓰러져 죽는 것
수부형(首腐型)	땅 위에 나온 어린 묘목의 떡잎, 어린줄기 등의 윗부분이 썩어 죽는 것
근부형(根腐型)	묘목이 생장하여 목질화된 후에 뿌리가 암갈색으로 썩어 고사하는 것. 뿌리썩음형
거부형(梶腐型)	묘목이 생장하여 목질화된 후에 줄기가 썩어 그 상부가 고사하는 것. 줄기썩음형

40 해충의 기계적 방제법에 속하지 않는 것은?

① 포살법　　　　② 소살법
③ 유살법　　　　④ 냉각법

해설 ...

해충의 방제법
• 기계적 방제 : 포살법, 소살법, 유살법, 경운법, 차단법, 찔러 죽임, 진동(팀)
• 물리적 방제 : 부적절한 온도와 습도처리, 방사선, 고주파

• 화학적 방제 : 화학약제(농약) 이용, 신속 · 정확한 효과
• 생물적 방제 : 포식성 천적, 기생성 천적, 병원미생물 등 활용
• 임업적 방제 : 혼효림과 복층림 조성, 임분밀도 조절 (위생간벌, 가지치기), 내충성 수종 식재, 임지환경 개선(경운, 토성개량), 시비
• 법적 방제 : 식물검역
• 페로몬 이용 방제 : 성페로몬, 집합페로몬 이용

41 다음 중 반끌형 톱날의 연마각도로 맞는 것은?

① 창날각 : 35°
② 가슴각 : 60°
③ 지붕각 : 85°
④ 수직각 : 45°

해설 • • •

톱날의 연마 각도

구분	대패형 톱날	반끌형 톱날	끌형 톱날
창날각	35°	35°	30°
가슴각	90°	85°	80°
지붕각	60°	60°	60°

42 다음 중 산림작업을 위한 개인 안전장비로 가장 거리가 먼 것은?

① 안전화
② 안전헬멧
③ 구급낭
④ 안전장갑

해설 • • •

개인 안전장비의 종류
안전헬멧, 귀마개, 얼굴보호망, 안전복, 안전장갑, 안전화 등

43 다음 중 체인톱의 안전장치에 속하지 않는 것은?

① 자동체인브레이크
② 안전 스로틀
③ 핸드가드
④ 스파이크

해설 • • •

체인톱의 안전장치
전 · 후방 손잡이, 전 · 후방 손보호판(핸드가드), 체인브레이크, 체인잡이, 지레발톱(완충스파이크, 범퍼스파이크), 스로틀레버차단판(액셀레버차단판, 안전스로틀), 체인덮개(체인보호집), 소음기, 스위치, 안전체인(안전이음새), 방진고무(진동방지고무) 등

44 기계톱에 보통 휘발유가 아닌 불법제조 휘발유 사용 시 예상되는 문제점은?

① 연료 계통에 고장이 발생할 수 있다.
② 연료통 내막이 강화된다.
③ 연료호스가 경화되어 수명이 길어진다.
④ 오일막이 생긴다.

해설 • • •

인정된 보통 휘발유가 아닌 불법 제조된 휘발유를 사용하면 기화기막, 오일막 또는 연료호수가 녹고 연료통 내막을 부식시킨다.

45 톱니 젖히기에 대한 설명으로 틀린 것은?

① 나무와의 마찰을 줄이기 위해 한다.
② 활엽수는 침엽수보다 많이 젖혀 준다.
③ 톱니 뿌리선으로부터 2/3지점을 중심으로 하여 젖혀준다.
④ 젖힘의 크기는 0.2~0.5mm가 적당하다.

해설 • • •

톱니 젖힘
• 톱니 젖힘은 나무와의 마찰을 줄이기 위하여 실시한다.
• 침엽수는 활엽수보다 목섬유가 연하고 마찰이 크기 때문에 많이 젖혀준다.
• 톱니 젖힘은 톱니뿌리선으로부터 2/3지점을 중심으로 하여 젖혀준다.
• 젖힘의 크기는 0.2~0.5mm가 적당하다.

46 다음 중 원형기계톱 사용 시 기계톱이 목재 사이에 끼었을 때 사용하는 것은?

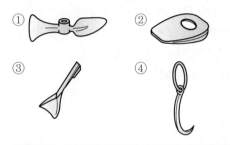

① ② ③ ④

해설 ・・・

①은 각식재용 양날괭이(타원형), ③은 박피기, ④는 갈고리이다.

쐐기

주로 벌도 방향 결정과 안전작업을 위해 사용되며, 톱질 시 톱이 끼지 않도록 괴는 데도 쓰인다.

47 기계톱의 구비조건으로 맞지 않은 것은?

① 중량이 무겁고 대형이어야 한다.
② 소음과 진동이 적고 내구성이 높아야 한다.
③ 벌근의 높이를 되도록 낮게 절단할 수 있어야 한다.
④ 부품공급이 용이하고 가격이 저렴하여야 한다.

해설 ・・・

체인톱의 구비조건

• 무게가 가볍고 소형이며 취급방법이 간편해야 한다.
• 견고하고 가동률이 높으며 절삭능력이 좋아야 한다.
• 소음과 진동이 적고 내구성이 높아야 한다.
• 벌근(그루터기)의 높이를 되도록 낮게 절단할 수 있어야 한다.
• 연료의 소비, 수리유지비 등 경비가 적게 소요되어야 한다.
• 부품공급이 용이하고 가격이 저렴해야 한다.

48 다음은 벌목작업 시 지켜야 할 사항이다. 틀린 것은?

① 벌목방향은 나무가 안전하게 넘어가고 집재하기 용이한 방향으로 정한다.
② 도피로는 상황에 따라 나무가 넘어가는 방향에 따라 임의로 정한다.
③ 벌목구역은 벌채목을 중심으로 수고의 2배에 해당하는 영역이며, 이 구역에는 벌목자만 있어야 한다.
④ 작업자가 일에 익숙하지 못했거나 또는 비탈진 곳에서 작업을 할 때는 벌채면 높이 표시를 하여 둔다.

해설 ・・・

② 도피로는 나무가 넘어가는 방향이 아닌 곳으로 설정한다.

벌목작업 세부 안전수칙

• 벌채목이 넘어가는 구역인 벌목영역은 벌채목 수고의 2배에 해당하는 영역으로 이 구역 내에서는 작업에 참가하는 사람만 있어야 한다.
• 벌목방향은 나무가 안전하게 넘어가고, 집재하기 용이한 방향으로 설정한다.

49 소형 윈치로 집재 작업 시 틀린 내용은?

① 주로 소집재나 간벌재 집재에 이용된다.
② 대표적으로 아크야 윈치가 있다.
③ 수라 제작 시의 수라 견인에는 사용하기 어렵다.
④ 동력으로 드럼을 감아 견인한다.

해설 ・・・

소형윈치의 이용

• 소집재나 간벌재 집재
• 수라 설치를 위한 수라 견인
• 설치된 수라의 집재선까지의 횡집재
• 대형 집재 장비의 집재선까지의 소집재

50 다음 내용이 설명하고 있는 임업기계는 무엇인가?

- 전목 집재작업 시 작업공정에 적합한 기계장비이다.
- 인공 철기둥과 가선집재장치를 트럭, 트랙터, 임내차 등에 탑재하여 주로 급경사지의 집재작업에 적용하는 이동식 차량형 집재기계로서 가선의 설치, 철수, 이동이 용이한 가전집재전용 고성능 임업기계이다.

① 프로세서　　　　② 타워야더
③ 포워더　　　　　④ 리모콘 윈치

【해설】　　　　　　　　　　　　　• • •

타워야더(tower yarder)
트랙터나 트럭 등에 타워(철기둥)와 반송기를 포함한 가선집재장치를 탑재한 이동식 차량형 집재기계이다.

51 4행정 엔진과 2행정 엔진의 비교 중 2행정 엔진의 설명으로 올바른 것은?

① 동일 배기량일 때 출력이 적다.
② 배기음이 낮다.
③ 무게가 가볍다.
④ 휘발유와 오일 소비가 적다.

【해설】　　　　　　　　　　　　　• • •

2행정기관의 특징
- 동일배기량에 비해 출력이 크다.
- 고속 및 저속 운전이 어렵다.
- 엔진의 구조가 간단하고, 무게가 가볍다.
- 배기가 불안전하여 배기음이 크다.
- 휘발유와 엔진오일을 혼합하여 사용한다.
- 연료(휘발유와 엔진오일) 소모량이 크다.
- 별도의 엔진오일이 필요 없다.
- 시동이 쉽고, 제작비가 저렴하며, 폭발음이 적다.

52 체인톱의 주간정비 사항으로만 조합된 것은?

① 스파크플러그 청소 및 간극 조정
② 기화기 연료막 점검 및 엔진오일 펌프 청소
③ 시동줄 및 시동스프링 점검
④ 연료통 및 여과기 청소

【해설】　　　　　　　　　　　　　• • •

체인톱의 주간정비
- 기계톱의 수명연장과 파손방지를 위하여 체인을 윤활유에 넣어 보관한다.
- 점화플러그(스파크플러그)를 점검하고, 전극 간격(간극)을 조정한다.
- 체인톱 본체를 전반적으로 청소하고 정비한다.

53 산림작업으로 인한 피로의 회복방법 중 적합하지 않은 것은?

① 휴식과 숙면을 취할 것
② 충분한 영양을 섭취할 것
③ 산책 및 가벼운 체조를 실시할 것
④ 스트레스 해소를 위하여 수영, 축구, 격투기 등의 운동을 할 것

【해설】　　　　　　　　　　　　　• • •

과격한 운동은 피로를 가중시킨다.

54 일반적으로 벌도목의 가지치기 작업 시 기계톱의 안내판 길이로 적합한 것은?

① 30~40cm　　　　② 50~60cm
③ 60~70cm　　　　④ 70~80cm

【해설】　　　　　　　　　　　　　• • •

안내판(가이드바)
- 체인톱날이 이탈하지 않도록 지탱하며 레일의 가이드 역할을 하는 판

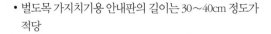

- 벌도목 가지치기용 안내판의 길이는 30~40cm 정도가 적당

55 윤활유의 구비조건이 아닌 것은?

① 점도가 적당해야 한다.
② 유동점이 높아야 한다.
③ 유성이 좋아야 한다.
④ 부식성이 없어야 한다.

 해설 ...

윤활유의 구비조건
- 유성이 좋아야 한다.
- 점도가 적당해야 한다.
- 부식성이 없어야 한다.
- 유동점이 낮아야 한다.
- 탄화성이 낮아야 한다.

56 조림용 도구가 아닌 것은?

① 손도끼 　　② 각식재용 양날괭이
③ 괭이 　　④ 쐐기

 해설 ...

산림 작업 도구

구분	도구종류
조림(식재) 작업	재래식 삽, 재래식 괭이, 각식재용 양날 괭이, 사식재용 괭이, 손도끼 등
무육 작업	재래식 낫, 스위스 보육낫(무육낫), 소형 전정가위, 무육용 이리톱, 소형 손톱, 고지 절단용 가지치기톱, 마세터 등
벌목 작업	톱, 도끼, 쐐기, 지렛대(목재돌림대), 밀게(밀대, 넘김대), 박피기, 사피 등
집재 작업	사피, 피비, 캔트훅, 피커룬, 파이크폴, 펄프훅 등

57 기계톱으로 원목을 절단할 경우 절단면에 파상무늬가 생기며 체인이 한쪽으로 기운다면 어떤 원인인가?

① 측면날의 각도가 서로 다르다.
② 창날각이 고르지 못하다.
③ 톱날의 길이가 서로 다르다.
④ 깊이 제한부가 서로 다르다.

해설 ...

창날각이 고르지 못하면 원목 절단면에 파상무늬가 생기며, 체인이 한쪽으로 기운다.

58 2행정 내연기관에서 외부의 공기가 크랭크실로 유입되는 원리는?

① 피스톤의 흡입력
② 기화기의 공기펌프
③ 크랭크실과 외부와의 기압차
④ 크랭크축의 원운동

해설 ...

2행정 내연기관의 작동 원리
- 피스톤의 상승, 하강의 2행정으로 크랭크축이 1회전하여 1사이클이 완성된다.
- 피스톤 상승 시 크랭크실로 공기가 흡입되며, 피스톤 하강 시 압축 혼합가스가 실린더로 유입되고 연소된 혼합가스는 배출된다.
- 공기 유입은 크랭크실과 외부와의 기압차로 발생한다.

59 기계톱은 원동기부, 동력전달부 및 톱체인부로 구분된다. 다음 중 동력전달부가 아닌 것은?

① 에어필터 　　② 원심클러치
③ 스프라켓 　　④ 감속장치

해설 ● ● ●

체인톱의 구조
- 원동기 부분 : 실린더, 피스톤, 크랭크축, 불꽃점화장치, 기화기, 시동장치, 연료탱크, 에어필터 등
- 동력전달 부분 : 원심클러치, 감속장치, 스프라켓
- 톱날 부분 : 톱체인(쏘체인), 안내판, 체인장력조절장치, 체인덮개 등

60 현장에서 사용하고 있는 동력가지치기톱(PS50)의 작업방법 중 잘못된 것은?

① 작업자와 가지치기 봉과의 각도가 최소한 70도를 유지하여야 한다.
② 가지치기 작업은 아래쪽에서 위쪽방향으로 실시한다.
③ 큰 가지는 반드시 아래쪽에서 1/3 정도를 먼저 작업한 후 위에서 아래로 안전하게 작업한다.
④ 큰 가지나 긴 가지는 한 번에 자르게 되면 톱날이 끼이게 되므로 끝에서부터 3단계로 나누어 자른다.

해설 ● ● ●

② 가지는 위에서 아래 방향으로 절단한다.

동력가지치기톱
- 동력에 의해 톱날이 회전하면서 가지를 제거하는 기계로 주로 높은 곳의 가지치기에 사용된다.
- 체인톱과 같이 톱날과 엔진이 있으나 가지치기 봉이 긴 것이 특징적이다.

정답 60 ②

01 잡목 솎아내기 방법으로 잘못 설명한 것은?

① 자연 발생한 불필요한 나무는 제거한다.

② 조림목 중에서도 형질이 불량한 나무는 제거한다.

③ 형질이 우량한 자생 나무라도 함께 제거한다.

④ 폭목은 제거가 원칙이다.

해설

제벌 방법

- 제거 대상목은 보육 대상목(미래목, 중용목)의 생장에 지장을 주는 유해수종, 덩굴류, 침입수종, 형질불량목, 폭목, 경합목, 피해목 등으로 한다.
- 조림수종이 그 임지에 적합하여 성림(成林)이 잘 되면 침입한 천연발생목은 원칙적으로 제거한다. 그러나 조림목의 생장이 불량해 성림에 문제가 있을 때는 천연 발생 우량목을 보육목으로 선정하여 조림목과 함께 남겨둔다.
- 폭목은 제거가 원칙이나, 야생 동식물의 서식처가 되거나 경관상의 이유 등일 때는 제거하지 않기도 한다.

02 낙엽송(묘령 2년)의 곤포당 본수는?

① 100 ② 200

③ 500 ④ 1,000

해설

수종별 속당 · 곤포당 묘목 본수

수종	묘령	속당본수	곤포당 속수	곤포당 본수
리기다소나무	1년생	20	100	2,000
잣나무	2년생	20	100	2,000
자작나무	1년생	20	75	1,500
삼나무	2년생	20	50	1,000
호두나무	1년생	20	25	500
낙엽송	2년생	20	25	500

「종묘사업실시요령」 中

03 다음 수종 중 암수딴그루인 것은?

① 은행나무 ② 삼나무

③ 신갈나무 ④ 소나무

해설

단성화(불완전화)의 분류

구분	내용
자웅동주 (암수한그루)	• 암꽃과 수꽃이 같은 나무에서 달리는 것 • 소나무류, 삼나무, 오리나무류, 호두나무, 참나무류, 밤나무, 가래나무 등
자웅이주 (암수딴그루)	• 암꽃과 수꽃이 각각 다른 나무에서 달리는 것 • 은행나무, 소철, 포플러류, 버드나무, 주목, 호랑가시나무, 꽝꽝나무, 가죽나무 등

04 우리나라 산지에서 수목에 가장 피해를 많이 주는 덩굴식물은?

① 머루덩굴 ② 칡덩굴

③ 다래덩굴 ④ 담쟁이덩굴

해설

무성생식으로도 잘 번식하는 칡은 번식력이 강하여 조림목에 가장 피해를 많이 주고 줄기를 베어도 잘 제거되지 않기 때문에 디캄바액제, 글라신액제 등의 화학적 제초제를 사용하여 제거하는 것이 좋다.

05 산림토양에서만 볼 수 있는 토양층으로 가장 위층을 이루는 것은?

① 유기물층(O층) ② 표토층(A)

③ 심토층(B) ④ 모재층(C)

해설 ···

토양 단면의 층위 순서

유기물층(O층) → 표토층(A층, 용탈층) → 심토층(B층, 집적층) → 모재층(C층) → 모암층(R층)

06 택벌림의 장점으로 볼 수 없는 것은?

① 면적이 작은 숲에서 보속생산을 하는데 적당하다.
② 임지와 어린나무가 보호를 받는다.
③ 숲의 심미적 가치가 높다.
④ 양수의 갱신에 적합하다.

해설 ···

택벌작업의 장점
- 음수수종 갱신에 적합하다.
- 숲땅이 항상 나무로 덮여 있어 임지와 치수가 보호받을 수 있다.
- 면적이 작은 산림에서 보속 수확이 가능하다.
- 병충해 및 기상피해에 대한 저항력이 높다.
- 미관상 가장 아름다운 숲이 된다.

07 다음 중 결실을 촉진시키는 방법으로 옳은 것은?

① 질소질 비료의 비율을 높여 시비한다.
② 줄기의 껍질을 환상으로 박피한다.
③ 수목의 식재밀도를 높게 한다.
④ 차광망을 씌워 그늘을 만들어 준다.

해설 ···

② 수간의 둘레를 따라 수피를 환상으로 벗겨 내는 환상박피를 통해 탄수화물의 지하부 이동을 차단하고 상층부에 머물게 하여 개화·결실을 촉진한다.

개화·결실의 촉진방법
- 수관의 소개 : 간벌, 임분 밀도 조절, 수광량 증가
- 시비 : 비료 3요소를 알맞게 또는 질소보다는 인산, 칼륨을 많이 시비

- 환상박피 : 탄수화물의 지하부 이동 차단
- 접목 : 탄수화물의 지하부 이동 차단
- 식물 생장촉진호르몬(생장조절물질) : 지베렐린, 옥신
- 인식화분(멘토르 화분) : 불화합성 → 화합성 유도
- 스트레스 : 관수 억제, 저온 자극
- 그 밖의 기계적 처리 : 단근, 전지, 철선묶기

08 굵은 생가지치기 시 위험성이 적은 수종은?

① 단풍나무
② 물푸레나무
③ 벚나무
④ 포플러류

해설 ···

가지치기 대상 수종

위험성이 없는 수종	삼나무, 포플러류, 낙엽송, 잣나무, 전나무, 소나무, 편백
위험성이 있는 수종	단풍나무, 물푸레나무, 벚나무, 느릅나무

09 일정한 면적에 직사각형 식재를 할 때, 묘목 본수의 계산은?

① 조림지면적 / 묘간거리
② 조림지면적 / 묘간거리^2
③ 조림지면적 / (묘간거리^2 × 0.866)
④ 조림지면적 / (묘간거리 × 줄사이거리)

해설 ···

장방형(직사각형) 식재

$$소요 묘목 본수 = \frac{조림지\ 면적}{묘간거리 \times 줄사이거리}$$

10 용재와 소경재를 동시에 생산할 수 있는 작업종은?

① 교림작업
② 저림작업
③ 중림작업
④ 왜림작업

해설 ···

중림작업

- 동일 임지에 상층은 용재(대경재) 생산의 교림작업, 하층은 연료재(신탄재)와 소경재 생산의 왜림작업을 함께 시행하는 작업종이다.
- 용재 및 연료재와 소경재를 동시에 생산할 수 있다.

11 인공림에 비하여 천연림이 유리한 점은?

① 수종갱신이 용이하다.
② 생태적으로 안전하다.
③ 생육이 고르고 안전하다.
④ 벌기를 앞당길 수 있다.

해설 ···

천연림(天然林)

천연림은 크고 작은 다양한 수종이 숲을 구성하여 식생의 층상구조가 잘 나타나며, 생물종다양성이 풍부하여 안전한 생태계를 유지할 수 있다.

12 산벌작업 중 어린 나무의 높이가 1~2m 가량이 되면 생육을 촉진시키기 위해 상층의 모수를 모두 베어내는 작업은?

① 예비벌   ② 하종벌
③ 수광벌   ④ 후벌

해설 ···

산벌작업의 단계

- 예비벌(豫備伐) : 갱신 준비 단계의 벌채로 모수로서 부적합한 병충해목, 피압목, 폭목, 불량목 등을 선정하여 제거한다.
- 하종벌(下種伐) : 종자가 결실이 되어 충분히 성숙되었을 때 벌채하여 종자의 낙하를 돕는 단계이다.
- 후벌(後伐) : 남겨 두었던 모수를 점차적으로 벌채하여 신생임분의 발생을 돕는 단계이다.

13 조림지의 숲 가꾸기 순서로 옳은 것은?

① 풀베기 → 제벌 → 간벌
② 풀베기 → 간벌 → 제벌
③ 제벌 → 풀베기 → 간벌
④ 제벌 → 간벌 → 풀베기

해설 ···

숲 가꾸기의 단계

풀베기 → 덩굴 제거 → 제벌(어린나무 가꾸기) → 가지치기 → 간벌(솎아베기)

14 접목을 할 때 접수와 대목의 가장 좋은 조건은?

① 접수와 대목이 모두 휴면상태일 때
② 접수와 대목이 모두 왕성하게 생리적 활동을 할 때
③ 접수는 휴면상태이고, 대목은 생리적 활동을 시작할 때
④ 접수는 생리적 활동을 시작하고, 대목은 휴면상태일 때

해설 ···

접목 시 대목과 접수의 생리적인 상태

- 접수는 휴면상태이고, 대목은 생리적 활동을 시작한 상태가 접합에 가장 좋다.
- 접수는 직경 0.5~1cm 정도의 발육이 왕성한 1년생 가지를 휴면상태일 때 채취하여 저장하였다가 이용한다.

15 다음해 봄까지 저장하기 어려운 수종으로 종자의 발아력이 상실되지 않도록 7월에 채종하면 즉시 파종해야 되는 수종은?

① 버드나무   ② 벚나무
③ 회양목   ④ 잣나무

해설

추파법(秋播法, 채파법)
- 일반적 파종시기는 봄이지만, 수종에 따라서는 가을에 파종해야 하는 종자도 있는데, 이는 종자의 수명이 짧아 채종한 즉시 파종해야 활력을 잃지 않기 때문이다.
- 가을에 채취하고 가을에 파종한다 하여 추파(秋播)라고 하며, 채종한 즉시 파종한다 하여 채파(採播)라고도 한다.
- 버드나무, 사시나무(포플러), 미루나무, 회양목 등은 봄, 여름에 종자가 성숙하므로 채종 즉시 파종하여야 발아와 생장에 좋다.

16 간벌을 실시하는 목적이 아닌 것은?

① 생육 공간을 조절하여 남은 수목의 생장을 촉진한다.
② 수간 상층부의 직경 증가로 완만한 목재를 생산한다.
③ 병해충 및 각종 위해에 대한 저항력이 증진한다.
④ 하층식생이 발달하여 지력이 좋아진다.

해설

간벌의 효과
- 남은 임목의 생육을 촉진하고, 형질을 향상시킨다.
- 지름생장(직경생장) 촉진으로 재적생장이 증가한다.
- 각종 위해에 대한 저항력이 증진되어 피해가 감소한다.
- 하층 식생 발달로 지력이 향상된다.
- 중간수입을 얻을 수 있다.
- 연소물의 제거로 산불 위험성이 감소한다.
- 숲을 건전하게 만든다.

17 어린나무 가꾸기 작업 시 맹아력이 왕성한 활엽수종의 맹아 발생 및 성장을 약화시키고자 할 때 어떻게 하는 것이 가장 좋은가?

① 겨울에 지상 바로 위 줄기를 자른다.
② 여름에 지상 바로 위 줄기를 자른다.
③ 겨울에 지상 30cm 높이에서 줄기를 꺾어둔다.
④ 여름에 지상 1m 높이에서 줄기를 꺾어둔다.

해설

맹아력 강한 활엽수종은 여름에 지상 1m 높이에서 줄기를 꺾어 두면 맹아 발생을 줄일 수 있다.

18 수목의 종자번식과 비교한 무성번식의 특성에 관한 설명으로 틀린 것은?

① 종자번식에 비해 기술이 필요하다.
② 좋은 형질의 어미나무를 확보하여야 한다.
③ 접목묘는 개화 결실이 늦어진다.
④ 실생묘에 비해 대량 생산이 어렵다.

해설

무성번식의 특징
- 모수의 유전형질을 그대로 이어받는다.
- 초기 생장이 빠르다.
- 개화 및 결실이 빠르다.
- 생장이 빨라 묘목 양성기간이 단축된다.
- 결실이 불량한 수목의 번식에 적합하다.
- 종자번식이 어려운 수종의 묘목을 얻을 수 있다.
- 종자번식에 비해 수명이 짧다.
- 실생묘에 비해 대량생산이 어렵다.
- 실생번식보다 기술이 필요하다.

19 기존의 모수 본수보다 모수를 많이 남겨 천연갱신을 진행하는 동시에 우량대경재도 생산할 수 있는 모수작업은?

① 군생모수법
② 보잔목작업
③ 대화산모수
④ 우량모수작업

해설

보잔목작업(保殘木, 보잔모수법)
형질이 좋은 모수를 많이 남겨 천연갱신을 진행하는 동시에 다음 벌기에 그 모수를 우량대경재로 생산하여 이용하는 방법이다.

정답 16 ② 17 ④ 18 ③ 19 ②

20 다음 중 교목(고목)에 해당하는 수종은?

① 개나리   ② 회양목

③ 소나무   ④ 반송

해설   ● ● ●

수고와 형태에 따른 수목 구분

교목(喬木 또는 高木)	관목(灌木 또는 低木)
• 보통 한 개의 뚜렷하고 굵은 줄기로 8m 이상 자라는 키가 큰 수목 • 소나무, 밤나무, 참나무, 가문비나무, 박달나무, 느티나무 등	• 주된 줄기가 없이 여러 개의 줄기가 모여나며, 2m 이하로 자라는 키가 작은 수목 • 개나리, 진달래, 산철쭉, 회양목, 매자나무, 쥐똥나무, 작살나무, 싸리나무 등

21 T/R률에 대한 설명으로 옳지 않은 것은?

① 수목 지상부의 무게를 뿌리부의 무게로 나눈 값이다.

② 일반적으로 값이 커야 좋은 묘목이다.

③ 우량 묘목의 T/R률은 3.0 정도이다.

④ T/R률을 통해 묘목의 근계 발달 정도를 알 수 있다.

해설   ● ● ●

T/R률
• 식물의 뿌리(root) 생장량에 대한 지상부(top) 생장량의 비율
• 지상부의 무게를 지하부의 무게로 나눈 값으로 묘목의 지상부와 지하부의 중량비
• 일반적으로 값이 작아야 묘목이 충실
• 근계의 발달과 충실도를 판단하는 지표로 자주 쓰임
• 수종과 연령에 따라 다르며, 보통 우량한 묘목의 T/R률은 3.0 정도

22 묘목의 뿌리가 2년생, 줄기가 1년생인 삽목묘의 연령 표기를 바르게 나타낸 것은?

① 2 − 1묘   ② 1 − 2묘

③ 1/2묘   ④ 2/1묘

해설   ● ● ●

삽목묘의 연령
분수로 나타내며, 뿌리의 나이를 분모, 줄기의 나이를 분자로 표기한다.
• 1/1 묘 : 삽목한 지 1년이 경과되어 뿌리 1년, 줄기 1년된 삽목묘
• 0/1 묘 : 삽목 1년 후 지상부를 잘라 1년된 뿌리만 있는 삽목묘
• 1/2 묘 : 0/1 묘가 1년 경과하여 뿌리 2년, 줄기 1년된 삽목묘

23 산벌작업에서의 작업단계가 올바르게 나열된 것은?

① 예비벌 → 후벌 → 하종벌

② 예비벌 → 종벌 → 수광벌

③ 예비벌 → 하종벌 → 후벌

④ 수광벌 → 종벌 → 하종벌

해설   ● ● ●

12번 해설 참고

24 다음 중 임지의 보호 방법으로 옳지 않은 것은?

① 비료목을 식재한다.

② 황폐한 임지는 등고선 방향으로 수평구를 설치한다.

③ 임지 표면의 낙엽과 가지를 모두 제거한다.

④ 균근균을 배양하여 임지에 공급한다.

해설   ● ● ●

임지무육
• 물리적 무육 : 임지피복, 수평구 설치 등
• 생물적 무육 : 비료목 식재, 수하식재, 균근 증식 · 공급 등

정답   20 ③   21 ②   22 ③   23 ③   24 ③

25 왜림작업에서 측면맹아가 갱신의 주요 대상이 되는데, 측면맹아의 발생이 어려운 나무는?

① 신갈나무　　　　② 당단풍나무
③ 물푸레나무　　　④ 전나무

해설 ● ● ●

④ 전나무는 맹아발생이 어렵다.

왜림작업(맹아갱신) 수종
참나무류, 아까시나무, 물푸레나무, 버드나무, 밤나무, 서어나무, 오리나무, 리기다소나무 등

26 다음 중 미국흰불나방이나 텐트나방의 어린 유충을 방제하는 방법으로 가장 좋은 것은?

① 불 붙인 솜방망이로 태우는 소살법이 좋다.
② 나무줄기에 끈끈이를 바르는 차단법이 좋다.
③ 먹이로 유인하여 잡는 먹이유살법이 좋다.
④ 묘포에서는 밭을 갈아주는 경운법을 쓰는 것이 좋다.

해설 ● ● ●

① 미국흰불나방과 텐트나방은 어린 유충시기에 군서하므로 소살법이 효과적이다.

소살법(燒殺法)
• 불을 붙인 솜방망이로 군서 중인 유충 등을 태워 죽이는 방법
• 미국흰불나방, 텐트나방 등의 군서 중인 어린 유충 방제 시 적용

27 기생봉이나 포식곤충을 이용하여 해충을 방제하는 것을 무엇이라 하는가?

① 기계적 방제법
② 물리적 방제법
③ 임업적 방제법
④ 생물적 방제법

해설 ● ● ●

해충의 방제법
• 기계적 방제 : 포살법, 소살법, 유살법, 경운법, 차단법, 찔러 죽임, 진동(텀)
• 물리적 방제 : 부적절한 온도와 습도처리, 방사선, 고주파
• 화학적 방제 : 화학약제(농약) 이용, 신속·정확한 효과
• 생물적 방제 : 포식성 천적, 기생성 천적, 병원미생물 등 활용
• 임업적 방제 : 혼효림과 복층림 조성, 임분밀도 조절(위생간벌, 가지치기), 내충성 수종 식재, 임지환경 개선(경운, 토성개량), 시비
• 법적 방제 : 식물검역
• 페로몬 이용 방제 : 성페로몬, 집합페로몬 이용

28 유충과 성충이 모두 잎을 식해하는 해충은?

① 오리나무잎벌레　　② 솔나방
③ 미국흰불나방　　　④ 매미나방

해설 ● ● ●

오리나무잎벌레
• 유충과 성충이 모두 오리나무류 잎을 가해하며 피해를 준다.
• 연 1회 발생하며, 성충으로 땅속에서 월동한다.

29 다음 중 살충제의 부작용에 대한 설명으로 틀린 것은?

① 천적류는 접촉제보다 소화중독제의 영향을 특히 많이 받는다.
② 살충제 약해는 강우 전후에 발생하기 쉽다.
③ 같은 살충제를 오랫동안 사용하면 저항성 해충군이 출현한다.
④ 진딧물류나 응애류의 경우 살충제를 사용한 후 해충밀도가 급격히 증가할 수도 있다.

정답 　25 ④　26 ①　27 ④　28 ①　29 ①

해설 · · ·

천적류는 접촉살충제에 의해 특히 영향을 많이 받는다.

---

30 피해목을 벌채한 후 약제 훈증처리의 방제가 필요한 수병은?

① 호두나무탄저병　② 밤나무줄기마름병
③ 참나무시들음병　④ 잣나무털녹병

해설 · · ·

참나무시들음병 방제법
• 유인목을 설치하여 매개충을 잡아 훈증 및 파쇄한다.
• 끈끈이롤 트랩을 수간에 감아 매개충을 잡는다.
• 매개충의 우화 최성기인 6월에 살충제인 페니트로티온 유제를 살포한다.
• 피해목을 벌채하여 타포린으로 덮은 후 훈증제를 처리한다.

---

31 산불 피해와 위험도에 대한 설명으로 틀린 것은?

① 일반적으로 침엽수는 활엽수에 비해 피해가 심하다.
② 교림은 왜림보다 피해가 작다.
③ 혼효림은 단순림보다 피해가 작다.
④ 유령림보다는 노령림의 피해가 크다.

해설 · · ·

② 왜림은 교림보다 산불 발생 위험성은 높으나 피해를 받더라도 맹아가 빠르게 형성되어 피해가 적은 편이다.

산불에 의한 피해 및 위험도
침엽수가 활엽수보다, 낙엽활엽수가 상록활엽수보다, 양수가 음수보다, 수피가 얇은 것이 코르크층이 발달해 수피가 두꺼운 것보다, 어린 임분이 성숙 임분보다, 봄이 다른 계절보다, 단순림과 동령림이 혼효림과 이령림보다 산불 피해 및 위험도가 크다.

---

32 서릿발이 가장 잘 발생하는 토양은?

① 사양토　② 양토
③ 사토　④ 점토

해설 · · ·

상주(霜柱, 서릿발)
• 상주는 토양 중의 수분이 모세관현상으로 지표면으로 올라왔다가 저온을 만나 얼게 되고 반복되면서 생성되는 서릿기둥이다.
• 수분이 많은 점질 토양에서 잘 형성되며, 뿌리를 낮게 뻗는 천근성 묘목은 서릿발의 반복으로 토양과 함께 뿌리가 들어 올려져 뽑히고 말라 죽기도 하며 피해가 심하다.

---

33 다음 중 25%의 살균제 100cc를 0.05%액으로 희석하는데 소요되는 물의 양(cc)은?

① 39,900cc　② 49,900cc
③ 59,900cc　④ 69,900cc

해설 · · ·

희석 시 소요되는 물의 양

$$= 원액의 용량 \times \left(\frac{원액의 \ 농도}{희석할 \ 농도} - 1 \right) \times 원액의 비중$$

$$= 100 \times \left(\frac{25}{0.05} - 1 \right) = 49,900cc$$

---

34 묘포장에서 많이 발생하는 모잘록병의 방제법으로 적합하지 않은 것은?

① 토양소독 및 종자소독을 한다.
② 돌려짓기를 한다.
③ 질소질 비료를 많이 준다.
④ 솎음질을 자주하여 생립본수(生立本數)를 조절한다.

정답　30 ③　31 ②　32 ④　33 ②　34 ③

해설 • • •

모잘록병 방제법
- 모잘록병은 토양전염성 병이므로 토양소독 및 종자소독을 실시한다.
- 배수와 통풍이 잘 되어 묘상이 과습하지 않도록 주의한다.
- 질소질 비료의 과용을 피하며, 인산질, 칼륨질 비료를 충분히 주어 묘목이 강건히 자라도록 돕는다.
- 파종량을 적게 하여 과밀하지 않도록 하며, 복토는 두껍지 않게 한다.
- 병든 묘목은 발견 즉시 뽑아서 소각한다.
- 병이 심한 묘포지는 연작을 피하고 돌려짓기(윤작)를 한다.

35 토양 중에서 수분이 부족하여 생기는 피해는?

① 볕데기   ② 상해
③ 한해   ④ 열사

해설 • • •

한해(旱害, 가뭄해)
한해는 토양이 가물어 수분부족 상태가 지속될 때 수목이 생육에 필요한 수분을 채우지 못해 시들고 말라 죽게 되는 현상이다.

36 어스렝이나방의 설명이 옳지 않은 것은?

① 밤나무, 버즘나무 등의 잎을 먹는다.
② 날개 편 길이는 105∼135mm, 몸길이는 45mm 정도이다.
③ 성충으로 월동한다.
④ 천적인 어스렝이알좀벌을 이용하여 방제한다.

해설 • • •

어스렝이나방(밤나무산누에나방)
- 연 1회 발생하며, 수피 사이에서 알로 월동한다.
- 유충이 밤나무, 호두나무 등의 잎을 갉아먹는 식엽성 해충이다.
- 성충은 대형 나방이다.

37 다음 중 볕데기의 피해를 가장 많이 받는 수종은?

① 오동나무   ② 소나무
③ 낙엽송   ④ 상수리나무

해설 • • •

볕데기(皮燒, 피소)
오동나무, 호두나무, 가문비나무 등과 같이 수피가 평활하고 매끄러우며 코르크층이 발달하지 않은 수종에서 잘 발생한다.

38 담자균류에 의한 수병이 아닌 것은?

① 잣나무털녹병   ② 전나무빗자루병
③ 낙엽송가지끝마름병   ④ 소나무혹병

해설 • • •

병의 원인에 따른 수병 분류

세균			뿌리혹병, 밤나무눈마름병, 불마름병
균류	난균		모잘록병
	진균	자낭균	리지나뿌리썩음병, 그을음병, 흰가루병, 벚나무빗자루병, 소나무잎떨림병, 잣나무잎떨림병, 낙엽송잎떨림병, 밤나무줄기마름병, 낙엽송가지끝마름병, 호두나무탄저병
		담자균	아밀라리아뿌리썩음병, 소나무잎녹병, 잣나무털녹병, 향나무녹병, 소나무혹병, 포플러잎녹병
		불완전균	모잘록병, 삼나무붉은마름병, 오리나무갈색무늬병, 오동나무탄저병, 참나무시들음병, 소나무가지끝마름병
바이러스			포플러모자이크병, 아까시나무모자이크병, 벚나무번개무늬병
파이토플라스마			대추나무빗자루병, 오동나무빗자루병, 뽕나무오갈병
선충			소나무재선충병, 뿌리썩이선충병, 뿌리혹선충병

39 수목병의 임업적 방제법으로 적합하지 않은 것은?

① 내병성 수종 식재 ② 혼효림 조성
③ 건실한 묘목 생산 ④ 길항미생물 보호

해설 ...

수목병의 방제법
- 법적 방제 : 법적 조치, 식물검역
- 임업적(생태적) 방제 : 임지 정리 작업, 건전한 묘목 육성, 내병성(저항성) 수종 식재, 무육작업(숲 가꾸기), 적절한 수확 및 벌채, 혼효림 및 이령림 조성
- 생물적 방제 : 길항 미생물 등 이용
- 화학적 방제 : 화학약제(농약) 이용
- 전염원 및 중간기주 제거, 윤작(돌려짓기) 등

40 소나무재선충병에 대한 설명으로 옳지 않은 것은?

① 솔수염하늘소, 북방수염하늘소가 매개충이다.
② 잎이 시들어 고사하고, 상처로부터 송진이 다량 배출된다.
③ 매개충이 소나무의 목질부를 가해할 때 재선충이 상처를 통해 침입한다.
④ 피해목은 벌채·소각하거나 훈증 처리한다.

해설 ...

소나무재선충병
- 재선충이 수목체 내에 침입하고, 물관 폐쇄로 양수분의 흡수와 이동이 차단되어 피해가 나타난다.
- 침엽이 모두 아래로 처지며 황갈색으로 시들고, 상처로부터 나오는 송진(수지)의 양이 감소하거나 정지한다.

41 벌목 작업용 도구가 아닌 것은?

① 지렛대 ② 밀게
③ 사피 ④ 양날괭이

해설 ...

산림 작업 도구

구분	도구종류
조림(식재) 작업	재래식 삽, 재래식 괭이, 각식재용 양날 괭이, 사식재용 괭이, 손도끼 등
무육 작업	재래식 낫, 스위스 보육낫(무육낫), 소형 전정가위, 무육용 이리톱, 소형 손톱, 고지 절단용 가지치기톱, 마세티 등
벌목 작업	톱, 도끼, 쐐기, 지렛대(목재돌림대), 밀게(밀대, 넘김대), 박피기, 사피 등
집재 작업	사피, 피비, 캔트훅, 피커룬, 파이크폴, 펄프훅 등

42 삼각톱니 연마 시 삼각날 꼭지각은 어느 정도가 적합한가?

① 30° ② 38°
③ 45° ④ 50°

해설 ...

삼각톱니 가는 방법
- 줄질은 안내판의 선과 평행하게 한다.
- 안내판 선의 각도는 침엽수가 60°, 활엽수가 70°이다.
- 삼각톱날 꼭지각은 38°가 되도록 한다.
- 줄질은 안에서 밖으로 한다.

43 다음 중 체인톱의 구비조건이 아닌 것은?

① 중량이 가볍고 소형이며 취급 방법이 간편할 것
② 소음과 진동이 적고 내구성이 높을 것
③ 연료 소비, 수리유지비 등 경비가 적게 들어갈 것
④ 벌근의 높이를 높게 절단할 수 있을 것

해설 ...

체인톱의 구비조건
- 무게가 가볍고 소형이며 취급방법이 간편해야 한다.
- 견고하고 가동률이 높으며 절삭능력이 좋아야 한다.
- 소음과 진동이 적고 내구성이 높아야 한다.

- 벌근(그루터기)의 높이를 되도록 낮게 절단할 수 있어야 한다.
- 연료의 소비, 수리유지비 등 경비가 적게 소요되어야 한다.
- 부품공급이 용이하고 가격이 저렴해야 한다.

44 다음 기계 중 벌도와 가지치기가 가능한 장비는?

① 펠러번처 ② 하베스터
③ 프로세서 ④ 포워더

해설 ⋯

임목수확기계의 종류

종류	작업내용
트리펠러 (tree feller)	벌도만 실행
펠러번처 (feller buncher)	벌도와 집적(모아서 쌓기)의 2가지 공정 실행 ✎ 가지치기, 절단 ✕
프로세서 (processor)	• 집재된 전목재의 가지치기, 절단, 초두부 제거, 집적 등의 조재작업을 전문적으로 실행 ✎ 벌도 ✕ • 산지집재장에서 작업하는 조재기계
하베스터 (harvester)	• 벌도, 가지치기, 조재목 마름질, 토막내 기 작업을 모두 수행 • 대표적 다공정 처리기계로 임내에서 벌도 및 각종 조재작업 수행

45 벌목작업 과정 중 순서가 올바른 것은?

① 작업도구 정돈 → 정확한 벌목방향결정 → 주위정리 → 추구만들기 → 수구만들기
② 작업도구 정돈 → 주위정리 → 정확한 벌목방향결정 → 수구만들기 → 추구만들기
③ 작업도구 정돈 → 정확한 벌목방향결정 → 수구만들기 → 추구만들기 → 주위정리
④ 작업도구 정돈 → 정확한 벌목방향결정 → 주위정리 → 수구만들기 → 추구만들기

해설 ⋯

벌목의 순서

작업도구 정돈 → 벌목방향 결정 → 주위 장애물 제거 · 정리 → 수구자르기 → 추구자르기

46 다음 중 와이어로프의 폐기기준이 아닌 것은?

① 마모에 의한 직경 감소가 10%를 초과하는 것
② 현저하게 변형 또는 부식된 것
③ 소선이 10% 이상 절단된 것
④ 꼬임 상태인 것

해설 ⋯

와이어로프의 폐기(교체)기준
- 꼬임 상태(킹크)인 것
- 현저하게 변형 또는 부식된 것
- 와이어로프 소선이 10분의 1(10%) 이상 절단된 것
- 마모에 의한 직경 감소가 공칭직경의 7%를 초과하는 것

47 와이어로프의 꼬임과 스트랜드의 꼬임 방향이 같은 것은?

① 보통꼬임 ② 교차꼬임
③ 랑꼬임 ④ 랑보통꼬임

해설 ⋯

꼬임 방향에 따른 구분

구분	보통꼬임	랑꼬임(랭꼬임)
꼬임 방향	와이어의 꼬임과 스트랜드의 꼬임 방향이 반대이다.	와이어의 꼬임과 스트랜드의 꼬임 방향이 동일하다.
특징	꼬임이 안정되어 킹크가 생기기 어렵고 취급이 용이하지만, 마모가 크다.	꼬임이 풀리기 쉬워 킹크가 생기기 쉽지만, 마모가 적다.
주 용도	작업본줄	가공본줄

48 내연기관의 분류 중 4행정기관의 작동순서로 맞은 것은?

① 흡입 – 압축 – 폭발 – 배기
② 압축 – 폭발 – 흡입 – 배기
③ 배기 – 압축 – 폭발 – 흡입
④ 폭발 – 배기 – 흡입 – 압축

해설 ・・・

4행정 기관
• 피스톤의 4행정 2왕복 운동으로 1사이클이 완료되는 기관
• 흡입, 압축, 폭발, 배기의 1사이클을 4행정(크랭크축 2회전)으로 완결

49 가선집재의 장점에 대한 설명으로 틀린 것은?

① 다른 집재방법보다 지형조건의 영향을 적게 받는다.
② 임지 및 잔존임분에 피해를 최소화할 수 있다.
③ 트랙터 집재에 비해 집재작업에 필요한 에너지가 적게 소요된다.
④ 다른 집재방법보다 작업원에 대한 기술적 요구도가 낮다.

해설 ・・・

가선집재의 장단점

장점	단점
• 임지 및 잔존 임분에 대한 피해가 적다.	• 장비구입비가 비싸다.
• 임도밀도가 낮은 곳에서도 작업이 용이하다.	• 운전에 숙련된 기술이 필요하다.
• 험준한 지형에서도 집재가 가능하다.	• 가선(삭도)을 이용하므로 일시 대량 운반이 어렵다.
• 지형조건의 영향을 적게 받는다.	• 지정된 장소에서만 적재 및 하역이 이루어진다.

50 기계톱의 엔진 과열 현상이 일어날 수 있는 원인으로 가장 거리가 먼 것은?

① 사용연료의 부적합
② 점화플러그의 불량
③ 냉각팬의 먼지흡착
④ 클러치의 측면마모

해설 ・・・

기계톱의 엔진 과열 현상의 원인
사용연료의 부적합, 연료 내 오일 혼합량 부족, 기화기 조절 잘못, 점화플러그의 불량, 냉각팬의 먼지 흡착 등

51 기계톱의 체인을 갈기 위하여 적합한 직경의 원통줄이 사용되어야 한다. 아래 그림에서 원통줄의 선정이 가장 잘 된 것은?

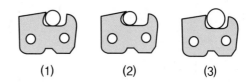

(1)　　　　(2)　　　　(3)

① (1)　　　　　　② (2)
③ (3)　　　　　　④ 모두 잘못되었다.

해설 ・・・

체인톱날 연마용줄의 선택
줄지름의 $\frac{1}{10}$ 정도가 상부날 위로 올라오는 원통줄

52 기계톱 기화기의 벤트리관으로 유입된 연료량은 무엇에 의해 조정될 수 있는가?

① 저속조정나사와 노즐
② 지뢰쇠와 연료유입 조정니들 밸브
③ 고속조정나사와 공전조정나사
④ 배출 밸브막과 펌프막

해설 ··· ·

벤투리관
- 통로가 좁아지는 관으로, 유입된 공기가 이 좁은 관을 통과하면서 속도가 빨라지게 되고 공기와 연료의 혼합가스가 분출되게 하는 역할을 한다.
- 벤투리관으로 유입된 연료량의 조절은 고속조절나사와 공전조절나사로 한다.

53 산림작업용 도끼를 손질할 때 날카로운 삼각형으로 연마하지 않고 아치형으로 연마하는 이유로 가장 적합한 것은?

① 도끼날이 목재에 끼이는 것을 막기 위하여
② 연마하기가 쉽기 때문에
③ 도끼날의 마모를 줄이기 위하여
④ 마찰을 줄이기 위하여

해설 ──

도끼날의 연마 형태
- 아치형이 되도록 연마한다.
- 날카로운 삼각형이 되면 날이 나무 속에 잘 끼며, 쉽게 무뎌진다.
- 무딘 둔각형이 되면 나무가 잘 갈라지지 않고 자르기 어렵다.

54 노동강도의 경중(輕重)은 에너지대사율로 표시하는데 다음 중 표시 방법으로 옳은 것은?

① GNP ② MRA
③ PPM ④ RMR

해설 ──

노동의 에너지 대사율(RMR)
- 작업자의 노동 시 산소호흡량을 에너지 소모량으로 하여 작업에만 소요된 에너지량이 기초대사량의 몇 배에 해당하는지를 나타내는 지수이다.
- 노동강도의 경중(輕重)은 RMR 수치로 표시한다.

55 손톱의 부분별 기능으로 옳지 않은 것은?

① 톱니등은 마찰작용에 관계한다.
② 톱니뿌리선은 톱니의 가장 뾰족한 끝부분을 연결한 선이다.
③ 톱니꼭지선이 일정하지 않으면 톱질이 힘들다.
④ 톱니가슴은 절삭작용에 관계한다.

해설 ··· ·

손톱의 부분별 기능
- 톱니가슴 : 나무을 절단하는 부분으로 절삭작용에 관계한다.
- 톱니꼭지각 : 톱니의 강도 및 변형에 관계한다.
- 톱니등 : 나무와의 마찰력을 감소시켜, 마찰작용에 관계한다.
- 톱니홈(톱밥집) : 톱밥이 일시적으로 머물렀다가 빠져나가는 홈이다.
- 톱니뿌리선 : 톱니 시작부의 가장 아래를 연결한 선으로 일정해야 톱니가 강하고, 능률이 좋다.
- 톱니꼭지선 : 톱니 끝의 꼭지를 연결한 선으로 일정해야 톱질이 힘들지 않다.

56 다음 중 산림작업이 어려운 이유가 아닌 것은?

① 비, 바람 등과 같은 기상조건에 영향을 덜 받는다.
② 산림작업 도구 및 기계 자체가 위험성을 내포하고 있다.
③ 독사, 독충, 구르는 돌 등에 의한 피해를 받기 쉽다.
④ 산악지의 장애물과 경사로 인해 미끄러지기 쉽다.

해설 ··· ·

산지는 기상조건에 영향을 많이 받는다.

57 다음 중 임업기계화의 목적이 아닌 것은?

① 노동생산성의 향상
② 생산비용의 절감
③ 임업기계의 가동률 저감
④ 중노동으로부터의 해방

해설 ・・・

임업기계화의 목적 및 효과
- 인력작업보다 작업능률이 월등히 높다.
- 작업시간을 단축시킬 수 있으며, 인력이 절감된다.
- 인건비의 감소로 생산비용이 절감된다.
- 적은 인력으로 많은 생산량을 달성하여 노동생산성이 향상된다.
- 노동에 대한 부담이 줄고, 고된 중노동으로부터 벗어나게 한다.
- 균일한 작업이 가능하여 생산된 상품의 질이 높다.
- 작업성과가 기계를 다루는 인력에 좌우된다.
- 기계작업으로 인한 재해의 발생 가능성이 있다.
- 임지 및 자연환경의 훼손이 문제가 된다.

58 예불기 운전 및 작업상 유의사항으로 옳지 않은 것은?

① 발끝에 예불기의 톱날이 접촉되지 않도록 주의한다.
② 톱날의 회전방향이 좌측이므로 작업 방향은 우측에서 좌측으로 실시한다.
③ 주변에 사람 유무를 확인하고 엔진을 시동한다.
④ 작업원 간 거리는 가능한 5m 이내로 최대한 근접한 거리에서 실행한다.

해설 ・・・

예불기 작업 시 유의사항
- 주변에 사람이 있는지 확인하고 엔진을 시동하며, 작업 전에 기계의 가동점검을 실시한다.
- 예불기의 톱날이 발끝에 접촉되지 않도록 항상 주의한다.
- 예불기의 톱날은 좌측방향(반시계방향)으로 회전하므로 우측에서 좌측으로 작업해야 효율적이다.
- 다른 작업자와는 최소 10m 이상의 안전거리를 유지하여 작업한다.

59 다음 그림에서 소경재 벌목작업의 간이수구에 의한 절단방법으로 가장 적합한 것은?

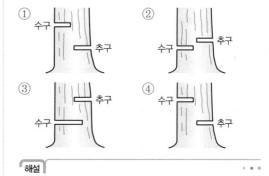

해설 ・・・

소경재 벌목 방법
- 수구 및 추구에 의한 절단 방법 : 대경재일 경우와 동일한 작업법으로 절단하는 방법이다.
- 간이 수구에 의한 절단 방법 : 수구의 상하면 각도를 만들지 않고, 간단하게 수구를 만들어 절단하는 방법이다.
- 비스듬히 절단하는 방법 : 수구를 만들지 않고 벌목 방향으로 20° 정도 경사를 두어 바로 절단하는 방법이다.

60 라이싱거듀랄은 무엇에 사용되는 도구인가?

① 땅 위에 쓰러져 있는 벌도목의 방향전환 도구이다.
② 벌도방향 위치선정을 위한 쐐기의 일종이다.
③ 원형 기계톱 사용 시 기계톱이 목재 사이에 끼었을 때 사용하는 쐐기의 일종이다.
④ 자루가 짧은 침엽수 박피기의 일종이다.

해설 ・・・

라이싱거 듀랄
원형 기계톱 사용 시 톱날이 목재에 끼지 않도록 사용하는 쐐기이다.

01 다음 중 조림 수종의 선택 조건에 맞지 않는 것은?

① 가지가 굵고 긴 나무
② 입지 적응력이 큰 나무
③ 위해(危害)에 대하여 적응력이 큰 나무
④ 성장 속도가 빠른 나무

해설

조림 수종의 선택 요건
- 성장 속도가 빠르고, 재적 성장량이 높은 것
- 질이 우수하여 수요가 많은 것
- 가지가 가늘고 짧으며, 줄기가 곧은 것
- 각종 위해에 대하여 저항력이 강한 것
- 입지에 대하여 적응력이 큰 것
- 산물의 이용 가치가 높고 수요량이 많은 것
- 종자채집과 양묘가 쉽고, 식재하여 활착이 잘 되는 것
- 임분 조성이 용이하고 조림의 실패율이 적은 것

02 식재 시 비료를 가장 많이 주어야 하는 나무는?

① 소나무
② 오리나무
③ 삼나무
④ 오동나무

해설

수종별 무기양분 요구도

무기양분 요구도	수종
많음	오동나무, 느티나무, 밤나무, 전나무, 물푸레나무, 미루나무, 참나무류, 낙우송, 백합나무
중간	잣나무, 낙엽송, 서어나무, 버드나무
적음	소나무, 해송, 향나무, 오리나무, 아까시나무, 자작나무

03 모수작업 시 남겨둘 모수로 적합하지 않은 것은?

① 바람에 저항력이 강한 수목
② 결실 연령에 도달한 수목
③ 형질이 우수한 수목
④ 천근성인 수목

해설

모수의 구비조건
- 양수 수종일 것
- 유전적 형질이 우수할 것
- 바람에 대한 저항력이 강할 것
- 결실연령에 도달할 것
- 종자의 결실량이 많을 것
- 종자의 비산능력이 좋을 것

04 무육작업이라고 할 수 없는 것은?

① 풀베기
② 솎아베기(간벌)
③ 가지치기
④ 갱신

해설

산림무육의 구분

구분	작업내용
임목무육	풀베기, 덩굴제거, 어린나무가꾸기(잡목 솎아내기, 제벌), 가지치기, 솎아베기(간벌)
임지무육	임지피복, 수평구 설치, 비료목 식재, 수하식재, 균근 증식·공급 등

정답 01 ① 02 ④ 03 ④ 04 ④

05 2ha의 임야에 밤나무를 4m 간격의 정방형 식재를 하려면 얼마의 밤나무 묘목이 필요한가?

① 250본   ② 750본
③ 1,250본   ④ 2,250본

> **해설**   ...
>
> 정방형(정사각형) 식재
>
> 2ha＝20,000m²이므로,
>
> $N = \dfrac{A}{a^2} = \dfrac{20,000}{4^2} = 1,250$본
>
> 여기서, N : 소요 묘목 본수
> A : 조림지 면적(m²)
> a : 묘간거리(m)

06 산림의 6가지 기능 중 휴양림의 기능과 가장 밀접한 관련이 있는 것은?

① 홍수를 방지한다.
② 수원을 조절한다.
③ 휴식공간을 조성한다.
④ 쾌적한 환경을 제공한다.

> **해설**   ...
>
> ①과 ②는 수원함양림의 기능, ④는 생활환경보전림의 기능이다.
>
> 산림의 6가지 기능
> • 생활환경보전림   • 자연환경보전림
> • 수원함양림   • 산지재해방지림
> • 산림휴양림   • 목재생산림

07 연료림 작업에 가장 적합한 작업종은?

① 개벌작업   ② 산벌작업
③ 중림작업   ④ 왜림작업

> **해설**   ...
>
> 갱신작업종(주벌수확, 수확을 위한 벌채)
> • 개벌작업 : 임목 전부를 일시에 벌채. 모두베기

• 모수작업 : 모수만 남기고, 그 외의 임목을 모두 벌채
• 산벌작업 : 3단계의 점진적 벌채, 예비벌－하종벌－후벌
• 택벌작업 : 성숙한 임목만을 선택적으로 골라 벌채. 골라베기
• 왜림작업 : 연료재 생산을 위한 짧은 벌기의 개벌과 맹아갱신
• 중림작업 : 용재의 교림과 연료재의 왜림을 동일 임지에 실시

08 천연림에서 유령림 단계의 보육에 필요 없는 작업은?

① 덩굴식물 제거
② 미래목의 선정 보육
③ 우량 형질의 맹아 보육
④ 목적 수종에 피해를 주는 잡목 제거

> **해설**   ...
>
> ② 미래목의 선정 및 관리는 솎아베기 단계의 작업 방법이다.
>
> 유령림 단계의 작업 방법
> • 상층목 중 형질이 불량한 나무, 폭목을 제거 대상목으로 한다.
> • 칡, 다래 등 덩굴류와 병충해목은 제거한다.
> • 움싹이 발생되었을 경우 각 근주에서 생긴 2본 정도 남기고 정리하며, 유용한 실생묘는 존치한다.

09 제벌을 6~9월 중에 실시하는 가장 적당한 사유는?

① 제거 대상목의 맹아력이 약한 기간이므로
② 제벌 대상목이 왕성한 성장을 하므로
③ 연료생산량이 많으므로
④ 작업 인부를 구하기 쉬우므로

해설

제벌 시기
- 식재 후에 조림목이 임관을 형성한 후부터 간벌하기 이전에 실행한다.
- 일 년 중에서는 나무의 고사상태를 알고 맹아력을 감소시키기에 가장 적합한 6~9월(여름)에 실시하는 것이 좋다.

10 종자의 발아력 조사에 쓰이는 약제는?

① 염소산나트륨　　② 이산화황
③ 테트라졸륨　　④ 인돌초산

해설

환원법(효소검출법, 테트라졸륨 검사법)
- 테트라졸륨 수용액을 이용하여 종자(배)의 활력을 검정하는 화학반응 검사법이다.
- 종자 내 산화효소가 살아 있는지 시약의 발색반응으로 확인한다.

11 임목종자의 품질검사에 대한 설명으로 틀린 것은?

① (순정종자의 무게/시료의 무게) × 100이 순량률이다.
② 소립종자의 실중은 종자 100알의 무게를 g으로 나타낸 값이다.
③ 발아율은 순량률을 조사할 때 얻은 순정종자를 대상으로 조사한다.
④ 효율은 실제 득묘할 수 있는 효과를 예측하는 데 사용될 수 있는 종자의 사용가치를 말한다.

해설

종자 품질검사 기준
- 실중(實重) : 종자 1,000립의 무게, g 단위
- 용적중(容積重) : 종자 1리터의 무게, g 단위

- 순량률(純量率) : 전체 시료 종자량(g)에 대한 순정종자량(g)의 백분율
- 발아율(發芽率) : 전체 시료 종자수에 대한 발아종자수의 백분율
- 발아세(發芽勢) : 전체 시료 종자수에 대한 가장 많이 발아한 날까지 발아한 종자수의 백분율
- 효율(效率) : 종자의 실제 사용가치로 순량률과 발아율을 곱한 백분율

12 무육작업 중 가지치기 대상에 대한 설명으로 잘못된 것은?

① 직경 5cm 이상의 가지는 자르지 않는다.
② 낙엽송은 가지치기를 생략할 수 있다.
③ 목표재가 소경재 일경우는 가지치기를 하지 않는다.
④ 단풍나무, 물푸레나무, 벚나무는 주로 생가지치기를 한다.

해설

가지치기의 대상
- 목표생산재가 일반 소경재(톱밥, 펄프, 숯 등)일 경우는 재적 이용 면에서 가지치기를 실시하지 않는다.
- 원칙적으로 직경 5cm 이상의 가지는 자르지 않으며, 죽은 가지는 잘라준다.
- 낙엽송과 같이 자연낙지가 잘 되는 수종은 가지치기를 생략할 수 있다.
- 활엽수 중 특히 단풍나무, 물푸레나무, 벚나무, 느릅나무 등은 절단부위가 썩기 쉬워 생가지치기를 하지 않는다.

13 종자를 체로 쳐서 굵고 작은 협잡물을 분별하는 정선법은?

① 입선법　　② 수선법
③ 풍선법　　④ 사선법

해설 · · ·

종자의 정선법

구분		내용
풍선법(風選法)		바람을 일으키는 기기를 사용하여 불순물을 분리
사선법(篩選法)		종자보다 크거나 작은 체로 쳐서 불순물 제거 후 종자 선별
액체선법 (液體選法)	수선법 (水選法)	깨끗한 물에 일정 시간 종자를 침수시켜 선별
	식염수선법 (食鹽水選法)	물에 소금을 탄 비중액(1.18)을 이용하여 선별
입선법(粒選法)		종자 낱알을 눈으로 보며 직접 손으로 하나하나 선별

14 풀베기 형식 중 조림목 주변의 잡초목만을 제거하는 방법을 무엇이라 하는가?

① 싹베기 ② 모두베기
③ 줄베기 ④ 둘레베기

해설 · · ·

풀베기의 방법

• 모두베기(전면깎기, 전예) : 조림목 주변의 모든 잡초목을 제거하는 방법
• 줄베기(줄깎기, 조예) : 조림목의 식재줄을 따라 잡초목을 제거하는 방법
• 둘레베기(둘레깎기) : 조림목 주변의 반경 50cm~1m 내외의 정방형 또는 원형으로 제거하는 방법

15 산벌작업에서 임지의 종자가 충분히 결실하여 완전히 성숙된 후 벌채하여, 지면에 종자를 다량 낙하시켜 일제히 발아시키기 위한 벌채 작업은?

① 후벌 ② 종벌
③ 예비벌 ④ 하종벌

해설 · · ·

하종벌(下種伐)

• 종자가 결실이 되어 충분히 성숙되었을 때 벌채하여 종자의 낙하를 돕는 단계이다.
• 종자가 다량 낙하하여 일제히 발아할 수 있도록, 결실량이 많은 해에 1회 벌채로 하종을 실시한다.

16 파종상에서 그대로 2년을 지낸 실생 묘목의 나이 표시법으로 옳은 것은?

① 1－1 묘 ② 2－0 묘
③ 0－2 묘 ④ 2－1－1 묘

해설 · · ·

실생묘의 연령(묘령)

앞에는 파종상에서 지낸 연수, 뒤에는 상체상(판갈이, 이식)에서 지낸 연수를 숫자로 표기한다.

• 1－1 묘 : 파종상에서 1년, 상체되어 1년을 지낸 2년생의 실생묘
• 2－0 묘 : 상체된 적이 없는 2년생의 실생묘
• 2－1－1 묘 : 파종상에서 2년, 그 뒤 두 번 상체되어 각각 1년씩 지낸 4년생 실생묘

17 숲의 생성이 종자에서 발생한 치수가 기원이 되어 이루어진 숲은?

① 순림 ② 교림
③ 혼효림 ④ 동령림

해설 · · ·

수목의 발생기원에 따른 분류

• 교림(喬林, high forest) : 종자에 의해 발달한 수목으로 이루어진 산림으로 주로 침엽수가 교림을 형성한다.
• 왜림(矮林, coppice forest) : 움이나 맹아가 발달한 수목으로 이루어진 산림으로 주로 활엽수가 왜림(맹아림)을 형성한다.
• 중림(中林) : 교림수종과 왜림수종이 같은 임지에 함께 조성되었을 때의 산림을 말한다.

정답 14 ④ 15 ④ 16 ② 17 ②

18 다음 그림의 종자저장 방법은?

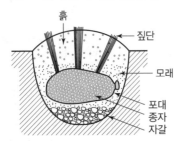

① 실온저장법　　　② 밀봉저장법
③ 보호저장법　　　④ 노천매장법

해설

노천매장법(露天埋藏法)
- 노천에 일정 크기(깊이 50~100cm)의 구덩이를 파고 종자를 모래와 섞어서 묻어 저장하는 방법
- 건조에 의하여 생활력을 잃기 쉬운 수종의 종자에 적합
- 저장과 함께 종자 후숙에 따른 발아 촉진의 효과

19 다음 중 발아율이 90%, 순량률이 70%인 종자의 효율은?

① 20%　　　　　　② 63%
③ 80%　　　　　　④ 96%

해설

효율(效率)
- 종자 품질의 실제 최종 평가기준이 되는 종자의 사용가치로 순량률과 발아율을 곱해 백분율로 나타낸 것이다.
- 효율(%) = $\dfrac{\text{순량률}(\%) \times \text{발아율}(\%)}{100}$

$$= \dfrac{70 \times 90}{100} = 63\%$$

20 발아에 영향을 미치는 환경인자와 가장 거리가 먼 것은?

① 위도　　　　　　② 광선
③ 수분　　　　　　④ 온도

해설

발아의 조건
수분, 온도, 산소, 광선

21 사방조림 수종에 적합한 것은?

① 잣나무　　　　　② 낙엽송
③ 아까시나무　　　④ 물푸레나무

해설

아까시나무
수분과 양분요구도가 낮으며, 발아력과 맹아력이 모두 좋아 척박지에서도 생장이 좋을 뿐만 아니라 임지비배 효과도 있어 우리나라에서 대표적으로 많이 식재되고 있는 사방수종이다.

22 숲의 갱신에 따른 벌채 작업의 특성으로 잘못된 것은?

① 택벌작업은 회귀년을 정하여 시행한다.
② 개벌작업은 임지가 넓게 노출되어 황폐해지기 쉽다.
③ 모수작업은 예비벌, 하종벌, 후벌의 단계로 갱신되는 작업방법이다.
④ 왜림작업은 연료재나 작은 나무의 생산에 적합하다.

해설

7번 해설 참고

23 중림작업에서 택벌식으로 벌채되는 상층목의 영급은?

① 하층목 벌기의 배수가 된다.
② 하층목 벌기의 5배가 된다.
③ 하층목 벌기의 10배가 된다.
④ 하층목 벌기의 20배가 된다.

정답　18 ④　19 ②　20 ①　21 ③　22 ③　23 ①

해설

중림작업
- 하층목은 보통 20년의 짧은 윤벌기로 개벌하고 맹아갱신을 반복하며, 일정 기간 반복하는 동안 성숙한 상층목은 택벌식으로 벌채하는 형식이다.
- 보통 상층목은 하목 윤벌기의 배수가 되어 용재로 이용 가능한 크기에 도달하였을 때 택벌을 실시하게 된다.

24 유실수인 밤나무는 보통 1ha 당 몇 본을 식재하는가?

① 400본
② 800본
③ 1,200본
④ 3,000본

해설

일반적으로 침엽수는 3,000본/ha, 활엽수는 3,000~6,000본/ha을 기준으로 하지만, 유실수인 밤나무는 보통 400본/ha을 식재한다.

25 덩굴식물을 설명한 것 중 옳지 않은 것은?

① 대체적으로 햇빛을 좋아하는 식물이다.
② 칡이 가장 문제가 되고 있다.
③ 덩굴제거의 시기는 덩굴식물이 뿌리 속의 저장양분을 소모한 7월경이 좋다.
④ 덩굴을 잘라주면 쉽게 제거할 수 있다.

해설

덩굴제거
- 덩굴은 햇빛을 좋아하여 임연부에 많이 분포하며, 울폐한 임지에는 적다.
- 무성생식으로도 잘 번식하는 칡은 번식력이 강하여 조림목에 가장 피해를 많이 주고 줄기를 베어도 잘 제거되지 않는다.
- 덩굴류 생장기인 5~9월 중에 작업하는 것이 효과적이며, 가장 적기는 덩굴식물이 뿌리 속의 저장양분을 소모한 7월경이다.

26 뽕나무오갈병의 병원균은?

① 진균
② 세균
③ 바이러스
④ 파이토플라스마

해설

파이토플라스마(phytoplasma) 수병
- 종류 : 대추나무빗자루병, 오동나무빗자루병, 뽕나무오갈병
- 옥시테트라사이클린(oxytetracycline)계 항생물질의 수간주사로 치료가 가능하다.

27 다음 보기에 해당하는 해충은?

> 부화유충은 소나무와 해송의 잎집이 쌓인 침엽기부에 충영을 형성하고 그 안에서 흡즙함으로써 피해를 입은 침엽은 생장이 저해되어 조기에 변색, 고사할 뿐만 아니라 피해를 입은 입목은 침엽의 감소에 의하여 생장이 감퇴된다.

① 솔나방
② 솔잎혹파리
③ 소나무좀
④ 솔노랑잎벌

해설

솔잎혹파리
- 알에서 깨어난 유충이 솔잎 아랫부분(기부)에 잠입하여 벌레혹(충영)을 만들고, 그 속에서 즙액을 흡즙하며 성숙한다.
- 피해 침엽은 7월부터 생장이 정지되어 보통 잎보다 길이가 1/2 정도로 짧아진다.

28 농약의 사용 목적 및 작용 특성에 따른 분류에서 보조제가 아닌 것은 어느 것인가?

① 전착제
② 증량제
③ 용제
④ 혼합제

정답 24 ① 25 ④ 26 ④ 27 ② 28 ④

해설 • • •

농약의 사용 목적에 따른 분류
- 살균제 : 직접살균제, 보호살균제, 토양살균제, 침투성 살균제, 종자소독제
- 살충제 : 소화중독제, 접촉살충제, 침투성 살충제, 훈증제, 기피제, 유인제, 제충제, 불임제
- 살비제 : 응애의 선택적 살충
- 보조제 : 전착제, 용제, 유화제, 증량제, 협력제

---

29 기생식물에 의한 피해인 새삼에 대한 설명이다. 옳지 않은 것은?

① 1년생 초본식물이다.

② 잎은 비닐잎처럼 생기고 삼각형이며 길이가 2mm 내외이다.

③ 꽃은 2~3월에 피며 희고 덩어리처럼 된다.

④ 기주식물의 조직 속에 흡근을 박고 양분을 섭취한다.

해설 • • •

새삼의 특징
- 기생성 덩굴식물로 기주의 조직 내부로 흡근(흡기)을 박고 양분을 섭취하며, 흡근의 정착이 이루어지면 스스로 땅속 뿌리를 잘라낸다.
- 1년생 초본으로, 줄기가 굵은 철사와 같고 약간 붉은빛을 띤다.
- 잎은 삼각형의 얇은 비닐잎으로 길이가 2mm 내외이며, 엽록체가 없어서 광합성을 하지 못한다.
- 여름에서 가을에 걸쳐 흰색의 작은 꽃들이 핀다.

---

30 다음은 솔노랑잎벌의 가해 형태를 설명한 것이다. 바르게 설명한 것은?

① 봄에 부화한 유충이 새로 나온 잎을 갉아 먹는다.

② 새순의 줄기에서 수액을 빨아 먹는다.

③ 솔잎의 기부를 잘라서 먹는다.

④ 전년도 잎을 끝에서부터 기부를 향하여 가해한다.

해설 • • •

솔노랑잎벌
- 연 1회 발생하며, 알로 월동한다.
- 유충은 군서하며 주로 묵은 솔잎을 가해한다.
- 유충이 2년생(전년도) 잎을 잎끝에서부터 기부를 향하여 식해한다.

---

31 응애류에 대해서만 선택적으로 방제효과가 있는 약제는?

① 살균제 ② 살충제
③ 살비제 ④ 살서제

해설 • • •

살비제(殺蟀濟)
일반 곤충에는 효과가 없으며, 응애만을 선택적으로 죽게 만드는 약제

---

32 유아등(誘蛾燈)을 이용한 솔나방의 구제 적기는?

① 3월 하순~4월 중순
② 5월 하순~6월 중순
③ 7월 하순~8월 중순
④ 9월 하순~10월 중순

해설 • • •

솔나방 방제법
- 주광성이 강한 성충은 7~8월 활동기에 유아등(수은등, 기타등불)을 설치하여 유살한다.
- 7월 하순~8월 중순 : 성충 우화 시기

정답 29 ③ 30 ④ 31 ③ 32 ③

33 수병의 예방법으로 임업적(생태적) 방제법과 거리가 가장 먼 것은?

① 그 지역에 알맞은 조림 수종의 선택

② 식물방역법에 의한 철저한 식물 검역

③ 단순림 보다는 침엽수와 활엽수의 혼효림 조성

④ 육림작업을 적기에 실시하고, 벌채를 벌기령에 맞추어 실시

해설 ・・・

수목병의 방제법

• 법적 방제 : 법적 조치, 식물검역

• 임업적(생태적) 방제 : 임지 정리 작업, 건전한 묘목 육성, 내병성(저항성) 수종 식재, 무육작업(숲 가꾸기), 적절한 수확 및 벌채, 혼효림 및 이령림 조성

• 생물적 방제 : 길항 미생물 등 이용

• 화학적 방제 : 화학약제(농약) 이용

• 전염원 및 중간기주 제거, 윤작(돌려짓기) 등

34 수목 병해는 병원체의 감염특성으로 인하여 특징적인 병징을 만든다. 아래의 병명 중 바이러스에 의하여 발생되는 병은 무엇인가?

① 흰가루병   ② 떡병

③ 모자이크병   ④ 청변병

해설 ・・・

바이러스에 의한 수목병

포플러모자이크병, 아까시나무모자이크병 등의 모자이크병

35 이종기생녹병균과 중간기주의 연결이 잘못된 것은?

① 잣나무털녹병 – 졸참나무

② 소나무잎녹병 – 황벽나무

③ 배나무붉은무늬병 – 향나무

④ 향나무녹병 – 사과나무

해설 ・・・

이종기생녹병균의 중간기주

수목병	중간기주
잣나무털녹병	송이풀, 까치밥나무
소나무잎녹병	황벽나무, 참취, 잔대
소나무혹병	졸참나무 등의 참나무류
배나무붉은별무늬병	향나무
포플러잎녹병	낙엽송(일본잎갈나무), 현호색

36 불완전균류에 대한 설명으로 옳은 것은?

① 자낭 속에서 자낭포자 8개를 갖고 있다.

② 유성세대(有性世代)로 알려져 있는 균류이다.

③ 무성세대(無性世代)만으로 분류된 균류이다.

④ 버섯종류를 총칭한다.

해설 ・・・

불완전균류

무성세대로만 포자를 생성하며, 유성세대가 알려져 있지 않아 편의상 분류된 균류이다.

37 솔잎혹파리의 월동장소로 옳은 것은?

① 나무껍질 사이   ② 땅속

③ 솔잎 사이   ④ 나무 속

해설 ・・・

솔잎혹파리

• 연 1회 발생하며, 땅속에서 유충으로 월동한다.

• 유충이 솔잎 기부에 들어가 벌레혹을 만들고 그 속에서 수목을 가해하며 피해를 준다.

38 솔나방의 월동충태와 월동장소로 짝지어진 것 중 옳은 것은?

① 알 – 낙엽 밑   ② 유충 – 낙엽 밑

③ 성충 – 솔잎   ④ 번데기 – 나무껍질

해설 ···

솔나방

5령충이 된 유충이 수피 틈이나 지피물(낙엽) 밑에서 월동한다.

39 포플러잎녹병을 일으키는 병원균에 대한 설명으로 옳은 것은?

① 포플러와 중간기주인 낙엽송, 현호색을 기주교대하는 2종기생균이다.
② 포플러의 잎에 녹병포자와 녹포자를 형성한다.
③ 낙엽송의 잎에 여름포자와 겨울포자를 형성한다.
④ 잠복기간이 수 년으로 길다.

해설 ···

포플러잎녹병

• 기주교대를 하며 병을 옮기는 이종기생녹병균에 의한 수병이다.
• 병 발생까지의 잠복기간이 4~6일로 짧다.

구분	수종	포자 형태
본기주	포플러	여름포자, 겨울포자, 소생자
중간기주	낙엽송(일본잎갈나무), 현호색	녹병포자, 녹포자

40 세균에 의한 수목병이 아닌 것은?

① 뿌리혹병   ② 불마름병
③ 잎떨림병   ④ 세균성 구멍병

해설 ···

③ 잎떨림병은 자낭균에 의한 수목병이다.

세균에 의한 수목병

뿌리혹병, 밤나무눈마름병, 불마름병 등

41 다음 중 체인톱의 안전장치가 아닌 것은?

① 전방손보호판
② 에어필터
③ 스로틀레버 차단판
④ 체인브레이크

해설 ···

체인톱의 안전장치

전후방 손잡이, 전후방 손보호판(핸드가드), 체인브레이크, 체인잡이, 지레발톱(완충스파이크, 범퍼스파이크), 스로틀레버차단판(액셀레버차단판, 안전스로틀), 체인덮개(체인보호집), 소음기, 스위치, 안전체인(안전이음새), 방진고무(진동방지고무) 등

42 기계톱의 엔진에서 스파크플러그의 적정 전극 간격은 얼마인가?

① 0.1~0.2mm   ② 0.2~0.3mm
③ 0.3~0.4mm   ④ 0.4~0.5mm

해설 ···

중심전극과 접지전극 사이의 간격이 0.4~0.5mm일 때 스파크가 잘 발생한다.

43 기계톱의 일일정비 및 점검사항에 해당하지 않는 것은?

① 안내판의 손질
② 에어필터의 청소
③ 연료필터의 청소
④ 휘발유와 오일의 혼합

해설 ···

체인톱의 일일(일상)정비

휘발유와 오일의 혼합상태, 체인톱 외부와 기화기의 오물제거, 체인의 장력조절 및 이물질 제거, 에어필터(에어클리너)의 청소, 안내판의 손질, 체인브레이크 등 안전장치의 이상 유무 확인 등

정답   39 ①   40 ③   41 ②   42 ④   43 ③

44 일반적으로 가솔린과 오일을 25 : 1로 혼합하여 연료로 사용하는 기계장비로 묶어져 있는 것은?

① 예불기, 기계톱
② 예불기, 타워야더
③ 파미윈치, 타워야더
④ 파미윈치, 아크야윈치

해설 ･ ･ ･

2행정 가솔린 기관

피스톤의 상승과 하강 2번의 행정으로 크랭크축이 1회전하여 1사이클을 완성하는 기관

종류	체인톱, 예불기, 아크야윈치 등
연료 배합비	휘발유(가솔린) : 윤활유(엔진오일) =25 : 1
휘발유에 오일을 혼합하는 이유	엔진 내부의 윤활

45 가선집재의 장단점에 대한 설명으로 잘못된 것은?

① 잔존임분에 대한 피해를 최소화할 수 있다.
② 험준한 지형에서도 집재가 가능하여 지형의 영향을 적게 받는다.
③ 높은 임도 밀도가 높아야지만 작업이 가능하다.
④ 장비가 비싸며, 숙련된 기술을 요한다.

해설 ･ ･ ･

가선집재의 장단점

장점	단점
• 임지 및 잔존 임분에 대한 피해가 적다. • 임도밀도가 낮은 곳에서도 작업이 용이하다. • 험준한 지형에서도 집재가 가능하다. • 지형조건의 영향을 적게 받는다.	• 장비구입비가 비싸다. • 운전에 숙련된 기술이 필요하다. • 가선(삭도)을 이용하므로 일시 대량 운반이 어렵다. • 지정된 장소에서만 적재 및 하역이 이루어진다.

46 각 임업기계의 명칭과 작업내용이 잘못 연결된 것은?

① 예불기 – 풀베기작업
② 타워야더 – 집재작업
③ 하베스터 – 수확작업
④ 소형윈치 – 운재작업

해설 ･ ･ ･

산림용 임업기계의 분류

작업구분		기계종류
조림 · 육림 작업	식재 작업	식혈기
	풀베기 작업	예불기(예초기)
	가지치기 작업	체인톱, 자동지타기(동력지타기), 동력가지치기톱
수확작업(벌목 · 조재)		체인톱, 트리펠러, 펠러번처, 프로세서, 하베스터, 그래플톱
집재작업		트랙터, 스키더, 파미윈치, 야더집재기, 타워야더, 포워서, 소형윈치(아크야윈치)
운재작업		트럭, 트레일러, 삭도

47 다음 그림의 명칭과 사용되는 용도가 바르게 연결된 것은?

① 스웨디쉬형 갈고리 – 소경재 인력 집재
② 손잡이형 갈고리 – 대경재 인력 집재
③ 슈바쯔발더형 방향 갈고리 – 대경재 인력집재
④ 박크셔 방향 갈고리 – 벌도목의 방향유도

해설 ･ ･ ･

스웨디쉬 갈고리

• 작은 나무를 들어 옮길 때 사용하는 1인용 운반집게이다.
• 소경재 인력 집재에 적당하다.

48 특별한 경우를 제외하고 도끼자루를 사용하기에 적합한 길이는?

① 사용자 팔 길이

② 사용자 팔 길이의 2배

③ 사용자 팔 길이의 0.5배

④ 사용자 팔 길이의 1.5배

해설 · · ·

사용하기에 가장 적합한 도끼 자루의 길이는 사용자의 팔 길이 정도이다.

49 다음 중 체인톱의 사용 용도가 아닌 것은?

① 인력 벌목

② 풀베기

③ 조림지 정리 작업

④ 지타 작업

해설 · · ·

체인톱의 사용 용도

• 산림에서 가장 많이 사용하는 기계로 주로 벌목, 조재 및 무육작업에서 이용한다.

• 벌도, 지타(가지치기), 작동(통나무 자르기), 조림지 잡관목 제거 등

50 체인톱에서 톱니의 1피치는 어떻게 표시하는가?

① 2개의 리벳 간격을 3으로 나눈 것

② 3개의 리벳 간격을 2로 나눈 것

③ 5개의 리벳 간격을 3으로 나눈 것

④ 3개의 리벳 간격을 5로 나눈 것

해설 · · ·

피치

서로 접한 3개의 리벳 간격을 반(2)으로 나눈 길이를 말한다.

51 예불기 작업에 대한 설명으로 잘못된 것은?

① 다른 작업자와는 최소 10m 이상의 거리를 유지해야 한다.

② 1년생 잡초 등 어린 잡관목의 작업폭은 1.5m가 적당하다.

③ 원형톱날 사용 시 안전을 위해 12~3시 방향 부분의 날은 사용하지 않는다.

④ 예불기를 메고 섰을 때, 지상으로부터 톱날까지의 높이는 30cm가 적당하다.

해설 · · ·

어깨걸이식 예불기를 메고 바른 자세로 서서 손을 뗐을 때, 지상으로부터 톱날까지의 높이는 10~20cm가 적당하고, 톱날의 각도는 5~10° 정도가 되도록 한다.

52 산림작업을 위한 안전장비가 아닌 것은?

① 안전헬멧   ② 귀마개

③ 마스크   ④ 얼굴보호망

해설 · · ·

개인 안전장비의 종류

안전헬멧, 귀마개, 얼굴보호망, 안전복, 안전장갑, 안전화 등

53 다음 그림과 같이 나무가 걸쳐 있을 때에 압력부는 어느 위치인가?

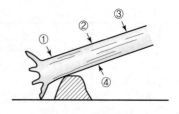

① 1번   ② 2번

③ 3번   ④ 4번

해설 ···

④번이 압력 부위, ②번은 장력 부위이다.

벌목 시 장력을 받고 있는 나무는 반대편의 압력을 받는 부위를 먼저 절단한다.

54 전목 집재 후 집재장에서 가지치기 및 조재 작업을 수행하기에 가장 적합한 장비는?

① 스키더   ② 포워더
③ 프로세서   ④ 펠러번처

해설 ···

프로세서(processor)
- 집재된 전목재의 가지치기, 절단, 초두부 제거, 집적 등의 조재작업을 전문적으로 실행하는 기계이다.
- 산지집재장에서 작업하는 조재기계이다.

55 산림작업 시 안전사고 예방을 위하여 지켜야 할 사항과 거리가 먼 것은?

① 휴식과는 관계없이 능률을 높이기 위하여 열심히 할 것
② 긴장하지 말고 부드럽게 할 것
③ 휴식 직후에는 서서히 작업속도를 높일 것
④ 작업 실행에 심사숙고 할 것

해설 ···

안전사고의 예방 수칙(작업 시 준수사항)
- 혼자 작업하지 않으며, 2인 이상 가시·가청권 내에서 작업한다.
- 작업실행에 심사숙고하며, 서두르지 말고 침착하게 작업한다.
- 긴장하지 말고, 부드럽고 율동적인 작업을 한다.
- 규칙적으로 휴식하고, 휴식 후 서서히 작업 속도를 올린다.

56 휘발유 1.8L에 혼합하는 엔진오일의 적절한 양(L)은?(단, 휘발유와 엔진오일의 혼합비는 25 : 1로 한다.)

① 0.072L   ② 0.72L
③ 1.8L   ④ 3.6L

해설 ···

체인톱의 연료
- 체인톱의 연료는 휘발유(가솔린)와 윤활유(엔진오일)를 25 : 1로 혼합하여 사용한다.
- 25 : 1 = 1.8L : x 이므로 오일은 0.072L이다.

57 소형원치의 활용 범위가 아닌 것은?

① 소집재 작업
② 조재작업
③ 수라설치 작업
④ 간벌재 집재 작업

해설 ···

소형원치의 이용
- 소집재나 간벌재 집재
- 수라 설치를 위한 수라 견인
- 설치된 수라의 집재선까지의 횡집재
- 대형 집재 장비의 집재선까지의 소집재

58 무육톱의 삼각톱날 꼭지각은 몇 도(°)로 정비하여야 하는가?

① 25°   ② 28°
③ 35°   ④ 38°

해설 ···

삼각톱니 가는 방법
- 줄질은 안내판의 선과 평행하게 한다.
- 안내판 선의 각도는 침엽수가 60°, 활엽수가 70°이다.
- 삼각톱날 꼭지각은 38°가 되도록 한다.
- 줄질은 안에서 밖으로 한다.

정답   54 ③   55 ①   56 ①   57 ②   58 ④

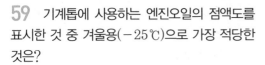
59 기계톱에 사용하는 엔진오일의 점액도를 표시한 것 중 겨울용(−25℃)으로 가장 적당한 것은?

① SAE 20W ② SAE 30

③ SAE 40 ④ SAE 50

해설 · · ·

엔진오일의 점도(점액도, 점성도)

'SAE 숫자'로 표시하는데, 숫자가 클수록 점도가 크며, 숫자 뒤에 'W'는 겨울철용임을 의미한다.

외기온도	점액도 종류
저온(겨울)에 알맞은 점도	SAE 5W, SAE 10W, SAE 20W 등
고온(여름)에 알맞은 점도	SAE 30, SAE 40, SAE 50 등
−30℃~−10℃	SAE 20W
10~40℃	SAE 30

60 내연기관의 동력전달장치가 아닌 것은?

① 케넥팅로드(connecting rod)

② 플라이휠(fly wheel)

③ 크랭크축(crankshaft)

④ 밸브개폐장치

해설 · · ·

내연기관의 동력 전달 장치

케넥팅로드(connecting rod), 크랭크축(crankshaft), 플라이휠(fly wheel)

01 임지에 서있는 성숙한 나무로부터 종자가 떨어져 어린나무를 발생시키는 갱신 방법은?

① 맹아갱신　　　② 인공조림
③ 천연하종갱신　④ 파종조림

해설

천연하종갱신
- 성숙한 나무로부터 자연적으로 떨어지는 종자에 의해 어린나무가 발생하여 갱신이 이루어지는 것이다.
- 종자가 떨어져 공급되는 방향에 따라 상방(上方)천연하종갱신과 측방(側方)천연하종갱신으로 구분한다.

02 밤, 도토리 등 활엽수종의 열매를 채집한 뒤 살충 처리하는데 쓰이는 것은?

① 이황화탄소(CS_2)　② 아드졸
③ IBA　　　　　　④ 2.4－D

해설

이황화탄소(CS_2)
밤바구미 등의 살충에 쓰이는 훈증제이다.

03 종자 채집 시기와 수종이 알맞게 짝지어진 것은?

① 2월 － 소나무
② 4월 － 섬잣나무
③ 7월 － 회양목
④ 9월 － 떡느릅나무

해설

주요 수종의 종자 성숙기(채취시기)

월(月)	수종
5월	사시나무류, 미루나무, 버드나무류, 황철나무, 양버들
6월	느릅나무, 벚나무, 시무나무, 비술나무
7월	회양목, 벚나무
8월	스트로브잣나무, 향나무, 섬잣나무, 귀룽나무, 노간주나무
9~10월	대부분의 수종
11월	동백나무, 회화나무

04 정성간벌의 설명으로 틀린 것은?

① 간벌할 시기, 간벌할 나무의 수와 재적을 미리 정한다.
② 간벌목의 선정이 기술자의 주관에 따라 크게 영향을 받는다.
③ 간벌을 되풀이하는데 미리 한계를 정하기가 어렵다.
④ 데라사끼의 간벌법에는 상층간벌과 하층간벌이 있다.

해설

① 간벌량을 미리 정해 놓고 기계적으로 벌채하는 것은 정량간벌이다.

정성간벌
- 간벌 시 수관 특성, 줄기 형태, 생장량 등으로 정해지는 수관급에 기초하여 간벌목을 선정하는 방법으로 임목의 정해진 형질에 의한 선목법이다.
- 벌채량에 정해진 기준이 없으며, 간벌목 선정이 주관적이고 고도의 숙련을 요한다.

05 종자 전체의 무게가 900g이고, 이중 협잡물의 무게가 90g이고 순수한 종자의 무게가 810g일 때의 순량률은?

① 72%   ② 81%

③ 90%   ④ 98%

해설

순량률(純量率, purity percent)
- 어떤 종자의 시료 중에 각종 협잡물 등을 제외한 순정 종자의 양(무게, g)을 백분율로 나타낸 것이다.
- 순량률(%) $= \dfrac{\text{순정종자량(g)}}{\text{전체 시료 종자량(g)}} \times 100$

$= \dfrac{810}{900} \times 100 = 90\%$

06 산 가지치기를 하면 위험한 수종인 것은?

① 삼나무   ② 포플러

③ 단풍나무   ④ 낙엽송

해설

가지치기 대상 수종

위험성이 없는 수종	삼나무, 포플러류, 낙엽송, 잣나무, 전나무, 소나무, 편백
위험성이 있는 수종	단풍나무, 물푸레나무, 벚나무, 느릅나무

07 파종상에서 2년, 그 후 2번 이식하여 각각 2년씩 경과한 묘목의 묘령은?

① 2-4   ② 2-2-2

③ 4-2   ④ 6-0

해설

실생묘의 연령(묘령)
앞에는 파종상에서 지낸 연수, 뒤에는 상체상(판갈이, 이식)에서 지낸 연수를 숫자로 표기한다.
- 2-4 묘 : 파종상에서 2년, 이식하여 4년을 지낸 6년생의 실생묘

- 2-2-2 묘 : 파종상에서 2년, 그 뒤 두 번 이식하여 각각 2년씩 지낸 6년생 실생묘
- 4-2 묘 : 파종상에서 4년, 이식하여 2년을 지낸 6년생의 실생묘
- 6-0 묘 : 이식한 적이 없는, 파종상에서 6년을 지낸 6년생 실생묘

08 갱신기간에 제한이 없고, 성숙 임분만 일부 벌채되는 작업종은?

① 개벌작업   ② 모수작업

③ 산벌작업   ④ 택벌작업

해설

택벌작업
- 한 임분을 구성하고 있는 임목 중 성숙한 임목만을 선택적으로 골라 벌채하는 작업법이다.
- 갱신이 어떤 기간 안에 이루어져야 한다는 제한이 없으며, 주벌과 간벌의 구별 없이 벌채를 계속 반복한다.

09 종자의 품질기준에서의 발아율이 가장 높은 것은?

① 잣나무   ② 테다소나무

③ 오동나무   ④ 호두나무

해설

발아율(發芽率)
- 전체 시료 종자수에 대한 일정 기간 내에 발아한 종자수를 백분율로 나타낸 것이다.
- 곰솔 92%, 테다소나무 90%, 소나무·떡갈나무 87%로 발아율이 좋다.

10 노천매장에 관한 설명 중 옳지 않은 것은?

① 종자를 묻을 때에는 종자 부패 방지를 위하여 물이 스며들지 못하도록 한다.
② 종자의 발아촉진을 겸한 저장방법이다.

③ 종자와 모래를 섞어서 매장는 것이 좋다.

④ 잣나무, 호두나무 등의 저장법으로 많이 적용되고 있다.

해설 • • •

노천매장법(露天埋藏法)

• 노천에 일정 크기(깊이 50~100cm)의 구덩이를 파고 종자를 모래와 섞어서 묻어 저장하는 방법

• 저장과 함께 종자 후숙에 따른 발아 촉진의 효과

• 겨울에 눈이나 빗물이 그대로 스며들 수 있도록 저장

11 잣나무 종자의 성숙 시기는?

① 꽃이 핀 직후

② 꽃이 핀 이듬해 여름

③ 꽃이 핀 이듬해 가을

④ 꽃이 핀 3년째 가을

해설 • • •

주요 수종의 3가지 종자 발달 형태

• 개화한 해의 봄에 종자 성숙(꽃 핀 직후 열매 성숙) : 사시나무, 미루나무, 버드나무, 은백양, 양버들, 황철나무, 느릅나무

• 개화한 해의 가을에 종자 성숙(꽃 핀 그해 가을 열매 성숙) : 삼나무, 편백, 낙엽송, 전나무, 가문비나무, 자작나무류, 오동나무, 오리나무류, 떡갈나무, 졸참나무, 신갈나무, 갈참나무

• 개화 후 다음 해 가을에 종자 성숙(꽃 핀 이듬해 가을 열매 성숙) : 소나무류, 상수리나무, 굴참나무, 잣나무

12 가로 2.5m, 세로 2m인 직사각형 임지에 식재를 할 때 1ha에 심을 수 있는 나무의 수는?

① 1,000그루

② 2,000그루

③ 2,500그루

④ 3,000그루

해설 • • •

장방형(직사각형) 식재

1ha = 10,000m²이므로,

$$N = \frac{A}{a \times b} = \frac{10,000}{2.5 \times 2} = 2,000본$$

여기서, N : 소요 묘목 본수

A : 조림지 면적(m²)

a : 묘간거리(m)

b : 줄사이거리(m)

13 종자의 파종방법으로 옳지 않은 것은?

① 점파는 종자를 하나씩 심는 방법이다.

② 조파는 줄지어 뿌리는 방법이다.

③ 산파는 골고루 흩어서 뿌리는 방법이다.

④ 상파는 종자를 무더기로 한 곳에 심는 방법이다.

해설 • • •

파종방법

• 점파(點播, 점뿌림) : 일직선으로 종자를 하나씩 띄엄띄엄 심는 방법

• 조파(條播, 줄뿌림) : 일정 간격을 두고 줄지어 뿌리는 방법

• 산파(散播, 흩어뿌림) : 파종상 전체에 고르게 흩어뿌리는 방법

• 상파(床播, 모아뿌림) : 종자를 몇 개씩 모아 점뿌림 형식으로 심는 방법

14 씨앗이 싹트는데 필요한 필수 조건이 아닌 것은?

① 온도

② 산소

③ 수분

④ 토양

해설 • • •

발아의 조건

수분, 온도, 산소, 광선

15 비교적 짧은 기간 동안에 몇 차례로 나누어 베어내고, 마지막에 모든 나무를 벌채하여 숲을 조성하는 방식으로 갱신된 숲은 동령림으로 취급되는 작업 방식은?

① 중림작업 ② 왜림작업
③ 개벌작업 ④ 산벌작업

해설

산벌작업
• 윤벌기가 완료되기 전에 짧은 갱신기간 동안 몇 차례 벌채를 실시하여 벌채지의 전 임목을 완전히 제거함과 동시에 천연하종으로 갱신을 유도하는 작업법이다.
• 개벌이나 모수작업처럼 후에 동령림이 형성되며, 동령림 갱신에 가장 알맞고 안전한 작업법이다.

16 종자의 발아율이 90%이고, 순량률이 80%일 때 종자의 효율은?

① 72% ② 80%
③ 85% ④ 90%

해설

효율(效率)
• 종자 품질의 실제 최종 평가기준이 되는 종자의 사용가치로 순량률과 발아율을 곱해 백분율로 나타낸 것이다.
• 효율(%) $= \dfrac{순량률(\%) \times 발아율(\%)}{100}$

$= \dfrac{80 \times 90}{100} = 72\%$

17 데라사끼의 수관급(수형급) 구분에서 너무 피압되어서 충분한 공간을 주어도 쓸만한 나무로 될 가능성이 없는 것은?

① 1급목 ② 2급목
③ 3급목 ④ 4급목

해설

데라사끼(寺崎)의 수형급

우세목 (상층임관)	• 1급목 : 우량한 수목 • 2급목 : 폭목, 개재목, 편의목, 곡차목, 피해목
열세목 (하층임관)	• 3급목(중간목, 중립목) : 상층임관으로 자랄 가능성이 있는 수목 • 4급목(피압목) : 피압 상태의 수목, 쓸만한 나무로 자랄 가능성이 없음 • 5급목 : 고사목, 피해목, 도목, 고쇠목 등

18 가지치기의 장점이 아닌 것은?

① 수고생장을 촉진한다.
② 옹이가 없는 완만재를 생산한다.
③ 나무끼리의 생존경쟁을 강화시킨다.
④ 산림의 위해를 감소시킨다.

해설

③ 가지치기는 수목의 생존경쟁을 완화시킨다.

가지치기의 장점
• 옹이(마디)가 없는 무절 완만재를 생산할 수 있다.
• 나무끼리의 생존경쟁을 완화시킨다.
• 수간의 완만도가 향상된다.
• 수고생장을 촉진한다.
• 하층목을 보호하고 생장을 촉진시킨다.
• 산불과 같은 산림의 위해를 감소시킨다.

19 택벌작업 시 벌구의 수를 10개로 만들면 회귀년은 얼마인가?(단, 윤벌기는 100년으로 한다.)

① 5년 ② 10년
③ 20년 ④ 30년

해설

회귀년 $= \dfrac{윤벌기}{벌채구역 수} = \dfrac{100}{10} = 10년$

20 테트라졸륨(TTC) 1% 수용액에 절단한 종자를 처리하였을 때 활력이 있는 종자는 어떤 색깔로 변하는가?

① 백색　　　　　② 붉은색
③ 노란색　　　　④ 청색

해설 ･ ･ ･

환원법(효소검출법, 테트라졸륨 검사법)
• 테트라졸륨 수용액을 이용하여 종자(배)의 활력을 검정하는 화학반응 검사법이다.
• 종자 내 산화효소가 살아 있는지 시약의 발색반응으로 확인한다.
• 적색이나 분홍색일 때 건전종자이며, 산화효소가 살아 있지 않은 죽은 조직에는 아무런 변화가 없다.

21 단풍나무류와 같이 종자가 멀리까지 날아가는 수종의 모수작업에서 모수를 1ha당 몇 그루를 남기는 것이 가장 적정한가?

① 15~30본　　　② 60~100본
③ 150~200본　　④ 250~300본

해설 ･ ･ ･

적정 모수 본수
• 전체 임목 본수의 2~3% 또는 재적의 약 10% 내외를 선정하여 남긴다.
• 종자가 가벼워 비산력이 큰 수종은 1ha당 약 15~30본을 고루 배치시키며, 종자가 무거워 비산력이 작은 활엽수종은 더 많이 남긴다.

22 일반적으로 가지치기 작업 시에 자르지 말아야 할 가지의 최소 지름의 기준은?

① 5cm　　　　　② 10cm
③ 15cm　　　　④ 20cm

해설 ･ ･ ･

원칙적으로 직경 5cm 이상의 가지는 자르지 않으며, 죽은 가지는 잘라주어 상처 유합조직의 형성을 도와준다.

23 다음 중 동일 조건하에서 종자의 비산력(飛散力)이 가장 큰 것은?

① 상수리나무　　② 소나무
③ 잣나무　　　　④ 주목

해설 ･ ･ ･

소나무 종자는 날개가 달려있으며 가벼워 비산력이 크다.

24 제벌시기로 적당하지 않은 설명은?

① 겨울철에 실행하는 것이 좋다.
② 여름철에 실행하는 것이 좋다.
③ 간벌이 시작될 때까지 2~3회 제벌을 하는 것이 원칙이다.
④ 조림목이 자라서 수관경쟁이 시작할 때 실시한다.

해설 ･ ･ ･

제벌(어린나무 가꾸기)
• 식재 후에 조림목이 임관을 형성한 후부터 간벌하기 이전에 실행한다.
• 조림목이 5~10년 자라서 수관의 경쟁으로 생육 저해가 나타나는 숲에 대해 실시한다.
• 풀베기 작업이 끝나고 3~5년 후부터 간벌이 시작될 때까지 2~3회 실시한다.
• 일 년 중에서는 나무의 고사상태를 알고 맹아력을 감소시키기기에 가장 적합한 6~9월(여름)에 실시하는 것이 좋다.

25 간벌을 실시하는 필요성과 관계가 먼 것은?

① 생육공간 조절
② 생장조절
③ 임분 수직 구조개선으로 임분 안정화 도모
④ 유기물의 생산량 감소

정답　20 ②　21 ①　22 ①　23 ②　24 ①　25 ④

간벌의 목적
생육공간의 조절(밀도 조절), 임분의 형질 향상, 임분의 수직구조 개선, 임분 구성 조절 등

26 다음 중 내화력에 가장 강한 수종은?

① 은행나무　　　　② 소나무
③ 밤나무　　　　　④ 녹나무

수목의 내화력

구분	강한 수종	약한 수종
침엽수	은행나무, 잎갈나무, 분비나무, 낙엽송, 가문비나무, 개비자나무, 대왕송	소나무, 해송(곰솔), 삼나무, 편백
상록활엽수	동백나무, 사철나무, 회양목, 아왜나무, 황벽나무, 가시나무	녹나무, 구실잣밤나무
낙엽활엽수	참나무류, 고로쇠나무, 음나무, 피나무, 마가목, 사시나무	아까시나무, 벚나무

27 길항미생물이 식물병을 방제하는 작용기작으로 틀린 것은?

① 미생물이 항생물질을 생산한다.
② 미생물이 식물을 자극시켜 지베렐린을 유도한다.
③ 미생물이 병원균에 병을 일으킨다.
④ 미생물이 병원균과 양분경쟁을 한다.

길항미생물의 식물병 방제 작용기작
항생물질 생산, 병원균에 병 발생, 병원균과 양분경쟁 등

28 훈증제가 갖추어야 할 조건이 아닌 것은?

① 휘발성이 커서 일정한 시간 내에 살균 또는 살충시킬 수 있어야 한다.
② 인화성이어야 한다.
③ 침투성이 커야 한다.
④ 훈증할 목적물의 이화학적, 생물학적 변화를 주어서는 안 된다.

훈증제의 구비조건
• 휘발성, 침투성, 확산성 등이 좋아야 한다.
• 비인화성으로 폭발하지 않아야 한다.

29 녹병균에 의한 수병은 중간기주를 거쳐야 병이 전염된다. 다음 수종 중 향나무녹병의 중간기주는?

① 송이풀　　　　　② 상수리나무
③ 배나무　　　　　④ 낙엽송

향나무녹병

구분	수종	포자 형태
본기주	향나무	겨울포자, 담자포자
중간기주	배나무, 사과나무	녹병포자, 녹포자

30 다음 중 수목 병해에 대한 설명으로 틀린 것은?

① 생물적 요인에 의한 수목병해는 전염성이다.
② 수목의 세포나 조직이 생물적 또는 비생물적 요인에 의하여 식물체 기능에 이상증상을 나타내는 것을 표징이라고 한다.
③ 수목병의 발생은 3대 요소인 기주, 병원체, 환경의 상호관계에 의해 결정된다.

④ 주요 병원으로는 곰팡이(진균), 세균, 선충, 바이러스, 파이토플라스마, 기생성 종자식물 등이 있다.

> **해설** ・・・

병징과 표징
- 병징 : 병에 의해 식물조직에 형태와 색의 변화로 나타나는 눈에 보이는 외형적 이상증상을 말한다.
- 표징 : 병원체가 병든 식물의 환부에 겉으로 그대로 드러나 감염되었음을 알리는 신호로 진균 진단에서 가장 중요하고 확실한 증표이다.

31 아까시나무모자이크병의 매개충은?

① 솔잎깍지벌레　　　② 복숭아혹진딧물
③ 담배장님노린재　　④ 솔잎혹파리

> **해설** ・・・

수병과 매개충

병원	수병	매개충
선충	소나무재선충병	솔수염하늘소, 북방수염하늘소
파이토플라스마	대추나무빗자루병	마름무늬매미충 (모무늬매미충)
	뽕나무오갈병	
	붉나무빗자루병	
	오동나무빗자루병	담배장님노린재
불완전균	참나무시들음병	광릉긴나무좀
바이러스	~모자이크병	진딧물

32 1년에 1회 발생하며 5령충으로 월동하는 것은?

① 솔나방　　　　　　② 미국흰불나방
③ 매미나방　　　　　④ 어스렝이나방

> **해설** ・・・

솔나방
- 주로 소나무, 해송, 리기다소나무, 잣나무 등의 잎을 가해하는 재래해충이다

・ 보통은 연 1회 발생하며, 유충(5령충)으로 월동한다.

33 우리나라 산림해충 중에서 많은 종류를 차지하고 있으며, 대부분 외골격이 발달하여 단단하며, 씹는 입틀을 가지고 완전변태를 하는 해충은?

① 딱정벌레목　　　　② 나비목
③ 노린재목　　　　　④ 벌목

> **해설** ・・・

딱정벌레목(coleoptera)
- 바구미, 하늘소, 잎벌레, 거위벌레, 무당벌레, 풍뎅이 등
- 외골격 발달, 씹는 입틀, 완전변태
- 곤충 중 가장 많은 종 수

34 한상(寒傷)에 대한 설명으로 옳은 것은?

① 식물체의 조직 내에 결빙현상은 발생하지 않지만, 저온으로 인해 생리적으로 장애를 받는 것이다.
② 온대식물이 피해를 가장 받기 쉽다.
③ 저온으로 인해 식물체 조직 내에 결빙현상이 발생하여 식물체를 죽게 한다.
④ 한겨울 밤 수액이 저온으로 인해 얼면서 부피가 증가할 때 수간이 갈라지는 현상이다.

> **해설** ・・・

④ 저온으로 수액이 얼면서 부피가 증가하여 수간이 세로로 갈라 터지는 현상은 상렬(霜裂)이다.

한상(寒傷)
- 0℃ 이상이지만 낮은 기온에서 발생하는 임목 피해로 주로 열대지방 수목에서 문제가 된다.
- 0℃ 이상이므로 결빙현상은 발생하지 않지만, 저온으로 생리적 장애를 받는다.

35 묘포 모잘록병의 방제 대책으로 볼 수 없는 것은?

① 밀식과 이어짓기를 피한다.
② 토양과 씨앗을 소독한 후 파종한다.
③ 모판이 습하지 않도록 배수를 양호하게 한다.
④ 시비를 자주하여 질소질을 충분히 공급한다.

해설 · · ·

모잘록병의 방제법
- 모잘록병은 토양전염성 병이므로 토양소독 및 종자소독을 실시한다.
- 배수와 통풍이 잘 되어 묘상이 과습하지 않도록 주의한다.
- 질소질 비료의 과용을 피하며, 인산질, 칼륨질 비료를 충분히 주어 묘목이 강건히 자라도록 돕는다.
- 파종량을 적게 하여 과밀하지 않도록 하며, 복토는 두껍지 않게 한다.
- 병든 묘목은 발견 즉시 뽑아서 소각한다.
- 병이 심한 묘포지는 연작을 피하고 돌려짓기(윤작)를 한다.

36 유충으로 월동하는 해충끼리 짝지어진 것은?

① 참나무재주나방 – 잣나무넓적잎벌
② 미국흰불나방 – 솔노랑잎벌
③ 매미나방 – 어스렝이나방
④ 독나방 – 버들재주나방

해설 · · ·

해충의 월동충태에 따른

구분	내용
알	매미나방(집시나방), 텐트나방(천막벌레나방), 어스렝이나방(밤나무산누에나방), 솔노랑잎벌, 대벌레, 박쥐나방, 미류재주나방
유충	솔나방(5령충), 독나방, 잣나무넓적잎벌, 솔껍질깍지벌레(후약충), 솔수염하늘소, 북방수염하늘소, 광릉긴나무좀, 솔잎혹파리, 밤나무(순)혹벌, 밤바구미, 복숭아명나방, 솔알락명나방, 도토리거위벌레, 버들재주나방

구분	내용
번데기	미국흰불나방, 참나무재주나방, 낙엽송잎벌
성충	오리나무잎벌레, 호두나무잎벌레, 버즘나무방패벌레, 소나무좀, 향나무하늘소(측백하늘소)

37 농약의 분류 중 보조제에 속하지 않는 것은?

① 전착제
② 용제
③ 유제
④ 증량제

해설 · · ·

보조제(補助劑)

구분	내용
전착제(展着劑)	• 약액이 식물이나 해충의 표면에 잘 안착하여 붙어 있도록 하는 약제 • 고착성, 확전성, 현수성 향상
용제(溶劑)	농약의 주요 성분을 녹이는 제제
유화제(乳和劑)	• 약액 속에서 약제들이 잘 혼합되어 고루 섞일 수 있도록 하는 제제 • 주로 계면활성제가 사용
증량제(增量劑)	약제 주성분의 농도를 낮추기 위하여 첨가하는 제제
협력제(協力劑)	혼합 사용하면 주제(농약원제)의 약효를 증진시키는 약제

38 충분히 자란 유충은 먹는 것을 중지하고 유충시기의 껍질을 벗고 번데기가 되는데, 이와 같은 현상을 무엇이라 하는가?

① 부화
② 용화
③ 우화
④ 난기

해설 · · ·

용화(蛹化)
충분히 자란 유충이 먹는 것을 중지하고 유충시기의 껍질을 벗고 번데기가 되는 현상이다.

39 전신적(全身的) 병원균에 의해 발생하며, 흡즙곤충의 몸에 붙거나 체내에 들어간 상태로 널리 분산되는 수병은?

① 잣나무털녹병
② 향나무녹병
③ 오동나무빗자루병
④ 모잘록병

해설 ...

오동나무빗자루병
파이토플라스마에 의한 수병으로 전신감염성이며, 흡즙성인 담배장님노린재가 병의 매개충이다.

40 파이토플라스마에 의한 수목병이 아닌 것은?

① 대추나무빗자루병
② 오동나무빗자루병
③ 뽕나무오갈병
④ 벚나무빗자루병

해설 ...

④ 벚나무빗자루병은 자낭균에 의한 수병이다.

파이토플라스마(phytoplasma) 수병
대추나무빗자루병, 오동나무빗자루병, 뽕나무오갈병

41 다음 중 4행정 점화 기관의 사이클 작동 순서로 가장 맞는 것은?

① 흡입 → 압축 → 폭발 → 배기
② 흡입 → 폭발 → 압축 → 배기
③ 압축 → 흡입 → 폭발 → 배기
④ 폭발 → 흡입 → 압축 → 배기

해설 ...

4행정 기관
- 피스톤의 4행정 2왕복 운동으로 1사이클이 완료되는 기관
- 흡입, 압축, 폭발, 배기의 1사이클을 4행정(크랭크축 2회전)으로 완결

42 다음 중 윤활유로서 구비해야 할 성질이 아닌 것은?

① 유성이 좋아야 한다.
② 점도가 적당해야 한다.
③ 온도에 의한 점도의 변화가 커야 한다.
④ 부식성이 없어야 한다.

해설 ...

윤활유의 구비 조건
- 유성이 좋아야 한다.
- 점도가 적당해야 한다.
- 부식성이 없어야 한다.
- 유동점이 낮아야 한다.
- 탄화성이 낮아야 한다.

43 예불기 사용에 따른 설명으로 맞지 않은 것은?

① 작업자의 최소안전거리는 10m 이상이다.
② 톱날의 회전방향은 시계방향이다.
③ 작업은 등고선방향으로 진행한다.
④ 일반적으로 공랭식 2행정 가솔린엔진을 이용한다.

해설 ...

예불기 작업 시 유의사항
- 예불기의 톱날은 좌측방향(반시계방향)으로 회전하므로 우측에서 좌측으로 작업해야 효율적이다.
- 다른 작업자와는 최소 10m 이상의 안전거리를 유지하여 작업한다.

44 기계톱에서 톱니의 부분별 기능에 대한 설명 중 틀린 것은?

① 톱니가슴각 부분에서 나무를 절단한다.
② 꼭지각이 적을수록 톱니가 약하다.
③ 톱니홈은 톱밥이 임시 머문 후 빠져나가는 곳이다.
④ 꼭지선이 일정하지 않으면 톱질할 때 힘이 적게 든다.

해설

손톱의 부분별 기능
- 톱니가슴 : 나무을 절단하는 부분으로 절삭작용에 관계한다.
- 톱니꼭지각 : 각이 작으면 톱니가 약해지고 쉽게 변형한다.
- 톱니등 : 나무와의 마찰력을 감소시켜, 마찰작용에 관계한다.
- 톱니홈(톱밥집) : 톱밥이 일시적으로 머물렀다가 빠져나가는 홈이다.
- 톱니뿌리선 : 톱니 시작부의 가장 아래를 연결한 선으로 일정해야 톱니가 강하고, 능률이 좋다.
- 톱니꼭지선 : 일정하지 않을 경우 잡아당기고 미는데 힘이 든다.

45 큰 직경의 나무를 벌목할 때 순서로 바른 것은?

① 벌도목 선정 – 벌목방향 결정 – 추구베기 – 수구베기
② 벌목방향 결정 – 주위 장애물 제거 – 수구베기 – 추구베기
③ 벌목방향 결정 – 주위 장애물 제거 – 추구베기 – 수구베기
④ 벌목방향 결정 – 벌도목 선정 – 수구베기 – 추구베기

해설

벌목의 순서
작업도구 정돈 → 벌목방향 결정 → 주위 장애물 제거 · 정리 → 수구자르기 → 추구자르기

46 와이어로프를 구성하는 스트랜드 조합 및 스트랜드를 구성하는 와이어의 조합 방법 중 24본선 6꼬임 표기로 옳은 것은?

① 24×6
② 6×24
③ $IWRC \times S(24)$
④ $IWRC \times S(6)$

해설

와이어로프의 표시방법
- 와이어로프는 '스트랜드의 본수 × 와이어의 개수'로 표시한다.
- 6×7 : 7본선 6꼬임, 6×24 : 24본선 6꼬임

47 휘발유의 연료로서의 구비조건이 아닌 것은?

① 연료소비량이 적어야 한다.
② 시동이 잘 걸려야 한다.
③ 휘발성이 높을수록 좋다.
④ 출력이 좋아야 한다.

해설

휘발유(gasoline, 가솔린)의 연료로서의 구비조건
- 충분한 안티노킹성을 지녀야 한다.
- 휘발성이 양호하여 시동이 용이해야 한다.
- 휘발성이 베이퍼록을 일으킬 정도로 너무 높지 않아야 한다.
- 충분한 출력을 지녀 가속성이 좋아야 한다.
- 연료소비량이 적어야 한다.
- 실린더 내에서 연소하기 어려운 비휘발성 유분이 없어야 한다.
- 저장 안정성이 좋고, 부식성이 없어야 한다.

48 체인톱의 안전장치로만 나열되어 있는 것은?

① 방진고무, 전방손잡이보호판, 후방손잡이, 에어필터
② 체인잡이볼트, 스프라켓, 에어필터, 체인브레이크
③ 기계톱날, 안내판, 지레발톱, 스파크플러그

④ 체인브레이크, 전방손잡이보호판, 후방손잡이보호판, 체인잡이 볼트

해설 ・・・

체인톱의 안전장치

전 · 후방 손잡이, 전 · 후방 손보호판(핸드가드), 체인브레이크, 체인잡이, 지레발톱(완충스파이크, 범퍼스파이크), 스로틀레버차단판(액셀레버차단판, 안전스로틀), 체인덮개(체인보호집), 소음기, 스위치, 안전체인(안전이음새), 방진고무(진동방지고무) 등

49 산림 집재작업 중에서 동력에 의한 방법이 아닌것은?

① 가선집재   ② 트랙터
③ 수라집재   ④ 포워더

해설 ・・・

나무운반미끄럼틀(수라) 집재

• 벌채지의 경사면을 이용하여 활주로를 만들고 중력에 의해 목재 자체의 무게로 활주하여 집재하는 방식이다.
• 비탈면에 자연적 · 인공적으로 설치한 홈통 모양의 골 위로 원목을 미끄러지게 하여 산지 아래로 내려보낸다.

50 삼각톱날을 연마하는 방법으로 잘못된 것은?

① 줄질은 안내판 선과 평행하게 한다.
② 안내판 선의 각도는 침엽수가 80도이다.
③ 꼭지각은 38도가 되도록 한다.
④ 줄질은 안에서 밖으로 한다.

해설 ・・・

삼각톱니 가는 방법

• 줄질은 안내판의 선과 평행하게 한다.
• 안내판 선의 각도는 침엽수가 60°, 활엽수가 70°이다.
• 삼각날 꼭지각은 38°가 되도록 한다.
• 줄질은 안에서 밖으로 한다.

51 벌도된 나무를 기계톱으로 가지치기를 할 때의 작업방법으로 옳은 것은?

① 전진하면서 작업한다.
② 안내판이 긴 중기계톱을 사용하는 것이 효율적이다.
③ 작업자는 벌도된 나무로부터 가급적 먼 간격을 두고 작업한다.
④ 벌목한 나무는 몸과 기계톱 사이에 놓고 작업을 하지 않는다.

해설 ・・・

체인톱(기계톱) 벌도목 가지치기 시 유의사항

• 길이가 30~40cm 정도로 안내판이 짧은 기계톱(경체인톱)을 사용한다.
• 작업자는 벌목한 나무에 가까이 서서 작업한다.
• 벌목한 나무를 몸과 체인톱 사이에 놓고 작업한다.
• 전진하면서 작업하며, 체인톱을 자연스럽게 움직인다.

52 체인톱의 몸체와 체인작동부 사이에 있는 스파이크를 절단 작업 시 나무에 박고 작업을 하면 어떤 효과가 있는가?

① 절단이 빨리 된다.
② 진동이 적고 쉽게 작업할 수 있다.
③ 체인이 끊어졌을 때 잡아주는 역할을 한다.
④ 체인 마모를 감소시켜 준다.

해설 ・・・

지레발톱(완충스파이크, 범퍼스파이크)

• 작업할 원목에 박아 체인톱을 지지하여 안정화시키는 톱니장치
• 정확한 작업을 할 수 있도록 지지 및 완충과 받침대 역할

53 기계톱의 동력전달 순서를 바르게 나타낸 것은?

① 피스톤 → 스프라켓 → 크랭크축 → 클러치 → 체인톱날
② 피스톤 → 크랭크축 → 스프라켓 → 클러치 → 체인톱날
③ 피스톤 → 스프라켓 → 클러치 → 크랭크축 → 체인톱날
④ 피스톤 → 크랭크축 → 클러치 → 스프라켓 → 체인톱날

해설 ...

동력전달순서
피스톤 → 크랭크축 → 원심클러치 → 스프라켓 → 체인 회전

54 와이어로프 교체 기준이 아닌 것은?

① 킹크가 발생한 경우
② 소선이 10% 이상 절단된 경우
③ 형태 변형 및 부식이 현저한 경우
④ 와이어로프 직경의 감소가 공칭 직경 5% 이내인 경우

해설 ...

와이어로프의 폐기(교체)기준
• 꼬임 상태(킹크)인 것
• 현저하게 변형 또는 부식된 것
• 와이어로프 소선이 10분의 1(10%) 이상 절단된 것
• 마모에 의한 직경 감소가 공칭직경의 7%를 초과하는 것

55 기계톱을 장기보관 시 주의사항으로 옳지 않은 것은?

① 연료와 오일을 가득 채워 놓는다.
② 특수오일로 엔진 내부를 보호한다.

③ 1년에 1회씩 전문적인 검사를 받도록 한다.
④ 건조한 방에서 먼지가 들어가지 않도록 보관한다.

해설 ...

체인톱의 장기보관
• 연료와 오일을 비워서 보관한다.
• 먼지가 없는 건조한 곳에 보관한다.
• 특수오일로 엔진 내부를 보호한다.
• 장기간 미사용 시 매월 10분씩 가동하여 엔진을 작동시킨다.
• 연간 1회 정도 전문 기관에서 검사를 받는다.

56 노동의 경중에 따른 에너지 대사율 중 임업 노동이 속하는 중노동 작업은 얼마인가?

① 0~1
② 1~2
③ 4~7
④ 7 이상

해설 ...

노동의 에너지 대사율(RMR)
• 작업자의 노동 시 산소호흡량을 에너지 소모량으로 하여 작업에만 소요된 에너지량이 기초대사량의 몇 배에 해당하는지를 나타내는 지수이다.
• 노동강도의 경중(輕重)은 RMR 수치로 표시하는데, 임업노동은 4~7로 중노동 작업에 속한다.

57 안내판 홈이 마모되어 홈의 간격이 체인 전동쇠(그림 a)의 두께보다 클 경우, 기계톱 작동 시 압력을 가하면 어떻게 되는가?

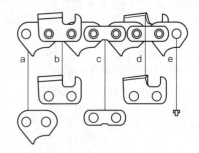

① 체인이 가동되지 않고 정지한다.

② 절삭률이 높아져 기계 효율이 높아진다.

③ 절삭 방향이 삐뚤어 나갈 위험이 높다.

④ 연료 소모량이 낮아진다.

해설 · · ·

홈이 마모되어 전동쇠의 접지가 헐렁해지면 절삭 방향이 삐뚤어질 수 있다.

58 벌목도구의 사용법에 대한 설명으로 틀린 것은?

① 목재돌림대는 벌목 중 나무에 걸려있는 벌도목과 땅 위에 있는 벌도목의 방향전환 및 돌리는 작업에 주로 사용된다.

② 지렛대와 밀게는 밀집된 간벌지에서 벌도방향 유인과 잘린나무 방향전환에 유용하게 사용된다.

③ 쐐기는 톱의 끼임을 방지하기 위하여 사용한다.

④ 스웨디쉬 갈고리는 기울어진 나무의 방향전환에 주로 사용되는 방향 갈고리이다.

해설 · · ·

스웨디쉬 갈고리

• 작은 나무를 들어 옮길 때 사용하는 1인용 운반집게이다.

• 소경재 인력 집재에 적당하다.

59 2행정 내연기관에서 연료에 오일을 첨가시키는 가장 큰 이유는?

① 점화를 쉽게 하기 위하여

② 엔진 내부에 윤활작용을 시키기 위하여

③ 엔진 회전을 저속으로 하기 위하여

④ 체인의 마모를 줄이기 위하여

해설 · · ·

2행정 가솔린 기관

종류	체인톱, 예불기, 아크야윈치 등
연료 배합비	휘발유(가솔린) : 윤활유(엔진오일) =25 : 1
휘발유에 오일을 혼합하는 이유	엔진 내부의 윤활

60 다음 중 현재 우리나라 임업에서 널리 사용되는 기계톱안내판(guide bar)의 길이는?

① 20cm 이하

② 30~60cm

③ 70~100cm

④ 100cm 이상

해설 · · ·

안내판(가이드바)

• 체인톱날이 이탈하지 않도록 지탱하며 레일의 가이드 역할을 하는 판

• 우리나라 임업에서 널리 사용되는 안내판의 길이는 30~60cm

• 벌도목 가지치기용 안내판의 길이는 30~40cm 정도가 적당

01 천연림 보육에서 평균 수고가 4~8m인 임분의 작업 방법으로 잘못된 것은?

① 평균 수고 2m인 임분의 작업 방법과 같다.

② 덩굴류는 제거한다.

③ 상층이 우거져 경쟁이 심할 경우 우량목이 잘 자랄 수 있도록 솎아준다.

④ 생장이 우수한 폭목은 제거하지 않는다.

해설

천연림 보육(유령림 단계의 작업 방법)
- 평균 수고 8m 이하이며, 입목 간의 우열이 현저하게 나타나지 않는 임분으로서 유령림 단계의 숲가꾸기가 필요한 산림에 적용한다.
- 상층목 중 형질이 불량한 나무, 폭목을 제거 대상목으로 한다.
- 칡, 다래 등 덩굴류와 병충해목은 제거한다.

02 풀베기 작업 중 직경이 5~10cm인 관목 제거에 적합한 예초기 날의 형태는?

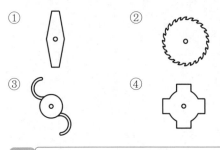

해설

소관목 등의 목본류를 제거할 때는 원형톱날을 사용한다.

03 솎아베기의 효과로 옳지 않은 것은?

① 남은 수목의 생육을 촉진하고, 형질을 향상시킨다.

② 임분 밀도를 조절하여 양수분 경쟁을 완화시킨다.

③ 병해충 등 각종 위해 인자에 대해 저항력이 증진된다.

④ 산불의 위험성은 증가할 수 있다.

해설

간벌의 효과
- 남은 임목의 생육을 촉진하고, 형질을 향상시킨다.
- 직경생장(지름생장) 촉진으로 재적생장이 증가한다.
- 각종 위해에 대한 저항력이 증진되어 피해가 감소한다.
- 하층 식생 발달로 지력이 향상된다.
- 중간수입을 얻을 수 있다.
- 숲을 건전하게 만든다.
- 연소물의 제거로 산불 위험성이 감소한다.

04 풀베기 중 조림목 주변 지름 1m 내외 부분을 제거하는 방법은?

① 주변베기   ② 둘레베기

③ 격자베기   ④ 원형베기

해설

둘레베기
- 조림목을 중심으로 둘레의 잡초목을 제거하는 방법
- 조림목 주변의 반경 50cm~1m 내외의 정방형 또는 원형으로 제거

정답   01 ④   02 ②   03 ④   04 ②

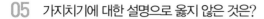

05 가지치기에 대한 설명으로 옳지 않은 것은?

① 어린나무보다 성숙목에 적용하는 것이 효과적이다.

② 옹이가 없는 완만한 목재를 생산한다.

③ 수목의 껍질이 벗겨지고 상처가 덧나는 피해를 방지하기 위해 생장정지기에 실시한다.

④ 줄기에 부정아가 발생할 수 있다.

해설 ・・・

가지치기는 어린나무 가꾸기와 솎아베기 단계의 수목에 적용하는 것이 효과적이다.

06 체인톱의 부속장치 중 스로틀레버 차단판은 무슨 역할을 하는가?

① 체인톱을 지지하는 역할을 한다.

② 체인톱을 받쳐서 안정시킨다.

③ 체인톱이 오작동하지 않도록 한다.

④ 체인톱날이 끊어지는 것을 방지한다.

해설 ・・・

스로틀레버 차단판

액셀레버가 단독으로 작동되지 않도록 차단(오작동 방지)하는 장치이다. 스로틀레버와 스로틀레버차단판을 동시에 누르며 잡아야 액셀이 가동한다.

07 미국선녀벌레 방제법으로 가장 효과가 미비한 것은?

① 성충시기에 전용 약제를 1~3회 공중에서 도포하듯이 살포한다.

② 줄기에 붙어서 월동 중인 알을 제거한다.

③ 방제가 효과적인 약충 시기에 적정 살충제를 살포한다.

④ 천적 곤충을 이용하여 약충을 포식하도록 한다.

해설 ・・・

미국선녀벌레 성충은 날개에 왁스층이 발달하여 성충시기에 약제 도포는 살충제가 잘 흡수되지 않아 효과가 미비할 수 있다.

08 모무늬매미충이 전반하는 수목병이 아닌 것은?

① 대추나무빗자루병

② 쥐똥나무빗자루병

③ 붉나무빗자루병

④ 뽕나무오갈병

해설 ・・・

수병과 매개충

병원	수병	매개충
선충	소나무재선충병	솔수염하늘소, 북방수염하늘소
파이토플라스마	대추나무빗자루병	마름무늬매미충 (모무늬매미충)
	뽕나무오갈병	
	붉나무빗자루병	
	오동나무빗자루병	담배장님노린재
불완전균	참나무시들음병	광릉긴나무좀
바이러스	~모자이크병	진딧물

09 그을음병에 대한 설명으로 옳은 것은?

① 이 병에 감염된 수목은 수목의 수세가 악화되면서 급격히 말라죽는다.

② 수목의 잎 또는 가지에 형성된 검은 색을 띠는 것은 무성하게 자란 세균이다.

③ 병원균은 진딧물과 같은 곤충의 분비물에서 양분을 섭취한다.

④ 병원균은 기공으로 침입하며 침입균사는 원형질막을 파괴시킨다.

해설 • • •

그을음병
- 자낭균에 의한 것으로 잎, 줄기, 과실에 마치 그을음이 묻은 것과 같은 감염증상이 나타나는 수병이다.
- 진딧물이나 깍지벌레가 수목에 기생한 후 그 분비물에서 양분을 섭취하고 번식한다.
- 그을음병으로 수목이 급격히 말라 죽지는 않지만, 수목의 세력이 약해진다.

10 대추나무빗자루병에 대한 설명으로 옳은 것은?

① 빗자루 증상과 함께 모자이크 무늬가 나타난다.
② 매개충 발생 시기에 살충제를 살포하여 방제한다.
③ 옥시테트라사이클린계 항생물질로 치료가 가능하다.
④ 바이러스에 의한 수목병이다.

해설 • • •

파이토플라스마 수목병
- 종류 : 대추나무빗자루병, 오동나무빗자루병, 뽕나무 오갈병 등
- 옥시테트라사이클린계(oxytetracycline) 항생물질의 수간주사로 치료 가능

11 손톱의 톱니 높이가 아래 그림과 같이 모두 같지 않을 경우 어떤 현상이 나타나는가?

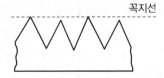

① 톱이 목재 사이에 낀다.
② 잡아당기고 미는데 힘이 든다.
③ 잡아당기고 밀기가 용이하다.
④ 톱의 수명이 단축된다.

해설 • • •

톱니꼭지선
- 톱니 끝의 꼭지를 연결한 선으로 일정해야 톱질이 힘들지 않다.
- 일정하지 않을 경우 잡아당기고 미는데 힘이 든다.

12 솔나방이 주로 산란하는 곳은?

① 수피 틈
② 땅 속
③ 솔잎 사이
④ 솔방울 속

해설 • • •

솔나방은 7~8월경 우화하여 솔잎 사이에 500개 정도의 알을 산란한다.

13 맹아로 갱신하는 왜림작업에 가장 적합한 수종은?

① 아까시나무
② 향나무
③ 전나무
④ 가문비나무

해설 • • •

왜림작업(맹아갱신) 수종
참나무류, 아까시나무, 물푸레나무, 버드나무, 밤나무, 서어나무, 오리나무, 리기다소나무 등

14 다음 중 생가지치기 시 부후의 위험성이 가장 높은 수종은?

① 삼나무
② 벚나무
③ 소나무
④ 일본잎갈나무

해설 • • •

활엽수 중 특히 단풍나무, 물푸레나무, 벚나무, 느릅나무 등은 절단부위가 썩기 쉬워(부후의 위험성) 생가지치기를 하지 않으며, 죽은 가지만 제거하고 밀식으로 자연낙지를 유도한다.

가지치기 대상 수종

위험성이 없는 수종	삼나무, 포플러류, 낙엽송, 잣나무, 전나무, 소나무, 편백
위험성이 있는 수종	단풍나무, 물푸레나무, 벗나무, 느릅나무

15 벌목수확작업 시 다음의 안전장구에 대한 설명으로 적합하지 않은 것은?

① 작업복 : 통기성이 좋으며, 땀흡수가 잘 되고, 몸에 잘 맞는 것으로 착용한다.
② 안전모 : 귀마개와 얼굴보호대가 있는 것으로 착용한다.
③ 안전장갑 : 손에 잘 맞는 것을 끼고, 벗겨지지 않도록 주의한다.
④ 안전화 : 한 치수 큰 사이즈를 선택하여 착용하고, 신발끈 등이 풀리지 않도록 주의한다.

해설

안전화는 발 사이즈에 맞는 것을 선택하여 착용한다.

16 체인톱의 일일 또는 주간 정비 사항이 아닌 것은?

① 에어클리너 청소
② 엔진 내부 및 연료통의 청소
③ 외부의 흙, 톱밥 등 제거
④ 연료의 혼합 상태 확인

해설

체인톱의 일일(일상)정비 사항
• 휘발유와 오일의 혼합 상태
• 체인톱 외부와 기화기의 오물 제거
• 체인의 장력조절
• 체인의 이물질 제거
• 에어필터(에어클리너)의 청소
• 안내판의 손질
• 체인브레이크 등 안전장치의 이상 유무 확인

17 천연림 개량 대상지로 적합하지 않은 것은?

① 조림지 중 형질이 우수한 조림목은 없으나 천연 발생목을 활용하여 우량대경재를 생산할 수 있는 인공림
② 유령림 단계의 천연림으로 특용·소경재 생산이 가능한 임지
③ 유령림으로서 천연림개량 후 간벌 단계에서 우량대경재 생산이 가능하여 천연림 보육을 실행할 임지
④ 형질이 불량하여 우량대경재 생산이 불가능한 천연림

해설

①은 천연림 보육 대상지에 대한 설명이다.

18 덩굴제거에 대한 설명으로 알맞지 않은 것은?

① 덩굴은 조림목을 감고 올라가거나 수관을 덮어 수목생육에 지장을 준다.
② 무성생식으로도 잘 번식하는 칡은 번식력이 강하여 조림목에 가장 피해를 많이 준다.
③ 약제처리 후 24시간 이내에 강우가 예상될 경우 작업을 중지한다.
④ 디캄바액제는 여름에 도포하면 효과적이다.

해설

디캄바액제(반벨)
칡, 아까시나무 등의 콩과식물과 광엽잡초를 선택적으로 제거하는 제초제로 고온 시(30℃) 증발하여 주변 식물에 약해를 일으킬 수 있으므로 주의한다.

19 모수작업에 관한 설명으로 옳지 않은 것은?

① 음수 수종 갱신에 적합하다.

② 벌채작업이 집중되어 경제적으로 유리하다.

③ 주로 종자가 가볍고 쉽게 발아하는 수종에 적용한다.

④ 모수의 종류와 양을 적절히 조절하여 수종의 구성을 변화시킬 수 있다.

해설 ...

모수작업

모수를 제외한 나머지 임지는 일시에 노출되므로 주로 소나무, 곰솔(해송), 자작나무 등 양수의 천연갱신에 유리하며, 음수는 적합하지 않다.

20 해안지대에 식재하기에 알맞은 수종은?

① 소나무 ② 곰솔

③ 리기다소나무 ④ 리기테다소나무

해설 ...

곰솔(*Pinus thunbergii*)

해안선의 좁은 지대나 남쪽 도서 지방에 분포하며, 해송(海松)이라고도 부른다. 바닷바람에 강하여 해안 방풍림 조성에 많이 쓰이는 수종이다.

21 성숙한 임목만을 선택적으로 골라 벌채하며, 주벌과 간벌의 구별 없이 벌채를 계속 반복하는 작업종은?

① 개벌작업 ② 택벌작업

③ 산벌작업 ④ 모수작업

해설 ...

갱신작업종(주벌수확, 수확을 위한 벌채)

• 개벌작업 : 임목 전부를 일시에 벌채. 모두베기

• 모수작업 : 모수만 남기고, 그 외의 임목을 모두 벌채

• 산벌작업 : 3단계의 점진적 벌채, 예비벌－하종벌－후벌

• 택벌작업 : 성숙한 임목만을 선택적으로 골라 벌채. 골라베기

• 왜림작업 : 연료재 생산을 위한 짧은 벌기의 개벌과 맹아갱신

• 중림작업 : 용재의 교림과 연료재의 왜림을 동일 임지에 실시

22 잔존목의 생육 촉진을 위한 작업법은?

① 개벌작업 ② 산벌작업

③ 간벌작업 ④ 모수작업

해설 ...

솎아베기(간벌)

수목이 생장함에 따라 광선, 수분 및 양분 등의 경쟁이 심해지므로 이를 완화하기 위해 일부 수목을 베어 밀도를 낮추고 남은 수목의 생장을 촉진시키는 작업이다.

23 체인톱에서 왼손을 보호하기 위한 장치는?(단, 오른손잡이일 때)

① 전방손보호판

② 후방손보호판

③ 체인잡이

④ 지레발톱

해설 ...

전방손보호판은 왼손을 보호하며, 후방손보호판은 오른손을 보호한다.

24 중림작업에서 하목으로 가장 적당하지 않은 수종은?

① 참나무 ② 서어나무

③ 단풍나무 ④ 전나무

해설

중림작업

구분	수종	임형	생산 목적
상목	• 실생묘로 육성하는 침엽수종 • 소나무, 전나무, 낙엽송 등	교림	용재 (대경재)
하목	• 맹아로 갱신하는 활엽수종 • 참나무류, 서어나무류, 단풍나 무류, 느릅나무 등	왜림	연료재, 소경재

25 산벌작업의 종류가 아닌 것은?

① 예비벌 ② 중간벌
③ 하종벌 ④ 후벌

해설

산벌작업의 단계
예비벌, 하종벌, 후벌

26 꽃피는 시기가 가장 늦는 수종은?

① 생강나무 ② 산수유
③ 밤나무 ④ 개나리

해설

생강나무, 산수유나무, 개나리는 모두 이른 봄에 꽃이 피는 수종이다.

꽃 피는 시기
• 생강나무 : 3~4월
• 산수유 : 3~4월
• 밤나무 : 5~6월
• 개나리 : 3~4월

27 산불의 종류가 아닌 것은?

① 지중화 ② 지하화
③ 지표화 ④ 수간화

해설

산불의 종류
• 지중화(地中火) : 낙엽층 밑에 있는 층에서 발생하는 산불
• 지표화(地表火) : 지표 위의 낙엽, 낙지 등의 지피물과 지상 관목층, 치수 등에서 발생하는 초기단계의 산불
• 수간화(樹幹火) : 나무의 줄기에서 발생하는 산불
• 수관화(樹冠火) : 수목 상부의 잎과 가지가 무성한 수관(樹冠)에서 발생하는 산불

28 식재예정지를 정리하는 주요 이유로 가장 알맞은 것은?

① 경관미학적 가치 증진
② 산림 병해충 예방
③ 목재 생산
④ 식재 작업 조건 개선

해설

식재예정지 정리작업의 효과
식재 작업 조건 개선, 식재 묘목의 초기 활착과 생장 개선, 식재 묘목의 경쟁식생과의 경합 완화, 초기 토양수분 상태 개선 등

29 산불 진화 시 뒷불정리에 대한 내용으로 잘못된 것은?

① 잔 불씨는 흩어트려 뭉개서 끈 후 확인한다.
② 땅 속에 파묻고 꺼진 불씨를 확인한다.
③ 진화선 밖으로 멀리 치운다.
④ 소화선에 모아 태운다.

해설

뒷불정리 방법
• 화재지 주변에 나지대를 만들어 토양이 노출될 때까지 파엎어 놓는다.
• 불 붙은 잔가지, 낙엽 등을 흙속에 파묻거나 진화선 밖으로 멀리 치운다.

정답 25 ② 26 ③ 27 ② 28 ④ 29 ④

- 잔 불씨는 흩어트려 뭉개서 끈 후 확인하며, 땅속에 파묻고 꺼진 불씨를 확인한다.
- 완전 진화가 될 때까지 자주 감시한다.

30 덩굴제거 시기로 가장 알맞은 것은?

① 생장이 시작된 이른 봄
② 생장이 쇠퇴하는 가을
③ 생장이 왕성한 여름
④ 생장이 정지한 겨울

해설　• • •

덩굴제거 시기

덩굴류 생장기인 5~9월 중에 작업하는 것이 효과적이며, 가장 적기는 덩굴식물이 뿌리 속의 저장양분을 소모한 7월경이다. 즉, 생장이 왕성한 여름에 제거한다.

31 진화선(방화선) 설치에 대한 설명으로 잘못된 것은?

① 불에 강한 수종을 일정 넓이로 식재한 지대이다.
② 연소물이 없는 나지나 미입목지에 위치시킨다.
③ 산림구획선, 산능선, 하천, 임도 등을 이용하여 효율적으로 구축한다.
④ 산정 또는 능선 바로 뒤편 8~9부 능선에서 화세가 약해지는 경향이 있어 이 능선에 위치시키면 좋다.

해설　• • •

①은 내화수림대에 대한 설명이다.

32 산불 진화 방법으로 옳지 않은 것은?

① 불길이 약한 산불 초기는 화두부터 안전하게 진화한다.
② 물이 없을 경우 삽 등으로 토사를 끼얹는 간접소화법을 사용할 수 있다.

③ 직접, 간접법으로 끄기 어려울 때 맞불을 놓아 끄기도 한다.
④ 불길이 강렬하면 소화선을 만들어 화두의 불길이 약해지면 끄는 간접소화법을 쓴다.

해설　• • •

산불소화방법

- 직접소화법 : 물 뿌리기, 진화도구(불털이개, 불갈퀴) 사용, 토사 끼얹기(삽), 소화약제 살포 등
- 간접소화법 : 소화선 설치, 방화선 설치, 내화수림대 조성 등

33 체인톱 사용 전의 작동 점검 사항이 아닌 것은?

① 깊이제한부를 점검한다.
② 체인장력을 조절하고 점검한다.
③ 혼합 연료를 확인한다.
④ 점화플러그를 점검한다.

해설　• • •

점화플러그를 점검하는 것은 주간정비 사항이다.

34 벌목 시 다른 나무에 걸린 나무를 처리하는 방법으로 옳지 않은 것은?

① 지렛대를 이용하여 넘긴다.
② 걸린 나무를 토막 낸다.
③ 윈치나 로프 등으로 끌어내린다.
④ 걸린 나무를 흔들어 넘긴다.

해설　• • •

다른 나무에 걸린 벌채목 처리 방법

- 방향전환 지렛대를 이용하여 넘긴다.
- 걸린 나무를 흔들어 넘긴다.
- 소형 견인기나 로프 등을 이용하여 끌어내거나 넘긴다.
- 경사면을 따라 조심히 끌어낸다.

정답　30 ③　31 ①　32 ②　33 ④　34 ②

35 벌목 작업 도구로 알맞은 것은?

① 지렛대 ② 식혈봉
③ 전정가위 ④ 괭이

해설 · · ·

산림 작업 도구

구분	도구종류
조림(식재) 작업	재래식 샵, 재래식 괭이, 각식재용 양날 괭이, 사식재용 괭이, 손도끼 등
무육 작업	재래식 낫, 스위스 보육낫(무육낫), 소형 전정가위, 무육용 이리톱, 소형 손톱, 고지 절단용 가지치기톱, 마세티 등
벌목 작업	톱, 도끼, 쐐기, 지렛대(목재돌림대), 밀게(밀대, 넘김대), 박피기, 사피 등
집재 작업	사피, 피비, 캔트훅, 피커룬, 파이크폴, 펄프훅 등

36 트랙터 부착형 파미윈치의 작업방법으로 올바른 것은?

① 견인거리가 100~200m 내외이다.
② 지면끌기식 집재작업 방식이다.
③ 작업로에 진입하여 작업할 수 없다.
④ 견인작업 시 와이어로프 외각은 위험한 지역이다.

해설 · · ·

파미윈치
트랙터에 부착하는 지면 끌기식 원치이다.

37 벌도 및 초두부 제거, 가지치기 등의 조재작업이 가능한 장비는?

① 펠러번쳐 ② 하베스터
③ 프로세서 ④ 펠러스키더

해설 · · ·

하베스터(harvester)

• 벌도, 가지치기, 조재목 마름질, 토막내기 작업을 모두 수행하는 임목수확기계이다.
• 대표적 다공정 처리기계로 임내에서 벌도 및 각종 조재 작업을 수행한다.

38 체인톱에 사용하는 연료의 혼합비는?(단, 보통휘발유：엔진오일)

① 25：1 ② 20：1
③ 1：25 ④ 1：20

해설 · · ·

체인톱의 연료
체인톱의 연료는 휘발유(가솔린)와 윤활유(엔진오일)를 25:1로 혼합하여 사용한다.

39 성충 및 유충 모두가 나무를 가해하는 것이 아닌 것은?

① 오리나무잎벌레 ② 대벌레
③ 잣나무넓적잎벌 ④ 소나무좀

해설 · · ·

③ 잣나무넓적잎벌은 유충이 잎을 식해하여 피해를 준다.

유충과 성충이 모두 수목을 가해하는 종류
오리나무잎벌레(식엽), 대벌레(식엽), 소나무좀(목질부 식해) 등

40 갱신 대상 조림지를 띠 모양으로 나누고, 1조에 3대 이상의 띠로 구성하여 순차적으로 개벌해 가면서 갱신하는 것은?

① 군상개벌작업 ② 대면적개벌작업
③ 교호대상개벌작업 ④ 연속대상개벌작업

연속대상개벌(連續帶狀皆伐)작업

갱신대상 조림지를 띠 모양으로 나누어 3차례 이상에 걸쳐 순차적으로 개벌하는 방식이다. 1조에 3대 이상의 띠로 구성하고 각 조마다 한쪽에서부터 동시에 순서대로 개벌을 진행한다.

41 체인톱에 의한 벌목작업의 기본원칙으로 옳은 것은?

① 벌목영역은 벌채목이 넘어가는 구역이다.
② 벌목영역은 벌도목을 중심으로 수고의 1.2배에 해당한다.
③ 작업도구들은 벌목 방향으로 치운다.
④ 벌목영역에는 사람이 아무도 없어야 한다.

해설

벌목작업 세부 안전수칙

• 벌채목이 넘어가는 구역인 벌목영역은 벌채목 수고의 2배에 해당하는 영역으로 이 구역내에서는 작업에 참가하는 사람만 있어야 한다.
• 미리 대피장소를 정하고, 작업도구들은 벌목 반대방향으로 치우며, 대피할 때 지장을 초래하는 나무뿌리, 넝쿨 등의 장해물을 미리 제거하여 정비한다.

42 솔잎혹파리 방제법으로 적합하지 않은 것은?

① 솔잎혹파리먹좀벌 등의 천적을 활용한다.
② 우화 최성기에 포스팜 액제를 수간주사한다.
③ 봄에 충영을 채취하여 소각한다.
④ 지표에 비닐을 피복한다.

해설

솔잎혹파리 방제법

• 산란 및 우화 최성기에 포스팜 액제 등의 살충제를 수간주사한다.

• 솔잎혹파리먹좀벌, 혹파리살이먹좀벌, 혹파리등뿔먹좀벌 등의 천적 기생벌(기생봉)을 이용한다.
• 유충은 건조에 약하므로 밀생임분의 간벌, 지피물 정리 등으로 임지를 건조시킨다.
• 지표에 비닐을 피복하여 유충이 땅속으로 이동하는 것을 차단하거나 땅속에서 성충이 우화하여 올라오는 것을 방지한다.

43 유아등을 이용한 솔나방의 방제 적기는?

① 3월 하순~4월 중순
② 5월 하순~6월 중순
③ 7월 하순~8월 중순
④ 9월 하순~10월 중순

해설

솔나방 방제법

주광성이 강한 성충은 7~8월 활동기에 유아등(수은등, 기타 등불)을 설치하여 유살한다.

44 다음 중 훈증처리 방법에 대한 설명으로 틀린 것은?

① 주로 밀폐할 수 있는 곳에 적용한다.
② 토양 속에 약액을 주입하는 방법도 있다.
③ 휘발성이 강한 약제를 사용한다.
④ 천공성 해충보다 식엽성 해충에 더욱 효과적이다.

해설

훈증법(熏蒸法)

• 약액을 땅에 주입하거나 천막, 창고 등의 밀폐된 공간에 놓아 독가스가 휘발되면 살균·살충하는 방법이다.
• 살충에 있어서는 식엽성 해충보다 광릉긴나무좀, 솔수염하늘소 등의 천공성 해충에 더욱 효과적이다.

45 다음 중 내음성이 약한 수종으로만 나열된 것은?

① 주목, 소나무, 사철나무
② 밤나무, 해송, 회양목
③ 가문비나무, 참나무, 오리나무
④ 오동나무, 일본잎갈나무, 포플러

해설 ...

수목별 내음성

구분	내용
극음수	주목, 사철나무, 개비자나무, 회양목, 금송, 나한백
음수	가문비나무, 전나무, 너도밤나무, 솔송나무, 비자나무, 녹나무, 단풍나무, 서어나무, 칠엽수
중용수	잣나무, 편백나무, 목련, 느릅나무, 참나무
양수	소나무, 해송, 은행나무, 오리나무, 오동나무, 향나무, 낙우송, 측백나무, 밤나무, 옻나무, 노간주나무, 삼나무
극양수	낙엽송(일본잎갈나무), 버드나무, 자작나무, 포플러, 잎갈나무

46 다음 중 훈증처리가 효과적인 수목병은?

① 참나무시들음병
② 대추나무빗자루병
③ 향나무녹병
④ 흰가루병

해설 ...

참나무시들음병 방제법
참나무시들음병을 매개하는 광릉긴나무좀을 구제하는 가장 효율적인 방제는 피해목을 벌채하여 훈증처리로 살균·살충하는 것이다.

47 소나무의 어린 가지와 침엽이 갈색으로 마르면서 아래로 처지는 수병은?

① 재선충병   ② 잎마름병
③ 가지끝마름병   ④ 흑병

소나무가지끝마름병
• 주로 새로 난 신초의 침엽기부와 가지를 고사시키는 수병이다.
• 가지 끝이 밑으로 구부러지며, 침엽이 갈색으로 마르면서 아래로 처지는 증상이 나타난다.

48 수목의 목질부를 가해하는 해충은?

① 솔나방   ② 소나무좀
③ 솔잎혹파리   ④ 복숭아명나방

해설 ...

천공성 해충
• 수목의 줄기나 가지에 구멍을 뚫어 수피와 목질부를 가해하는 해충
• 소나무좀, 박쥐나방, 향나무하늘소(측백하늘소), 솔수염하늘소, 북방수염하늘소, 광릉긴나무좀 등

49 천막벌레나방은 유충기에 천막을 치고 군서하는데, 모여서 가해하는 시기는 언제까지인가?

① 1령기   ② 2령기
③ 3령기   ④ 4령기

해설 ...

텐트나방(천막벌레나방)
유충은 4령기까지는 가지에 텐트모양의 천막을 치고 군서하며 밤에만 나와 가해하다가 5령기부터는 분산하여 가해한다.

50 어린나무 가꾸기에 관한 설명으로 옳지 않은 것은?

① 조림목이 임관을 형성한 간벌 이후에 실시한다.
② 조림목과 경쟁하는 잡목을 솎아낸다.
③ 불량목을 제거하여 치수의 생육공간을 충분히 제공하기 위해 실시한다.

④ 풀베기 작업이 끝난 3~5년 후부터 시작한다.

> **해설** ...

어린나무 가꾸기(제벌, 잡목 솎아내기)
- 조림목과 경쟁하는 목적 이외의 수종과 조림목 중에서도 형질이 나쁘거나 다른 수목에 피해를 주는 수목 등을 제거하는 작업이다.
- 식재 후에 조림목이 임관을 형성한 후부터 간벌하기 이전에 실행한다.
- 풀베기 작업이 끝나고 3~5년 후부터 간벌이 시작될 때까지 2~3회 실시한다.

51 소나무, 곰솔과 같은 양수 수종에 적용하는 풀베기 방법은?

① 둘레베기   ② 모두베기
③ 줄베기   ④ 골라베기

> **해설** ...

모두베기(전면깎기, 전예)
- 조림목 주변의 모든 잡초목을 제거하는 방법
- 소나무, 낙엽송, 삼나무, 편백 등 주로 양수에 적용
- 임지가 비옥하여 잡초가 무성하게 나거나 식재목이 광선을 많이 요구할 때 실시

52 풀베기에 관한 설명으로 옳지 않은 것은?

① 어린나무 가꾸기와 간벌 이전에 실시한다.
② 잡풀들이 무성하게 자라는 5~7월 또는 6~8월에 실시한다.
③ 1년에 2회 작업할 때는 5월과 9월에 실시한다.
④ 조림목의 특별 보호가 필요한 경우에는 둘레베기를 실시한다.

> **해설** ...

풀베기 시기
- 숲 가꾸기(임목무육)에서 가장 먼저 실시하는 과정으로, 어린나무 가꾸기와 간벌 이전에 실시한다.

- 일반적으로 잡풀들이 자라나 피해를 입히기 시작하는 5~7월에 실시한다.
- 잡풀들의 세력이 왕성하여 연 2회 작업할 경우 6월(5~7월)과 8월(7~9월)에 실시한다.
- 겨울의 추위로부터 조림목을 보호하기 위하여 9월 이후에는 실시하지 않는 것이 좋다.

53 체인톱 엔진의 특징으로 적합하지 않은 것은?

① 기화기가 있다.
② 연료분사 밸브가 있다.
③ 불꽃 점화 장치가 있다.
④ 혼합유를 사용한다.

> **해설** ...

② 연료분사밸브는 디젤기관의 부속이며, 체인톱은 가솔린기관으로 불꽃점화장치, 기화기 등으로 구성되어 있다.

체인톱 원동기 부분
엔진의 본체로 실린더, 피스톤, 크랭크축, 불꽃점화장치, 기화기, 시동장치, 연료탱크, 에어필터 등으로 구성된다.

54 소나무혹병의 중간기주는?

① 송이풀   ② 참취
③ 황벽나무   ④ 졸참나무

> **해설** ...

이종기생녹병균의 중간기주

수목병	중간기주
잣나무털녹병	송이풀, 까치밥나무
소나무잎녹병	황벽나무, 참취, 잔대
소나무혹병	졸참나무 등의 참나무류
배나무붉은별무늬병	향나무
포플러잎녹병	낙엽송(일본잎갈나무), 현호색

55 녹병균의 발생으로 인하여 배나무 주변에 심으면 안되는 수목은?

① 사과나무　　② 삼나무
③ 소나무　　　④ 향나무

해설 · · ·

배나무붉은별무늬병 방제법
• 병발생을 방지하기 위하여 배나무 근처에는 중간기주인 향나무를 식재하지 않는다.
• 향나무에는 향나무녹병이 발생하므로, 향나무와 배나무는 서로 근처에 식재하지 않는 것이 좋다.

56 일정한 규칙과 형태로 묘목을 식재하는 배식설계에 해당되지 않는 것은?

① 정방형 식재　　② 장방형 식재
③ 정육각형 식재　　④ 정삼각형 식재

해설 · · ·

규칙적 식재망
• 일정한 규칙과 형태로 묘목을 식재하는 배식설계
• 장방형 식재, 정방형 식재, 정삼각형 식재, 이중정방형 식재 등

57 임지에 서있는 성숙한 나무로부터 종자가 떨어져 어린나무를 발생시키는 갱신 방법은?

① 맹아갱신　　② 인공조림
③ 천연하종갱신　　④ 파종조림

해설 · · ·

천연하종갱신
• 성숙한 나무로부터 자연적으로 떨어지는 종자에 의해 어린나무가 발생하여 갱신이 이루어지는 것이다.
• 종자가 떨어져 공급되는 방향에 따라 상방천연하종갱신과 측방천연하종갱신으로 구분한다.

58 조림지의 보육단계가 올바르게 나열된 것은?

① 풀베기 – 어린나무 가꾸기 – 가지치기 – 솎아베기
② 풀베기 – 솎아베기 – 어린나무 가꾸기 – 가지치기
③ 솎아베기 – 어린나무 가꾸기 – 풀베기 – 가지치기
④ 솎아베기 – 풀베기 – 어린나무 가꾸기 – 가지치기

해설 · · ·

숲 가꾸기(보육) 단계
풀베기 → 덩굴 제거 → 제벌(어린나무 가꾸기) → 가지치기 → 간벌(솎아베기)

59 일반 벌목작업 과정 중 순서가 올바른 것은?

① 작업도구 정돈 → 정확한 벌목방향 결정 → 주위정리 → 추구만들기 → 수구만들기
② 작업도구 정돈 → 주위정리 → 정확한 벌목방향 결정 → 수구만들기 → 추구만들기
③ 작업도구 정돈 → 정확한 벌목방향 결정 → 수구만들기 → 추구만들기 → 주위정리
④ 작업도구 정돈 → 정확한 벌목방향 결정 → 주위정리 → 수구만들기 → 추구만들기

해설 · · ·

벌목의 순서
작업도구 정돈 → 벌목방향 결정 → 주위 정리 → 수구자르기 → 추구자르기

정답　55 ④　56 ③　57 ③　58 ①　59 ④

60 다음 중 집재와 운재에 사용되는 기계 및 기구가 아닌 것은?

① 플라스틱 수라
② 단선순환식 삭도집재기
③ 윈치부착 농업용 트랙터
④ 자동지타기

● ● ●

산림용 임업기계의 분류

작업구분		기계종류
조림·육림작업	식재 작업	식혈기
	풀베기 작업	예불기(예초기)
	가지치기 작업	체인톱, 자동지타기(동력지타기), 동력가지치기톱
수확작업(벌목·조재)		체인톱, 트리펠러, 펠러번처, 프로세서, 하베스터, 그래플톱
집재작업		트랙터, 스키더, 파미윈치, 야더집재기, 타워야더, 포워서, 소형윈치(아크야윈치)
운재작업		트럭, 트레일러, 삭도

산림기능사 필기

발행일 | 2026. 1. 20. 초판발행

저 자 | 이정희
발행인 | 정용수
발행처 | 예문사

주 소 | 경기도 파주시 직지길 460(출판도시) 도서출판 예문사
T E L | 031) 955–0550
F A X | 031) 955–0660
등록번호 | 11–76호

정가 : 27,000원

ISBN 978–89–274–5863–0 13520